$$\lim_{n\to\infty}\left[\frac{(2n)!!}{(2n-1)!!}\right]^2\frac{1}{2n+1}=?$$

微积分学 第三版 上册

蔡燧林 吴正昌 孙海娜 编著

中国教育出版传媒集团
高等教育出版社·北京

内容提要

本书是在第二版的基础上，根据最新的“大学数学课程教学基本要求”修订而成的。在修订过程中，作者在抽象思维能力、逻辑思维能力、空间想象能力、运算能力和运用所学知识分析解决问题能力等方面给予了重点训练。在材料处理上，作者从感性认识入手，上升到数学理论，突出重点，删去枝节和纯理论证明，降低难度，加强基本训练，对强化学生的数学思维很有帮助。

本书分上、下两册，上册内容包括函数、极限与连续、导数与微分、微分学的基本定理与导数的应用、不定积分、定积分及其应用、一元微积分学的补充材料、无穷级数等。

本书可作为高等学校工科类、经管类专业微积分课程教材，亦可供相关教师参考。

图书在版编目(CIP)数据

微积分学. 上册 / 蔡燧林，吴正昌，孙海娜编著. --3 版.--北京:高等教育出版社,2022.10
ISBN 978-7-04-058964-1

Ⅰ.①微… Ⅱ.①蔡…②吴…③孙… Ⅲ.①微积分 Ⅳ.①O172

中国版本图书馆 CIP 数据核字（2022）第 120979 号

Weijifenxue

策划编辑 胡 颖 责任编辑 胡 颖 封面设计 张 楠 版式设计 童 丹
责任绘图 于 博 责任校对 张 薇 责任印制 存 怡

出版发行 高等教育出版社
社 址 北京市西城区德外大街 4 号
邮政编码 100120
印 刷 鸿博昊天科技有限公司
开 本 787mm×1092mm 1/16
印 张 17.75
字 数 410 千字
购书热线 010-58581118
咨询电话 400-810-0598
网 址 http://www.hep.edu.cn
http://www.hep.com.cn
网上订购 http://www.hepmall.com.cn
http://www.hepmall.com
http://www.hepmall.cn
版 次 2008 年 2 月第 1 版
2022 年 10 月第 3 版
印 次 2022 年 10 月第 1 次印刷
定 价 39.60 元

物 料 号 58964-00

第三版修改说明

本书第三版仍保持“基础、实用、易懂”的编写原则，推导均保持数学的严谨性，但不去追求某些深奥枝节或技巧演算。同时，突出中学数学与大学数学的有机衔接，将微积分中需要用到的中学数学内容加以补充和回顾。与第二版比较，本次修订增添或深化了下述内容：

1. 分段函数实际上是函数常见的一种表达方式。因为一般说来，分段函数不是初等函数，所以它的运算有一定困难，读者往往避而远之。但实际上到处可见分段函数的表示及其应用。例如，小到民用电费的计算公式，大到传染病传播的微分方程模型，航天器飞行轨道中的参数等，都涉及分段函数的表示。我们在第三版中适当介绍关于分段函数的复合、分段函数的不定积分、已知项为分段函数的微分方程等，这些并不涉及新的概念，而仅仅是原有基础的延伸。

2. 反常积分及其敛散性的判别法。反常积分是微积分学中的一个重点，也是难点，在实际应用及考研中经常见到这类问题。在本次修订中，以例题形式指出反常积分的计算中应注意之点。在讨论反常积分的敛散性时，介绍了基本的“比较判敛法”，只要掌握“单调有界必有极限”这一基本准则，就不难理解上述比较判敛法。关键是如何用此定理去解决具体的问题。考虑到这是有一定难度的问题，所以本书只列举一些有代表性的例题，至于其中用到的一些不等式，不见得一定要用 ε-δ 或 ε-N 去建立。通过这些例题，读者可以掌握一些较简单的反常积分的计算及敛散性判别。

3. 无穷级数一章中，增加了正项级数的根值判敛法及积分判敛法。

4. 多元函数微分学中，增删了一些例题。

5. 二重积分中，读者往往弄不清什么时候用直角坐标，什么时候用极坐标。其实这没有绝对的界线，只能说某种形式(可能)用直角坐标(或极坐标)方便。甚至有这种情形，貌似用直角坐标方便，而恰恰用极坐标去解决。提醒读者，这里在于多训练，掌握实质。对于三重积分与线、面积分，梳理了各种积分方法，并添加了一些例题与习题，以适应这部分内容与方法的多样性。

6. 在常微分方程与差分方程一章中，保持一些经典的解法，并且对通解的概念做了明确的说明。关于二阶线性非齐次微分方程的通解的结构定理，将它平移到 n 阶线性非齐次微分方程中，但不讨论 $n(n>2)$ 个解构成的函数组线性无关、线性相关的充要条件，因为这超出了一般工科数学的要求。对于差分方程，增加了一些例题。

7. 本次修订增添了数字资源，主要是补充了一些例题，并给出了部分习题的参考答案与提示，读者可以扫描二维码阅读。

这次修订得到浙大宁波理工学院数学教师的关心，他们提出了宝贵的修改意见，特此致谢。

编者

2022 年 3 月

第二版修改说明

1. 在第一版的基础上,进一步淡化 ε-N 与 ε-δ 的论述,只保留用它们来证明某些必不可少的最基本的定理。

2. 加强计算,对于一些重要的不易掌握的计算,用一定的篇幅给予小结,以利学生学习。

3. 函数展开成幂级数,一般只在收敛区间内讨论。

4. 增删或修改了一些例子。

5. 本书修改之后,仍保持原书简洁、严谨的风格,满足工科类及经管类专业对高等数学教学的要求。

参加本次修改的有蔡燧林,吴正昌,孙海娜。

编者

2013 年元月

第一版前言

数学是研究客观世界数量关系和空间形式的科学，它有极丰富的内涵与外延。高等学校里学习数学，已被人们公认为，不仅是为了掌握一种工具，增长知识，更重要的是培养一种思维模式，提高文化素养。能否用数学的思维、方法去思考、推理以及定量分析一些自然现象和经济现象，是衡量民族科学文化素质的一个重要标志，数学教育在培养高素质人才中有不可替代的重要作用。一条定理、一个公式可以忘记，但是数学思维的训练却受益终生。

微积分是高等学校工科类、经管类专业一门重要的数学基础课。2003 年，“教育部非数学类专业数学基础课程教学指导分委员会”制订了《工科类本科数学基础课程教学基本要求》，我们根据这个基本要求，并参照《工学、经济学、管理学全国硕士研究生入学统一考试数学考试大纲》进行适当取舍，编写了这本微积分教材。在本教材中，我们力求在抽象思维能力、逻辑推理能力、空间想象能力、运算能力和综合运用所学的知识分析问题解决问题的能力五个方面，给予足够的重视与训练。在材料处理上，做到突出重点，删去枝节，减少篇幅，让教师有发挥的余地；并考虑到不同类型、不同层次的学校与不同专业的需要，我们采取灵活的编写方式，使得对某些部分的取舍，不影响后续内容的讲授。教材中个别内容用小字排印，可供选学。

读者将会看到，在本书中，我们淡化 ε-N 与 ε-δ 的论证，而较多地培养学生对极限的感性认识和作用，尽早接触极限的运算；鉴于目前中学教科书中的情况，我们充实了参数方程与极坐标，基本上做到从头讲起；增设处理不等式问题与零点问题的方法，以培养学生利用微积分解决这类问题的能力；对于泰勒公式，我们采取了自成一体独立一节的编写方式，既可严格地讲授泰勒公式，又可不讲它而照样能讲其他内容；强调基本积分方法的训练，淡化特殊积分技巧，删去有理函数积分的一般论述；多元函数积分学突出的是让学生掌握分割加细的极限过程，不拘泥于定义中一些细节的描述，主要的是着重于一些常用方法的讲授与训练；本书配置了丰富的例题并有较详尽的分析，以便学生加深对内容的理解，并有利于学生练习；书中还介绍了弹性、边际、差分与一阶差分方程等有关内容，可供经济类专业学生参考。

本书可作为高等学校工科类、经管类专业的教学用书，可以按照各自的基本要求取舍内容。

本书自始至终得到浙江大学宁波理工学院院领导的支持和关怀，并得到该院的经费资助；郑云秋、徐忠明两位老师详细阅读了本书原稿，并提出不少修改意见；孙海娜、余琛妍两位老师认真演算、校正了本书的习题；宁波理工学院数学老师在使用本书的过程中，提出了许多有益的见解，编者在此一并向他们表示衷心的感谢。

由于编者水平有限，诚恳希望使用此书的同行，能及时指出书中存在的问题，以便改正。

编者

于浙江大学宁波理工学院

浙江大学求是村

目录

1

第一章　函　　数

事物与事物之间的关系,反映到量上,常常涉及函数这一概念.函数是高等数学讨论的主要对象.中学阶段已初步介绍过函数概念与一些初等函数的性质,本章复习这些知识并进一步对函数进行讨论.在以后各章,无论从表示方法还是研究方法上,都将进一步发展函数的知识.

§1.1　函 数 概 念

一、实数与实数集

1. 实数与数轴

本书所用到的数,除特别声明者外,指的都是实数.例如,对于方程 $x^2+1=0$,如无另外声明,就认为无解.

实数的分类如下:

$$\text{实数}\begin{cases}\text{有理数}\begin{cases}\text{正、负整数与零}\\\text{正、负分数}\end{cases}\\\text{无理数}\begin{cases}\text{正无理数}\\\text{负无理数}\end{cases}\text{(无限不循环小数)}\end{cases}$$

实数集记为 $\mathbf{R}$,正、负实数集分别记为 $\mathbf{R}^+$ 与 $\mathbf{R}^-$.整数集记为 $\mathbf{Z}$,正、负整数集分别记为 $\mathbf{Z}^+$ 与 $\mathbf{Z}^-$.可表示为$\dfrac{p}{q}$的数称为有理数,其中 $p,q\in\mathbf{Z}$ 且互素,$q\neq 0$.当$q=1$时就成为整数.有理数集记为 $\mathbf{Q}$.

实数与数轴上的点构成一一对应,故常将实数 x 对应的点称为点 x,对应于有理数的点称为有理点.任意两个不相等的有理点之间仍有有理点.例如,设 $x_1=\dfrac{p_1}{q_1}\in\mathbf{Q}$,$x_2=\dfrac{p_2}{q_2}\in\mathbf{Q}$,$x_1\neq x_2$,则 $x_3=\dfrac{1}{2}(x_1+x_2)$ 介于 x_1 与 x_2 之间,且

$$x_3=\frac{1}{2}\left(\frac{p_1}{q_1}+\frac{p_2}{q_2}\right)=\frac{p_1q_2+p_2q_1}{2q_1q_2}\in\mathbf{Q},$$

所以有理点在数轴上是稠密的.但数轴并不被有理点所填满,有理点与有理点之间还有空隙,例如$\sqrt{2}$,π 都是无理数,对应的点称为无理点.可以证明,任意两有理点之间必有无理

点，无理点与有理点填满了数轴.

2. 实数的绝对值

实数的绝对值是高等数学中经常用到的概念，定义如下：设 $x\in\mathbf{R}$，定义 x 的绝对值

$$|x|=\begin{cases}x, & x>0,\\ 0, & x=0,\\ -x, & x<0.\end{cases}$$

从几何上讲，$|x|$ 表示点 x 与原点的距离.设 $x\in\mathbf{R}$，$y\in\mathbf{R}$，容易证明：$|x-y|$ 表示点 x 与点 y 之间的距离.

实数的绝对值有下述性质：

(1) $|x|\geqslant 0$. $|x|=0$ 的充要条件是 $x=0$.

(2) $-|x|\leqslant x\leqslant |x|$.

(3) 设 $a>0$，则 $|x|\leqslant a$ 的充要条件是 $-a\leqslant x\leqslant a$.

(4) 设 $a>0$，则 $|x|\geqslant a$ 的充要条件是 $x\leqslant -a$ 或 $x\geqslant a$.

由上述(1)~(4)，可推出关于 $|x-A|$ 的性质.例如，设 $\delta>0$，则 $|x-A|\leqslant\delta$ 的充要条件是 $A-\delta\leqslant x\leqslant A+\delta$；类似地：设 $\delta>0$，则 $|x-A|<\delta$ 的充要条件是 $A-\delta<x<A+\delta$.

实数的绝对值还有下述四则运算性质：

(5) $|x+y|\leqslant |x|+|y|$.

(6) $|x-y|\geqslant \big||x|-|y|\big|\geqslant |x|-|y|$.

(7) $|xy|=|x||y|$.

(8) $\left|\dfrac{x}{y}\right|=\dfrac{|x|}{|y|}\quad (y\neq 0)$.

以上 8 条性质的证明均略.

3. 区间与邻域

区间是实数集中常用的一类子集，定义如下：

设 a 与 b 是两个实数，并设 $a<b$，集合 $\{x\mid a<x<b\}$ 称为开区间，记为

$$(a,b)=\{x\mid a<x<b\}$$

（平面 xOy 上坐标为 $x=a$，$y=b$ 的点也表示为 (a,b)，由上、下文可以区分它们）.类似地定义

闭区间 $[a,b]=\{x\mid a\leqslant x\leqslant b\}$，

半开半闭区间 $(a,b]=\{x\mid a<x\leqslant b\}$，$[a,b)=\{x\mid a\leqslant x<b\}$，

无穷区间 $(-\infty,b]=\{x\mid x\leqslant b\}$，$(-\infty,b)=\{x\mid x<b\}$，

$[a,+\infty)=\{x\mid x\geqslant a\}$，$(a,+\infty)=\{x\mid x>a\}$，

$(-\infty,+\infty)=\{x\mid x\in\mathbf{R}\}$.

这里，方括号“[”或“]”与圆括号“(”或“)”不能混淆，前者包含相应的端点，后者不包含.将来会看到，它们有显著的区别.“∞”不是数，所以只能用圆括号.

如果不必区分是开区间，闭区间，还是半开半闭区间或是无穷区间，那么常用记号 I 表示之.

邻域也是一个常用的概念.设 $\delta>0$，集合

$$U_{\delta}(x_0)=\{x\mid |x-x_0|<\delta\}$$

即

$$U_\delta(x_0)=\{x\mid x_0-\delta<x<x_0+\delta\},$$

称为 $x=x_0$ 的 δ 邻域，δ 称为邻域的半径．如果不必说及邻域的半径 δ 的大小，那么简记为 $U(x_0)$，称为 $x=x_0$ 的某邻域．

集合

$$\mathring{U}_\delta(x_0)=\{x\mid 0<|x-x_0|<\delta\}$$

即

$$\mathring{U}_\delta(x_0)=\{x\mid x_0-\delta<x<x_0+\delta,x\neq x_0\},$$

称为 $x=x_0$ 的去心 δ 邻域．类似地，也有记号 $\mathring{U}(x_0)$ 及名称．

如果有必要再仔细区分，那么可定义：

$x=x_0$ 的左侧 δ 邻域为 $\{x\mid x_0-\delta<x\leqslant x_0\}$，

$x=x_0$ 的右侧 δ 邻域为 $\{x\mid x_0\leqslant x<x_0+\delta\}$，

$x=x_0$ 的左侧去心 δ 邻域为 $\{x\mid x_0-\delta<x<x_0\}$，

$x=x_0$ 的右侧去心 δ 邻域为 $\{x\mid x_0<x<x_0+\delta\}$．

例如，对于开区间 (a,b)，设 $x_0\in(a,b)$，必存在相应的 $\delta>0$，使 $U_\delta(x_0)\subset(a,b)$．但对于闭区间 $[a,b]$，在其端点 $x=a$ 处，存在 $\delta>0$，只能使 $x=a$ 的右侧 δ 邻域包含于 $[a,b]$；而不论 $\delta>0$ 多么小，$x=a$ 的左侧 δ 邻域总不可能包含于 $[a,b]$ 了．对于 $[a,b]$ 的 $x=b$ 处亦类似．这种虽是细微的区别，但在高等数学的概念中却是十分重要的区别．

二、函数及其表示法

1. 变量与常量

在考察客观世界中某一运动过程时，会遇到各种各样的量．有的量在所研究的过程中保持恒定的数值，这种量称为常量；有的量在过程中可取不同的数值，这种量称为变量．例如一架客机在从北京飞往杭州的过程中，飞机与北京的水平距离及飞行高度，油箱中的储油量都是变量；而飞机中的乘客数及飞机的长度是常量．而当飞机到达机场熄火停机，在旅客下机的过程中，飞机与北京的水平距离及飞机离地面的高度，油箱中的储油量都是常量，而飞机中的乘客数为变量．又如观察大大小小许多不同的圆时，圆的半径是变量，但不论哪个圆，它的圆周长与半径的比恒等于 2π，是一个常量．可见常量与变量是相对某一过程而言的，离开过程去谈常量变量不但毫无意义，而且往往要犯概念上或计算上的错误．本书中，变量一般用 $x,y,t,\cdots$ 表示，常量一般用 $a,b,c,\alpha,\beta,\gamma,\cdots$ 表示．

2. 函数的定义

在同一过程中，往往有几个不同的变量在同时变化着，这些变量的变化不是孤立的，而是彼此联系的．看几个例子．

例 1　考察在重力作用下，垂直上抛物体的运动规律．设以地面为坐标原点，垂直向上为正向，开始时刻记为 $t=0$，起始时相应的位置坐标 $s=s_0(s_0>0)$．由物理学知识知，在时刻 t 时，

$$s=s_0+v_0t-\frac{1}{2}gt^2\quad(0\leqslant t\leqslant T),$$

其中 T 可由下面计算而得. 当 $s_0>0, v_0>0$ 不大时, g 可认为是常数. 由于 g 的作用, 最终该物体要落到地面, 此时 $s=0$. 于是由

$$s_0+v_0t-\frac{1}{2}gt^2=0,$$

求得

$$t=\frac{v_0}{g}\pm\sqrt{\left(\frac{v_0}{g}\right)^2+\frac{2s_0}{g}}.$$

由于 $t>0$, 故"±"号中取"+". 从而当 $t=\frac{v_0}{g}+\sqrt{\left(\frac{v_0}{g}\right)^2+\frac{2s_0}{g}}\overset{\text{记为}}{=\!=\!=}T$ 时, 物体回到地面. 于是得运动规律为

$$s=s_0+v_0t-\frac{1}{2}gt^2 \quad (0\leqslant t\leqslant T),$$

右边(　)内表示 t 的变化范围.

例 2　为提倡节电, 某市将民用电量每年分三档计算, 每年年初清零. 第一档: 当用电量(单位: 度①)不超过 2800 时, 电价为每度 0.542 元; 第二档: 当用电量大于 2800 但不超过 4900 时, 超过 2800 这部分的电价为每度 0.592 元; 第三档: 当用电量超过 4900 时, 超过 4900 这部分的电价为每度 0.840 元. 求当年内, 电费(单元: 元) y 与用电量(单位: 度) x 之间的关系式.

解　将 $x\in(0,+\infty)$ 分成 3 段如下:

$$x\in(0,2800]\cup(2800,4900]\cup(4900,+\infty).$$

由题设知

$$y=\begin{cases}0.542x, & 0<x\leqslant 2800,\\ 0.542\times2800+0.592(x-2800), & 2800<x\leqslant 4900,\\ 0.542\times2800+0.592(4900-2800)+0.840(x-4900), & x>4900.\end{cases}$$

或者可以换一种方式, 但实质是一样的, 表示为

$$y=\begin{cases}0.542x, & 0<x\leqslant 2800,\\ 0.542x+(0.592-0.542)(x-2800), & 2800<x\leqslant 4900,\\ 0.542x+(0.592-0.542)(x-2800)+(0.840-0.592)(x-4900), & x>4900.\end{cases}$$

当 x 在区间 $(0,+\infty)$ 内每取一个确定的值时, y 有唯一的值与它对应, 但在不同的区间上用不同的式子表达.

例 3　某气象站用自动记录仪器记下一昼夜气温的变化规律, 如图 1-1 所示. 它形象地表示出气温 T 与时间 t 的关系. 从时间 $t=0$ 到 $t=24$(h) 这个范围内, 对于每一个确定的时间 t(横坐标), 通过这条气温曲线所示的规律, 有唯一确定的气温 T(纵坐标)与之对应.

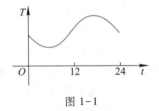

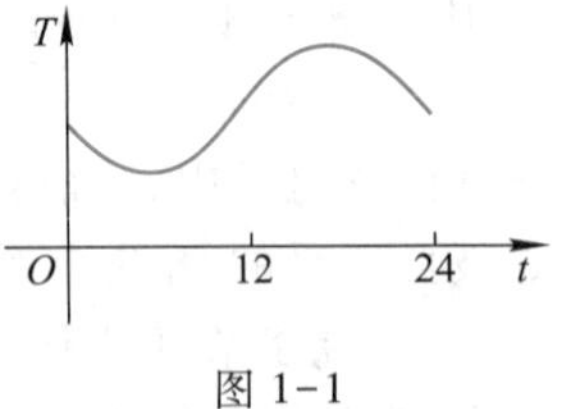

图 1-1

以上各例概括出来是, 有两个变量, 其中一个变量在一个

① 1 度 = 1 kW · h.

非空的实数集内每取一个确定的值，按照一定规则，另一变量相应地有唯一确定的值与之对应.两个变量之间的这种对应关系就是函数关系.

定义 1.1 设有两个变量 x 与 y，X 是一个非空的实数集.若存在一个对应规则 f，使得对于每一个 $x\in X$，按照这个规则，y 有唯一确定的值与 x 对应，则称 f 是定义在 X 上的一个**函数**，x 称为**自变量**，X 称为函数 f 的**定义域**，y 称为**因变量**.函数 f 在 $x\in X$ 处对应的 y 的值，称为**函数值**，记为

$$y=f(x),\quad x\in X. \tag{1.1}$$

函数值所组成的集合，常记为 Y，

$$Y=\{y \mid y=f(x),x\in X\}$$

称为函数 f 的**值域**.□

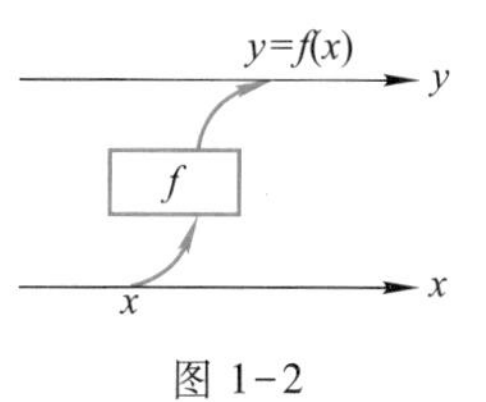

图 1-2

关系式(1.1)表达了因变量 y 随自变量 x 的变化而变化的规律，所以可以通过 y 即 $f(x)$ 来研究函数 f(如图 1-2 所示).f 是抽象的，而 $f(x)$ 是具体的，今后在本书中，也称 y 或 $f(x)$ 为 x 的函数，并且用它来讨论函数 f 的性态.

上面 3 个例题都是函数的例子.例 1 是用一个解析式表示的函数.例 2 是当自变量在不同范围内时，用不同的解析式表示，但仍是一个函数而不是几个函数.一般，在定义域的不同范围内用不同的解析式表示的函数，称为**分段函数**.分段函数仍是一个函数，而不能说是几个函数.例 3 虽没有解析式，但合乎函数的定义，所以它也是一个函数.函数与有无解析式，在定义域的不同范围内是用一个式子还是不同式子表达是无关的.

由函数定义可见，当且仅当 $f(x)$ 与 $g(x)$ 的定义域相同，并且对应关系也相同时，这两个函数才相等，可视为同一函数：

$$f(x)\equiv g(x).$$

例如，$f(x)=\lg x^2$ 与 $g(x)=2\lg|x|$ 相等，但 $f(x)$ 与函数 $h(x)=2\lg x$ 的定义域不同，故它们不是同一函数.若将定义域限制于区间$(0,+\infty)$，则有

$$f(x)\equiv h(x).$$

如果一个函数是用一个解析式表示，并且没有另外说明它的定义域，那么使这个解析式有意义的范围，就认为是该函数的定义域.

例 4 求函数 $f(x)=\sqrt{2+x}+\dfrac{1}{\lg(1-x)}$ 的定义域.

解 $\sqrt{2+x}$ 的定义域是 $\{x \mid x\geqslant -2\}$；$\lg(1-x)$ 的定义域是 $\{x \mid x<1\}$，但 $\dfrac{1}{\lg(1-x)}$ 的分母应不为零，故 $\{x \mid x\neq 0\}$.以上三个数集的交

$$\begin{aligned}&\{x \mid x\geqslant -2\}\cap\{x \mid x<1\}\cap\{x \mid x\neq 0\}\\=&\{x \mid -2\leqslant x<1,x\neq 0\}\end{aligned}$$

即为所求函数的定义域.

例 5 设 $f(x)=\log_a(\sqrt{1+x^2}+x)$，其中 $a>0,a\neq 1$，求 $f(-x)$，$f\left(\dfrac{1}{x}\right)$.

解 $f(-x)=\log_a(\sqrt{1+(-x)^2}-x)=\log_a(\sqrt{1+x^2}-x)$

$$=\log_a \frac{(\sqrt{1+x^2}-x)(\sqrt{1+x^2}+x)}{\sqrt{1+x^2}+x}$$

$$=\log_a \frac{1}{\sqrt{1+x^2}+x}=-\log_a(\sqrt{1+x^2}+x)$$

$$=-f(x),\ x\in \mathbf{R}.$$

$$f\left(\frac{1}{x}\right)=\log_a\left(\sqrt{1+\frac{1}{x^2}}+\frac{1}{x}\right)=\log_a\left(\frac{\sqrt{1+x^2}}{|x|}+\frac{1}{x}\right)$$

$$=\begin{cases}\log_a(\sqrt{1+x^2}+1)-\log_a x, & x>0,\\ \log_a(\sqrt{1+x^2}-1)-\log_a(-x), & x<0.\end{cases}$$

例 6　设 $f(x)=\begin{cases}\sqrt{3-x}, & -2\leqslant x<0,\\ x^2, & 0\leqslant x\leqslant 2,\end{cases}$ 求 $f(-1)$，$f(0)$，$f(2-x)$，$f(x-2)$.

解　$f(-1)=\sqrt{3-(-1)}=2$；$f(0)=0^2=0$；

$$f(2-x)=\begin{cases}\sqrt{3-(2-x)}, & -2\leqslant 2-x<0,\\ (2-x)^2, & 0\leqslant 2-x\leqslant 2,\end{cases}$$

即

$$f(2-x)=\begin{cases}\sqrt{1+x}, & 2<x\leqslant 4,\\ x^2-4x+4, & 0\leqslant x\leqslant 2;\end{cases}$$

$$f(x-2)=\begin{cases}\sqrt{3-(x-2)}, & -2\leqslant x-2<0,\\ (x-2)^2, & 0\leqslant x-2\leqslant 2,\end{cases}$$

即

$$f(x-2)=\begin{cases}\sqrt{5-x}, & 0\leqslant x<2,\\ x^2-4x+4, & 2\leqslant x\leqslant 4.\end{cases}$$

例 7　设 $f\left(\frac{x-1}{x+1}\right)=x^2$，求 $f(x)$，写出 $f(x)$ 的定义域，并计算 $f(0)$，$f(-1)$.

解　令 $u=\frac{x-1}{x+1}$，从而 $x=\frac{1+u}{1-u}$，于是

$$f(u)=\left(\frac{1+u}{1-u}\right)^2,$$

$$f(x)=\left(\frac{1+x}{1-x}\right)^2,$$

定义域是 $\{x\mid x\neq 1\}$. $f(0)=1^2=1$，$f(-1)=0^2=0$.

3. 几个常用的函数及其图像

所谓函数 $y=f(x)\ (x\in X)$ 的图像，是指 xOy 平面上的点集

$$\{(x,y)\mid y=f(x),x\in X\}.$$

由于 X 中的每一个 x_0，有且仅有一个 $y_0=f(x_0)$ 与之对应，所以与 y 轴平行的直线 $x=x_0\ (x_0\in X)$，与 $y=f(x)$ 的图像必相交，且仅交于一点 (x_0,y_0).

下面举几个常用的函数及其图像的例子.

例 8 绝对值函数

$$y=|x|=\begin{cases}x, & x>0,\\0, & x=0,\\-x, & x<0,\end{cases}$$

其图像如图 1-3 所示.

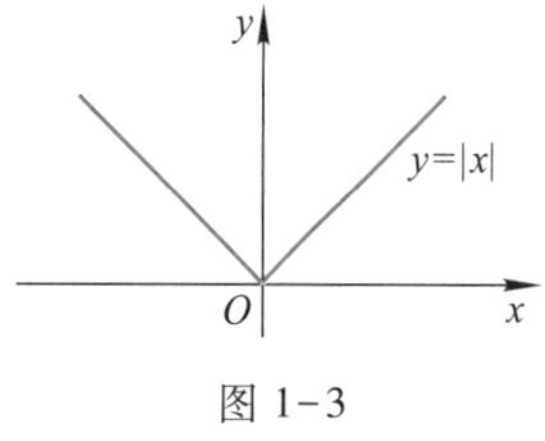

图 1-3

例 9 符号函数

$$y=\operatorname{sgn} x=\begin{cases}1, & x>0,\\0, & x=0,\\-1, & x<0,\end{cases}$$

它表示 x 的符号,故称为符号函数.其图像如图 1-4 所示.显然有

$$|x|=x\operatorname{sgn} x,\quad x\in(-\infty,+\infty).$$

例 10 取整函数 $[x]$,它表示不超过 x 的最大整数.例如,$[3.2]=3$,$[4]=4$,$[-\pi]=-4$.一般,设 $n\leqslant x<n+1$(n 为整数),则 $[x]=n$.$y=[x]$ 的图像如图 1-5 所示.显然有

$$[x]\leqslant x<[x]+1,$$

$$[x+1]=[x]+1,$$

$$[x+n]=[x+n-1]+1=\cdots=[x]+n,\ x\in(-\infty,+\infty).$$

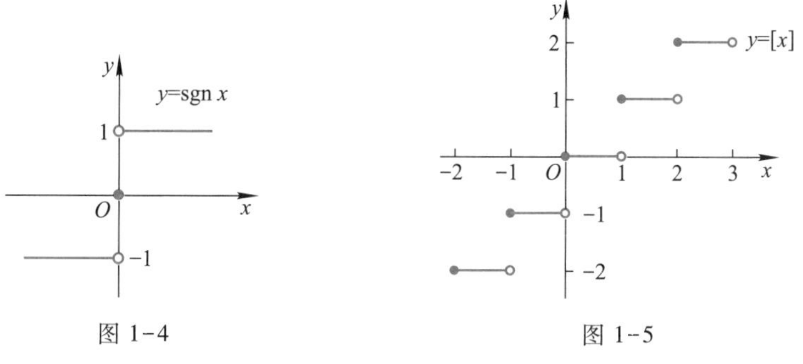

图 1-4　　图 1-5

§1.2 函数的几种特性

研究函数时,经常要讨论其是否具有某种特性.

一、单调性

定义 1.2 设函数 $f(x)$ 在实数集 X 上有定义.对于任意的 $x_1\in X$,$x_2\in X$,$x_1<x_2$,如果一定有

$$f(x_1)\leqslant f(x_2)\quad (f(x_1)\geqslant f(x_2)),$$

那么称 $f(x)$ 在 X 上是单调增加(单调减少)的;如果一定有

$$f(x_1)<f(x_2)\quad (f(x_1)>f(x_2)),$$

那么称 $f(x)$ 在 X 上是严格单调增加(严格单调减少)的.□

单调增加(单调减少)有时也称单调不减(单调不增).单调增加与严格单调增加虽然仅是“=”的区别,但是以后将会看到,在某些场合两者却有很大的不同.

函数 $f(x)=x^3$ 在 $(-\infty,+\infty)$ 内是严格单调增加的；函数 $f(x)=\dfrac{1}{x}$ 在 $(-\infty,0)$ 与 $(0,+\infty)$ 内分别都是严格单调减少的，但不能说成在 $(-\infty,0)\cup(0,+\infty)$ 内是严格单调减少的；函数 $f(x)=x^2$ 在 $(-\infty,0]$ 上是严格单调减少的，在 $[0,+\infty)$ 上是严格单调增加的，而在 $(-\infty,+\infty)$ 内不是单调的；函数 $f(x)=[x]$ 在 $(-\infty,+\infty)$ 内是单调增加的，但不是严格单调增加. 例如设 $x_1<n\leqslant x_2$，则 $f(x_1)=[x_1]<[x_2]=f(x_2)$，若设 $n\leqslant x_1<x_2<n+1$，则 $f(x_1)=f(x_2)=n$. 所以 $f(x)$ 单调增加但不是严格单调增加.

用定义检验单调性是比较麻烦的，并且往往不容易做到，将来学了微分学后，会有比较好的方法来处理.

二、奇偶性

定义 1.3 设函数 $f(x)$ 在关于原点对称的某实数集 X 上有定义，并且对于任意 $x\in X$，必有 $f(-x)=f(x)$ $(f(-x)=-f(x))$，则称 $f(x)$ 在 X 上为偶函数（奇函数）.□

在直角坐标系 xOy 中，偶函数的图像关于 y 轴对称，奇函数的图像关于坐标原点 $(0,0)$ 对称.

判别函数奇偶性的方法主要靠定义. 当然，如果 X 不关于原点对称，那么 $f(x)$ 在 X 上不能讨论它的奇偶性，所以必不是偶函数（奇函数）.

例如，设 $f(x)=\log_a(x+\sqrt{1+x^2})$，$x\in\mathbf{R}$，其中 $a>0$，$a\neq1$. 由于 $f(-x)=-f(x)$（见本章 §1.1 例 5），所以 $\log_a(x+\sqrt{1+x^2})$ 是奇函数.

两非零偶函数的乘积，两非零奇函数的乘积，都是偶函数；均非零的一奇一偶两函数的乘积为奇函数；一非零奇函数与一非零偶函数的和为非奇非偶函数.

三、周期性

定义 1.4 设 $f(x)$ 的定义域是 X，如果存在常数 $T>0$，当 $x\in X$ 时，必有 $x\pm T\in X$，并且 $f(x+T)=f(x)$，那么称 $f(x)$ 为周期函数，T 称为它的一个周期. 通常称的周期是指使 $f(x+T)=f(x)$ 成立的最小正数 T（如果存在）.□

例如，$\sin\omega x$，$\cos\omega x$ 的周期是 $\dfrac{2\pi}{\omega}$ $(\omega>0)$；$\tan\omega x$ 的周期是 $\dfrac{\pi}{\omega}$ $(\omega>0)$. 常数 C 也是一个周期函数，任意实数 $T>0$ 都是它的周期，它没有最小正周期.

判别 $f(x)$ 是否为周期函数，主要靠定义.

四、有界性

定义 1.5 设函数 $f(x)$ 在 X 上有定义. 如果存在常数 M，当 $x\in X$ 时 $f(x)\leqslant M$，那么称 $f(x)$ 在 X 上有上界；如果存在 m，当 $x\in X$ 时 $f(x)\geqslant m$，那么称 $f(x)$ 在 X 上有下界；如果 $f(x)$ 在 X 上既有上界又有下界，那么称 $f(x)$ 在 X 上有界.□

定义中的 m 与 M 分别称为 $f(x)$ 在 X 的下界与上界，显然，如果 $m(M)$ 是 $f(x)$ 在 X 的下界（上界），那么比 m 小（比 M 大）的任何实数，也都是 $f(x)$ 在 X 的下界（上界）.

如果不论 M 多么大，总有 $x\in X$ 使 $f(x)>M$，那么称 $f(x)$ 在 X 上无上界. 类似地可以定义无下界.

例如，函数 $\sin x$ 在 $(-\infty,+\infty)$ 内有界；函数 $a^x(a>1)$ 在 $(-\infty,+\infty)$ 内有下界，无上界；函数 $\log_a x(a>1)$ 在 $(0,+\infty)$ 内无下界，也无上界.

如何判别函数 $f(x)$ 在 X 上有上(下)界？简单一点的函数，可利用它的性质讨论之. 而一般要将它在 X 上放大(缩小)，直至明确它小(大)于某常数，这就牵涉不等式问题，比较难了.以后在适当的地方会提到.

定理 1.1 $f(x)$ 在 X 上有界的充要条件是存在 $M>0$，使当 $x\in X$ 时 $|f(x)|\leqslant M$.

证明 (充分性)设存在 $M>0$ 使当 $x\in X$ 时 $|f(x)|\leqslant M$，即 $-M\leqslant f(x)\leqslant M$，于是知 $f(x)$ 在 X 上既有上界又有下界.

(必要性)设 $f(x)$ 在 X 上既有上界又有下界，即存在 m_1 与 m_2，使当 $x\in X$ 时 $m_1\leqslant f(x)\leqslant m_2$.取 $M=\max\{|m_1|,|m_2|\}$，于是有

$$-M\leqslant -|m_1|\leqslant m_1\leqslant f(x)\leqslant m_2\leqslant |m_2|\leqslant M,$$

从而 $|f(x)|\leqslant M$.证毕.

§1.3 反函数与复合函数

一、反函数

定义 1.6 设函数

$$y=f(x) \tag{1.2}$$

的定义域是 X，值域是 Y.如果对于 Y 内的每一个 y，由(1.2)可以确定唯一的 $x\in X$，这样定义在 Y 上的函数，称为 $y=f(x)$ 的**反函数**，记为

$$x=f^{-1}(y)\quad 或\quad x=\varphi(y),\quad y\in Y.\square \tag{1.3}$$

这里 f^{-1} 是函数 f 的反函数的记号，而不是 f 的负 1 次幂.由反函数的定义，有

$$y\equiv f(f^{-1}(y)),y\in Y;\quad x\equiv f^{-1}(f(x)),x\in X.$$

中学教科书里，也经常将 $y=f(x)$ 的反函数 $x=f^{-1}(y)$ 写成 $y=f^{-1}(x)$.

相对于反函数，原来那个函数称为**直接函数**.直接函数 $y=f(x)$ 与它的反函数 $x=f^{-1}(y)$ 的图像是一致的.而直接函数 $y=f(x)$ 与它的反函数 $y=f^{-1}(x)$ 的图像关于直线 $y=x$ 对称，如图1-6 所示，这些在中学教科书里都论述了，证明从略.

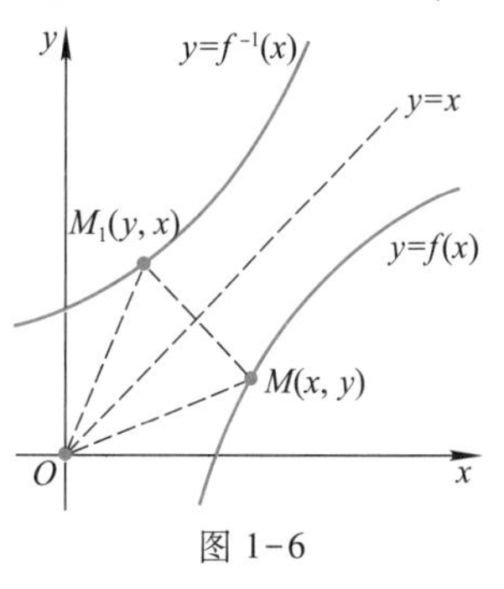

图 1-6

例 1 求函数

$$y=f(x)=\begin{cases}(x-1)^2, & x\leqslant 1,\\ \dfrac{1}{1-x}, & x>1\end{cases}$$

的反函数.

解 如图 1-7 所示，当 $x\leqslant 1$ 时，由 $y=(x-1)^2$ 得 $y\geqslant 0$，并解得

$$x=f^{-1}(y)=1-\sqrt{y}.$$

当 $x>1$ 时，由 $y=\dfrac{1}{1-x}$ 得 $y<0$，并解得

$$x=f^{-1}(y)=1-\frac{1}{y}.$$

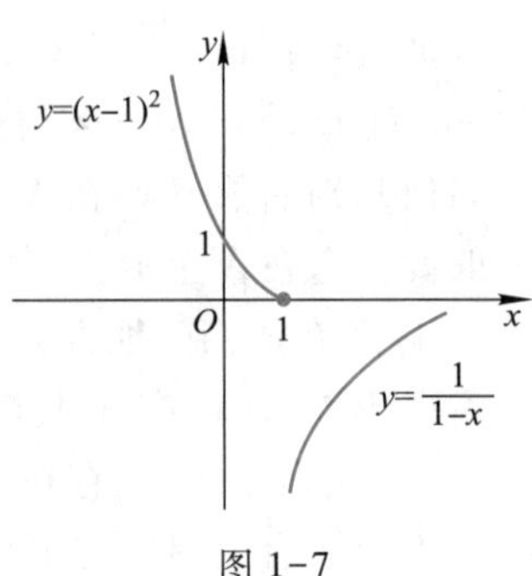

图 1-7

所以反函数

$$x=f^{-1}(y)=\begin{cases}1-\sqrt{y}, & y\geqslant 0,\\ 1-\dfrac{1}{y}, & y<0,\end{cases}$$

或写成

$$y=f^{-1}(x)=\begin{cases}1-\sqrt{x}, & x\geqslant 0,\\ 1-\dfrac{1}{x}, & x<0.\end{cases}$$

二、复合函数

定义 1.7 设函数 $y=f(u)$ 的定义域是 D_f,函数 $u=\varphi(x)$ 的定义域是 D_φ,值域是 R_φ.若 $D_f\cap R_\varphi\neq\varnothing$($\varnothing$表示空集),则称函数 $y=f(\varphi(x))$ 为 φ 与 f 的**复合函数**,它的定义域是 $\{x\mid x\in D_\varphi \text{ 且 } \varphi(x)\in D_f\}$.$u$ 称为**中间变量**,x 称为**自变量**.□

例如,$y=\sqrt{u}$,$u=\lg x$ 可以构成复合函数

$$y=\sqrt{\lg x},$$

其定义域是使 $\lg x\geqslant 0$ 的 x,即 $x\in[1,+\infty)$.

又如 $y=\arcsin u$,$u=x^2+2$ 不能构成复合函数.这是因为 $u=x^2+2$ 的值域为$[2,+\infty)$,而 $y=\arcsin u$ 的定义域为$[-1,1]$,它与$[2,+\infty)$的交为空集.

复合函数可以不止复合一次,而且可以复合多次.例如,设

$$y=\arcsin u,\quad u=\sqrt{v},\quad v=4-x^2,$$

则它们构成的复合函数为

$$y=\arcsin\sqrt{4-x^2}.$$

例 2 求复合函数 $y=\arcsin\sqrt{4-x^2}$ 的定义域.

解 求复合函数的定义域,应由外层向内层,层层往里剥.由 $\arcsin u$ 的定义域知

$$-1\leqslant u=\sqrt{4-x^2}\leqslant 1.$$

但$\sqrt{4-x^2}\geqslant 0$,故

$$0\leqslant\sqrt{4-x^2}\leqslant 1.$$

再向里层,得

$$0\leqslant 4-x^2\leqslant 1.$$

从而

$$3\leqslant x^2\leqslant 4.$$

故知复合函数 $y=\arcsin\sqrt{4-x^2}$ 的定义域是

$$\{x\mid -2\leqslant x\leqslant-\sqrt{3} \text{ 或 } \sqrt{3}\leqslant x\leqslant 2\}.$$

求复合函数

$$y=f[\varphi(x)]$$

的定义域,可以像这个例子那样,由外层往里剥,先求 $f(u)$ 的定义域 D_f,以它限制 $\varphi(x)$ 的取值范围,$\varphi(x)\in D_f$,求出 $\varphi(x)$ 的 x 的取值范围,即为复合函数 $y=f[\varphi(x)]$ 的定义域.

§1.4 基本初等函数与初等函数

中学里已学过基本初等函数.为方便读者,下面复习有关基本初等函数的知识,并简单介绍若干建立函数关系的例子.

一、基本初等函数

基本初等函数通常指的就是下面六种.

1. 常值函数

$y=C$(C 为实常数),定义域为$(-\infty,+\infty)$.

它的性质及图像显而易见,从略.

2. 幂函数

$$y=x^{\alpha}\quad(\alpha\text{ 为实常数}).$$

当 $\alpha=0$ 时,0^0 无定义,$x^0=1(x\neq 0)$;

当 α 为正整数时,该函数的定义域为$(-\infty,+\infty)$;

当 α 为负整数时,该函数的定义域为$(-\infty,0)\cup(0,+\infty)$;

当 α 为有理数时,设 $\alpha=\dfrac{p}{q}$(p,q 为既约整数,且 $q\geqslant 2$),定义域要根据 q 的奇偶性及 p 的正负而定,具体如下:

$$y=x^{\frac{p}{q}}\text{的定义域}\begin{cases}q\text{ 为奇数}\begin{cases}\text{当 } p>0 \text{ 时}, x\in(-\infty,+\infty),\\ \text{当 } p<0 \text{ 时}, x\in(-\infty,0)\cup(0,+\infty),\end{cases}\\ q\text{ 为偶数}\begin{cases}\text{当 } p>0 \text{ 时}, x\in[0,+\infty),\\ \text{当 } p<0 \text{ 时}, x\in(0,+\infty).\end{cases}\end{cases}$$

当 α 为无理数时,定义域为$(0,+\infty)$.

总之,不论 $\alpha(\alpha\neq 0)$ 是什么样的实数,幂函数 $y=x^{\alpha}$ 当 $x\in(0,+\infty)$ 时都有定义,并且在此区间内,当 $\alpha>0$ 时 $y=x^{\alpha}$ 严格单调增加,当 $\alpha<0$ 时 $y=x^{\alpha}$ 严格单调减少,且其图像均经过点$(1,1)$.当 α 为奇数时,$y=x^{\alpha}$ 为奇函数;当 α 为偶数时,$y=x^{\alpha}$ 为偶函数.对于几个具体的 α,在第一象限中的图像见图 1-8 和图 1-9.

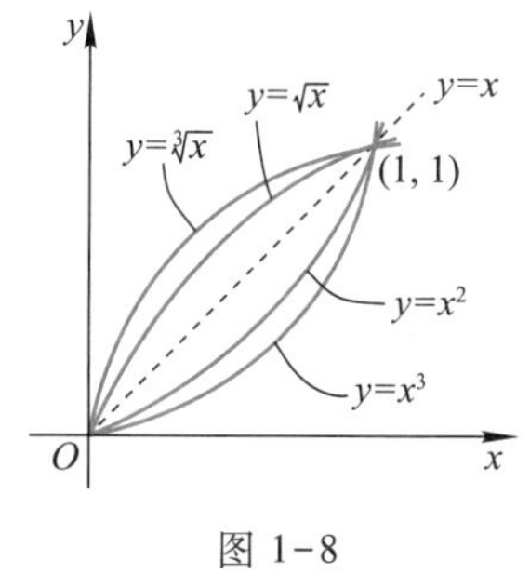

图 1-8

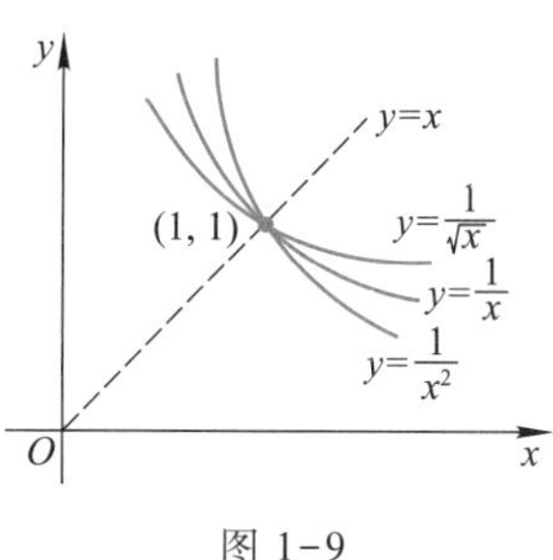

图 1-9

3. 指数函数

$$y=a^{x}\quad(a\text{ 为实常数},a>0,a\neq 1).$$

其定义域为$(-\infty,+\infty)$.

只要实常数$a>0,a\neq 1$,$y=a^{x}$的图像总经过点$(0,1)$,且总有$a^{x}>0$.当$a>1$时,$y=a^{x}$严格单调增加;当$0<a<1$时,$y=a^{x}$严格单调减少.

在高等数学中π是一个常见的无理数.此外还经常用无理数

$$\mathrm{e}=2.718\ 281\ 828\ 459\ 045\ \cdots$$

作为底,$y=\mathrm{e}^{x}$与$y=\mathrm{e}^{-x}$的图像关于y轴对称(如图 1-10 所示).

4. 对数函数

$$y=\log_{a}x\quad(a\text{ 为实常数},a>0,a\neq 1).$$

其定义域为$0<x<+\infty$.

对数函数$y=\log_{a}x$与指数函数$y=a^{x}$互为反函数,它们的图像关于直线$y=x$对称.当$a>1$时,$y=\log_{a}x$严格单调增加;当$0<a<1$时,$y=\log_{a}x$严格单调减少.不论是哪种情形,$y=\log_{a}x$的图像总经过点$(1,0)$.以 e 为底的对数称为自然对数,常记成$y=\log_{\mathrm{e}}x=\ln x$.图 1-11中画的是$y=\ln x$与$y=\log_{\frac{1}{\mathrm{e}}}x=-\ln x$的图像.

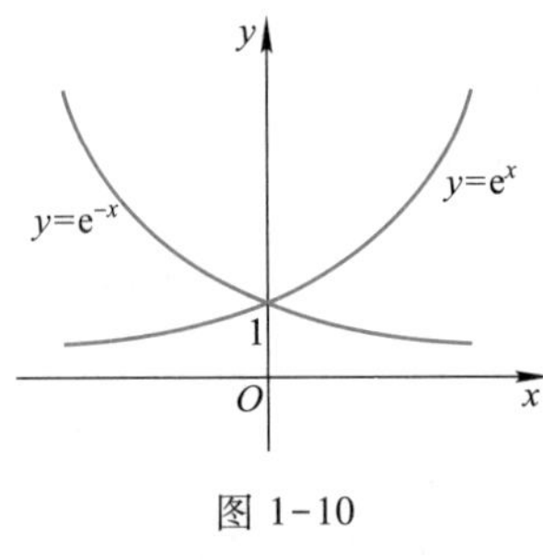

图 1-10

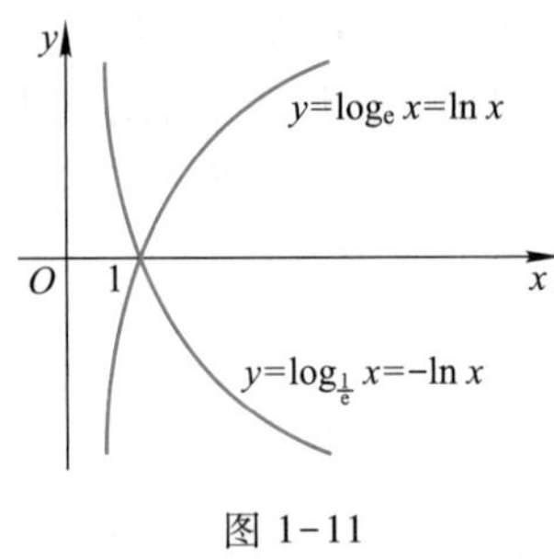

图 1-11

5. 三角函数

三角函数通常是指下面四个函数.

$y=\sin x$,定义域是$(-\infty,+\infty)$,有界,周期为2π,奇函数.当$-\dfrac{\pi}{2}\leqslant x\leqslant\dfrac{\pi}{2}$时严格单调增加,当$\dfrac{\pi}{2}\leqslant x\leqslant\dfrac{3\pi}{2}$时严格单调减少.

$y=\cos x$,定义域是$(-\infty,+\infty)$,有界,周期为2π,偶函数.当$-\pi\leqslant x\leqslant 0$时严格单调增加,当$0\leqslant x\leqslant\pi$时严格单调减少.

$y=\tan x$,定义域是$x\neq\left(k+\dfrac{1}{2}\right)\pi,k=0,\pm1,\pm2,\cdots$,无界,周期为$\pi$,奇函数.当$-\dfrac{\pi}{2}<x<\dfrac{\pi}{2}$时严格单调增加.

$y=\cot x$,定义域是$x\neq k\pi,k=0,\pm1,\pm2,\cdots$,无界,周期为$\pi$,奇函数.当$0<x<\pi$时严格单调减少.

当下面等式左、右两端都有定义时,有

$$\tan x=\frac{1}{\cot x}.$$

$y=\sin x, y=\cos x, y=\tan x, y=\cot x$ 的图形分别如图 1-12(a)—(d)所示.

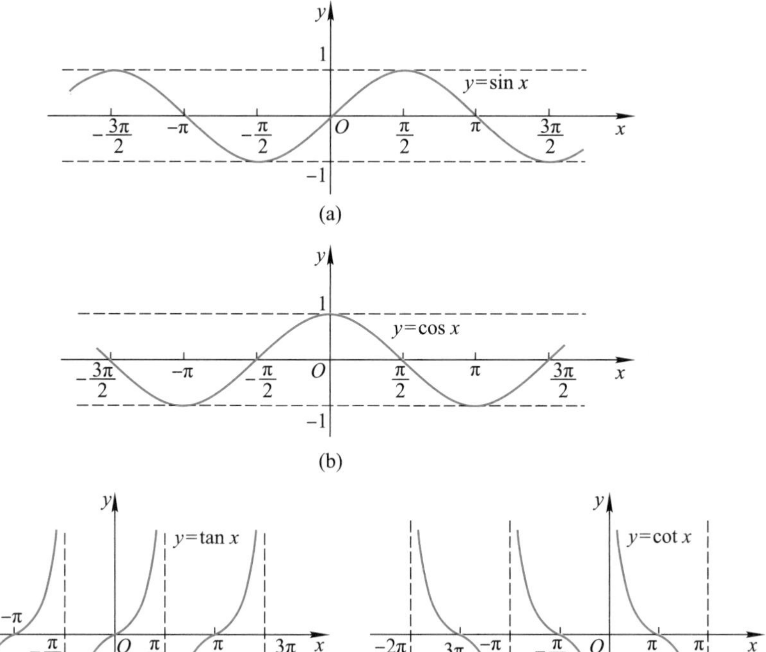

(a) (b) (c) (d)

图 1-12

6. 反三角函数

反三角函数通常是指下面四个函数.

$y=\arcsin x$,定义域是$[-1,1]$,值域是$\left[-\frac{\pi}{2},\frac{\pi}{2}\right]$,奇函数,严格单调增加.

$$\sin(\arcsin x)\equiv x, \quad -1\leqslant x\leqslant 1;$$

$$\arcsin(\sin x)\equiv x, \quad -\frac{\pi}{2}\leqslant x\leqslant \frac{\pi}{2}.$$

$y=\arccos x$,定义域是$[-1,1]$,值域是$[0,\pi]$,严格单调减少.

$$\cos(\arccos x)\equiv x, \quad -1\leqslant x\leqslant 1;$$

$$\arccos(\cos x)\equiv x, \quad 0\leqslant x\leqslant \pi.$$

$$\arcsin x+\arccos x\equiv \frac{\pi}{2}, \quad -1\leqslant x\leqslant 1.$$

$y=\arctan x$,定义域是$(-\infty,+\infty)$,值域是$\left(-\frac{\pi}{2},\frac{\pi}{2}\right)$,奇函数,严格单调增加.

$$\tan(\arctan x)\equiv x, \quad -\infty<x<+\infty;$$

$$\arctan(\tan x)\equiv x, \quad -\frac{\pi}{2}<x<\frac{\pi}{2}.$$

$y=\operatorname{arccot} x$,定义域是$(-\infty,+\infty)$,值域是$(0,\pi)$,严格单调减少.

$$\cot(\operatorname{arccot} x) \equiv x, \quad -\infty<x<+\infty;$$
$$\operatorname{arccot}(\cot x) \equiv x, \quad 0<x<\pi.$$
$$\arctan \frac{1}{x} = \operatorname{arccot} x, \quad x>0.$$

$y=\arcsin x, y=\arccos x, y=\arctan x, y=\operatorname{arccot} x$ 的图形分别如图 1-13(a)—(d)所示.

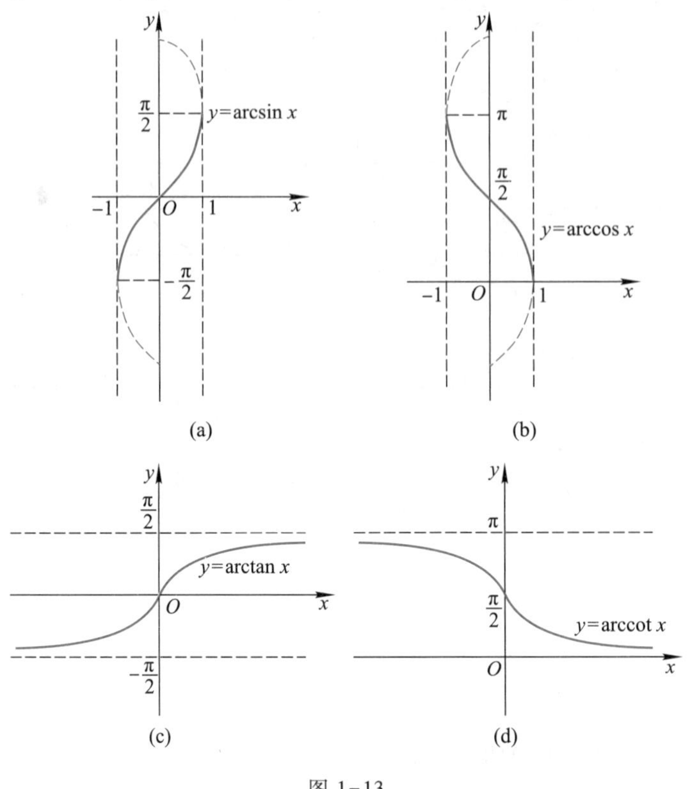

图 1-13

二、初等函数

由基本初等函数经有限次四则运算以及有限次复合步骤所构成的并且可以由一个式子所表示的函数称为初等函数.

分段函数一般说来不是初等函数,但它是表示函数的重要形式.例如§1.1 的例 2,例 6,例 9,例 10 都是分段函数.

初等函数的定义域可以是一个区间,也可以是几个区间的并,甚至可以是一些孤立的点.例如,$y=\sqrt{\cos \pi x-1}$ 的定义域是 $x=0,\pm 2,\pm 4,\cdots$.

三、建立简单函数关系举例

例 1 将一个底半径为 2 cm,高为 10 cm 的圆锥形杯做成量杯,要在上面刻上表示容积的刻度.

(1) 求出液面高度与其对应容积之间的函数关系;

(2) 若以 v_0(cm^3/s)的等速往量杯内注入液体,并设 $t=0$ 时量杯内无溶液,求量杯内

液面高度与时间 t 的关系.

解　(1) 如图 1-14 所示，$\dfrac{h}{10}=\dfrac{r}{2}$，容积

$$V=\frac{1}{3}\pi r^2 h=\frac{\pi}{75}h^3,\ 0\leqslant h\leqslant 10.$$

(2) 到时刻 t，量杯内溶液体积 $V=v_0 t$，此时液面高为 h，于是 $v_0 t=\dfrac{\pi}{75}h^3$，从而

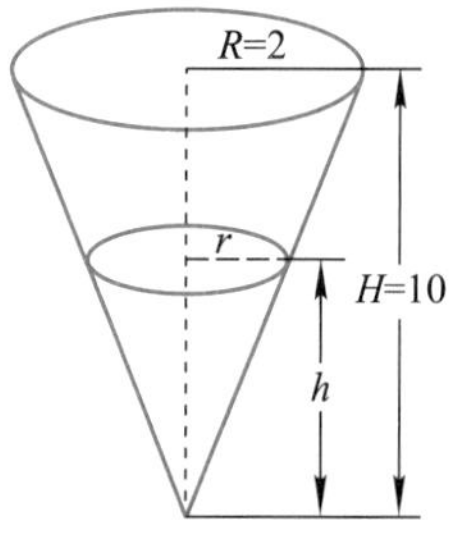

$$h=\sqrt[3]{\frac{75v_0 t}{\pi}},\ 0\leqslant t\leqslant\frac{40\pi}{3v_0}.$$

当 $t=\dfrac{40\pi}{3v_0}$(s) 时 $h=10$ (cm).

图 1-14

四、综合举例

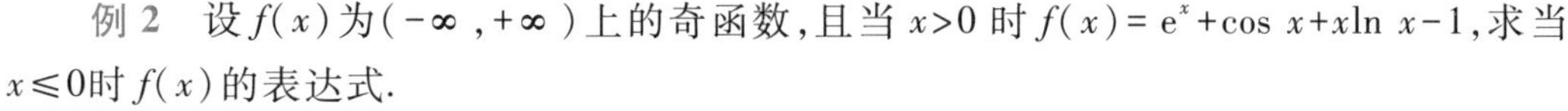

例 2　设 $f(x)$ 为 $(-\infty,+\infty)$ 上的奇函数，且当 $x>0$ 时 $f(x)=\mathrm{e}^x+\cos x+x\ln x-1$，求当 $x\leqslant 0$ 时 $f(x)$ 的表达式.

解　由奇函数的定义，当 $x<0$ 时，

$$\begin{aligned}f(x)&=-f(-x)=-[\mathrm{e}^{-x}+\cos(-x)+(-x)\ln(-x)-1]\\&=-\mathrm{e}^{-x}-\cos x+x\ln(-x)+1.\end{aligned}$$

注意，奇函数只要在 $x=0$ 处有定义，必有 $f(0)=0$.

例 3　设 $f(x)$ 为 $(-\infty,+\infty)$ 上的偶函数，且存在常数 $a>0$，使对任意 x 有 $f(a+x)=f(a-x)$，证明 $f(x)$ 有周期 $2a$.

证明　只要证明对任意 x 有 $f(2a+x)=f(x)$. 由题设条件，有

$$f(2a+x)=f(a+(a+x))=f(a-(a+x))=f(-x)=f(x).$$

证毕.

例 4　求函数 $y=f(x)=\ln(x+\sqrt{x^2+1})$ 的反函数 $f^{-1}(x)$ 的表达式及其定义域.

解　直接由 $y=\ln(x+\sqrt{x^2+1})$ 解出 $x=f^{-1}(y)$ 会很麻烦，今采用下述办法：

$$\begin{aligned}-y&=-\ln(x+\sqrt{x^2+1})=\ln\frac{1}{x+\sqrt{x^2+1}}\\&=\ln\frac{\sqrt{x^2+1}-x}{(\sqrt{x^2+1}+x)(\sqrt{x^2+1}-x)}\\&=\ln(\sqrt{x^2+1}-x),\end{aligned}$$

所以

$$\mathrm{e}^{-y}=\sqrt{x^2+1}-x.$$

再由 $y=f(x)$ 的表达式有

$$\mathrm{e}^{y}=\sqrt{x^2+1}+x.$$

于是得

$$x=\frac{1}{2}(e^{y}-e^{-y}).$$

它就是 $y=f(x)$ 的反函数 $x=f^{-1}(y)$，也可写成

$$y=f^{-1}(x)=\frac{1}{2}(e^{x}-e^{-x}).$$

显然其定义域为 $(-\infty,+\infty)$.

注意，本题如果直接用 $y=\ln(x+\sqrt{x^2+1})$ 去解出 x，写成 $x=f^{-1}(y)$，会很麻烦.读者不妨一试.

下面举一个分段函数与分段函数复合，最后构成复合函数的例子.一般说来，最后得到的也是分段函数，但是复合的过程显得有点烦琐.

例5 设

$$g(x)=\begin{cases}2-x, & x\leqslant 0,\\ x+2, & x>0,\end{cases}\quad f(x)=\begin{cases}x^2, & x<0,\\ -x, & x\geqslant 0,\end{cases}$$

(1) 写出 $g(f(x))$ 的表达式；(2) 写出 $f(g(x))$ 的表达式.

解 (1) 将 $g(f(x))$ 改写为 $g(u)$，$u=f(x)$，有

$$g(u)=\begin{cases}2-u, & \text{当 } u\leqslant 0,\\ u+2, & \text{当 } u>0,\end{cases}\quad u=f(x)=\begin{cases}x^2>0, & x<0,\\ -x\leqslant 0, & x\geqslant 0.\end{cases}$$

复合起来，得到

$$g(f(x))=\begin{cases}2-f(x)=\begin{cases}2-x^2, & f(x)\leqslant 0 \text{ 且 } x<0, & ①\\ 2-(-x), & f(x)\leqslant 0 \text{ 且 } x\geqslant 0, & ②\end{cases}\\ f(x)+2=\begin{cases}x^2+2, & f(x)>0 \text{ 且 } x<0, & ③\\ -x+2, & f(x)>0 \text{ 且 } x\geqslant 0. & ④\end{cases}\end{cases}$$

以上的① $f(x)\leqslant 0$ 且 $x<0$ 是矛盾的，④ $f(x)>0$ 且 $x\geqslant 0$ 也是矛盾的，所以最后得②与③，即

$$g(f(x))=\begin{cases}2+x, & x\geqslant 0,\\ x^2+2, & x<0.\end{cases}$$

(2) 将 $f(g(x))$ 写成 $f(v)$，$v=g(x)$，有

$$f(v)=\begin{cases}v^2, & v<0,\\ -v, & v\geqslant 0,\end{cases}\quad v=g(x)=\begin{cases}2-x, & x\leqslant 0,\\ x+2, & x>0.\end{cases}$$

复合起来，得到

$$f(g(x))=\begin{cases}(g(x))^2=\begin{cases}(2-x)^2, & g(x)<0 \text{ 且 } x\leqslant 0, & ⑤\\ (x+2)^2, & g(x)<0 \text{ 且 } x>0, & ⑥\end{cases}\\ -g(x)=\begin{cases}-(2-x), & g(x)\geqslant 0 \text{ 且 } x\leqslant 0, & ⑦\\ -(x+2), & g(x)\geqslant 0 \text{ 且 } x>0. & ⑧\end{cases}\end{cases}$$

以上的⑤ $g(x)<0$ 且 $x\leqslant 0$ 是矛盾的，⑥ $g(x)<0$ 且 $x>0$ 也是矛盾的，所以最后得⑦与⑧，即

$$f(g(x))=\begin{cases}x-2, & x\leqslant 0,\\ -x-2, & x>0.\end{cases}$$

解毕.

注　由于本题较简单,实际的复合过程不必如上那么复杂地去做,很容易得到 $g(f(x))$ 与 $f(g(x))$.上面那种做法是一般的做法.

圆周率与割圆术

习题一

§1.1

1. 设 $f(x)=ax^2+bx+c$,求:

(1) $f(x+h)-f(x)$;

(2) $f(x+3)-3f(x+2)+3f(x+1)-f(x)$.

2. 设

$$f(x)=\begin{cases}a^x, & x\geqslant 0(\text{其中 } a>0,a\neq 1),\\ \sqrt{1-x}, & x<0,\end{cases}$$

求 $f(2-x)$,$f(x-2)$.

3. 求 $f(x)$:

(1) 已知 $f(x^2)=\dfrac{1}{x}\quad (x<0)$;

(2) 已知 $f\left(x+\dfrac{1}{x}\right)=x^2+\dfrac{1}{x^2}\quad (x\neq 0)$;

(3) 已知 $f(\sin^2 x)=\cos 2x+\tan^2 x$;

(4) 已知 $f(2+\cos x)=\sin^2 x+\tan^2 x$.

4. 求 $y=\sqrt{x^2+4x-5}$ 的定义域.

5. 求 $y=\sqrt{\lg(5x-4x^2)}$ 的定义域.

6. 设函数 $y=y(x)$ 由方程 $x^2-\arcsin y=\pi$ 所确定,求 $y=y(x)$ 的定义域.

7. 设常数 $a>0$,函数 $f(x)$ 的定义域是区间 $[0,1]$,讨论 a,求函数 $f(x+a)+f(x-a)$ 的定义域.

8. 设 $f(x)$ 在 $0<x<1$ 内有定义,求下列函数的定义域:

(1) $f(1-x^2)$;　　(2) $f(\sin x)$;　　(3) $f(\lg x)$.

§1.2

9. 讨论下列函数的奇偶性(其中常数 $a>0,a\neq 1$):

(1) $f(x)=\log_a(x+\sqrt{x^2+1})$;

(2) $f(x)=\dfrac{1}{2}(a^x+a^{-x})$;

(3) $f(x)=\begin{cases}x^3+1, & x\geqslant 0,\\ -x^3+1, & x<0;\end{cases}$

(4) $f(x)=\begin{cases}-x^2+4x+1, & x>0,\\ x^2+4x-1, & x<0.\end{cases}$

10. 设$f(x)$的定义域为$(-a,a)(a>0)$,讨论下列函数的奇偶性:

(1) $\varphi(x)=f(x)+f(-x)$; (2) $\varphi(x)=f(x)-f(-x)$.

11. 设$f(x)$的定义域为$(-a,a)(a>0)$,证明$f(x)$必可表示为一个偶函数与一个奇函数之和.

12. 设$f(x)$为区间$(-\infty,+\infty)$上的奇函数,且当$x>0$时$f(x)=3^x+\sin x+\cos x-1$,求当$x\leqslant 0$时$f(x)$的表达式.

13. 设$f(x)$与$g(x)$分别是定义在$(-\infty,+\infty)$上非零的偶函数与奇函数,试讨论下列函数的奇偶性:

(1) $f(g(x))$; (2) $g(f(x))$; (3) $f(f(x))$;

(4) $g(g(x))$; (5) $f(x)g(x)$.

14. 设$f(x)$与$g(x)$分别是定义在$(-\infty,+\infty)$上的严格单调增函数与严格单调减函数,试讨论下列函数在$(-\infty,+\infty)$上的单调性:

(1) $f(g(x))$; (2) $g(f(x))$; (3) $f(f(x))$;

(4) $g(g(x))$; (5) $f(x)g(x)$; (6) $(f(x))^2$;

(7) $(g(x))^2$; *(8) $Af(x)+Bg(x)$,其中A,B为非零常数.

15. 讨论下列函数的单调性并注明单调区间:

(1) $f(x)=\dfrac{x-1}{x+1}$; (2) $f(x)=\dfrac{x^2-1}{x^2+1}$.

16. (1) 设$f(x)$在$(-\infty,+\infty)$内有定义,并且存在常数$a>0$,对任意x有$f(a+x)=-f(x)$,证明$f(x)$有周期$2a$;

*(2) 设$f(x)$在$(-\infty,+\infty)$内有定义,并且存在常数a与b,$b>a\geqslant 0$,对任意x有$f(a-x)=f(b-x)$,证明$f(x)$为周期函数.

17. 讨论下列函数的周期性,若为周期函数,并求周期:

(1) $f(x)=\sin^2 x$; (2) $f(x)=x-[x]$; (3) $f(x)=a^x(a>0,a\neq 1)$.

18. 设常数δ满足$0<\delta<1$,讨论函数$f(x)=\dfrac{1}{x}$

(1) 在区间$(0,1)$内的有界性;

(2) 在区间$[\delta,1)$内的有界性.

§1.3

19. 求下列函数的反函数$x=\varphi(y)$,并注明反函数的定义域:

(1) $y=x^2\quad(-\infty<x\leqslant 0)$; (2) $y=\sqrt{1-x^2}\quad(-1\leqslant x\leqslant 0)$;

(3) $y=\dfrac{x-1}{x+1}\quad(x\neq -1)$; (4) $y=\dfrac{1}{2}(\mathrm{e}^x-\mathrm{e}^{-x})\quad(-\infty<x<+\infty)$;

(5) $y=\begin{cases}\mathrm{e}^x, & -\infty<x\leqslant 0,\\ -\dfrac{1}{x}, & 0<x<+\infty.\end{cases}$

§1.4

20. 求下列函数值:

(1) $\arcsin\left(-\dfrac{\sqrt{2}}{2}\right)$; (2) $\arccos\left(-\dfrac{1}{2}\right)$;

(3) $\arcsin\left(\sin\dfrac{3\pi}{2}\right)$; (4) $\arctan\left(\tan\dfrac{5\pi}{4}\right)$;

(5) $\arcsin\left(\cos\frac{4\pi}{7}\right)$;　　　　(6) $\sin\left[\arccos\left(-\frac{5}{13}\right)\right]$.

21. 某工厂建造一蓄水池,池长 50 m,断面为一等腰梯形,其尺寸如图所示,为了随时能知道池中有多少立方米的水,在水池的端壁上标出刻度,看出水的高度 x m,就可知道此时池内的储水量 W m^3.试列出 W 与 x 的函数关系并写出定义域.

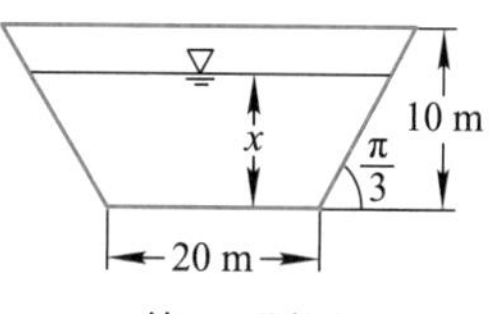

第 21 题图

22. 如图有一抛物弓形,试将内接于抛物弓形的矩形面积 A 表示为 x 的函数,并写出定义域.

23. 一半径为 R 的圆形铁片,自中心剪去一扇形,将剩余部分(中心角为 θ)围成一无盖的圆锥(如图所示),试求此圆锥的容积 V 与 θ 的函数关系.

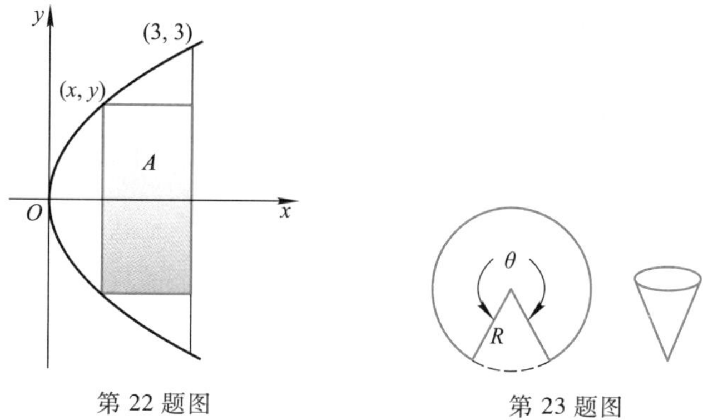

第 22 题图　　　　第 23 题图

*24. 某人向银行贷款购房,贷款 A_0 万元,月息为 r,分 n 个月归还,每月归还款数相同(此称等额本息还款,目前国内银行大都采用这个方案),试建立每月应向银行归还 A 万元依赖于 n 的计算公式(一般银行的基础教材中有此公式).

*25. 设 $f(x)=\begin{cases}(x-1)^2, & x\leqslant 1,\\ \dfrac{1}{1-x}, & x>1,\end{cases}$ 求 $f(f(x))$ 的表达式.

26. 某年 11 月 1 日 0 时,某用户的电表读数耗电量为 2684.2 度;11 月 30 日 24 时,其电表读数耗电量为 3013.4 度.按照本章 § 1.1 例 2 的阶梯电价计费标准,该用户该年 11 月份的电费是多少元(精确到分,分以下四舍五入)?

习题一参考答案与提示

2

第二章 极限与连续

极限是微积分学的基础,也是研究函数性态的重要而有力的工具.连续是函数的一个重要性态,自然科学中许多现象,反映到函数上来,具有连续性.本章介绍数列的极限、函数的极限、无穷小与无穷大、极限的运算法则、判断极限存在的两个重要准则与两个重要极限、无穷小的比较、函数连续与间断的概念、闭区间上连续函数的性质.

§2.1 数列的极限

一、什么叫数列

定义 2.1 一串无穷多个数(相同或不同,或部分相同部分不同),按照一定次序得到的排列

$$u_1, u_2, \cdots, u_n, \cdots$$

称为一个数列,简记为$\{u_n\}$,其中u_n称为通项,$u_1, u_2, \cdots$分别称为该数列的第1项,第2项,….□

例1 下面都是数列的例子:

(1) $\{n\}$: $1, 2, \cdots, n, \cdots$;

(2) $\left\{\frac{1}{n}\right\}$: $1, \frac{1}{2}, \frac{1}{3}, \cdots, \frac{1}{n}, \cdots$;

(3) $\left\{\frac{1}{2^n}\right\}$: $\frac{1}{2}, \frac{1}{2^2}, \frac{1}{2^3}, \cdots, \frac{1}{2^n}, \cdots$;

(4) $\{(-1)^n\}$: $-1, 1, -1, \cdots, (-1)^n, \cdots$;

(5) $\left\{1+(-1)^n\frac{1}{n}\right\}$: $0, \frac{3}{2}, \frac{2}{3}, \frac{5}{4}, \frac{4}{5}, \cdots, 1+(-1)^n\frac{1}{n}, \cdots$;

(6) $\{1\}$: $1, 1, 1, \cdots, 1, \cdots$.

数列$\{u_n\}$的通项可以看成定义在正整数集$\mathbf{Z}^+$上的函数:

$$u_n = f(n), \quad n \in \mathbf{Z}^+.$$

按自变量n从小到大将对应的这串函数值排列起来

$$f(1), f(2), \cdots, f(n), \cdots,$$

便得到一个数列$\{f(n)\}$.

数列的几何描述有两种方法:

方法 1 作 u 轴(水平),在 u 轴上标出点 $u_1,u_2,u_3,\cdots,u_n,\cdots$.这就是数列 $\{u_n\}$ 的一种几何描述(如图2-1所示).如果有 k 个不同的项对应了同一个点,那么这个点应作为 k 个点看待.例如上面例 1(4),u 轴上只能画出两个点 -1 与 1. 但它们分别代表无穷多项,所以应分别视为无穷多个点.

图 2-1

方法 2 作平面直角坐标系 xOy,在 x 轴上取正整数集 $\mathbf{Z}^+$,当 $n\in\mathbf{Z}^+$ 时对应的 u_n 作为纵坐标,在 xOy 平面上画出点 (n,u_n),$n=1,2,\cdots$,这是数列 $\{u_n\}$ 的又一种几何描述(如图2-2所示).

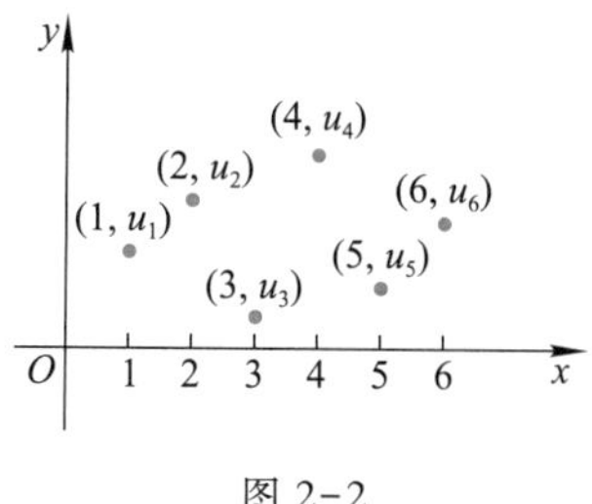

图 2-2

其中方法 1 较简洁,但由 $u_n(n=1,2,\cdots)$ 描出的点密集在一起,不易分清.特别当不同的项对应同一个点时,常易弄错:它究竟是代表一项还是多项?

方法 2 的好处是,与函数的图像画法一致,关于函数的一些性态,可以方便地搬到数列 $\{u_n\}$ 上来.

二、数列的极限

研究数列可以有各种不同的视角,例如研究它是否具有单调性、有界性等.这些以后再说.本节要讨论的是,当 n 无限变大时,数列 $\{u_n\}$ 是否能与某常数 A 任意接近?

例 2 讨论由曲线 $y=x^2$,x 轴,$x=1$ 围成的曲边三角形 OAB(如图 2-3 所示)的面积.

解 曲边三角形 OAB 的面积如何求? 暂且把曲边三角形 OAB 的面积记为 S,采用台阶形的面积逼近它.

为此将区间 $[0,1]$ 分成 n 等份,每份宽为 $\frac{1}{n}$.每份的左端点依次为

$$0,\frac{1}{n},\frac{2}{n},\cdots,\frac{n-1}{n}.$$

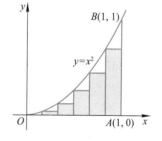

图 2-3

以它们所对应的曲线 $y=x^2$ 上的纵坐标为高作小矩形,得到一个台阶形,记其面积为 S_n,于是

$$\begin{aligned}S_n&=\frac{1}{n}0^2+\frac{1}{n}\left(\frac{1}{n}\right)^2+\frac{1}{n}\left(\frac{2}{n}\right)^2+\cdots+\frac{1}{n}\left(\frac{n-1}{n}\right)^2\\&=\frac{1}{n^3}[1^2+2^2+\cdots+(n-1)^2]\\&=\frac{n(n-1)(2n-1)}{6n^3}=\frac{1}{3}\left(1-\frac{1}{n}\right)\left(1-\frac{1}{2n}\right).\end{aligned}\tag{2.1}$$

从几何直观上可以这样认为,当 n 越大时,S_n 越接近 S.人们想到通过 n 无限变大,找出 S_n 能任意接近的那个值,这个值就应该是 S.另一方面,由(2.1)式可以看出,当 n 无限变大时,S_n 与 $\frac{1}{3}$ 能任意接近.这个 $\frac{1}{3}$ 理应就是这个图形的面积.

简单一点说,此例就是通过考察随 n 而变的变量变化趋势,看它能否与某常数任意接

近，从而找出这个常数值.

再举一个容易观察的数字例子.

例 3 讨论当 n 无限变大时，数列 $\left\{\frac{n-1}{n}\right\}$ 的变化趋势，它能否与某常数任意接近？

解 记 $u_n=\frac{n-1}{n}$，不妨令 $n=1,2,\cdots$，具体观察之：

$$\{u_n\}:0,\frac{1}{2},\frac{2}{3},\cdots,\frac{n-1}{n},\cdots.$$

显然，当 n 无限变大时，$\frac{n-1}{n}$ 无限接近常数 1. 换言之，$\frac{n-1}{n}$ 与 1 可以要多接近就多接近，只要 n 充分大. 按绝对值的几何意义，$\frac{n-1}{n}$ 与 1 的接近程度，可以用它们之间差的绝对值表示. 例如，对于给定的正数 10^{-3}，要使

$$\left|\frac{n-1}{n}-1\right|=\frac{1}{n}<10^{-3},$$

只要 $n>10^3$.

对于给定的正数，例如 10^{-8}，要使

$$\left|\frac{n-1}{n}-1\right|=\frac{1}{n}<10^{-8},$$

只要 $n>10^8$.

一般，可以看到，$u_n=\frac{n-1}{n}$ 与常数 1 之间有如下特点：对于任意给定的正数 ε，只要 $n>\frac{1}{\varepsilon}$，便有

$$|u_n-1|=\left|\frac{n-1}{n}-1\right|=\frac{1}{n}<\varepsilon. \tag{2.2}$$

但因 $\frac{1}{\varepsilon}$ 不一定是整数，故取 $N=\left[\frac{1}{\varepsilon}\right]$（$[\cdot]$ 的意义见 §1.1 例 10），当 $n>N$ 时，便有 $n\geqslant N+1>\frac{1}{\varepsilon}$，从而（2.2）式成立.

正是有上述特点，它清楚地表明："欲使 u_n 与 1 接近到小于任意 $\varepsilon(\varepsilon>0)$ 的程度，总是可以做到的，即总存在相应的整数 $N>0$，对于大于 N 的一切 n，就可达到上述要求."这正是数列 $\{u_n\}$ 的极限为 1 的精髓.

定义 2.2 设数列 $\{u_n\}$ 与一常数 A 有下述关系，如果对于任意给定的 $\varepsilon>0$，存在相应的正整数 N，使得当 $n>N$ 时，就有

$$|u_n-A|<\varepsilon, \tag{2.3}$$

那么称 A 为数列 $\{u_n\}$ 的极限，记为

$$\lim_{n\to\infty}u_n=A \text{ 或 } u_n\to A(n\to\infty).$$

若数列 $\{u_n\}$ 存在极限，也称该数列收敛；若 $\{u_n\}$ 的极限不存在，则称 $\{u_n\}$ 发散. □

此定义简称数列极限的"$\varepsilon-N$"定义.

由例 3 的分析及上述定义可见$\lim\limits_{n\to\infty}\dfrac{n-1}{n}=1$.

例 4　观察当 $n\to\infty$ 时$\left\{\dfrac{1}{2^n}\right\}$的极限,并用定义验证之.

解　由观察可见当 $n\to\infty$ 时$\dfrac{1}{2^n}\to 0$.下面按定义验证之.

分析　对于任意给定的正数 ε,要使

$$\left|\frac{1}{2^n}-0\right|<\varepsilon, \tag{2.4}$$

即

$$\frac{1}{2^n}<\varepsilon,$$

即

$$2^n>\frac{1}{\varepsilon},$$

即

$$n>\log_2\frac{1}{\varepsilon}.$$

故只要取 $N=\max\left\{\left[\log_2\dfrac{1}{\varepsilon}\right],1\right\}$,当 $n>N$ 时,便有 $n\geqslant N+1>\log_2\dfrac{1}{\varepsilon}$.再层层倒推上去,便有(2.4).

根据上面分析,可得如下证明.

证明　对于任意给定的正数 ε(简写为 $\forall\varepsilon>0$),取 $N=\max\left\{\left[\log_2\dfrac{1}{\varepsilon}\right],1\right\}$,当 $n>N$ 时,便有 $n>\log_2\dfrac{1}{\varepsilon}$,从而有

$$2^n>\frac{1}{\varepsilon},即\frac{1}{2^n}<\varepsilon,\quad 亦即\left|\frac{1}{2^n}-0\right|<\varepsilon.$$

由极限定义有

$$\lim_{n\to\infty}\frac{1}{2^n}=0. \tag{2.5}$$

证毕.

注　证明“$\lim\limits_{n\to\infty}u_n=A$”中的 A,或者是题中给出的,或者是看出来、猜出来的,总之 A 要先知道.可见从变化趋势看极限,应该是一个基本功.但是一般而言,并非都是一目了然可以看出来的,所以通过一些基本定理及运算法则去计算出极限成为本章以后要讲的重点.至于用 $\varepsilon-N$ 定义(以及 § 2.2 的 $\varepsilon-\delta$ 定义)验证极限,不是非数学类专业教材的重点,而仅是在证明一些基本定理时用到.

现在说一下$\lim\limits_{n\to\infty}u_n=A$ 的几何意义.按照数列$\{u_n\}$的几何表示的第一种方法,在 u 轴上画出点列$\{u_n\}$.再以 A 为中心,$\varepsilon>0$ 为半径作一区间,即作邻域 $U_\varepsilon(A)$(如图 2-4 所示).

由于

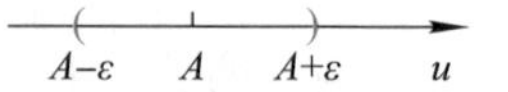

$$\lim_{n\to\infty} u_n = A,$$

图 2-4

意味着必存在 $N>0$，当 $n>N$ 时，项 u_n 所对应的点必都落在 $U_\varepsilon(A)$ 之中.换言之，在 $U_\varepsilon(A)$ 之外的点 u_n 只有有限个（至多有 N 个）.如果所给 $\varepsilon>0$ 变小，那么原来落在 $U_\varepsilon(A)$ 中的点 u_n，有的可能要落在 $U_\varepsilon(A)$ 之外，但落在 $U_\varepsilon(A)$ 之外的点仍只有有限个.这就是 $\lim\limits_{n\to\infty} u_n=A$ 的几何意义.掌握这个几何意义，对思考问题、判断、推理，是非常有用的.

下面简单说一下，按照定义 2.2 的表达方式来定义 $\lim\limits_{n\to\infty} u_n=A$ 的历史演变过程.历史上先是从直观开始的，用下述语言来表达 $\lim\limits_{n\to\infty} u_n=A$ 这件事："当 n 无限变大时，u_n 无限趋于 A".所谓"无限趋于 A"，是一个不清楚的描述."无限趋近"是不是一定保持"单调趋近"？是不是"任意接近"？由于存在这种语言上的不确切，故无法用它来进行逻辑推导，且由此派生出一些理论，是一种缺少定量化的描述.

后来法国数学家达朗贝尔（d'Alembert，1717—1783）给了极限的如下定义：一个变量趋于一个固定量，趋近程度小于任何给定的量，且变量永远达不到固定量.这里"小于任何给定的量"这句话，已经比"无限趋于 A"有本质上的进步，但这种表述方式有两个缺点，一是"小于任何给定的量"没有给予"公式化"，即没有用式子来表达，无法运算；二是"永远达不到固定量"这句话是有瑕疵的，例如 $\lim\limits_{n\to\infty}\dfrac{1-(-1)^n}{n}=0$ 这种通常认可的事却被排除在外了.后来柯西（Cauchy，1789—1857）给出极限的定义表述：变量变化无限接近一个定值，与该定值之差要多小就可以多小，该定值就称为该变量在这个变化过程中的极限.这种表达方式与目前教科书中所看到的极限的定义已十分接近了，但缺点仍是没有量化，作为数学语言是不够确定的.现在教科书上通用的定义，即"$\varepsilon-N$"语言（对函数极限来说，§ 2.2 中将会介绍所谓的 $\varepsilon-\delta$ 语言）是由德国数学家魏尔斯特拉斯（Weierstrass，1815—1897）提出的.这些演变是广大数学家的智慧结晶过程.

三、收敛数列的性质

收敛数列有下述性质.

定理 2.1（极限的唯一性） 如果数列 $\{u_n\}$ 收敛，那么其极限是唯一的.即若

$$\lim_{n\to\infty} u_n = A,\quad \lim_{n\to\infty} u_n = B,$$

则 $A=B$.

证明 从几何上看（如图 2-5 所示），此定理的正确性是十分明显的.假设 $A\neq B$，则 $|B-A|>0$.取很小的正数 ε，例如 $\varepsilon=\dfrac{1}{3}|B-A|$，由于 $\lim\limits_{n\to\infty} u_n=A$，从而存在正整数 N_1，当 $n>N_1$ 时 $u_n\in U_\varepsilon(A)$；又由于 $\lim\limits_{n\to\infty} u_n=B$，从而存在正整数 N_2，当 $n>N_2$ 时 $u_n\in U_\varepsilon(B)$.于是当 $n>\max\{N_1,N_2\}$ 时，u_n 既要落入 $U_\varepsilon(A)$，又要落入 $U_\varepsilon(B)$，但因 $\varepsilon=\dfrac{1}{3}|B-A|$，$U_\varepsilon(A)\cap U_\varepsilon(B)=\varnothing$，矛盾.此矛盾证明了 $A\neq B$ 是不对的，所以应该 $A=B$.证毕.

定理 2.2（收敛数列的有界性） 设数列 $\{u_n\}$ 收敛，则该数列必定有界.

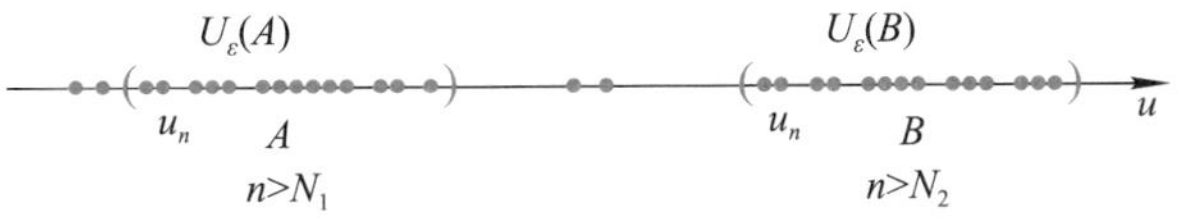

图 2-5

证明 从几何上看(如图 2-6 所示),此定理的正确性也是十分明显的.由条件

$$\lim_{n\to\infty} u_n \xlongequal{\text{存在}} A,$$

于是对于给定的 $\varepsilon>0$,例如 $\varepsilon=1$,存在正整数 N,当 $n>N$ 时,$|u_n-A|<\varepsilon=1$,即有

$$A-1<u_n<A+1.$$

另外,对于那些 $n=1,2,\cdots,N$ 的 u_n,只有有限个,绝对值中总有最大值,设为 M_1.取

$$M=\max\{|A-1|,|A+1|,M_1\},$$

于是对一切 n,有 $-M\leqslant u_n\leqslant M$,即

$$|u_n|\leqslant M.$$

这就证明了 $\{u_n\}$ 的有界性.证毕.

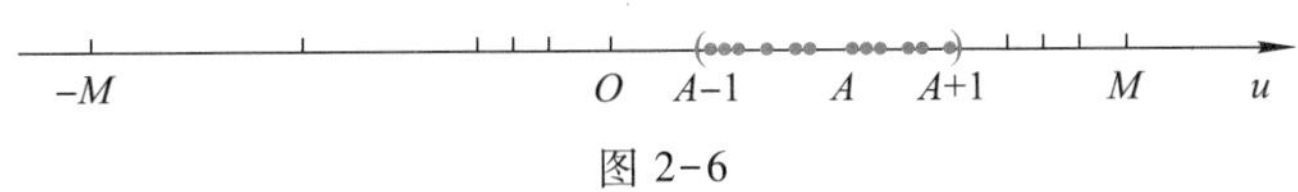

图 2-6

以后经常用到"极限存在必有界"这一定理.但此定理之逆不成立,即有界并不一定极限存在.例如数列 $\{(-1)^{n-1}\}$:1,-1,1,-1,…有界,但 $\lim\limits_{n\to\infty}(-1)^{n-1}$ 不存在.

定理 2.3(局部保号性) 设

$$\lim_{n\to\infty} u_n \xlongequal{\text{存在}} A, \quad A>0(\text{或 } A<0),$$

则对于 $0<\eta<A$(或 $A<\eta<0$)的 η,总存在相应的正整数 N,使当 $n>N$ 时,有

$$u_n>\eta \quad (\text{或 } u_n<\eta). \tag{2.6}$$

分析 如图 2-7 所示,由于 $\lim\limits_{n\to\infty} u_n=A$,所以不论 $\varepsilon>0$ 如何,在邻域 $U_\varepsilon(A)$ 之外的 u_n 只有有限个.由于 $A>0(A<0)$,所以只要 $\varepsilon>0$ 适当小,$U_\varepsilon(A)$ 内的点与 A 同号.根据这个思路就可完成证明.

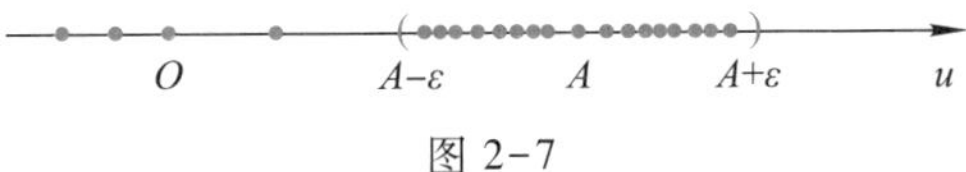

图 2-7

证明 设 $A>0$ 及 $0<\eta<A$,取 $\varepsilon=A-\eta$,存在正整数 N,当 $n>N$ 时,

$$|u_n-A|<\varepsilon=A-\eta,$$

即

$$-(A-\eta)<u_n-A<A-\eta,$$

于是 $u_n>\eta$.当 $A<0$ 时的证明是类似的.证毕.

注 若 $A=0$,则 $\{u_n\}$ 中的 u_n 可能并不保持一定的符号.例如 $\lim\limits_{n\to\infty}\dfrac{(-1)^{n-1}}{n}=0$,但不论 n 多

大，$\frac{(-1)^{n-1}}{n}$既可取到正号，也可取到负号.

推论　设对一切 n，$u_n \geqslant 0$（或 $u_n \leqslant 0$），且 $\lim\limits_{n\to\infty} u_n \xlongequal{\text{存在}} A$，则 $A \geqslant 0$（相应地 $A \leqslant 0$）.

证明　就括号外的情形证明之.用反证法，设 $A<0$，由定理 2.3，对于$A<\eta<0$ 的 η，存在相应的正整数 N，当 $n>N$ 时 $u_n<\eta<0$，与对一切 n 都有 $u_n \geqslant 0$ 矛盾.

推论中的条件 $u_n \geqslant 0$（$u_n \leqslant 0$）即使改为 $u_n>0$（$u_n<0$），结论也只能得出 $A \geqslant 0$（$A \leqslant 0$）.例如 $u_n=\frac{1}{n}>0$，但 $\lim\limits_{n\to\infty} u_n=0$.

下面介绍数列$\{u_n\}$的子数列概念以及相关的一个定理.

定义 2.3　从数列$\{u_n\}$中任意挑出无穷多项按照原来次序组成的数列称为原数列的一个子数列.□

例如，取出$\{u_n\}$中的偶数下标组成的数列$\{u_{2k}\}$或奇数下标组成的数列$\{u_{2k-1}\}$都是原数列$\{u_n\}$的子数列.一般，取出

$$u_{n_1}, u_{n_2}, \cdots, u_{n_k}, \cdots$$

（$n_k \geqslant k$）构成的数列$\{u_{n_k}\}$是原数列的一个子数列.

例如，设数列$\{u_n\}=\left\{\frac{(-1)^{n-1}}{n}\right\}$：$1,-\frac{1}{2},\frac{1}{3},-\frac{1}{4},\frac{1}{5},-\frac{1}{6},\cdots$，则下面一些数列都是原数列的子数列：

（1）$\{u_{2k-1}\}=\left\{\frac{1}{2k-1}\right\}$：$1,\frac{1}{3},\frac{1}{5},\frac{1}{7},\cdots,\frac{1}{2k-1},\cdots$；

（2）$\{u_{2k}\}=\left\{\frac{-1}{2k}\right\}$：$-\frac{1}{2},-\frac{1}{4},-\frac{1}{6},\cdots,-\frac{1}{2k},\cdots$；

（3）$\{u_{3k-1}\}=\left\{\frac{(-1)^{3k-2}}{3k-1}\right\}=\left\{\frac{(-1)^{3k}}{3k-1}\right\}$：$-\frac{1}{2},\frac{1}{5},-\frac{1}{8},\frac{1}{11},\cdots$，

甚至可以杂乱无章地取

$$1,-\frac{1}{4},\frac{1}{5},-\frac{1}{8},\cdots,$$

只要将原数列中的项取出无穷多个，并按原来次序排列构成的数列，都是原数列的一个子数列.

定理 2.4（子数列的极限的存在性）　设$\{u_n\}$收敛于 A，即 $\lim\limits_{n\to\infty} u_n=A$，则它的任意一个子数列$\{u_{n_k}\}$亦收敛于 A，即 $\lim\limits_{k\to\infty} u_{n_k}=A$.

证明　由 $\lim\limits_{n\to\infty} u_n=A$，对于任意给定的 $\varepsilon>0$，存在 $N>0$，当 $n>N$ 时，有

$$|u_n-A|<\varepsilon.$$

于是当 $k>N$ 时，有 $n_k \geqslant k>N$，从而 $|u_{n_k}-A|<\varepsilon$.这就证明了$\{u_{n_k}\}$收敛于 A.即

$$\lim_{k\to\infty} u_{n_k}=A.$$

证毕.

推论　若$\{u_n\}$有两个子数列的极限不相等，或有一个子数列的极限不存在，则$\{u_n\}$必不收敛.

实用上，常用此推论来判断极限$\lim\limits_{n\to\infty}u_n$不存在. 例如$u_n=(-1)^n$，取偶数下标的数列$\{u_{2k}\}=\{1\}$，$\lim\limits_{k\to\infty}u_{2k}=1$，取奇数下标的数列$\{u_{2k-1}\}=\{-1\}$，$\lim\limits_{k\to\infty}u_{2k-1}=-1$，故知$\{(-1)^n\}$不存在极限，即$\lim\limits_{n\to\infty}(-1)^n$不存在.

§2.2 函数的极限

一、自变量 $x\to\infty$ 时函数 $f(x)$ 的极限

1. $\lim\limits_{x\to+\infty}f(x)=A$ 的定义

前面已经说过，数列$\{u_n\}$可以看成自变量取正整数的函数：

$$u_n=f(n),\quad n\in\mathbf{Z}^+,$$

$\lim\limits_{x\to+\infty}f(x)$自然而然可以作为$\lim\limits_{n\to\infty}u_n$的推广.

定义 2.4 设$f(x)$在区间$[a,+\infty)$上有定义，其中a为某充分大的数. 若存在常数A，对于任意给定的$\varepsilon>0$，存在相应的X，使得当$x>X$时，就有

$$|f(x)-A|<\varepsilon,$$

则称A为$f(x)$当$x\to+\infty$时的极限，记为

$$\lim_{x\to+\infty}f(x)=A \text{ 或 } f(x)\to A(x\to+\infty).\square$$

按定义证明$\lim\limits_{x\to+\infty}f(x)=A$，与按定义证明$\lim\limits_{n\to\infty}u_n=A$的方法类似.

例 1 证明$\lim\limits_{x\to+\infty}\mathrm{e}^{-x}=0$.

证明 $\forall\varepsilon>0$，要使

$$|\mathrm{e}^{-x}-0|<\varepsilon,$$

等价于

$$\mathrm{e}^{-x}<\varepsilon,$$

即

$$\mathrm{e}^{x}>\frac{1}{\varepsilon},$$

即

$$x>\ln\frac{1}{\varepsilon}.$$

取$X=\ln\dfrac{1}{\varepsilon}$，当$x>X$时就有$|\mathrm{e}^{-x}-0|<\varepsilon$. 按定义有

$$\lim_{x\to+\infty}\mathrm{e}^{-x}=0.$$

2. $\lim\limits_{x\to-\infty}f(x)=A$ 的定义

只要将1中$f(x)$在$[a,+\infty)$上有定义改成在$(-\infty,a]$上有定义，$x>X$改成$x<X$，即得$\lim\limits_{x\to-\infty}f(x)=A$的定义. 请读者不妨将此定义叙述一遍.

3. $\lim\limits_{x\to\infty}f(x)=A$ 的定义

$x\to\infty$ 是既包含 $x\to+\infty$，又包含 $x\to-\infty$；并且既要 $\lim\limits_{x\to+\infty}f(x)=A$，又要 $\lim\limits_{x\to-\infty}f(x)=A$.

定义 2.5 设 $f(x)$ 在 $|x|>a$ 有定义，其中 a 为某充分大的正数.若存在常数 A，对于任意给定的 $\varepsilon>0$，存在相应的 X，使得当 $|x|>X$ 时，就有

$$|f(x)-A|<\varepsilon,$$

则称 A 为 $f(x)$ 当 $x\to\infty$ 时的极限，记为

$$\lim_{x\to\infty}f(x)=A \text{ 或 } f(x)\to A(x\to\infty).\square$$

以上几个极限定义的几何意义，以 $\lim\limits_{x\to+\infty}f(x)=A$ 为例说明如下：在直角坐标系 xOy 中作出 $y=f(x)$ 的图像（如图 2-8 所示），再作两条水平线

$$y=A-\varepsilon \quad 与 \quad y=A+\varepsilon$$

及水平带域

$$A-\varepsilon<y<A+\varepsilon, \tag{2.7}$$

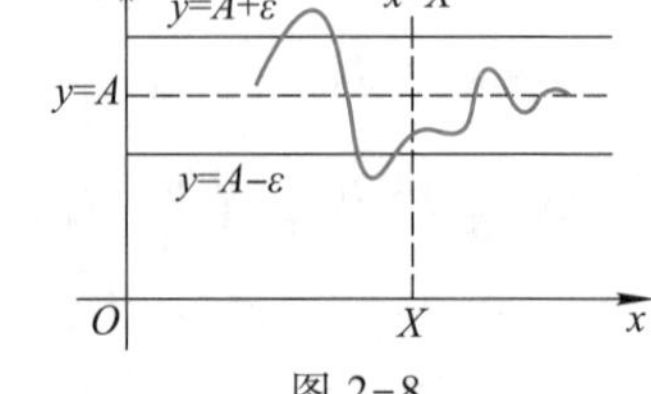

图 2-8

则必存在 X，当 $x>X$ 时，相应的 $y=f(x)$ 的图像必落在水平带域(2.7)之内.若缩小 ε，一般说来，X 将变大.

二、自变量 $x\to x_0$ 时，函数 $f(x)$ 的极限

1. $\lim\limits_{x\to x_0}f(x)$ 的定义

先引入一个实例，说明为什么要讨论 $x\to x_0$ 时 $f(x)$ 的极限.

例 2 已知自由落体的运动规律，讨论如何表述并求瞬时速度.

设当 $t=0$ 时 $s=0$，s 向下为正，则在 t 时刻，

$$s=\frac{1}{2}gt^2.$$

当 $t=t_0$ 时 $s_0=\frac{1}{2}gt_0^2$；当 $t=t_0+\Delta t$ 时（Δt 并不表示 Δ 与 t 相乘，而是一个记号，表示 t 的改变量，或称 t 的增量，可正可负），对应的

$$s=\frac{1}{2}g(t_0+\Delta t)^2.$$

从 $t=t_0$ 到 $t=t_0+\Delta t$，位移

$$\Delta s=\frac{1}{2}g(t_0+\Delta t)^2-\frac{1}{2}gt_0^2=gt_0\Delta t+\frac{1}{2}g(\Delta t)^2.$$

在这个时间段内，平均速度

$$\bar{v}=\frac{\Delta s}{\Delta t}=\frac{gt_0\Delta t+\frac{1}{2}g(\Delta t)^2}{\Delta t}. \tag{2.8}$$

现在的问题是，如果 $\Delta t=0$，即时间不动，那么 $\Delta s=0$，(2.8)式无意义；如果 $\Delta t\neq 0$，那么由(2.8)得到的只能是平均速度.如何来解决这个矛盾呢？自然会想到，设 $\Delta t\neq 0$，但 $\Delta t\to 0$，(2.8)式的 $\bar{v}$ 是否会与什么值任意接近？这个值如果存在，应该就是 $t=t_0$ 时的瞬时速度.

为此，考察 $\Delta t\neq 0$，由(2.8)式有

$$\bar{v}=\frac{\Delta s}{\Delta t}=gt_0+\frac{1}{2}g(\Delta t),$$

可见当 $|\Delta t|$ 无限变小时，$\bar{v}$ 与 gt_0 可以任意接近，这个 gt_0 应该就是瞬时速度.

按照这条思路，下面引进函数的极限概念.

定义 2.6 设 $f(x)$ 在 $x=x_0$ 的某去心邻域 $\mathring{U}(x_0)$ 内有定义.若存在常数 A，对于任意给定的 $\varepsilon>0$，存在相应的 $\delta>0$，使得当 $0<|x-x_0|<\delta$（当然也应有 $x\in\mathring{U}(x_0)$）时，就有

$$|f(x)-A|<\varepsilon,$$

则称 A 为 $f(x)$ 当 $x\to x_0$ 时的极限，记为

$$\lim_{x\to x_0}f(x)=A \text{ 或 } f(x)\to A(x\to x_0).\square$$

此定义简称为函数极限的“ε-δ”定义.

根据这个定义，$\forall\varepsilon>0$，要使

$$|\bar{v}-gt_0|=\frac{1}{2}g|\Delta t|<\varepsilon,\text{即}|\Delta t|<\frac{2\varepsilon}{g},$$

只要取 $\delta=\dfrac{2\varepsilon}{g}$，当 $0<|\Delta t-0|<\delta$ 时，就有

$$|\bar{v}-gt_0|=\frac{1}{2}g|\Delta t|<\frac{1}{2}g\delta=\varepsilon.$$

由极限的定义知

$$\lim_{\Delta t\to 0}\bar{v}=gt_0,$$

正如例 2 中所见，自由落体在 $t=t_0$ 时的瞬时速度用此极限来表述.

例 3 根据定义验证 $\lim\limits_{x\to 4}\dfrac{x-4}{\sqrt{x}-2}=4$.

分析 要将 $\left|\dfrac{x-4}{\sqrt{x}-2}-4\right|$ 用 $|x-4|$ 来表示.

证明 当 $x\to 4$ 时 $x\neq 4$，从而

$$\begin{aligned}\left|\frac{x-4}{\sqrt{x}-2}-4\right|&=\left|\frac{x-4-4\sqrt{x}+8}{\sqrt{x}-2}\right|=\left|\frac{x-4\sqrt{x}+4}{\sqrt{x}-2}\right|\\&=\left|\frac{(\sqrt{x}-2)^2}{\sqrt{x}-2}\right|=|\sqrt{x}-2|\\&=\left|\frac{x-4}{\sqrt{x}+2}\right|\leqslant\frac{1}{2}|x-4|.\end{aligned}\tag{2.9}$$

要使

$$\left|\frac{x-4}{\sqrt{x}-2}-4\right|<\varepsilon,$$

只要 $\dfrac{1}{2}|x-4|<\varepsilon$，即

$$|x-4|<2\varepsilon. \tag{2.10}$$

所以只要取 $\delta=2\varepsilon$，当 $0<|x-4|<\delta=2\varepsilon$ 时，就有

$$\frac{1}{2}|x-4|<\varepsilon.$$

于是

$$\left|\frac{x-4}{\sqrt{x}-2}-4\right|<\varepsilon.$$

按定义，证明了

$$\lim_{x\to 4}\frac{x-4}{\sqrt{x}-2}=4.$$

注意，(2.9)最后一步放大，使得只要(2.10)成立即可，从而使得找 δ 变得很容易.

例 4　证明 $\lim\limits_{x\to x_0}\sin x=\sin x_0$.

证明　$\forall\varepsilon>0$，由

$$\begin{aligned}|\sin x-\sin x_0|&=\left|2\sin\frac{x-x_0}{2}\cos\frac{x+x_0}{2}\right|\\&\leqslant 2\left|\sin\frac{x-x_0}{2}\right|\leqslant|x-x_0|,\end{aligned}$$

要使 $|\sin x-\sin x_0|<\varepsilon$，只要取 $\delta=\varepsilon$，当 $0<|x-x_0|<\delta$ 时，就有 $|\sin x-\sin x_0|<\varepsilon$. 按定义，证明了 $\lim\limits_{x\to x_0}\sin x=\sin x_0$.

由上面几个例子（如例 3、例 4）可见，例子虽然具体、简单，用 ε-δ 语言来证明极限，关键是不等式搬家，但也并不是中学教科书中的不等式推导，而一般说来还要经放大处理，这是有相当难度的. 本书不打算在此深入下去.

2. 函数的左、右极限

上面所讲的 $\lim\limits_{x\to x_0}f(x)$ 是指 x 既要从 $x>x_0$ 的一侧趋于 x_0，又要从 $x<x_0$ 的一侧趋于 x_0. 但是有些函数的极限，只能从一侧来考虑. 例如，只能就 $x>0$ 来讨论 $\lim\limits_{x\to 0}\sqrt{x}$，因为当 $x<0$ 时 $\sqrt{x}$ 无定义. 为此引进单侧极限的概念.

定义 2.7　设 $f(x)$ 在 $x>x_0$ 的某右半去心邻域内有定义. 若存在常数 A，对于任意给定的 $\varepsilon>0$，存在相应的 $\delta>0$，使得当 $0<x-x_0<\delta$ 时（当然 x 仍应该在该邻域内），就有

$$|f(x)-A|<\varepsilon,$$

则称 A 为 $f(x)$ 当 $x\to x_0$ 时的右极限，记为

$$\lim_{x\to x_0+0}f(x)=A\ \text{或}\ f(x_0+0)=A,$$

这里 $x\to x_0+0$ 可简记为 $x\to x_0^+$，表示 $x>x_0$ 且 $x\to x_0$. $f(x_0+0)$ 是极限记号，不是函数值的记号.

类似地可定义 $f(x)$ 当 $x\to x_0$ 时的左极限及相应的记号.□

显然有下述定理，请读者证明之. 可以用它来判断函数在某点是否存在极限，特别是用来讨论分段函数在分界处的极限，非常有用.

定理 2.5　$\lim\limits_{x\to x_0}f(x)=A$ 的充要条件是

$$f(x_0+0)=f(x_0-0)=A.$$

例 5　设 $f(x)=\dfrac{x}{|x|}, x\neq 0$，讨论 $\lim\limits_{x\to 0} f(x)$.

解　因为有绝对值记号，所以应分左、右极限讨论之.

$$f(0+0)=\lim_{x\to 0+0}\frac{x}{|x|}=\lim_{x\to 0+0}\frac{x}{x}=\lim_{x\to 0+0}1=1,$$

$$f(0-0)=\lim_{x\to 0-0}\frac{x}{|x|}=\lim_{x\to 0-0}\frac{x}{-x}=\lim_{x\to 0-0}(-1)=-1.$$

所以 $\lim\limits_{x\to 0} f(x)$ 不存在.

有时不是从两侧 $x\to x_0+0$ 与 $x\to x_0-0$ 来考虑 $\lim\limits_{x\to x_0} f(x)$，而是取收敛于 x_0 的数列 $\{x_n\}$ 来考虑 $\lim\limits_{x\to x_0} f(x)$. 有下述 $\lim\limits_{x\to x_0} f(x)=A$ 的必要条件：

定理 2.6　设 $\lim\limits_{x\to x_0} f(x)=A$，又设 $\lim\limits_{n\to\infty} x_n=x_0$ 且 $x_n\neq x_0, n=1,2,\cdots$，则 $\lim\limits_{n\to\infty} f(x_n)=A$.

分析　此定理的结论是显然的，因为结论 $\lim\limits_{n\to\infty} f(x_n)=A$ 仅是条件 $\lim\limits_{x\to x_0} f(x)=A$ 的特殊情况.

推论 1　设 $\lim\limits_{n\to\infty} x_n=x_0$ 且 $x_n\neq x_0, n=1,2,\cdots$，又设 $\lim\limits_{n\to\infty} f(x_n)$ 不存在，则 $\lim\limits_{x\to x_0} f(x)$ 不存在.

推论 2　设有两个数列 $\{x'_n\}$ 与 $\{x''_n\}$，

$$\lim_{n\to\infty} x'_n=x_0, \lim_{n\to\infty} x''_n=x_0, x'_n\neq x_0, x''_n\neq x_0, n=1,2,\cdots,$$

又设

$$\lim_{n\to\infty} f(x'_n)\neq\lim_{n\to\infty} f(x''_n),$$

则 $\lim\limits_{x\to x_0} f(x)$ 不存在.

例 6　设 $f(x)=\sin\dfrac{1}{x}$，讨论 $\lim\limits_{x\to 0} f(x)$ 的存在性.

解　取数列

$$x'_n=\frac{1}{2n\pi+\dfrac{\pi}{2}}, n=1,2,\cdots,$$

有　$\lim\limits_{n\to\infty} x'_n=0,\ f(x'_n)=1, \lim\limits_{n\to\infty} f(x'_n)=1.$

再取数列

$$x''_n=\frac{1}{2n\pi-\dfrac{\pi}{2}}, n=1,2,\cdots,$$

有 $\lim\limits_{n\to\infty} x''_n=0,\ f(x''_n)=-1,\ \lim\limits_{n\to\infty} f(x''_n)=-1.$

因为 $\lim\limits_{n\to\infty} f(x'_n)\neq\lim\limits_{n\to\infty} f(x''_n)$，所以 $\lim\limits_{x\to 0} f(x)$ 不存在，且总在+1与-1之间振荡（如图2-9所示）.

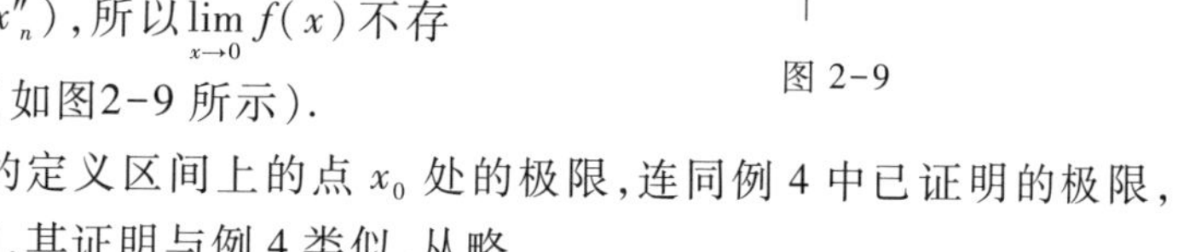

图 2-9

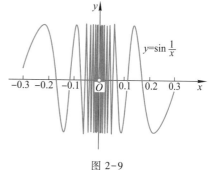

某些基本初等函数在它的定义区间上的点 x_0 处的极限，连同例 4 中已证明的极限，今列举一些于下，供读者查阅，其证明与例 4 类似，从略.

（1）$\lim\limits_{x\to x_0} \mathrm{e}^x=\mathrm{e}^{x_0}$；　　（2）$\lim\limits_{x\to x_0} \ln x=\ln x_0\ (x_0>0)$；

(3) $\lim\limits_{x\to x_0}\sin x=\sin x_0$；　　(4) $\lim\limits_{x\to x_0}\cos x=\cos x_0$；

(5) $\lim\limits_{x\to x_0}\sqrt[n]{x}=\sqrt[n]{x_0}$（$n$ 为奇数）；　　(6) $\lim\limits_{x\to x_0}\sqrt[n]{x}=\sqrt[n]{x_0}$（$n$ 为偶数，$x_0>0$）；

(7) $\lim\limits_{x\to 0+0}\sqrt[n]{x}=0$（$n$ 为偶数）.　　(2.11)

读者可能会发现，这些等式左边极限值与右边的函数值相等，何必多此一举讨论极限呢？事实上，并不见得一个函数在某点 x_0 处的极限值与函数值都相等. 例如设 $f(x)=\dfrac{\sin x}{x}$，由于 $x=0$ 处分母为 0，所以 $f(0)$ 没有定义，但从下面 §2.5的推导可以知道，此$\lim\limits_{x\to x_0}f(x)$是存在的. $\lim\limits_{x\to x_0}f(x)$的存在与否与$f(x_0)$的存在与否可以各不相干. 极限是讨论变化趋势，而函数值$f(x_0)$仅是表示点 x_0 处的状态. 极限值与函数值相等仅是一种特殊情况，以后将会重点讨论这种情况.

三、存在极限的函数的性质

存在极限的函数，也具有与收敛数列类似的性质，以$x\to x_0$为例叙述如下. 对 $x\to\infty$，$x\to x_0+0$，…亦类似，证明均略.

定理 2.7（极限的唯一性）　设$\lim\limits_{x\to x_0}f(x)=A$，$\lim\limits_{x\to x_0}f(x)=B$，则 $A=B$.

定理 2.8（局部有界性）　设$\lim\limits_{x\to x_0}f(x)$存在，则存在 x_0 的某去心邻域 $\mathring{U}(x_0)$，使$f(x)$在此邻域内有界.

此定理未说 $\mathring{U}(x_0)$ 有多大，也未说它的界有多大.

此定理之逆不成立. 例如本节例 6，$\sin\dfrac{1}{x}$有界，$\left|\sin\dfrac{1}{x}\right|\leqslant 1$，但$\lim\limits_{x\to 0}\sin\dfrac{1}{x}$不存在.

定理 2.9（局部保号性）　设 $\lim\limits_{x\to x_0}f(x)\overset{\text{存在}}{=\!=}A$，$A>0$（或 $A<0$），则对于 $0<\eta<A$（或 $A<\eta<0$），总存在 x_0 的相应的某去心邻域 $\mathring{U}(x_0)$，使当 $x\in\mathring{U}(x_0)$ 时有

$$f(x)>\eta\quad(\text{或} f(x)<\eta).$$

推论　设在 x_0 的某去心邻域内 $f(x)\geqslant 0$（或 $f(x)\leqslant 0$），且$\lim\limits_{x\to x_0}f(x)\overset{\text{存在}}{=\!=}A$，则 $A\geqslant 0$（或 $A\leqslant 0$）.

注意，局部保号性定理 2.9 十分重要. 用它可获得不少局部不等式. 读者往往以为等式比不等式重要，实际上，等式比不等式容易推，而推不等式却非易事，当不等号两边大小相差很多时当然容易推，但恰到好处的不等式就难推了.

§2.3　无穷大与无穷小

一、无穷大

无穷大（记号为∞）不是一个数，只是表示变量变化的一种趋势，是该变量所具有的一种性态. 今以 $x\to x_0$ 为例叙述该定义如下，其他 $x\to x_0+0$，…，$x\to\infty$，以及数列$\{u_n\}$情形

时是类似的.

定义 2.8 设$f(x)$在x_0的某去心邻域$\mathring{U}(x_0)$内有定义.若$\forall M>0$,相应地存在$\delta>0$,当$0<|x-x_0|<\delta$(当然应该有$x\in\mathring{U}(x_0)$)时,就有$|f(x)|>M$,则称当$x\to x_0$时$f(x)$趋于无穷大,记为

$$\lim_{x\to x_0} f(x)=\infty,\quad 或\quad f(x)\to\infty\ (当\ x\to x_0).$$

若将上述定义中的$|f(x)|>M$改为$f(x)>M$,则称当$x\to x_0$时$f(x)$趋于正无穷大,记为$\lim\limits_{x\to x_0} f(x)=+\infty$;若将定义中的$|f(x)|>M$改为$f(x)<-M$,则称当$x\to x_0$时$f(x)$趋于负无穷大,记为$\lim\limits_{x\to x_0} f(x)=-\infty$.□

注意,记号$\lim f(x)=\infty$虽与记号$\lim f(x)=A$类似,但它们有本质区别,前者表示$|f(x)|$无限变大这种趋势,后者表示$f(x)$与常数A可以任意接近.以后凡讲到$\lim f(x)$存在,均指$\lim f(x)$等于某常数A,而$\lim f(x)=\infty$是属于$\lim f(x)$不存在的范畴.

例 1 容易知道下列各式成立(证略):

(1) $\lim\limits_{x\to 0}\dfrac{1}{x}=\infty$;　(2) $\lim\limits_{x\to 0+0} e^{\frac{1}{x}}=+\infty$;　(3) $\lim\limits_{x\to+\infty}\sqrt{x}=+\infty$;

(4) $\lim\limits_{x\to 0-0}\dfrac{1}{1-e^{x}}=+\infty$;　(5) $\lim\limits_{x\to 0+0}\dfrac{1}{1-e^{x}}=-\infty$;

(6) $\lim\limits_{x\to 0+0}\ln x=-\infty$;　(7) $\lim\limits_{x\to+\infty}\ln x=+\infty$.

二、无穷小

1. 定义

定义 2.9 设$\lim\limits_{x\to x_0} f(x)=0$,则称当$x\to x_0$时$f(x)$为无穷小.□

类似地可以定义当$x\to x_0+0,\cdots,x\to\infty$时,以及数列情形时的无穷小.

10^{-100},10^{-1000}都不是无穷小.常量中只有0可看作无穷小,因为0的极限是0.凡讲到无穷小,都必须注明自变量的变化趋势.例如$\lim\limits_{x\to\pi}\sin x=\sin\pi=0$,故当$x\to\pi$时$\sin x$为无穷小.而当$x\to\dfrac{\pi}{2}$时,$\sin x$就不是无穷小.

容易证明下列论断成立:

$\lim\limits_{x\to 0+0} e^{-\frac{1}{x}}=0$,所以当$x\to 0+0$时$e^{-\frac{1}{x}}$为无穷小;

$\lim\limits_{x\to\infty}\dfrac{1}{x}=0$,所以当$x\to\infty$时$\dfrac{1}{x}$为无穷小.

2. 重要关系

无穷小与无穷大,无穷小与极限,有下述一些重要关系.现以$x\to x_0$为例来叙述,对于$x\to x_0+0,\cdots,x\to\infty$,以及数列情形时是类似的.

定理 2.10(无穷小与极限的关系) $\lim\limits_{x\to x_0} f(x)=A$的充要条件是$f(x)=A+\alpha(x)$,其中$\lim\limits_{x\to x_0}\alpha(x)=0$.

证明 （充分性）设$f(x)=A+\alpha(x)$，即$f(x)-A=\alpha(x)$，其中$\lim\limits_{x\to x_0}\alpha(x)=0$. 由无穷小的定义，$\forall\varepsilon>0$，存在相应的$\delta>0$，当$0<|x-x_0|<\delta$时，$|\alpha(x)|<\varepsilon$，即$|f(x)-A|<\varepsilon$. 由函数极限的定义知，$\lim\limits_{x\to x_0}f(x)=A$.

（必要性）设$\lim\limits_{x\to x_0}f(x)=A$. 由定义，$\forall\varepsilon>0$，存在相应的$\delta>0$，当$0<|x-x_0|<\delta$时，$|f(x)-A|<\varepsilon$. 令$f(x)-A=\alpha(x)$，即$f(x)=A+\alpha(x)$，有$|\alpha(x)|<\varepsilon$. 由无穷小的定义知，$\lim\limits_{x\to x_0}\alpha(x)=0$. 证毕.

这个定理的作用：当已知$\lim f(x)=A$时，若需对$f(x)$作某种运算，将 lim 脱去，写成$f(x)=A+\alpha(x)$，其中$\lim\alpha(x)=0$，就可对$f(x)$作某种运算了.

例如，(1) 由于$\lim\limits_{x\to 0}\cos x=\cos 0=1$，所以当$x\to 0$时$\cos x=1+\alpha(x)$，其中$\lim\limits_{x\to 0}\alpha(x)=0$.

(2) 由于$\lim\limits_{x\to 0}e^x=e^0=1$，所以当$x\to 0$时$e^x=1+\beta(x)$，其中$\lim\limits_{x\to 0}\beta(x)=0$.

由(1)与(2)有：当$x\to 0$时$e^x-\cos x=1+\beta(x)-(1+\alpha(x))=\beta(x)-\alpha(x)$. 于是有$\lim\limits_{x\to 0}(e^x-\cos x)=\lim\limits_{x\to 0}(\beta(x)-\alpha(x))$. 下面的定理 2.12 中即将证明：在同一极限过程中两个无穷小的和（差）仍为无穷小，从而

$$\lim_{x\to 0}(\beta(x)-\alpha(x))=0,$$

于是有

$$\lim_{x\to 0}(e^x-\cos x)=0.$$

这些为极限运算提供了极大方便. 实际上，读者将会看到，在§2.4 讲了极限运算定理之后，可以很方便地计算极限.

定理 2.11（无穷小与无穷大的关系）

(1) 设$\lim\limits_{x\to x_0}f(x)=\infty$，则$\lim\limits_{x\to x_0}\dfrac{1}{f(x)}=0$；

(2) 设$\lim\limits_{x\to x_0}f(x)=0$且$f(x)\neq 0$，则$\lim\limits_{x\to x_0}\dfrac{1}{f(x)}=\infty$.

证明 (1) $\forall\varepsilon>0$，取$M=\dfrac{1}{\varepsilon}$，由$\lim\limits_{x\to x_0}f(x)=\infty$知，存在相应的$\delta>0$，当$0<|x-x_0|<\delta$时，$|f(x)|>M$，从而$\left|\dfrac{1}{f(x)}\right|<\dfrac{1}{M}=\varepsilon$. 这就证明了$\lim\limits_{x\to x_0}\dfrac{1}{f(x)}=0$.

(2) 类似于(1)可证. 证毕.

例如，(1) 由于$\lim\limits_{x\to+\infty}e^{-x}=0$，故$\lim\limits_{x\to+\infty}e^x=+\infty$；(2) 由于$\lim\limits_{x\to 0}\cos x=1$，故$\cos x=1+\alpha(x)$，$\cos x-1=\alpha(x)$，其中$\lim\limits_{x\to 0}\alpha(x)=0$，从而$\lim\limits_{x\to 0}\dfrac{1}{\cos x-1}=\infty$.

3. 无穷小的运算

仍以$x\to x_0$为例来叙述.

定理 2.12（无穷小的运算） 设$\lim\limits_{x\to x_0}\alpha(x)=0$，$\lim\limits_{x\to x_0}\beta(x)=0$，则有

(1) $\lim\limits_{x\to x_0}(\alpha(x)\pm\beta(x))=0$，即两个无穷小的和或差仍为无穷小；

(2) 设$K(x)$在x_0的某去心邻域内有界，则$\lim\limits_{x\to x_0}(K(x)\alpha(x))=0$. 简单地说："有界函

数与无穷小的积仍为无穷小”;

(3) $\lim\limits_{x\to x_0}(\alpha(x)\beta(x))=0$,即两无穷小之积仍为无穷小.

证明 (1) 因为 $\lim\limits_{x\to x_0}\alpha(x)=0$. 由定义, $\forall\varepsilon>0$, 对于 $\dfrac{\varepsilon}{2}>0$, 存在相应的 $\delta_1>0$, 当 $0<|x-x_0|<\delta_1$ 时,

$$|\alpha(x)-0|<\frac{\varepsilon}{2}.$$

同理, $\forall\varepsilon>0$, 对于 $\dfrac{\varepsilon}{2}>0$, 存在相应的 $\delta_2>0$, 当 $0<|x-x_0|<\delta_2$ 时,

$$|\beta(x)-0|<\frac{\varepsilon}{2}.$$

取 $\delta=\min\{\delta_1,\delta_2\}>0$, 当 $0<|x-x_0|<\delta$ 时,

$$|\alpha(x)\pm\beta(x)|\leqslant|\alpha(x)|+|\beta(x)|<\frac{\varepsilon}{2}+\frac{\varepsilon}{2}=\varepsilon.$$

这就证明了

$$\lim_{x\to x_0}(\alpha(x)\pm\beta(x))=0.$$

(2) 因为 $K(x)$ 在 x_0 的某去心邻域内有界,即存在常数 $M>0$ 及 $\delta_1>0$,当 $0<|x-x_0|<\delta_1$ 时, $|K(x)|\leqslant M$. 又因为 $\lim\limits_{x\to x_0}\alpha(x)=0$, 故 $\forall\varepsilon>0$, 对于 $\dfrac{\varepsilon}{M}>0$, 存在 $\delta_2>0$, 当 $0<|x-x_0|<\delta_2$ 时, $|\alpha(x)|<\dfrac{\varepsilon}{M}$. 取 $\delta=\min\{\delta_1,\delta_2\}$, 当 $0<|x-x_0|<\delta$ 时,

$$|K(x)\alpha(x)|<M\cdot\frac{\varepsilon}{M}=\varepsilon,$$

这就证明了 $\lim\limits_{x\to x_0}K(x)\alpha(x)=0$.

(3) 由于当 $x\to x_0$ 时 $\beta(x)$ 存在极限(为 0),所以它在 x_0 的某去心邻域内有界,由(2)有

$$\lim_{x\to x_0}\alpha(x)\beta(x)=0.$$

证毕.

例 2 因为当 $x\to\infty$ 时 $\dfrac{1}{x}$ 为无穷小,而 $\sin x$ 有界,所以 $\lim\limits_{x\to\infty}\dfrac{1}{x}\sin x=0$.

上述定理中的(1)与(3)可分别推广到有限个和与有限个积的情形,但不能推广到无限多个和与无限多个积的情形.

例如,当 $n\to\infty$ 时 $\dfrac{1}{n}$ 与 $\dfrac{1}{\sqrt{n}}$ 都是无穷小,但 n 个 $\dfrac{1}{n}$ 的和的极限与 n 个 $\dfrac{1}{\sqrt{n}}$ 的和的极限分别为

$$\lim_{n\to\infty}\Big(\underbrace{\frac{1}{n}+\frac{1}{n}+\cdots+\frac{1}{n}}_{n\text{个}}\Big)=\lim_{n\to\infty}1=1,$$

$$\lim_{n\to\infty}\Big(\underbrace{\frac{1}{\sqrt{n}}+\frac{1}{\sqrt{n}}+\cdots+\frac{1}{\sqrt{n}}}_{n\text{个}}\Big)=\lim_{n\to\infty}\frac{n}{\sqrt{n}}=\lim_{n\to\infty}\sqrt{n}=+\infty,$$

都不是无穷小，因为这里实际上牵涉无限多个无穷小的和.关于有限个无穷小之和的定理不能推广到无限个无穷小之和上.

无穷小与无界函数的乘积，不见得仍是无穷小.例如当 $x\to0$ 时 x 为无穷小，在 $x=0$ 的去心邻域内，$\frac{1}{x}$与$\frac{1}{x^2}$是无界的，但 x 与$\frac{1}{x}$的积为 1，x 与$\frac{1}{x^2}$的积为$\frac{1}{x}$，当$x\to0$时它没有极限，本定理之(2)不适用.

当 $x\to x_0$ 时两个无穷小 $\alpha(x)$ 与 $\beta(x)$ $(\beta(x)\neq0)$ 的商$\frac{\alpha(x)}{\beta(x)}$的极限是多少？本定理没有说及.这正是本章以及下一章中要着重讨论的问题.

§2.4 极限的运算

以上还只限于用定义验证极限.如果只局限于此，无法进一步展开极限的讨论以及用它来解决复杂一些的问题.所谓极限的运算是指：已知某些函数的极限，将这些函数作运算之后所得到的较为复杂的函数的极限如何求？现在已有可能来解决这个问题了.以 $x\to x_0$为例来叙述，对 $x\to x_0+0,\cdots,x\to\infty$，以及数列$\{u_n\}$情形有类似的定理.本节内容十分重要，从本节开始才慢慢进入极限的计算问题.

定理 2.13（极限的四则运算） 设$\lim\limits_{x\to x_0}u(x)\overset{\text{存在}}{=\!=}A,\lim\limits_{x\to x_0}v(x)\overset{\text{存在}}{=\!=}B$，$C$ 为常数，则

(1) $\lim\limits_{x\to x_0}(u(x)\pm v(x))=\lim\limits_{x\to x_0}u(x)\pm\lim\limits_{x\to x_0}v(x)$；

(2) $\lim\limits_{x\to x_0}u(x)v(x)=\lim\limits_{x\to x_0}u(x)\cdot\lim\limits_{x\to x_0}v(x)$；

(3) $\lim\limits_{x\to x_0}(Cu(x))=C\lim\limits_{x\to x_0}u(x)$；

(4) $\lim\limits_{x\to x_0}\frac{u(x)}{v(x)}=\frac{\lim\limits_{x\to x_0}u(x)}{\lim\limits_{x\to x_0}v(x)}$（其中设$\lim\limits_{x\to x_0}v(x)=B\neq0$）.

证明 以(2)为例证明之.因为

$$\lim_{x\to x_0}u(x)=A,\quad \lim_{x\to x_0}v(x)=B,$$

由上节无穷小与极限的关系定理 2.10，有

$$u(x)=A+\alpha(x),\quad v(x)=B+\beta(x),$$

其中$\lim\limits_{x\to x_0}\alpha(x)=0,\lim\limits_{x\to x_0}\beta(x)=0$.于是

$$\begin{aligned}u(x)v(x)&=(A+\alpha(x))(B+\beta(x))\\&=AB+A\beta(x)+B\alpha(x)+\alpha(x)\beta(x),\end{aligned}$$

其中 A 是常数（当然有界），它与无穷小 $\beta(x)$ 之积是无穷小；同理 $B\alpha(x)$ 也是无穷小，无穷小 $\alpha(x)$ 与 $\beta(x)$ 之积也是无穷小.3 个无穷小之和

$$A\beta(x)+B\alpha(x)+\alpha(x)\beta(x)\overset{\text{记为}}{=\!=}\gamma(x)$$

也是无穷小.于是

$$u(x)v(x)=AB+\gamma(x).$$

再由无穷小与极限的关系定理 2.10 推知

$$\lim_{x\to x_0}(u(x)v(x))=AB=\lim_{x\to x_0}u(x)\cdot\lim_{x\to x_0}v(x).$$

(1)、(3)、(4)的证明是类似的,从略.证毕.

推论 若$\lim\limits_{x\to x_0}u(x)=A\neq 0$,$\lim\limits_{x\to x_0}v(x)=B=0$,且 $v(x)\neq 0$,则

$$\lim_{x\to x_0}\frac{u(x)}{v(x)}=\infty.$$

证明 因为 $A\neq 0$,由局部保号性知,在 x_0 的某去心邻域内 $u(x)$ 与 A 同号,从而 $u(x)\neq 0$,所以可以考察$\dfrac{v(x)}{u(x)}$.由定理 2.13 之(4)知

$$\lim_{x\to x_0}\frac{v(x)}{u(x)}=\frac{B}{A}=0.$$

再由无穷小与无穷大的关系知结论成立.证毕.

证明中多次用到上节无穷小与极限的关系定理 2.10 以及无穷小的运算定理,可见这些定理的重要性.

使用极限的四则运算定理时,必须注意使用的条件:$\lim\limits_{x\to x_0}u(x)$与$\lim\limits_{x\to x_0}v(x)$都要存在,特别(4)中,$\lim\limits_{x\to x_0}v(x)=B\neq 0$.

四则运算定理中(1)与(2)分别可以推广到有限个函数和与有限个函数积的情形.

例 1 (1) 设 n 为正整数,则$\lim\limits_{x\to x_0}x^n=x_0^n$;

(2) 设 $P(x)=a_0x^n+a_1x^{n-1}+\cdots+a_n$,则$\lim\limits_{x\to x_0}P(x)=P(x_0)$;

(3) 设 $P(x)$如上,$Q(x)=b_0x^m+b_1x^{m-1}+\cdots+b_m$,且 $Q(x_0)\neq 0$,则

$$\lim_{x\to x_0}\frac{P(x)}{Q(x)}=\frac{P(x_0)}{Q(x_0)};$$

(4) 设 $P(x)$与 $Q(x)$如(3),$P(x_0)\neq 0$,$Q(x_0)=0$,则$\lim\limits_{x\to x_0}\dfrac{P(x)}{Q(x)}=\infty$.

解 (1) 由运算定理的乘法公式(2):

$$\begin{aligned}\lim_{x\to x_0}x^n&=\lim_{x\to x_0}(x\cdot x\cdot\cdots\cdot x)\\&=(\lim_{x\to x_0}x)(\lim_{x\to x_0}x)\cdots(\lim_{x\to x_0}x)\\&=x_0\cdot x_0\cdot\cdots\cdot x_0=x_0^n.\end{aligned}$$

(2) 由(1)及运算定理的加法公式及数乘函数的公式,有

$$\begin{aligned}\lim_{x\to x_0}P(x)&=a_0\lim_{x\to x_0}x^n+a_1\lim_{x\to x_0}x^{n-1}+\cdots+\lim_{x\to x_0}a_n\\&=a_0x_0^n+a_1x_0^{n-1}+\cdots+a_n=P(x_0).\end{aligned}$$

(3) 由(2)及运算定理的除法公式(注意到 $Q(x_0)\neq 0$)有

$$\lim_{x\to x_0}\frac{P(x)}{Q(x)}=\frac{\lim\limits_{x\to x_0}P(x)}{\lim\limits_{x\to x_0}Q(x)}=\frac{P(x_0)}{Q(x_0)}.$$

(4) 由$\lim\limits_{x\to x_0}Q(x)=Q(x_0)=0$,$\lim\limits_{x\to x_0}P(x)=P(x_0)\neq 0$,用推论,有

$$\lim_{x\to x_0}\frac{P(x)}{Q(x)}=\infty.$$

证毕.

例 2 求$\lim\limits_{x\to 2}\dfrac{x^2+x-6}{x^2-4}$.

解 分母的极限$\lim\limits_{x\to 2}(x^2-4)=0$,但分子的极限也有$\lim\limits_{x\to 2}(x^2+x-6)=0$,所以上述定理不能用,推论也不能用.怎么办?最容易想到的一个办法是约去(当然要可约)分子、分母中造成0的因子,从而有

$$\lim_{x\to 2}\frac{x^2+x-6}{x^2-4}=\lim_{x\to 2}\frac{(x-2)(x+3)}{(x-2)(x+2)}=\lim_{x\to 2}\frac{x+3}{x+2}=\frac{5}{4}.$$

在$x\to 2$的过程中,$x\neq 2$(因为按定义2.6,$0<|x-2|<\delta$),所以约去$x-2$是可以的.

例 3 设$a_0\neq 0$,$b_0\neq 0$,n与m都是正整数,求

$$\lim_{x\to\infty}\frac{a_0x^n+a_1x^{n-1}+\cdots+a_n}{b_0x^m+b_1x^{m-1}+\cdots+b_m}.$$

解 由于当$x\to\infty$时分子、分母都趋于无穷大,上述定理不能用.这时应设法约去分子、分母中造成∞的因子:

$$\lim_{x\to\infty}\frac{a_0x^n+a_1x^{n-1}+\cdots+a_n}{b_0x^m+b_1x^{m-1}+\cdots+b_m}=\lim_{x\to\infty}\frac{x^n\left(a_0+\dfrac{a_1}{x}+\cdots+\dfrac{a_n}{x^n}\right)}{x^m\left(b_0+\dfrac{b_1}{x}+\cdots+\dfrac{b_m}{x^m}\right)}.$$

因为

$$\lim_{x\to\infty}\frac{a_0+\dfrac{a_1}{x}+\cdots+\dfrac{a_n}{x^n}}{b_0+\dfrac{b_1}{x}+\cdots+\dfrac{b_m}{x^m}}=\frac{a_0}{b_0},$$

而

$$\lim_{x\to\infty}\frac{x^n}{x^m}=\lim_{x\to\infty}x^{n-m}=\begin{cases}0, & n<m,\\ 1, & n=m,\\ \infty, & n>m,\end{cases}$$

对于$n<m$与$n=m$两种情形,由乘积的极限;对于$n>m$情形,将原式分子、分母颠倒,再利用无穷小与无穷大的关系定理2.11,颠倒回来,便得

$$\lim_{x\to\infty}\frac{a_0x^n+a_1x^{n-1}+\cdots+a_n}{b_0x^m+b_1x^{m-1}+\cdots+b_m}=\begin{cases}0, & n<m,\\ \dfrac{a_0}{b_0}, & n=m, \quad a_0b_0\neq 0.\\ \infty, & n>m,\end{cases}$$

此例的结论可作为公式来用.但同时读者更应学会处理这类问题的思路和方法.

例 4 求$\lim\limits_{x\to 2}\left(\dfrac{1}{x-2}-\dfrac{5}{x^2+x-6}\right)$.

解 如果将它拆成两项,分别考虑

$$\lim_{x\to 2}\frac{1}{x-2}\quad 与\quad \lim_{x\to 2}\frac{5}{x^2+x-6},$$

这两个极限都不存在.所以不能用“和的极限等于极限的和”这个公式.应该先将求和的两项通分、相加、化简：

$$\lim_{x\to 2}\left(\frac{1}{x-2}-\frac{5}{x^2+x-6}\right)=\lim_{x\to 2}\frac{x-2}{(x-2)(x+3)}=\lim_{x\to 2}\frac{1}{x+3}=\frac{1}{5}.$$

函数的复合是非常重要的一种运算,关于复合函数的极限运算,有

定理 2.14（复合函数的极限） 设 $u=\varphi(x)$ 满足

$$\lim_{x\to x_0}\varphi(x)=a,$$

并且在 x_0 的某去心邻域内 $\varphi(x)\neq a$.又设 $y=f(u)$ 满足

$$\lim_{u\to a}f(u)=A, \tag{2.12}$$

则复合函数 $y=f(\varphi(x))$ 的极限

$$\lim_{x\to x_0}f(\varphi(x))=A. \tag{2.13}$$

证明 由 $\lim\limits_{u\to a}f(u)=A$ 知,$\forall\,\varepsilon>0$,存在相应的 $\delta>0$,当 $0<|u-a|<\delta$ 时,

$$|f(u)-A|<\varepsilon.$$

对于这个 $\delta>0$,由 $\lim\limits_{x\to x_0}\varphi(x)=a$ 知,存在相应的 $\eta>0$,当 $0<|x-x_0|<\eta$ 时 $|\varphi(x)-a|<\delta$.并由已知 $\varphi(x)\neq a$,便知 $\forall\,\varepsilon>0$,存在相应的 $\eta>0$,当 $0<|x-x_0|<\eta$ 时,$0<|\varphi(x)-a|<\delta$,从而

$$|f(\varphi(x))-A|<\varepsilon,$$

即证明了(2.13)式成立.证毕.

由(2.12)式知,(2.13)式又可写成

$$\lim_{x\to x_0}f(\varphi(x))\xlongequal{u=\varphi(x)}\lim_{u\to a}f(u), \tag{2.14}$$

其中 $a=\lim\limits_{x\to x_0}\varphi(x)$.(2.14)式就是在进行极限运算时作变量变换的依据.

本定理中的 x_0 可以换成 ∞ 或 x_0+0 等,a 可换成 ∞,A 也可换成 ∞.结论仍成立.

例 5 求 $\lim\limits_{x\to 0}\mathrm{e}^{\cos x}$.

解 因为 $\lim\limits_{x\to 0}\cos x=1$,所以 $\lim\limits_{x\to 0}\mathrm{e}^{\cos x}=\mathrm{e}^1=\mathrm{e}$.

此题也可这么做：

$$\lim_{x\to 0}\mathrm{e}^{\cos x}\xlongequal{u=\cos x}\lim_{u\to 1}\mathrm{e}^u=\mathrm{e}.$$

例 6 设常数 $a>0$,求 $\lim\limits_{n\to\infty}\sqrt[n]{a}$.

解 若 $a=1$,显然 $\lim\limits_{n\to\infty}\sqrt[n]{a}=1$.

若 $a\neq 1$,由 $\sqrt[n]{a}=\mathrm{e}^{\frac{1}{n}\ln a}$,令 $u=\dfrac{1}{n}\ln a$.当 $n\to\infty$ 时 $u\to 0$,

$$\lim_{n\to\infty}\sqrt[n]{a}=\lim_{n\to\infty}\mathrm{e}^{\frac{1}{n}\ln a}=\lim_{u\to 0}\mathrm{e}^u=1.$$

总之,只要常数 $a>0$,就有 $\lim\limits_{n\to\infty}\sqrt[n]{a}=1$.

例 7 讨论 $\lim\limits_{x\to 0}\dfrac{1}{1-\mathrm{e}^{\frac{1}{x}}}$ 的存在性.

解 应分 $x\to 0+0$ 与 $x\to 0-0$ 两种情况进行讨论.因为 $\lim\limits_{x\to 0-0}\dfrac{1}{x}=-\infty$,所以

$$\lim_{x\to 0-0} e^{\frac{1}{x}} = 0,$$

$$\lim_{x\to 0-0} \frac{1}{1-e^{\frac{1}{x}}} = \frac{1}{1-\lim\limits_{x\to 0-0} e^{\frac{1}{x}}} = \frac{1}{1-0} = 1.$$

又 $\lim\limits_{x\to 0+0} \frac{1}{x} = +\infty$，所以 $\lim\limits_{x\to 0+0} e^{\frac{1}{x}} = +\infty$. 因此

$$\lim_{x\to 0+0} \frac{1}{1-e^{\frac{1}{x}}} = 0.$$

从而知所讨论的极限不存在.

例 8　求 $\lim\limits_{x\to -\infty} (\sqrt{x^2+x+\sin x}+x+2)$.

分析　不能直接使用定理 2.13 的(1)，因为该处两个加项的极限应分别假设是存在的，而今，例如 $\lim\limits_{x\to -\infty}(x+2) = -\infty$ 并不存在，所以应先变形.

解　$\lim\limits_{x\to -\infty} (\sqrt{x^2+x+\sin x}+x+2) = \lim\limits_{x\to -\infty} \dfrac{x^2+x+\sin x-(x+2)^2}{\sqrt{x^2+x+\sin x}-(x+2)}$

$$= \lim_{x\to -\infty} \frac{-3x+\sin x-4}{|x|\sqrt{1+\frac{1}{x}+\frac{\sin x}{x^2}}-(x+2)}$$

$$= \lim_{x\to -\infty} \frac{-3x+\sin x-4}{-x\sqrt{1+\frac{1}{x}+\frac{\sin x}{x^2}}-(x+2)}$$

$$= \lim_{x\to -\infty} \frac{3-\frac{\sin x}{x}+\frac{4}{x}}{\sqrt{1+\frac{1}{x}+\frac{\sin x}{x^2}}+1+\frac{2}{x}}.$$

因为当 $x\to -\infty$ 时 $\frac{1}{x}\to 0$，$\frac{\sin x}{x^2}\to 0$(无穷小与有界变量的积为无穷小)，再由复合函数的极限知

$$\lim_{x\to -\infty} \sqrt{1+\frac{1}{x}+\frac{\sin x}{x^2}} = 1.$$

从而

$$\lim_{x\to -\infty} (\sqrt{x^2+x+\sin x}+x+2) = \frac{\lim\limits_{x\to -\infty}\left(3-\frac{\sin x}{x}+\frac{4}{x}\right)}{\lim\limits_{x\to -\infty}\sqrt{1+\frac{1}{x}+\frac{\sin x}{x^2}}+\lim\limits_{x\to -\infty}\left(1+\frac{2}{x}\right)} = \frac{3}{2}.$$

§2.5 判别极限存在的两个重要准则，两个重要极限

仅依靠§2.4的运算法则，还不能满足微分学中的需要，还要介绍判别极限存在的两个重要准则及两个重要极限.

一、夹逼准则

定理 2.15（夹逼准则） 设在 $x=x_0$ 的某去心邻域 $\mathring{U}(x_0)$ 内

$$h(x) \leqslant f(x) \leqslant g(x), \tag{2.15}$$

且

$$\lim_{x\to x_0} h(x)=\lim_{x\to x_0} g(x)=A, \tag{2.16}$$

则 $\lim\limits_{x\to x_0} f(x)=A$.

证明 由(2.16)式知，$\forall \varepsilon>0$，存在相应的 $\delta>0$，当 $0<|x-x_0|<\delta$（当然 x 应在 $\mathring{U}(x_0)$ 内）时，有

$$A-\varepsilon<h(x)<A+\varepsilon,\quad A-\varepsilon<g(x)<A+\varepsilon.$$

再由(2.15)式，有

$$A-\varepsilon<h(x)\leqslant f(x)\leqslant g(x)<A+\varepsilon,$$

于是

$$|f(x)-A|<\varepsilon.$$

这就证明了 $\lim\limits_{x\to x_0} f(x)=A$. 证毕.

对于数列情形亦有类似的夹逼准则.

二、重要极限Ⅰ：$\lim\limits_{x\to 0}\dfrac{\sin x}{x}$

定理 2.16 $\lim\limits_{x\to 0}\dfrac{\sin x}{x}=1$.

证明 设 $0<x<\dfrac{\pi}{2}$，如图 2-10 所示，圆的半径设为 1，

$$\triangle OAB \text{ 的面积}<\text{扇形 } OAB \text{ 的面积}<\triangle OCB \text{ 的面积}.$$

$$\triangle OAB \text{ 的面积}=\frac{1}{2}\times 1\times 1\times \sin x,$$

$$\text{扇形 } OAB \text{ 的面积}=\frac{1}{2}\times 1\times 1\times x,$$

$$\triangle OCB \text{ 的面积}=\frac{1}{2}\times 1\times 1\times \tan x,$$

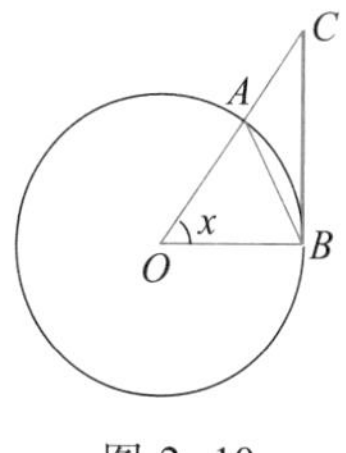

图 2-10

所以

$$\sin x<x<\tan x,$$

$$1<\frac{x}{\sin x}<\frac{1}{\cos x},$$

$$1 > \frac{\sin x}{x} > \cos x.$$

令 $x \to 0+0$，由夹逼准则得 $\lim\limits_{x \to 0+0} \frac{\sin x}{x} = 1$.

设 $-\frac{\pi}{2} < x < 0$，令 $u = -x > 0$，

$$\frac{\sin x}{x} = \frac{\sin(-u)}{-u} = \frac{\sin u}{u},$$

$$\lim_{x \to 0-0} \frac{\sin x}{x} = \lim_{u \to 0+0} \frac{\sin u}{u} = 1,$$

所以

$$\lim_{x \to 0} \frac{\sin x}{x} = 1.$$

证毕.

由复合函数的极限定理 2.14 与这个重要极限，有

$$\lim_{\varphi(x) \to 0} \frac{\sin \varphi(x)}{\varphi(x)} = 1, \quad 其中\ \varphi(x) \neq 0.$$

三、单调有界准则

以数列 $\{u_n\}$ 为例叙述之.

定理 2.17（单调有界准则） 设数列 $\{u_n\}$ 单调增加（减少）且有上界（下界），则 $\lim\limits_{n \to \infty} u_n \overset{\text{存在}}{=\!=} a$.

若 A 是 $\{u_n\}$ 的一个上（下）界，则有 $a \leqslant A$（$a \geqslant A$）.

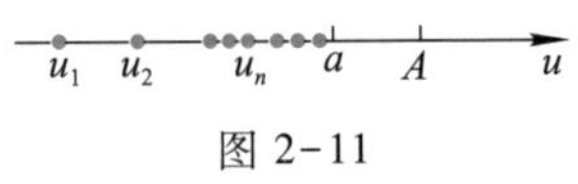

图 2-11

此定理从几何上看是明显的，以 $\{u_n\}$ 单调增加且有上界为例说明之.作 u 轴并作出 $\{u_n\}$ 的点列（如图 2-11 所示），这些点按 n 从小到大由左向右（至少不会由右向左）排列，且不会超过点 A.可见 $\{u_n\}$ 必密集于某数 a 的左侧，且与 a 可以任意接近.一旦某 u_N 进入 $U_\varepsilon(a)$，则 $n>N$ 的 u_n 亦进入 $U_\varepsilon(a)$.这就有 $\lim\limits_{n \to \infty} u_n = a$.但是要从分析上证明 a 是存在的，超过工科专业的教学要求，略去.

此准则并没有告诉人们其中的 a 是什么.欲求 a，应另想办法.

四、重要极限 Ⅱ：$\lim\limits_{x \to \infty}\left(1+\frac{1}{x}\right)^x$

定理 2.18 $\lim\limits_{x \to \infty}\left(1+\frac{1}{x}\right)^x$ 存在.

证明 先利用单调有界准则证明数列 $\left\{\left(1+\frac{1}{n}\right)^n\right\}$ 的极限 $\lim\limits_{n \to \infty}\left(1+\frac{1}{n}\right)^n$ 存在.令 $u_n = \left(1+\frac{1}{n}\right)^n$，由二项式定理展开，有

$$u_n=\left(1+\frac{1}{n}\right)^n$$

$$=1+n\cdot\frac{1}{n}+\frac{n(n-1)}{2!}\frac{1}{n^2}+\cdots+$$

$$\frac{n(n-1)\cdots(n-k+1)}{k!}\frac{1}{n^k}+\cdots+\frac{n(n-1)\cdots 2\cdot 1}{n!}\frac{1}{n^n}$$

$$=1+1+\frac{1}{2!}\cdot 1\cdot\left(1-\frac{1}{n}\right)+\cdots+$$

$$\frac{1}{k!}\cdot 1\cdot\left(1-\frac{1}{n}\right)\cdots\left(1-\frac{k-1}{n}\right)+\cdots+$$

$$\frac{1}{n!}\cdot 1\cdot\left(1-\frac{1}{n}\right)\left(1-\frac{2}{n}\right)\cdots\left(1-\frac{n-1}{n}\right),\quad（共 n+1 项）$$

于是

$$u_{n+1}=1+1+\frac{1}{2!}\cdot 1\cdot\left(1-\frac{1}{n+1}\right)+\cdots+$$

$$\frac{1}{k!}\cdot 1\cdot\left(1-\frac{1}{n+1}\right)\cdots\left(1-\frac{k-1}{n+1}\right)+\cdots+$$

$$\frac{1}{n!}\cdot 1\cdot\left(1-\frac{1}{n+1}\right)\left(1-\frac{2}{n+1}\right)\cdots\left(1-\frac{n-1}{n+1}\right)+$$

$$\frac{1}{(n+1)!}\cdot 1\cdot\left(1-\frac{1}{n+1}\right)\left(1-\frac{2}{n+1}\right)\cdots\left(1-\frac{n-1}{n+1}\right)\left(1-\frac{n}{n+1}\right).$$

（共 $n+2$ 项）

除了第 1,2 两项 1+1,其他 u_{n+1} 的各项均大于 u_n 相应的各项,并且 u_{n+1} 又多了最后一项(正的),所以

$$u_{n+1}>u_n\quad(n=1,2,3,\cdots),$$

故 $\{u_n\}$ 为单调增加数列.又 u_n 中,

$$\frac{1}{k!}<\frac{1}{2^{k-1}},\ 1-\frac{k-1}{n}<1\quad(k=3,4,\cdots,n),$$

所以当 $n\geqslant 2$ 时,

$$u_n<1+1+\frac{1}{2}+\frac{1}{2^2}+\cdots+\frac{1}{2^{k-1}}+\cdots+\frac{1}{2^{n-1}}$$

$$=2+\frac{\frac{1}{2}\left(1-\frac{1}{2^{n-1}}\right)}{1-\frac{1}{2}}=3-\frac{1}{2^{n-1}}<3,$$

故 $\{u_n\}$ 有上界.由单调有界准则知

$$\lim_{n\to\infty}\left(1+\frac{1}{n}\right)^n$$

存在,记为 e,它就是第一章中已介绍过的那个无理数 e,

$$\mathrm{e}=2.718\ 281\ 828\ 459\ 045\cdots.$$

但必须着重指出的是,随着 n 的增加,$\left(1+\frac{1}{n}\right)^n$ 单调增加而趋于 e,所以对于任意正整数 n,有

$$\left(1+\frac{1}{n}\right)^n<\mathrm{e}.$$

这一点很重要,以后无穷级数中有用.

再由 $\lim\limits_{n\to\infty}\left(1+\frac{1}{n}\right)^n=\mathrm{e}$ 过渡到

$$\lim_{x\to+\infty}\left(1+\frac{1}{x}\right)^x=\mathrm{e} \text{ 与 } \lim_{x\to-\infty}\left(1+\frac{1}{x}\right)^x=\mathrm{e}, \tag{2.17}$$

前者用夹逼准则去证,后者由复合函数求极限,证明从略.

再由复合函数求极限,(2.17)式的另一形式为

$$\lim_{x\to0}(1+x)^{\frac{1}{x}}=\mathrm{e}, \tag{2.18}$$

或更一般的形式

$$\lim_{\varphi(x)\to0}(1+\varphi(x))^{\frac{1}{\varphi(x)}}=\mathrm{e}\quad(\text{其中 }\varphi(x)\neq0). \tag{2.19}$$

五、利用两个重要极限求极限的例子

例 1 求 $\lim\limits_{x\to0}\frac{\sin 5x}{x}$.

解 $\lim\limits_{x\to0}\frac{\sin 5x}{x}=\lim\limits_{x\to0}\left(\frac{\sin 5x}{5x}\cdot\frac{5x}{x}\right)=\lim\limits_{x\to0}\frac{\sin 5x}{5x}\cdot5=5.$

例 2 求 $\lim\limits_{x\to0}\frac{1-\cos x}{x^2}$.

解 $$\lim_{x\to0}\frac{1-\cos x}{x^2}=\lim_{x\to0}\frac{2\sin^2\frac{x}{2}}{4\left(\frac{x}{2}\right)^2}=\frac{1}{2}\lim_{x\to0}\left(\frac{\sin\frac{x}{2}}{\frac{x}{2}}\right)^2=\frac{1}{2}.$$

例 3 求 $\lim\limits_{x\to0}(1-x)^{\frac{2}{x}}$.

解 $\lim\limits_{x\to0}(1-x)^{\frac{2}{x}}=\lim\limits_{x\to0}[1+(-x)]^{\frac{1}{-x}(-2)}=\lim\limits_{x\to0}[(1+(-x))^{\frac{1}{-x}}]^{-2}=\mathrm{e}^{-2}.$

例 4 求 $\lim\limits_{x\to0}(1+\sin x)^{\frac{1}{2x}}$.

解 $$\lim_{x\to0}(1+\sin x)^{\frac{1}{2x}}=\lim_{x\to0}(1+\sin x)^{\frac{1}{\sin x}\cdot\frac{\sin x}{2x}}$$
$$=\lim_{x\to0}[(1+\sin x)^{\frac{1}{\sin x}}]^{\frac{\sin x}{2x}}=\mathrm{e}^{\frac{1}{2}}.$$

注 最后一步的理由如下:一般地,设

$$\lim u(x)=a,a>0;\quad \lim v(x)=b,$$

则

$$\lim[u(x)]^{v(x)}=\lim \mathrm{e}^{v(x)\ln u(x)}=\mathrm{e}^{b\ln a}=a^b. \tag{2.20}$$

这里 lim 既可以是$\lim\limits_{x\to x_0}$,也可以是$\lim\limits_{x\to\infty}$等.当 $a=\mathrm{e}$ 时,结论也是对的.

例 5 求$\lim\limits_{x\to0}\dfrac{\ln(1+x)}{x}$.

解 $\lim\limits_{x\to0}\dfrac{\ln(1+x)}{x}=\lim\limits_{x\to0}\ln(1+x)^{\frac{1}{x}}$,由于

$$\lim_{x\to0}(1+x)^{\frac{1}{x}}=\mathrm{e},\quad \lim_{u\to\mathrm{e}}\ln u=1,$$

所以由复合函数的极限,有

$$\lim_{x\to0}\frac{\ln(1+x)}{x}=\lim_{x\to0}\ln(1+x)^{\frac{1}{x}}=1.$$

例 6 求$\lim\limits_{x\to0}\dfrac{\mathrm{e}^x-1}{x}$.

解 令 $\mathrm{e}^x-1=u$,则 $x=\ln(1+u)$,当 $x\to0$ 时 $u\to0$.再由例 5,

$$\lim_{x\to0}\frac{\mathrm{e}^x-1}{x}=\lim_{u\to0}\frac{u}{\ln(1+u)}=1.$$

例 7 求$\lim\limits_{x\to0}\dfrac{(1+x)^\alpha-1}{x}$,其中 α 为实常数.

解 若 $\alpha=0$,则

$$\lim_{x\to0}\frac{(1+x)^\alpha-1}{x}=\lim_{x\to0}\frac{1-1}{x}=0.$$

若 $\alpha\neq0$,$(1+x)^\alpha=\mathrm{e}^{\alpha\ln(1+x)}$,则

$$\begin{aligned}\lim_{x\to0}\frac{(1+x)^\alpha-1}{x}&=\lim_{x\to0}\frac{\mathrm{e}^{\alpha\ln(1+x)}-1}{x}\\&=\lim_{x\to0}\left[\frac{\mathrm{e}^{\alpha\ln(1+x)}-1}{\alpha\ln(1+x)}\cdot\frac{\alpha\ln(1+x)}{x}\right]=\alpha.\end{aligned}$$

所以不论 α 为零或不为零,均有$\lim\limits_{x\to0}\dfrac{(1+x)^\alpha-1}{x}=\alpha$.

例 8 已知$\lim\limits_{x\to\infty}\left(\dfrac{x-a}{x+a}\right)^x=9$,求常数 a.

分析 此题本质上与求$\lim\limits_{x\to\infty}\left(\dfrac{x-a}{x+a}\right)^x$无异.仍凑成(2.19)式的形式.

解
$$\begin{aligned}\lim_{x\to\infty}\left(\frac{x-a}{x+a}\right)^x&=\lim_{x\to\infty}\left(1+\frac{-2a}{x+a}\right)^{-\frac{x+a}{2a}\left(-\frac{2ax}{x+a}\right)}\\&=\lim_{x\to\infty}\left[\left(1+\frac{-2a}{x+a}\right)^{-\frac{x+a}{2a}}\right]^{\frac{-2ax}{x+a}}=\mathrm{e}^{-2a}=9,\end{aligned}$$

所以 $a=-\dfrac{1}{2}\ln 9=-\ln 3$.

例 9 求$\lim\limits_{x\to1}x^{\frac{2(x+1)}{x-1}}$.

分析 因为关于 $x\to0$ 时的极限,常有现成公式可用,所以关于 $x\to x_0$ 时的极限,常

作变量变换 $u=x-x_0$,化为 $u\to0$ 来考虑.

解　令 $x-1=u$,有 $x=1+u$,当 $x\to1$ 时 $u\to0$.

$$\lim_{x\to1}x^{\frac{2(x+1)}{x-1}}=\lim_{u\to0}(1+u)^{\frac{2(u+2)}{u}}=\lim_{u\to0}[(1+u)^2(1+u)^{\frac{4}{u}}]$$

$$=\lim_{u\to0}(1+u)^2\cdot\lim_{u\to0}(1+u)^{\frac{4}{u}}=1\cdot e^4=e^4.$$

§2.6　无穷小的比较

一、无穷小的比较

以 $x\to x_0$ 为例说明之,其他如 $x\to x_0+0,\cdots,x\to\infty$ 等是类似的.设 $x\to x_0$ 时,$\alpha(x)$与$\beta(x)$两个都是无穷小,但是它们趋于零的快慢还可能有很大不同.例如考虑当 $x\to0$时,x,x^2 与 $x^{\frac{1}{3}}$三个都是无穷小,但

$$\lim_{x\to0}\frac{x^2}{x}=\lim_{x\to0}x=0,\quad \lim_{x\to0}\frac{x^{\frac{1}{3}}}{x}=\lim_{x\to0}x^{-\frac{2}{3}}=\infty,$$

说明 $x\to0$ 的过程中,x^2 比 x 趋于 0 快,而 $x^{\frac{1}{3}}$比 x 趋于 0 慢.以 $x\to x_0$ 为例引入定义,对于 $x\to x_0+0,\cdots,x\to\infty$ 的情形是类似的.

下面的定义 2.10 以及以后作为分母的无穷小 $\beta(x)$,总认为它趋于 $0(\beta(x)\to0)$,而并不取到 $0(\beta(x)\neq0)$.

定义 2.10　设$\lim\limits_{x\to x_0}\alpha(x)=0,\lim\limits_{x\to x_0}\beta(x)=0(\beta(x)\neq0)$.

(1) 如果$\lim\limits_{x\to x_0}\dfrac{\alpha(x)}{\beta(x)}=0$,那么称当 $x\to x_0$ 时 $\alpha(x)$为$\beta(x)$的**高阶无穷小**,记为 $\alpha(x)=o(\beta(x))(x\to x_0)$.

(2) 如果$\lim\limits_{x\to x_0}\dfrac{\alpha(x)}{\beta(x)}=c,c\neq0$,那么称当 $x\to x_0$ 时 $\alpha(x)$与$\beta(x)$是**同阶无穷小**.

(3) 特别地,当(2)中的 $c=1$ 时,则称当 $x\to x_0$ 时 $\alpha(x)$与$\beta(x)$是**等价无穷小**,记为 $\alpha(x)\sim\beta(x)(x\to x_0)$.

(4) 如果$\lim\limits_{x\to x_0}\dfrac{\alpha(x)}{\beta(x)}=\infty$,那么称当 $x\to x_0$ 时 $\alpha(x)$为$\beta(x)$的**低阶无穷小**.

(5) 如果$\lim\limits_{x\to x_0}\dfrac{\alpha(x)}{[\beta(x)]^k}=c,c\neq0,k>0$,那么称 $\alpha(x)$为$\beta(x)$的 **k 阶无穷小**.□

两等价无穷小必为同阶,而同阶不一定等价,但可由同阶不等价无穷小构造出等价无穷小.例如

$$\lim_{x\to0}\frac{1-\cos x}{x^2}=\frac{1}{2},$$

则有

$$\lim_{x\to0}\frac{1-\cos x}{\frac{1}{2}x^2}=1.$$

所以当 $x\to0$ 时 $1-\cos x\sim\frac{1}{2}x^2$,也称当 $x\to0$ 时 $1-\cos x$ 为 x 的 2 阶无穷小.

零是无穷小,但与任意不等于零的无穷小 $\beta(x)$ 去比,总有

$$\lim_{x\to x_0}\frac{0}{\beta(x)}=0\quad(\beta(x)\neq0),$$

所以它总是任意一个不等于零的无穷小的高阶无穷小.

但请注意,不是任意两个无穷小都可以比较.例如,设 $\alpha(x)=x^2\sin\frac{1}{x}$,$\beta(x)=x\cos\frac{1}{x}$. 当 $x\to0$ 时 $\alpha(x)$ 与 $\beta(x)$ 都是无穷小.但在 $x\to0$ 的过程中,当 $x=\dfrac{1}{n\pi+\frac{\pi}{2}}$时,$\beta(x)=0$,无法讨论

$$\lim_{x\to0}\frac{\alpha(x)}{\beta(x)}=\lim_{x\to0}x\tan\frac{1}{x}.$$

又如设 $\alpha(x)=x^2\sin\frac{1}{x}$,$\beta(x)=x\sin\frac{1}{x}$,当 $x\to0$ 时 $\alpha(x)$ 与 $\beta(x)$ 都是无穷小.但当 $x=\frac{1}{n\pi}$时 $\beta(x)=0$,也无法讨论$\lim\limits_{x\to0}\dfrac{\alpha(x)}{\beta(x)}$.

由上述定义可知,有下面一些常用的等价无穷小,并应记住:

当 $x\to0$ 时, $\sin x\sim x,\tan x\sim x,1-\cos x\sim\frac{1}{2}x^2,$

$$e^x-1\sim x,\quad \ln(1+x)\sim x,\ (1+x)^\alpha-1\sim\alpha x\ (\alpha\neq0).\tag{2.21}$$

当 $x\to1$ 时,$x^\alpha-1\sim\alpha(x-1)(\alpha\neq0)$.

这些式子的来源,请见本章 § 2.5.

二、等价无穷小的重要性质

等价无穷小是十分重要的概念,它有广泛的用途.

定理 2.19 两无穷小 $\alpha(x)$ 与 $\beta(x)$ 为等价无穷小的充要条件是它们的差 $\alpha(x)-\beta(x)=\gamma(x)$ 是 $\beta(x)$ 的高阶无穷小(也可说成是$\alpha(x)$的高阶无穷小).

证明 以 $x\to x_0$ 为例证明之.先证充分性.设

$$\lim_{x\to x_0}\frac{\alpha(x)-\beta(x)}{\beta(x)}=\lim_{x\to x_0}\frac{\gamma(x)}{\beta(x)}=0,$$

于是

$$\begin{aligned}\lim_{x\to x_0}\frac{\alpha(x)}{\beta(x)}&=\lim_{x\to x_0}\left[\frac{\alpha(x)-\beta(x)}{\beta(x)}+\frac{\beta(x)}{\beta(x)}\right]\\&=\lim_{x\to x_0}\frac{\alpha(x)-\beta(x)}{\beta(x)}+1=0+1=1,\end{aligned}$$

所以当 $x\to x_0$ 时 $\alpha(x)\sim\beta(x)$.

再证必要性.设$\lim\limits_{x\to x_0}\dfrac{\alpha(x)}{\beta(x)}=1$,则

$$\lim_{x\to x_0}\frac{\gamma(x)}{\beta(x)}=\lim_{x\to x_0}\frac{\alpha(x)-\beta(x)}{\beta(x)}=\lim_{x\to x_0}\frac{\alpha(x)}{\beta(x)}-1=0,$$

所以 $\gamma(x)=o(\beta(x))$.证毕.

举例来说,因为当 $x\to 0$ 时 $\sin x\sim x$,所以 $\sin x-x=o(x)$,即 $\sin x=x+o(x)$,其中 $\lim\limits_{x\to 0}\frac{o(x)}{x}=0$.这里只回答了一个定性的问题,没有从定量上回答这里的$o(x)$是什么.

又如当 $x\to 0$ 时 $e^x-1\sim x$,所以 $e^x-1-x=o(x)$.要请读者特别注意的是,不同式子中的 $o(x)$一般不相等.例如这里的$o(x)$与上一例子中的 $o(x)$并不相等.

定理 2.20(乘、除极限中的等价无穷小替换)

设当 $x\to x_0$ 时 $\alpha(x)\sim a(x)$,$\beta(x)\sim b(x)$,并设$\lim\limits_{x\to x_0}\frac{a(x)\gamma(x)}{b(x)\delta(x)}$存在,则

$$\lim_{x\to x_0}\frac{\alpha(x)\gamma(x)}{\beta(x)\delta(x)}=\lim_{x\to x_0}\frac{a(x)\gamma(x)}{b(x)\delta(x)}.$$

证明

$$\begin{aligned}\lim_{x\to x_0}\frac{\alpha(x)\gamma(x)}{\beta(x)\delta(x)}&=\lim_{x\to x_0}\frac{\alpha(x)b(x)a(x)\gamma(x)}{a(x)\beta(x)b(x)\delta(x)}\\&=\lim_{x\to x_0}\frac{\alpha(x)}{a(x)}\cdot\lim_{x\to x_0}\frac{b(x)}{\beta(x)}\cdot\lim_{x\to x_0}\frac{a(x)\gamma(x)}{b(x)\delta(x)}\\&=1\times 1\times\lim_{x\to x_0}\frac{a(x)\gamma(x)}{b(x)\delta(x)}=\lim_{x\to x_0}\frac{a(x)\gamma(x)}{b(x)\delta(x)}.\end{aligned}$$

证毕.

例 1 求$\lim\limits_{x\to 0}\frac{\sin 5x}{\sqrt{1+x}-1}$.

解 方法 1 用凑的办法:

$$\lim_{x\to 0}\frac{\sin 5x}{\sqrt{1+x}-1}=\lim_{x\to x_0}\left(\frac{\sin 5x}{5x}\cdot\frac{5x}{\frac{1}{2}x}\cdot\frac{\frac{1}{2}x}{\sqrt{1+x}-1}\right)=10.$$

方法 2 用等价无穷小替换:当 $x\to 0$ 时 $\sin 5x\sim 5x$,$\sqrt{1+x}-1\sim\frac{1}{2}x$,

$$\lim_{x\to 0}\frac{\sin 5x}{\sqrt{1+x}-1}=\lim_{x\to 0}\frac{5x}{\frac{1}{2}x}=10.$$

两个方法实质是一样的,方法 2 较省力,建议用方法 2.

例 2 求$\lim\limits_{x\to 0}\frac{\tan x-\sin x}{x^3}$.

解

$$\begin{aligned}\lim_{x\to 0}\frac{\tan x-\sin x}{x^3}&=\lim_{x\to 0}\frac{\sin x\cdot\left(\frac{1}{\cos x}-1\right)}{x^3}\\&=\lim_{x\to 0}\frac{\sin x\cdot(1-\cos x)}{x^3\cos x}\end{aligned}$$

$$= \lim_{x\to 0}\frac{x\cdot\frac{1}{2}x^2}{x^3\cos x}=\frac{1}{2}.$$

这里,当 $x\to 0$ 时 $\sin x\sim x$, $1-\cos x\sim\frac{1}{2}x^2$,分子中用了等价无穷小替换.

注　本题若按下面的两个做法都是错误的:

① $\lim\limits_{x\to 0}\frac{\tan x-\sin x}{x^3}=\lim\limits_{x\to 0}\left(\frac{\tan x}{x^3}-\frac{\sin x}{x^3}\right)=\lim\limits_{x\to 0}\left(\frac{x}{x^3}-\frac{x}{x^3}\right)=0.$

② $\lim\limits_{x\to 0}\frac{\tan x-\sin x}{x^3}=\lim\limits_{x\to 0}\frac{\tan x}{x^3}-\lim\limits_{x\to 0}\frac{\sin x}{x^3}=\infty-\infty=0.$

①的错误在于第二个等号加、减项不能用 x 替换 $\tan x$,用 x 替换 $\sin x$.要整个式子的乘、除因式才能用它的等价无穷小去替换.根据例 2 的结论有:当 $x\to 0$ 时, $\tan x-\sin x\sim\frac{1}{2}x^3$,或写成当 $x\to 0$ 时, $\tan x-\sin x=\frac{1}{2}x^3+o(x^3)$.②的错误在于 $\lim\limits_{x\to 0}\frac{\tan x}{x^3}$ 与 $\lim\limits_{x\to 0}\frac{\sin x}{x^3}$ 不存在,不能用定理 2.13 的(1).

例 3　求 $\lim\limits_{x\to 0}(\cos x+\sin^2 x)^{\frac{1}{2x^2}}$.

解　方法 1　当 $x\to 0$ 时, $\cos x+\sin^2 x\to 1$,指数 $\frac{1}{2x^2}\to\infty$,所以可以用凑的办法凑成如下形式的极限:

$$\lim_{u\to 0}(1+u)^{\frac{1}{u}}.$$

为此,将原式改写:

$$\begin{aligned}&\lim_{x\to 0}(\cos x+\sin^2 x)^{\frac{1}{2x^2}}\\ =\ &\lim_{x\to 0}\left[(1+\sin^2 x+\cos x-1)^{\frac{1}{\sin^2 x+\cos x-1}}\right]^{\frac{\sin^2 x+\cos x-1}{2x^2}},\end{aligned}$$

其中

$$\lim_{x\to 0}(1+\sin^2 x+\cos x-1)^{\frac{1}{\sin^2 x+\cos x-1}}=\mathrm{e},$$

$$\lim_{x\to 0}\frac{\sin^2 x+\cos x-1}{2x^2}=\lim_{x\to 0}\frac{\sin^2 x}{2x^2}+\lim_{x\to 0}\frac{\cos x-1}{2x^2}=\frac{1}{2}-\frac{1}{4}=\frac{1}{4}.$$

所以,由(2.20)式知

$$\lim_{x\to 0}(\cos x+\sin^2 x)^{\frac{1}{2x^2}}=\mathrm{e}^{\frac{1}{4}}.$$

方法 2　本题也可采用取对数的办法,如下:

令 $y=(\cos x+\sin^2 x)^{\frac{1}{2x^2}}$,有

$$\ln y=\frac{1}{2x^2}\ln(\cos x+\sin^2 x)=\frac{1}{2x^2}\ln(1+\sin^2 x+\cos x-1),$$

$$\lim_{x\to 0}\ln y=\lim_{x\to 0}\frac{\ln(1+\sin^2 x+\cos x-1)}{2x^2}$$

$$= \lim_{x\to 0}\frac{\sin^2 x + \cos x - 1}{2x^2} = \frac{1}{4}.$$

其中第二个等式来自等价无穷小替换：当 $u\to 0$ 时 $\ln(1+u)\sim u$.于是

$$\lim_{x\to 0} y = \lim_{x\to 0} e^{\ln y} = e^{\frac{1}{4}}.$$

方法 3　由对数性质,有

$$(\cos x+\sin^2 x)^{\frac{1}{2x^2}} = e^{\ln(\cos x+\sin^2 x)^{\frac{1}{2x^2}}} = e^{\frac{1}{2x^2}\ln(\cos x+\sin^2 x)}.$$

再利用等价无穷小替换:当 $x\to 0$ 时,

$$\ln(\cos x+\sin^2 x) = \ln(1+\sin^2 x+\cos x-1) \sim \sin^2 x+\cos x-1.$$

于是

$$\lim_{x\to 0}\frac{1}{2x^2}\ln(\cos x+\sin^2 x) = \lim_{x\to 0}\frac{\sin^2 x+\cos x-1}{2x^2} = \frac{1}{4},$$

所以

$$\lim_{x\to 0}(\cos x+\sin^2 x)^{\frac{1}{2x^2}} = e^{\frac{1}{4}}.$$

其中方法 3 最简洁,既避免方法 1 中那样去凑,又避免方法 2 中取对数.

§ 2.7　函数的连续性

自然界的连续性反映到数学上来,常涉及下面要讨论的连续性.

一、连续与间断

当自变量的改变量(增量)很小时,函数的相应改变量(增量)也很小;当自变量的改变量趋于 0 时,函数的相应改变量也应趋于 0.将这种认识确切地表达出来,就是关于函数在一点处连续的定义.

定义 2.11　设函数 $y=f(x)$ 在 $x=x_0$ 的某邻域 $U(x_0)$ 内有定义,设 Δx 是 x 在 x_0 处的增量,函数 $y=f(x)$ 的相应增量为

$$\Delta y = f(x_0+\Delta x) - f(x_0) \quad (x_0+\Delta x \in U(x_0)).$$

若

$$\lim_{\Delta x\to 0}\Delta y = \lim_{\Delta x\to 0}(f(x_0+\Delta x) - f(x_0)) = 0, \tag{2.22}$$

则称函数 $y=f(x)$ 在 $x=x_0$ 处连续.□

令 $x=x_0+\Delta x\in U(x_0)$,则(2.22)式可改写为

$$\lim_{x\to x_0} f(x) = f(x_0), \tag{2.23}$$

从而函数 $f(x)$ 在 x_0 处连续,也可用下述定义 2.12 来表述.

定义 2.12　设函数 $f(x)$ 在 x_0 的某邻域 $U(x_0)$ 内有定义,$x\in U(x_0)$ 且(2.23)式成立,则称 $f(x)$ 在 x_0 处连续.□

又因(2.23)式是一个极限式子,而极限本身可用 ε-δ 语言来表述,从而连续也可用

下述形式来表述.

定义 2.13 设函数 $f(x)$ 在 x_0 的某邻域 $U(x_0)$ 内有定义,对于任意给定的 $\varepsilon>0$,存在相应的 $\delta>0$,当 $|x-x_0|<\delta$(当然要 $x\in U(x_0)$)时,就有

$$|f(x)-f(x_0)|<\varepsilon, \tag{2.24}$$

则称 $f(x)$ 在 x_0 处**连续**.□

这里将极限定义"$0<|x-x_0|<\delta$"中的"$0<$"去掉而改为 $|x-x_0|<\delta$,这是因为当 $x=x_0$ 时,(2.24)显然满足,不必也不应该将 $x=x_0$ 除外.因为连续的定义中,要求 $f(x_0)$ 是存在的.

有时为了讨论 $f(x)$ 在 x_0 的左(右)侧的连续性,定义单侧连续如下:

定义 2.14(单侧连续性) 设 $f(x)$ 在 x_0 的某左半(右半)邻域内有定义(均包含 x_0 在内),且

$$\lim_{x\to x_0-0}f(x)=f(x_0)\quad\left(\lim_{x\to x_0+0}f(x)=f(x_0)\right),$$

则称 $f(x)$ 在 x_0 处**左(右)连续**.□

显然有如下定理.

定理 2.21 函数 $f(x)$ 在 x_0 处连续的充要条件是 $f(x)$ 在同一点左、右均连续.

函数 $f(x)$ 在区间 (a,b) 内连续,是指该函数在区间 (a,b) 内每一点处都连续;函数 $f(x)$ 在闭区间 $[a,b]$ 上连续,是指内部连续,左端点处右连续,右端点处左连续.

例 1 设

$$f(x)=\begin{cases}\dfrac{\sin x}{x}, & x<0,\\ e^x, & x\geqslant 0,\end{cases}$$

讨论 $f(x)$ 在 $x=0$ 处的连续性.

解 $x=0$ 为分段函数 $f(x)$ 的分界点,所以应分左、右极限讨论之.

$$f(0-0)=\lim_{x\to 0-0}\frac{\sin x}{x}=1,$$

$$f(0+0)=\lim_{x\to 0+0}e^x=1.$$

因为 $f(0-0)=f(0+0)=1=e^0$,所以 $f(x)$ 在 $x=0$ 处是连续的.

二、函数的间断点

定义 2.15 设函数 $f(x)$ 在 x_0 的某去心邻域内有定义,但在 x_0 处不满足连续性的条件(2.23)式,则称函数 $f(x)$ 在 x_0 处**间断**,并称 x_0 为 $f(x)$ 的**间断点**.□

间断点可分为两大类:

第一类间断点 设 $f(x)$ 在点 x_0 处的左、右极限分别存在,但 $f(x)$ 却是间断的,则称其为第一类间断点.若再仔细分,又可分成两小类:

可去间断点 若 $\lim\limits_{x\to x_0}f(x)$ 存在,但 $f(x_0)$ 无定义,或 $f(x_0)$ 虽有定义,但 $\lim\limits_{x\to x_0}f(x)\neq f(x_0)$.

跳跃间断点 $\lim\limits_{x\to x_0+0}f(x)$ 与 $\lim\limits_{x\to x_0-0}f(x)$ 分别存在,但它们不相等:

$$\lim_{x\to x_0+0}f(x)\neq\lim_{x\to x_0-0}f(x).$$

函数图像在此点有一个跳跃.

第二类间断点 除第一类间断点之外的其他形式的间断点,称为第二类间断点.它的形式可以多种多样,例如振荡间断点、无穷间断点等.

例 2 讨论函数$\frac{\sin x}{x}$在 $x=0$ 处的间断点的类型.

解 函数$\frac{\sin x}{x}$在 $x=0$ 处无定义,所以 $x=0$ 是它的间断点.由于$\lim\limits_{x\to0}\frac{\sin x}{x}=1$,存在极限,所以 $x=0$ 是该函数的可去间断点.如果补充 $x=0$ 处的定义,令

$$f(x)=\begin{cases}\dfrac{\sin x}{x}, & x\neq0,\\ 1, & x=0,\end{cases}$$

那么此 $f(x)$ 在 $x=0$ 处连续.由此例可见,在可去间断点处,只要补充函数在该点处的值或改变函数在该点处的值,就可使该点成为连续点."可去"的名称就是这么来的.

例 3 函数

$$f(x)=\begin{cases}\dfrac{1}{1-\mathrm{e}^{\frac{1}{x}}}, & x\neq0,\\ 0, & x=0\end{cases}$$

在 $x=0$ 处连续还是间断?若间断,是什么类型?

解 参见 §2.4 例 7,

$$f(0-0)=\lim_{x\to0-0}\frac{1}{1-\mathrm{e}^{\frac{1}{x}}}=1,f(0+0)=\lim_{x\to0+0}\frac{1}{1-\mathrm{e}^{\frac{1}{x}}}=0,$$

不论 $f(x)$ 在 $x=0$ 处是否有定义,$x=0$ 总是 $f(x)$ 的跳跃间断点,属于第一类间断点.

例 4 讨论函数 $f(x)=\frac{1}{x}$在 $x=0$ 处的间断点的类型.

解 因$\lim\limits_{x\to0}\frac{1}{x}=\infty$,故 $x=0$ 是 $f(x)=\frac{1}{x}$的无穷间断点,属于第二类间断点.

例 5 讨论函数 $f(x)=\sin\frac{1}{x}$在 $x=0$ 处的间断点的类型.

解 由 §2.2 例 6 知,$\lim\limits_{x\to0}\sin\frac{1}{x}$不存在,并且在 $x\to0$ 的过程中,$\sin\frac{1}{x}$总在-1 与$+1$ 之间振荡,所以 $x=0$ 是 $f(x)=\sin\frac{1}{x}$的振荡间断点,属于第二类间断点.

三、反函数与复合函数的连续性,连续函数的四则运算

一个函数 $y=f(x)$ 是否一定存在反函数?若直接函数连续,那么它的反函数是否一定连续?下面的定理回答了这个问题.

定理 2.22(反函数的存在性与连续性) 设函数 $y=f(x)$ 在闭区间$[a,b]$上严格单调、连续,且 $f(a)=\alpha$, $f(b)=\beta$,则在闭区间$[\alpha,\beta]$(或$[\beta,\alpha]$)上存在具有相同单调性的严格单调连续的反函数 $x=f^{-1}(y)$.

由图 2-12 可看出此定理的结论是十分明显的,分析证明也不难.为节省篇幅,证明从略.

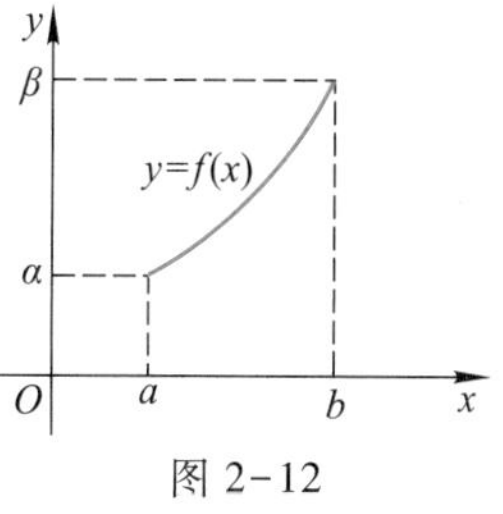

图 2-12

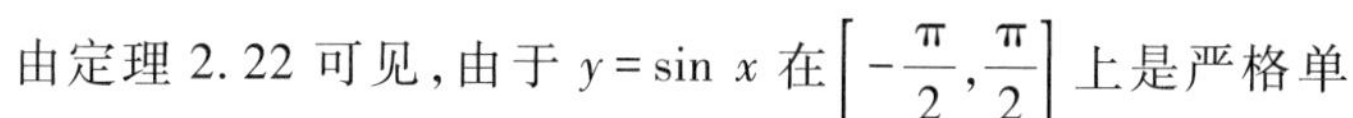

由定理 2.22 可见,由于 $y=\sin x$ 在 $\left[-\frac{\pi}{2},\frac{\pi}{2}\right]$ 上是严格单调增加的连续函数,当 $x=-\frac{\pi}{2}$ 时 $y=-1$;当 $x=\frac{\pi}{2}$ 时 $y=1$.所以它在闭区间$[-1,1]$上存在严格单调增加的连续反函数

$$x=\arcsin y,\quad y\in[-1,1],$$

或写成

$$y=\arcsin x,\quad x\in[-1,1].$$

它在$[-1,1]$上严格单调增加且连续.

关于复合函数,有

定理 2.23(连续函数记号与极限记号对调) 设 $\lim\limits_{x\to x_0}\varphi(x)=a$,函数 $y=f(u)$ 在 $u=a$ 处连续,则复合函数 $f[\varphi(x)]$ 的极限

$$\lim_{x\to x_0} f[\varphi(x)]=f[\lim_{x\to x_0}\varphi(x)]=f(a).$$

证明 由 $y=f(u)$ 在 $u=a$ 处连续知,$\forall\varepsilon>0$,存在相应的 $\eta>0$,当 $|u-a|<\eta$ 时

$$|f(u)-f(a)|<\varepsilon.$$

对于此 $\eta>0$,由于 $\lim\limits_{x\to x_0}\varphi(x)=a$,存在相应的 $\delta>0$,当 $0<|x-x_0|<\delta$ 时 $|\varphi(x)-a|<\eta$.

综上所述,$\forall\varepsilon>0$,存在相应的 $\delta>0$,当 $0<|x-x_0|<\delta$ 时 $|f(\varphi(x))-f(a)|<\varepsilon$,即有

$$\lim_{x\to x_0} f[\varphi(x)]=f(a)=f[\lim_{x\to x_0}\varphi(x)].$$

此定理说明,当 f 连续时,f 与 $\lim\limits_{x\to x_0}$ 记号可以对调.证毕.

这里的 $x\to x_0$ 可以换成 $x\to x_0+0,\cdots,x\to\infty$ 等.

使用此定理时,应注意定理的条件:$\lim\limits_{x\to x_0}\varphi(x)$ 要存在,记为 a;函数 $f(u)$ 在 $u=a$ 处要连续.例如 $\lim\limits_{x\to 0+0}\ln\sin x$ 不能写成 $\ln(\lim\limits_{x\to 0+0}\sin x)$,这是因为 $\ln u$ 在 $u=0$ 处不连续.

推论(连续函数复合的连续性) 设 $u=\varphi(x)$ 在 $x=x_0$ 处连续,$\varphi(x_0)=u_0$,函数 $y=f(u)$ 在 $u=u_0$ 处连续,则复合函数 $y=f[\varphi(x)]$ 在 $x=x_0$ 处连续,即有

$$\lim_{x\to x_0} f[\varphi(x)]=f[\varphi(x_0)].$$

证明 因为 $u=\varphi(x)$ 在 $x=x_0$ 处连续,所以

$$\lim_{x\to x_0}\varphi(x)=\varphi(x_0)=u_0.$$

以此 u_0 代替定理中的 a,由定理 2.23 有

$$\lim_{x\to x_0} f[\varphi(x)]=f(u_0)=f[\varphi(x_0)].$$

由极限的四则运算法则,有连续函数的四则运算法则.

定理 2.24(连续函数的四则运算法则) 设函数 $u(x)$ 与 $v(x)$ 在 $x=x_0$ 处连续,c 为常数,则 $u(x)\pm v(x)$,$cu(x)$,$u(x)v(x)$,$\frac{u(x)}{v(x)}(v(x_0)\neq 0)$ 在 $x=x_0$ 处均连续.

四、初等函数的连续性

定理 2.25 初等函数在它有定义的区间上都是连续的.

这里所谓的“有定义的区间”,可以是开区间、闭区间、半开半闭区间、无穷区间,区间与区间可以不连在一起,但不包括那种孤立的点.如果有定义的区间是闭区间,函数在左端点处连续是指右连续,在右端点处连续是指左连续.定理 2.25 可以用式子来表示.设 $f(x)$ 是初等函数,U 是它的定义区间的并集(不包括孤立点),设 $x_0\in U$,则

$$\lim_{x\to x_0}f(x)=f(x_0). \tag{2.25}$$

证明 只给出简略证明.常值函数 $y=C$ 显然是连续的.由(2.11)式中的(3)和(4)知 $\sin x$ 与 $\cos x$ 在 $(-\infty,+\infty)$ 上连续,由除法知 $\tan x$ 与 $\cot x$ 在它们有定义的区间上是连续的.

由反函数的连续性知,$\arcsin x$,$\arccos x$,$\arctan x$,$\text{arccot}\, x$ 在它们各自的定义区间上是连续的.

又由 §2.2 的(2.11)式中的(1)和(2)知,e^x 与 $\ln x$ 分别在它们有定义的区间上连续.而 $a^x=e^{x\ln a}$,$\log_a x=\dfrac{\ln x}{\ln a}(a>0,a\neq 1)$,由连续函数复合的连续性知,这两个函数在各自有定义的区间上也是连续的.

又 x 显然是连续的,由乘法公式知,x^n 是连续的.由反函数的连续性知,它的反函数 $x^{\frac{1}{n}}$ 在有定义的区间内是连续的,从而 $x^{\frac{m}{n}}$ 在有定义的区间内是连续的.当 μ 是无理数时,$x^{\mu}=e^{\mu\ln x}$,故知在区间 $(0,+\infty)$ 上 x^{μ} 是连续的.

由初等函数的定义,再由以上分析及定理 2.23 和定理 2.24 知,初等函数在它有定义的区间上都是连续的.证毕.

注意,上面几节讲的大都是求初等函数 $f(x)$ 在 $x=x_0$ 处的极限,如果 x_0 为 $f(x)$ 的定义区间上的点,那么由(2.25)式问题就解决了.但实际上,x_0 常是 $f(x)$ 中的大大小小的分母为零处,或有使 $f(x)$ 趋于 ∞ 的项(或因式),使 $f(x)$ 在该处无定义,所以就要先对 $f(x)$ 进行处理.一旦将所求函数化为求某初等函数 $f(x)$ 在其定义区间上某点 x_0 处的极限,那么便可用(2.25)式了.

五、闭区间上的连续函数的性质

首先说明一下函数 $f(x)$ 在数集 I 上的最大值与最小值的概念.设存在 $x_0\in I$,使对一切 $x\in I$,有 $f(x)\leqslant f(x_0)$ $(f(x)\geqslant f(x_0))$,则称 $f(x)$ 在 I 上存在**最大值(最小值)**,$f(x_0)$ 是 $f(x)$ 在 I 上的**最大值(最小值)**,$x=x_0$ 是**最大值点(最小值点)**.

考察函数 $f(x)=\dfrac{1}{x}$,显然,它在开区间 $(0,1)$ 不存在最大值.那么是否存在最小值呢?也许有的读者会说,最小值有的,是 1.但是 $f(x)=\dfrac{1}{x}=1$ 时 $x=1$,不在开区间 $(0,1)$ 内.此 $f(x)$ 在开区间 $(0,1)$ 内不存在最小值.

如果将所考虑的区间改为 $(0,1]$,那么显然 $f(x)=\dfrac{1}{x}$ 有最小值了.如果将所考虑的区间改为闭区间 $[\delta,1]$,其中 δ 为确定的正数,$0<\delta<1$,那么 $f(x)=\dfrac{1}{x}$ 在此区间上既有最大值

$f(\delta)=\dfrac{1}{\delta}$,又有最小值 1.

可见一个函数是否存在最大值与最小值,与自变量的定义区间有关.

定理 2.26(最大值最小值定理) 设函数 $f(x)$ 在闭区间 $[a,b]$ 上连续,则在该区间上必存在最大值 M 与最小值 m,即至少存在两点 $\xi_1\in[a,b]$,$\xi_2\in[a,b]$,有 $f(\xi_1)=m$,$f(\xi_2)=M$,使得对于 $[a,b]$ 上的一切 x,都有

$$f(\xi_1)\leqslant f(x)\leqslant f(\xi_2).$$

证略.

推论 闭区间上的连续函数一定有界.

例 6 设 $f(x)=\dfrac{(x^3-1)\sin x}{(x^2+1)x}$,$x\in(-\infty,+\infty)$,$x\neq 0$,试讨论 $f(x)$ 在其定义域上的有界性.

解 因为 $\lim\limits_{x\to0}f(x)=\lim\limits_{x\to0}\dfrac{x^3-1}{x^2+1}\cdot\lim\limits_{x\to0}\dfrac{\sin x}{x}=-1$,所以存在 $\delta>0$,当 $x\in(-\delta,\delta)$ 时 $f(x)$ 有界:$|f(x)|\leqslant M_1$(定理 2.8).

又因为 $\lim\limits_{x\to\infty}\dfrac{x^3-1}{(x^2+1)x}=1$,所以存在 $X>0$,当 $|x|>X$ 时 $f(x)$ 有界.又因为 $|\sin x|\leqslant 1$,所以当 $|x|>X$ 时 $|f(x)|\leqslant M_2$(定理 2.8).

而当 $x\in[-X,-\delta]$ 时 $f(x)$ 连续,所以 $f(x)$ 有界:$|f(x)|\leqslant M_3$;当 $x\in[\delta,X]$ 时 $f(x)$ 连续,所以 $f(x)$ 有界:$|f(x)|\leqslant M_4$.

合并上述诸项知,存在 $M=\max\{M_1,M_2,M_3,M_4\}$,当 $x\in(-\infty,+\infty)$ 且 $x\neq0$ 时 $|f(x)|\leqslant M$,所以 $f(x)$ 在其定义域上是有界的.

连续函数的特征是变化时不会间断,下面的定理反映了这个事实.

定理 2.27(介值定理) 设函数 $f(x)$ 在闭区间 $[a,b]$ 上连续,m 与 M 分别为 $f(x)$ 在 $[a,b]$ 上的最小值与最大值,则对于 m 与 M 之间的任意给定的 μ,$m<\mu<M$,至少存在一点 $\xi\in(a,b)$ 使 $f(\xi)=\mu$(几何解释如图2-13 所示,图中画有两个 ξ).

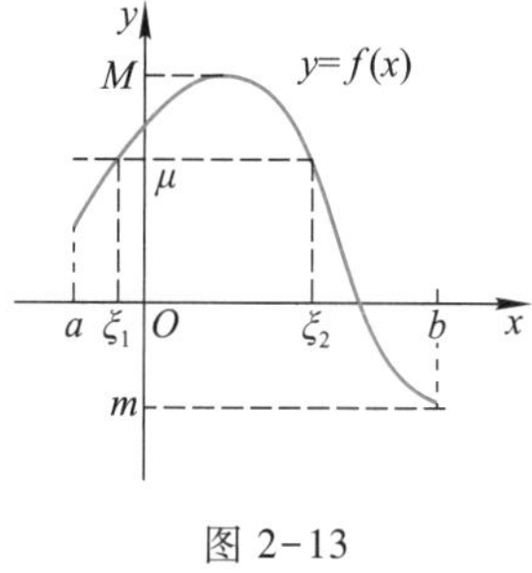

图 2-13

证略.

推论 设 $f(x)$ 在闭区间 $[a,b]$ 上连续,且 $f(a)f(b)<0$,则至少存在一点 $\xi\in(a,b)$ 使 $f(\xi)=0$.

证明 不妨设 $f(a)<0$,$f(b)>0$.由此知最大值 $M\geqslant f(b)>0$,最小值 $m\leqslant f(a)<0$.$\mu=0$ 介于 m 与 M 之间,由定理 2.27 知,至少存在一点 $\xi\in(a,b)$ 使 $f(\xi)=0$.证毕.

此推论常用来证明方程实根的存在性与估计实根的位置.在以后叙述中,“实”字通常省去.

例 7 设函数 $f(x)$ 在闭区间 $[0,1]$ 上连续,且 $0\leqslant f(x)\leqslant 1$,证明方程 $f(x)=x$ 在 $[0,1]$ 上至少有一个根.

解 作函数 $\varphi(x)=f(x)-x$,验算在区间 $[0,1]$ 两端点处的函数值:

$$\varphi(0)=f(0)-0\geqslant 0,\quad \varphi(1)=f(1)-1\leqslant 0.$$

因为端点处有等号，还不能立即用介值定理，先要讨论.

设 $\varphi(0)=0$，则 $\xi=0$ 就是方程 $f(x)-x=0$ 的根；

设 $\varphi(1)=0$，则 $\xi=1$ 就是方程 $f(x)-x=0$ 的根.

无论以上哪种情形，都完成了证明.再设 $\varphi(0)>0$，$\varphi(1)<0$，则由定理 2.27 的推论知，至少存在一点 $\xi\in(0,1)$ 使 $\varphi(\xi)=0$，即 $f(\xi)-\xi=0$.

综合以上三种情形知，至少存在一点 $\xi\in[0,1]$ 使 $f(\xi)=\xi$.证毕.

例 8　设 $\lambda_1<\lambda_2<\lambda_3$，证明方程 $\dfrac{2}{x-\lambda_1}+\dfrac{3}{x-\lambda_2}+\dfrac{4}{x-\lambda_3}=0$ 正好有 2 个实根，并且它们分别在区间 (λ_1,λ_2)，(λ_2,λ_3) 内.

证明　显然 $x=\lambda_1$，$x=\lambda_2$，$x=\lambda_3$ 都不是该方程的根.今将方程变形为

$$2(x-\lambda_2)(x-\lambda_3)+3(x-\lambda_1)(x-\lambda_3)+4(x-\lambda_1)(x-\lambda_2)=0,$$

不影响原方程的根的个数.令上述方程左边为 $f(x)$，于是有

$$f(\lambda_1)=2(\lambda_1-\lambda_2)(\lambda_1-\lambda_3)>0,$$
$$f(\lambda_2)=3(\lambda_2-\lambda_1)(\lambda_2-\lambda_3)<0,$$
$$f(\lambda_3)=4(\lambda_3-\lambda_1)(\lambda_3-\lambda_2)>0,$$

所以可知在区间 (λ_1,λ_2)，(λ_2,λ_3) 内至少各有 1 个根.又因 $f(x)=0$ 为二次方程，至多有 2 个实根，于是知 $f(x)=0$ 有且正好有 2 个实根，从而原方程正好有 2 个实根.

方程 $f(x)=0$ 的根，也称为 $f(x)$ 的零点.

补充例题

习题二

§2.1

1. 写出下列数列 $\{u_n\}$ 的前 4 项与第 $n+1$ 项，并指出哪些数列是单调的？哪些是无界的？（以后凡讲到"指出"，均不要求证明.）

(1) $u_n=(-1)^{\frac{n(n+1)}{2}}$；　(2) $u_n=\dfrac{n+(-1)^n}{n-(-1)^n}$；

(3) $u_n=\mathrm{e}^{-n}$；　(4) $u_n=1+3+5+\cdots+(2n-1)$；

(5) $u_n=\dfrac{1}{n^2}+\dfrac{2}{n^2}+\cdots+\dfrac{n}{n^2}$；　(6) $u_n=\dfrac{1\cdot3\cdot5\cdot\cdots\cdot(2n-1)}{1\cdot5\cdot9\cdot\cdots\cdot(4n-3)}$.

2. 设等腰直角三角形 ABC 的斜边 $AB=2$. 将斜边分成 $2n$ 等份，作内接台阶形（如图所示），求台阶形面积 A_n，并指出 $\lim\limits_{n\to\infty}A_n$ 是多少.

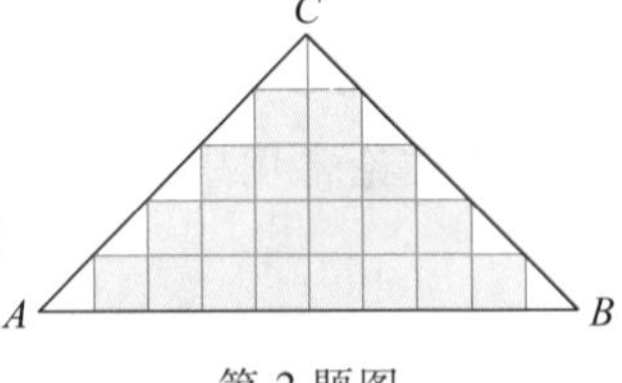

第 2 题图

3. 如图所示，在长为 1 的线段 AB 上作 n 个直径为 $\dfrac{1}{n}$ 的半圆，求：

(1) 这些半圆面积之和 A_n，并指出 $\lim\limits_{n\to\infty}A_n$；

第 3 题图

（2）这些半圆弧长之和 S_n，并指出 $\lim\limits_{n\to\infty}S_n$；

（3）如果不是以长 $\dfrac{1}{n}$ 为直径作半圆，而是以长 $\dfrac{1}{n}$ 为斜边作等腰直角三角形，那么相应的 A_n，$\lim\limits_{n\to\infty}A_n$，$S_n$，$\lim\limits_{n\to\infty}S_n$ 各是多少？

4. 设数列 $\{u_n\}$ 的通项 u_n 如下，指出它们是否收敛．若收敛，指出其极限是多少：

（1）$u_n=\dfrac{1}{2^n}$；（2）$u_n=\dfrac{n-1}{n+1}$；（3）$u_n=n(-1)^n$；

（4）$u_n=\dfrac{1}{n}\cos\dfrac{n\pi}{2}$；（5）$u_n=\dfrac{1}{3}+\dfrac{1}{3^2}+\cdots+\dfrac{1}{3^n}$.

5. 设 $u_n=\dfrac{1}{x_n}\sin\dfrac{1}{x_n}$，其中 x_n 分别为① $x_n=\dfrac{1}{2n\pi+\dfrac{\pi}{2}}$，② $x_n=\dfrac{1}{2n\pi}$，③ $x_n=\dfrac{1}{2n\pi-\dfrac{\pi}{2}}$，指出相应的数列 $\{u_n\}$ 是否收敛．若收敛，指出其极限是多少．

6.（1）设 $\lim\limits_{n\to\infty}u_n=A$，按"$\varepsilon-N$"定义证明 $\lim\limits_{n\to\infty}|u_n|=|A|$；

（2）设 $\lim\limits_{n\to\infty}u_{2n}=A$，$\lim\limits_{n\to\infty}u_{2n-1}=A$，按"$\varepsilon-N$"定义证明 $\lim\limits_{n\to\infty}u_n=A$.

§2.2

7. 指出下列极限是否存在，若存在，则指出该极限值：

（1）$\lim\limits_{x\to+\infty}\mathrm{e}^{-x}$；（2）$\lim\limits_{x\to0}\sin\dfrac{1}{x}$；（3）$\lim\limits_{x\to0-0}[x]$；

（4）$\lim\limits_{x\to\infty}x\sin x$；（5）$\lim\limits_{x\to0-0}\mathrm{e}^{\frac{1}{x}}$；（6）$\lim\limits_{x\to\infty}\mathrm{e}^{\frac{1}{x}}$.

8. 设 $x_0>0$，按"$\varepsilon-\delta$"定义证明：

（1）$\lim\limits_{x\to x_0}\sqrt{x}=\sqrt{x_0}$；（2）$\lim\limits_{x\to x_0}\ln x=\ln x_0$.

9. 设 $f(x)$ 如下，指出 $\lim\limits_{x\to0}f(x)$ 是否存在，若存在，则指出该极限值：

（1）$f(x)=\arctan\dfrac{1}{x}$；（2）$f(x)=\begin{cases}\mathrm{e}^{-\frac{1}{x}}, & x>0,\\ \sin x, & x<0.\end{cases}$

10. 举一个满足下述条件的例子：存在 X，当 $x>X$ 时 $f(x)$ 有定义，无界，但 $\lim\limits_{x\to+\infty}f(x)\neq\infty$（应说明理由）.

§2.3

11. $f(x)=\dfrac{x+1}{x-1}$ 是否是无穷小？是否是无穷大？你认为这样提问妥当否？应怎么来提问才合适？

12. 指出下列各题中，哪个是无穷小，哪个是无穷大；哪个既不是无穷小，也不是无穷大：

（1）当 $x\to0$ 时 $\tan x$；（2）当 $x\to\dfrac{\pi}{2}$ 时 $\tan x$；

（3）当 $x\to0$ 时 $\sqrt[3]{x}\sin\dfrac{1}{x}$；（4）当 $x\to\infty$ 时 $x\cos x$；

（5）当 $x\to0$ 时 $\dfrac{1}{1-\cos x}$；（6）当 $x\to0$ 时 $\dfrac{1}{\ln|x|}$.

§2.4

13. 求下列极限：

(1) $\lim\limits_{x\to 2}\dfrac{x^2+4}{x+2}$;　(2) $\lim\limits_{x\to 1}\dfrac{\cos\pi x}{x+2}$;

(3) $\lim\limits_{x\to 0}\dfrac{\cos x}{x}$;　(4) $\lim\limits_{x\to\infty}\dfrac{\sin x}{x^2+1}$;

(5) $\lim\limits_{x\to 4}(\sqrt{3x+4}-x)$;　(6) $\lim\limits_{x\to 1}\dfrac{x-1}{\tan\dfrac{\pi}{2}x}$;

(7) $\lim\limits_{x\to 0}\dfrac{\sin x+1}{e^x-1}$;　(8) $\lim\limits_{x\to 1}\dfrac{x}{\ln x}$.

14. 求下列极限：

(1) $\lim\limits_{x\to 4}\dfrac{x^2-6x+8}{x^2-5x+4}$;　(2) $\lim\limits_{x\to a}\dfrac{x^2-(a+1)x+a}{x^2-a^2}\quad(a\neq 0)$;

(3) $\lim\limits_{x\to 1}\left(\dfrac{1}{x-1}-\dfrac{3}{x^3-1}\right)$;　(4) $\lim\limits_{x\to\pi}\left(\dfrac{2\pi}{\pi^2-x^2}-\dfrac{1}{\pi-x}\right)$;

(5) $\lim\limits_{x\to\infty}\dfrac{3x^2+2}{1-4x^2}$;　(6) $\lim\limits_{x\to\infty}\dfrac{3x^2+2}{1-4x^3}$;

(7) $\lim\limits_{x\to\infty}\dfrac{3x^3+2}{1-4x^2}$;　(8) $\lim\limits_{x\to+\infty}\dfrac{(x-1)^{30}(2x+3)^{70}}{(2x+1)^{100}}$;

(9) $\lim\limits_{x\to-\infty}(\sqrt{x^2+x+1}+x)$;　(10) $\lim\limits_{x\to+\infty}\dfrac{\sqrt{4x^2+x+1}-x-1}{\sqrt{x^2+\sin x}}$;

(11) $\lim\limits_{x\to+\infty}(\sqrt{x+\sqrt{x}}-\sqrt{x})$;　(12) $\lim\limits_{x\to 0}\dfrac{\sqrt{1-x}-1}{x}$.

§2.5

15. 取“1”“0”“∞”“不存在但也不是无穷”中适当者填入下列空格中：

(1) $\lim\limits_{x\to\infty}x\sin\dfrac{1}{x}=$________;　(2) $\lim\limits_{x\to 0}x\sin\dfrac{1}{x}=$________;

(3) $\lim\limits_{x\to\infty}x^2\sin\dfrac{1}{x}=$________;　(4) $\lim\limits_{x\to 0}\dfrac{1}{x}\sin\dfrac{1}{x}=$________.

16. 求下列极限：

(1) $\lim\limits_{x\to 0}\dfrac{\tan 3x}{x}$;　(2) $\lim\limits_{x\to\pi}\dfrac{\sin x}{\pi^2-x^2}$;

(3) $\lim\limits_{x\to\frac{\pi}{2}}\left(\dfrac{\pi}{2}-x\right)\tan x$;　(4) $\lim\limits_{x\to 0}\dfrac{1-\sqrt{\cos x}}{x^2}$;

(5) $\lim\limits_{x\to\infty}x\sin\dfrac{5}{x}$;　(6) $\lim\limits_{x\to\infty}\dfrac{3x^2+5}{5x+3}\sin\dfrac{1}{x}$;

(7) $\lim\limits_{x\to 0}(1-x)^{\frac{1}{x}}$;　(8) $\lim\limits_{x\to\infty}\left(1+\dfrac{2}{x}\right)^{2x}$;

(9) $\lim\limits_{x\to\infty}\left(\dfrac{x+a}{x-a}\right)^{x}\quad(a\neq 0)$;　(10) $\lim\limits_{x\to 0}\left(\dfrac{x+a}{2x+a}\right)^{\frac{1}{x}}\quad(a\neq 0)$.

§2.6

17. 求下列极限：

(1) $\lim\limits_{x\to0}\dfrac{\arcsin 2x}{\ln(1-x)}$；

(2) $\lim\limits_{x\to0}\left[\dfrac{1}{\ln(1+x)}+\dfrac{1}{\ln(1-x)}\right]$；

(3) $\lim\limits_{x\to-\infty}\dfrac{\ln(1+3^x)}{\ln(1+2^x)}$；

*(4) $\lim\limits_{x\to0}\left(\dfrac{e^x+e^{4x}+e^{10x}}{3}\right)^{\frac{1}{x}}$；

(5) $\lim\limits_{x\to0}\dfrac{(1+x)^x-1}{x^2}$；

(6) $\lim\limits_{x\to0}\dfrac{\sqrt{1+\tan x}-\sqrt{1+\sin x}}{x^3}$；

(7) $\lim\limits_{x\to0}\dfrac{3\sin x+x^2\cos\dfrac{1}{x}}{(1+\cos x)\ln(1+x)}$；(8) $\lim\limits_{x\to0}\dfrac{1}{x^2}\ln(2-\cos x)$.

18. 设当 $x\to0$ 时，下述各对是等价无穷小.试指出其中的常数 A 与 k 各是多少：

(1) $1-\cos x\sim Ax^k$；

(2) $\tan x-\sin x\sim Ax^k$；

(3) $e^{4x^2}-1\sim Ax^k$；

(4) $x^3+2x^4\sim Ax^k$；

(5) $\ln(2-\cos^2x)\sim Ax^k$.

§2.7

19. 求函数 $f(x)=\dfrac{1}{1-e^{\frac{x}{x-1}}}$ 的间断点，并指出其类型.

20. 求函数 $f(x)=\begin{cases}x+1, & x>0,\\ x, & x\leqslant0\end{cases}$ 的间断点，并指出其类型.

21. 求常数 a，使 $f(x)=\begin{cases}\dfrac{\ln(1+2x)}{x}, & x\neq0,\\ a, & x=0\end{cases}$ 在 $x=0$ 处连续.

22. 求常数 a 和 b，使

$$f(x)=\begin{cases}\dfrac{\sqrt{1-ax}-1}{x}, & x<0,\\ ax+b, & 0\leqslant x\leqslant1,\\ \arctan\dfrac{1}{x-1}, & x>1\end{cases}$$

在它的定义区间上连续.

23. 证明：方程 $2^x-4x=0$ 在开区间 $\left(0,\dfrac{1}{2}\right)$ 内必有实根.

24. 设 $f(x)$ 在闭区间 $[0,1]$ 上连续，$f(0)=0$，$f(1)=1$，证明：至少存在一个 $\xi\in(0,1)$ 使 $f(\xi)=1-\xi$.

25. 设 $f(x)=\lim\limits_{n\to\infty}\dfrac{(n+1)x}{1+nx}$，分别求 $x=0$ 时与 $x\neq0$ 时 $f(x)$ 的表达式，并讨论 $f(x)$ 的连续性.

*26. 设 n 为正整数，$f(x)=x^n+nx-1$，证明：方程 $f(x)=0$ 在区间 $\left(0,\dfrac{1}{n}\right)$ 内有且正好有 1 个实根.

习题二参考答案与提示

3

第三章 导数与微分

一元函数微积分学由两大部分组成：微分学与积分学.导数与微分是微分学中的两个重要概念.本章介绍这些概念和计算方法.

§3.1 导数的概念

一、引入导数的例子

例 1 已知质点在 s 轴上做直线运动，运动规律(质点在 s 轴上的位置的坐标与时间的关系)为 $s=f(t)$，求 $t=t_0$ 时的瞬时速度.

解 $t=t_0$ 时 $s_0=f(t_0)$，当时刻从 $t=t_0$ 改变到 $t=t_0+\Delta t$ 时，位移为

$$\Delta s=f(t_0+\Delta t)-f(t_0).$$

从 t_0 到 $t_0+\Delta t$ 的时间区间内，运动的平均速度

$$\bar{v}=\frac{\Delta s}{\Delta t}=\frac{f(t_0+\Delta t)-f(t_0)}{\Delta t}. \tag{3.1}$$

当 $\Delta t\neq 0$ 时，由(3.1)式得到的是平均速度；而若 $\Delta t=0$，则 $\Delta s=0$，(3.1)式无意义，无法由它考察速度，怎么解决这个矛盾呢？直观上想象得到当 $|\Delta t|$ 变小时，由(3.1)式表示的平均速度应该越接近 $t=t_0$ 时的速度.由极限概念知，如果极限

$$\lim_{\Delta t\to 0}\frac{\Delta s}{\Delta t}=\lim_{\Delta t\to 0}\frac{f(t_0+\Delta t)-f(t_0)}{\Delta t} \tag{3.2}$$

存在，用它来作为 $t=t_0$ 时的瞬时速度是再恰当不过了.

例 2 直角坐标系中，曲线 $y=f(x)$ 在点 $P(x_0,f(x_0))$ 处的切线斜率如何求？

解 如图 3-1 所示，过点 P 作该曲线的割线 PQ，Q 的坐标为 $(x_0+\Delta x,y_0+\Delta y)$，其中

$$y_0=f(x_0),$$

$$\Delta y=f(x_0+\Delta x)-f(x_0),$$

割线 PQ 的斜率

$$\tan\theta=\frac{\Delta y}{\Delta x}=\frac{f(x_0+\Delta x)-f(x_0)}{\Delta x}. \tag{3.3}$$

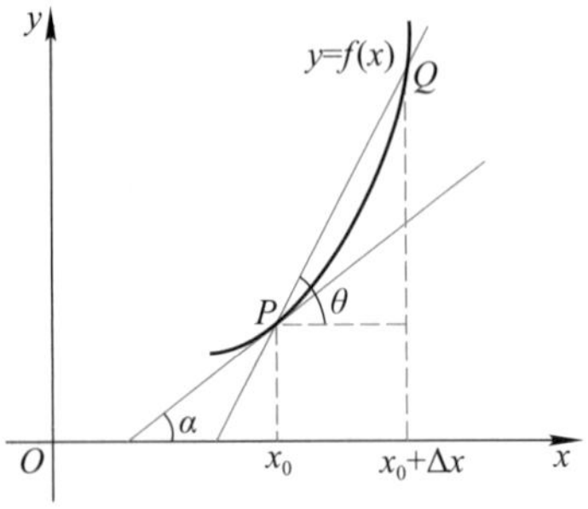

图 3-1

现在遇到与例 1 类似的问题.若 $\Delta x\neq 0$，则获得的是割线斜率；若 $\Delta x=0$，则无法作割线，

(3.3)式无定义.解决这个矛盾的办法,自然想到取极限,如果极限

$$\lim_{\Delta x\to 0}\frac{f(x_0+\Delta x)-f(x_0)}{\Delta x} \tag{3.4}$$

存在,此极限自然定义为切线斜率,此时 PQ 的极限位置,自然定义为切线.

以上两个例子虽然来源不同,但处理的方法以及最后建立的表达式是一样的,这就形成以下导数的定义.

二、导数的定义

定义 3.1 设函数 $y=f(x)$ 在 $x=x_0$ 的某邻域 $U(x_0)$ 内有定义,设 $x_0+\Delta x\in U(x_0)$,如果极限

$$\lim_{\Delta x\to 0}\frac{\Delta y}{\Delta x}=\lim_{\Delta x\to 0}\frac{f(x_0+\Delta x)-f(x_0)}{\Delta x} \tag{3.5}$$

存在,那么称 $f(x)$ 在 $x=x_0$ 处可导,并记

$$\lim_{\Delta x\to 0}\frac{f(x_0+\Delta x)-f(x_0)}{\Delta x}=f'(x_0), \tag{3.6}$$

称它为函数 $y=f(x)$ 在 $x=x_0$ 处(对 x)的导数.□

这里括号中"对 x"两字,表示极限式(3.6)的分母中是 Δx.在不致引起误解的情况下,"对 x"两字不写.

导数的记号很多,还可以记成

$$y'\Big|_{x=x_0},\quad \frac{\mathrm{d}y}{\mathrm{d}x}\Big|_{x=x_0},\quad \frac{\mathrm{d}f(x)}{\mathrm{d}x}\Big|_{x=x_0},$$

等等.

定义 3.2 如果 $y=f(x)$ 在区间 (a,b) 内有定义,并且对于区间内的每一点 x,极限

$$\lim_{\Delta x\to 0}\frac{f(x+\Delta x)-f(x)}{\Delta x} \tag{3.7}$$

都存在,那么称 $f(x)$ 在区间 (a,b) 内可导,并称(3.7)式为 $f(x)$ 在区间 (a,b) 内的导函数,记为 $f'(x)$ 等.在不致引起误解的情况下,导函数也称导数.□

有时为了仔细讨论(3.6)式中的 Δx 是大于 0 还是小于 0,引入右导数与左导数概念.

定义 3.3 称

$$\lim_{\Delta x\to 0+0}\frac{f(x_0+\Delta x)-f(x_0)}{\Delta x}\xlongequal{\text{存在}}f'_+(x_0) \tag{3.8}$$

为 $f(x)$ 在 $x=x_0$ 处的右导数,称

$$\lim_{\Delta x\to 0-0}\frac{f(x_0+\Delta x)-f(x_0)}{\Delta x}\xlongequal{\text{存在}}f'_-(x_0) \tag{3.9}$$

为 $f(x)$ 在 $x=x_0$ 处的左导数.□

记号 $f'_+(x_0)$ 与记号 $f'(x_0+0)$ 不要相混淆,后者是导函数 $f'(x)$ 在 x_0 处的右极限:

$$f'(x_0+0)=\lim_{x\to x_0+0}f'(x).$$

同样,$f'_-(x_0)$ 与 $f'(x_0-0)$ 也不要相混淆而视为同一个东西.

显然有如下定理.

定理 3.1 $f(x)$在$x=x_0$处可导的充要条件是$f'_+(x_0)=f'_-(x_0)$.当条件满足时,有

$$f'(x_0)=f'_+(x_0)=f'_-(x_0).$$

证明　由(3.8)式与(3.9)式便知.证毕.

由导数定义可见:如果$y=f(x)$表示直角坐标系中的曲线,那么$f'(x_0)$为曲线上点$(x_0,f(x_0))$处的切线斜率,于是相应的切线方程为

$$y-f(x_0)=f'(x_0)(x-x_0).$$

如果$s=f(t)$表示直线运动的运动规律,那么$f'(t_0)$为$t=t_0$时的速度.

一般,如果$y=f(x)$表示因变量y关于自变量x的变化关系,那么称$\frac{\Delta y}{\Delta x}$为在以$x_0$和$x_0+\Delta x$为端点的区间上,$y$关于$x$的平均变化率,$f'(x_0)$表示在$x_0$处$y$关于$x$的瞬时变化率.

以上这些导数在不同场合表示什么意义,读者应该弄清楚,记清楚,很有用.

三、几个重要函数的导数公式

1. $(C)'=0$,C为常数. (3.10)

证明　常数C可以看成函数:$f(x)\equiv C$.对于任意$x\in(-\infty,+\infty)$,$f(x+\Delta x)\equiv C$,于是

$$\lim_{\Delta x\to 0}\frac{f(x+\Delta x)-f(x)}{\Delta x}=\lim_{\Delta x\to 0}\frac{C-C}{\Delta x}=0.$$

证毕.

2. $(x^\alpha)'=\alpha x^{\alpha-1}$($\alpha$为任意实常数). (3.11)

证明　就α为正整数n的情形证明之,其余情形证明从略.令$f(x)=x^n$,则$f(x+\Delta x)=(x+\Delta x)^n$,当$n\geqslant 2$时,有

$$\begin{aligned}&f(x+\Delta x)-f(x)\\&=(x+\Delta x)^n-x^n\\&=x^n+nx^{n-1}\Delta x+\frac{n(n-1)}{2!}x^{n-2}(\Delta x)^2+\cdots+(\Delta x)^n-x^n\\&=nx^{n-1}\Delta x+\frac{n(n-1)}{2!}x^{n-2}(\Delta x)^2+\cdots+(\Delta x)^n,\end{aligned}$$

$$\frac{f(x+\Delta x)-f(x)}{\Delta x}=nx^{n-1}+\frac{n(n-1)}{2}x^{n-2}(\Delta x)+\cdots+(\Delta x)^{n-1},$$

$$f'(x)=\lim_{\Delta x\to 0}\frac{f(x+\Delta x)-f(x)}{\Delta x}=nx^{n-1}.$$

当$n=1$时,$(x+\Delta x)-x=\Delta x$,可见$x'=1$.合并写成$(x^n)'=nx^{n-1}$.证毕.

3. $(\sin x)'=\cos x$. (3.12)

证明　令$f(x)=\sin x$,则$f(x+\Delta x)=\sin(x+\Delta x)$,

$$\begin{aligned}f(x+\Delta x)-f(x)&=\sin(x+\Delta x)-\sin x\\&=2\cos\left(x+\frac{\Delta x}{2}\right)\sin\frac{\Delta x}{2},\end{aligned}$$

$$\frac{f(x+\Delta x)-f(x)}{\Delta x}=\cos\left(x+\frac{\Delta x}{2}\right)\frac{\sin\frac{\Delta x}{2}}{\frac{\Delta x}{2}},$$

$$f'(x)=\lim_{\Delta x\to 0}\frac{f(x+\Delta x)-f(x)}{\Delta x}$$

$$=\lim_{\Delta x\to 0}\cos\left(x+\frac{\Delta x}{2}\right)\lim_{\Delta x\to 0}\frac{\sin\frac{\Delta x}{2}}{\frac{\Delta x}{2}}=\cos x.$$

4. $(\cos x)'=-\sin x.$ (3.13)

证明　与 3 类似,略.

5. $(a^x)'=a^x\ln a$,其中常数 $a>0, a\neq 1$. (3.14)

特别地,$(e^x)'=e^x$. (3.15)

证明　令 $f(x)=a^x$,则 $f(x+\Delta x)=a^{x+\Delta x}$,

$$f(x+\Delta x)-f(x)=a^{x+\Delta x}-a^x=a^x(a^{\Delta x}-1),$$

$$f'(x)=\lim_{\Delta x\to 0}\frac{f(x+\Delta x)-f(x)}{\Delta x}=\lim_{\Delta x\to 0}\frac{a^x(a^{\Delta x}-1)}{\Delta x}$$

$$=a^x\lim_{\Delta x\to 0}\frac{e^{\Delta x\cdot\ln a}-1}{\Delta x}=a^x\lim_{\Delta x\to 0}\frac{\Delta x\ln a}{\Delta x}=a^x\ln a.$$

当 $a=e$ 时便得 $(e^x)'=e^x$.证毕.

6. $(\log_a x)'=\frac{1}{x\ln a}$,其中常数 $a>0, a\neq 1$. (3.16)

特别地,$(\ln x)'=\frac{1}{x}$. (3.17)

证明　令 $f(x)=\log_a x$,则 $f(x+\Delta x)=\log_a(x+\Delta x)$,

$$f(x+\Delta x)-f(x)=\log_a(x+\Delta x)-\log_a x$$

$$=\log_a\left(1+\frac{\Delta x}{x}\right)=\frac{\ln\left(1+\frac{\Delta x}{x}\right)}{\ln a}.$$

$$f'(x)=\lim_{\Delta x\to 0}\frac{f(x+\Delta x)-f(x)}{\Delta x}=\lim_{\Delta x\to 0}\frac{\ln\left(1+\frac{\Delta x}{x}\right)}{\Delta x\cdot\ln a}$$

$$=\lim_{\Delta x\to 0}\frac{\frac{\Delta x}{x}}{\Delta x\cdot\ln a}=\frac{1}{x\ln a}.$$

证毕.

以上这些公式要熟记,更重要的是要会用.

四、分段函数求分界点处导数的例子

例 3　设

$$f(x)=\begin{cases}x^2\sin\dfrac{1}{x}, & x\neq 0,\\ 0, & x=0,\end{cases}$$

求 $f'(0)$.

解　按 $f(x)$ 的定义，$f(0)=0$，$f(0+\Delta x)=f(\Delta x)$，因 $\Delta x\neq 0$，所以应该是

$$f(\Delta x)=(\Delta x)^2\sin\frac{1}{\Delta x}.$$

于是

$$f'(0)=\lim_{\Delta x\to 0}\frac{f(0+\Delta x)-f(0)}{\Delta x}=\lim_{\Delta x\to 0}\frac{(\Delta x)^2\sin\dfrac{1}{\Delta x}}{\Delta x}$$

$$=\lim_{\Delta x\to 0}\Delta x\sin\frac{1}{\Delta x}=0(\text{无穷小乘有界函数}).$$

$f'(0)$ 是 $f(x)$ 在 $x=0$ 处的导数.一般当 $x=x_0$ 是分段函数 $f(x)$ 的分界点时，应按定义去求 $f'(x_0)$.如果在分界点的左、右两侧 $f(x)$ 的表达式不一样，还应分别求左导数 $f'_-(x_0)$ 与右导数 $f'_+(x_0)$.当且仅当 $f'_-(x_0)=f'_+(x_0)$ 时，$f'(x_0)$ 才存在，且 $f'_-(x_0)=f'_+(x_0)=f'(x_0)$. $f'(0)$ 与 $[f(0)]'$ 不一样，$f(0)$ 是一个数，$[f(0)]'$ 总是 0.

有时为了避免引进 Δx 的麻烦，可将导数的定义式(3.6)写成

$$\lim_{x\to x_0}\frac{f(x)-f(x_0)}{x-x_0}=f'(x_0),\tag{3.6'}$$

(3.8)式与(3.9)式分别写成

$$\lim_{x\to x_0+0}\frac{f(x)-f(x_0)}{x-x_0}=f'_+(x_0),\tag{3.8'}$$

$$\lim_{x\to x_0-0}\frac{f(x)-f(x_0)}{x-x_0}=f'_-(x_0).\tag{3.9'}$$

例 4　设 $f(x)=\begin{cases}\sin x+1, & x<0,\\ \mathrm{e}^x, & x\geqslant 0,\end{cases}$ 求 $f'(0)$.

解　分左、右导数讨论之.

$$f'_-(0)=\lim_{x\to 0-0}\frac{f(x)-f(0)}{x-0}=\lim_{x\to 0-0}\frac{\sin x+1-\mathrm{e}^0}{x}=1,$$

$$f'_+(0)=\lim_{x\to 0+0}\frac{f(x)-f(0)}{x-0}=\lim_{x\to 0+0}\frac{\mathrm{e}^x-\mathrm{e}^0}{x}=1$$

(最后等式来自第二章 §2.5 例 6).所以 $f'(0)$ 存在且等于 1.

例 5　设 $f(x)=|x|$，求 $f'(x)$.

解　题中没有说求哪一点的导数，所以对 $x=0$ 与 $x\neq 0$ 都要考虑.

设 $x>0$，$f(x)=x$，$f'(x)=1$.

设 $x<0$，$f(x)=-x$，$f'(x)=-1$.

设 $x=0$，应按定义做之，如下：

$$\lim_{x\to 0}\frac{f(x)-f(0)}{x-0}=\lim_{x\to 0}\frac{|x|}{x},$$

可见

$$f'_+(0)=\lim_{x\to 0+0}\frac{x}{x}=1,$$

$$f'_-(0)=\lim_{x\to 0-0}\frac{-x}{x}=-1.$$

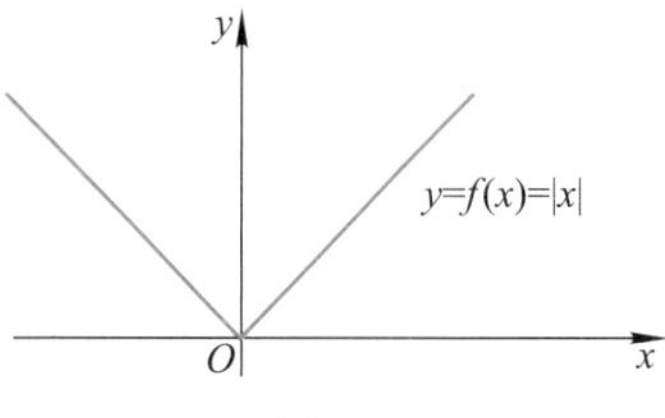

图 3-2

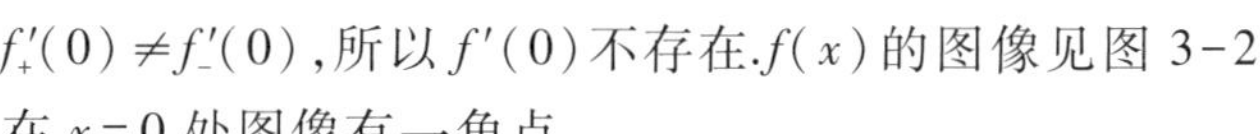
$f'_+(0)\neq f'_-(0)$，所以 $f'(0)$ 不存在.$f(x)$ 的图像见图 3-2，在 $x=0$ 处图像有一角点.

由例 5 可见，函数在 $x=0$ 处连续，但 $f'(0)$ 可以不存在.以下证明：

定理 3.2（可导必连续） 设函数 $y=f(x)$ 在 x_0 处可导，则在该点必连续.

证明 $$\lim_{\Delta x\to 0}\Delta y=\lim_{\Delta x\to 0}\left(\frac{\Delta y}{\Delta x}\cdot\Delta x\right)=\lim_{\Delta x\to 0}\frac{\Delta y}{\Delta x}\cdot\lim_{\Delta x\to 0}\Delta x=f'(x_0)\cdot 0=0.$$

按连续定义知，函数 $y=f(x)$ 在 x_0 处连续.证毕.

由此可见，连续是可导的前提，以后凡讲到可导，马上就应想到它在同一点处必连续.

§3.2 导数的四则运算，反函数与复合函数的导数

一、导数的四则运算

标题中所说的含意是，可导函数经过四则运算之后所成的函数是否可导？可导时导数如何求？

定理 3.3（可导函数的四则运算） 设函数 $u=u(x)$ 与 $v=v(x)$ 在同一点 x 处均可导，则有运算公式：

（1）$(u(x)\pm v(x))'=u'(x)\pm v'(x)$； (3.18)

（2）$(u(x)v(x))'=u'(x)v(x)+u(x)v'(x)$； (3.19)

（3）$\left(\dfrac{u(x)}{v(x)}\right)'=\dfrac{v(x)u'(x)-u(x)v'(x)}{v^2(x)}\quad(v(x)\neq 0)$. (3.20)

证明 以（3）为例证明之，（1）、（2）均类似.令

$$y=\frac{u(x)}{v(x)},$$

并记 $\Delta u=u(x+\Delta x)-u(x)$，$\Delta v=v(x+\Delta x)-v(x)$，于是有

$$\Delta y=\frac{u(x+\Delta x)}{v(x+\Delta x)}-\frac{u(x)}{v(x)}=\frac{u(x)+\Delta u}{v(x)+\Delta v}-\frac{u(x)}{v(x)}$$

$$=\frac{v(x)\Delta u-u(x)\Delta v}{(v(x)+\Delta v)v(x)},$$

$$\frac{\Delta y}{\Delta x}=\frac{v(x)\dfrac{\Delta u}{\Delta x}-u(x)\dfrac{\Delta v}{\Delta x}}{v^2(x)+v(x)\Delta v},$$

$$\lim_{\Delta x\to 0}\frac{\Delta y}{\Delta x}=\lim_{\Delta x\to 0}\frac{v(x)\dfrac{\Delta u}{\Delta x}-u(x)\dfrac{\Delta v}{\Delta x}}{v^2(x)+v(x)\Delta v}$$

$$=\frac{v(x)\lim\limits_{\Delta x\to 0}\dfrac{\Delta u}{\Delta v}-u(x)\lim\limits_{\Delta x\to 0}\dfrac{\Delta v}{\Delta x}}{v^2(x)+v(x)\lim\limits_{\Delta x\to 0}\Delta v}. \tag{3.21}$$

因为 $u(x)$,$v(x)$ 均可导,所以

$$\lim_{\Delta x\to 0}\frac{\Delta u}{\Delta x}=u'(x),\quad \lim_{\Delta x\to 0}\frac{\Delta v}{\Delta x}=v'(x),$$

且

$$\lim_{\Delta x\to 0}\Delta v=0.$$

因此由(3.21)式便得

$$\frac{\mathrm{d}y}{\mathrm{d}x}=\frac{v(x)u'(x)-u(x)v'(x)}{v^2(x)},$$

即(3.20)式证毕.

推论 1 加法公式与乘法公式可推广到有限个情形.以 3 个为例,设 $u(x)$,$v(x)$,$w(x)$ 在同一点 x 处可导,则有

$$(u(x)\pm v(x)\pm w(x))'=u'(x)\pm v'(x)\pm w'(x);$$

$$(u(x)v(x)w(x))'=u'(x)v(x)w(x)+u(x)v'(x)w(x)+u(x)v(x)w'(x).$$

推论 2 设 $u(x)$ 可导,C 为常数,则有

$$(Cu(x))'=Cu'(x).$$

即常数可以提到求导记号外边来.

以上两个推论的证明请读者完成.

例 1 设 $f(x)=\dfrac{4x^4-2\sqrt{x}+4x-\ln x}{x}$,求 $f'(x)$.

解 分母为单项式的分式,一个个拆开来求方便.

$$f'(x)=\left(\frac{4x^4-2\sqrt{x}+4x-\ln x}{x}\right)'=\left(4x^3-2x^{-\frac{1}{2}}+4-\frac{\ln x}{x}\right)'$$

$$=(4x^3)'-(2x^{-\frac{1}{2}})'+(4)'-\left(\frac{\ln x}{x}\right)'$$

$$=12x^2+x^{-\frac{3}{2}}+0-\frac{x(\ln x)'-\ln x\cdot x'}{x^2}$$

$$=12x^2+x^{-\frac{3}{2}}-\frac{1}{x^2}+\frac{\ln x}{x^2}.$$

例 2 求 $(\tan x)'$ 及 $(\cot x)'$.

解 $\tan x=\dfrac{\sin x}{\cos x}$,

$$(\tan x)'=\frac{\cos x\cdot(\sin x)'-\sin x\cdot(\cos x)'}{(\cos x)^2}$$

$$=\frac{\cos x\cdot\cos x-\sin x\cdot(-\sin x)}{\cos^2 x}=\frac{1}{\cos^2 x}=\sec^2 x.$$

同理可求得
$$(\cot x)'=-\frac{1}{\sin^2 x}=-\csc^2 x.$$

例 3　求 $(\sec x)'$ 及 $(\csc x)'$.

解　$\sec x=\dfrac{1}{\cos x}$,

$$(\sec x)'=\frac{\cos x\cdot(1)'-1\cdot(\cos x)'}{\cos^2 x}=\frac{\sin x}{\cos^2 x}=\tan x\sec x.$$

同理可得
$$(\csc x)'=-\csc x\cot x.$$

例 4　设 $y=\dfrac{\sin x}{2x}$,求 y'.

解　$y'=\left(\dfrac{\sin x}{2x}\right)'=\dfrac{1}{2}\left(\dfrac{\sin x}{x}\right)'$　(分母中的 2 可先提出)

$$=\frac{1}{2}\cdot\frac{x\cos x-\sin x}{x^2}=\frac{x\cos x-\sin x}{2x^2}.$$

二、反函数的导数

定理 3.4　设 $y=f(x)$ 在某区间 I_x 上严格单调、连续、可导,且 $f'(x)\neq 0$,则在相应的值域区间 R 上 y 存在同单调性的严格单调、连续、可导的反函数 $x=\varphi(y)$,且

$$\varphi'(y)=\frac{1}{f'(x)}\left(即\frac{\mathrm{d}x}{\mathrm{d}y}=\frac{1}{\dfrac{\mathrm{d}y}{\mathrm{d}x}}\right),\tag{3.22}$$

其中 x 与 y 由关系 $y=f(x)$ 联系着.

分析　定理的前半部分已在 §2.7 之三中介绍过了,现在主要证明(3.22)式.将来可以证明,若 $f(x)$ 可导且 $f'(x)\neq 0$,则 $f(x)$ 必严格单调.因此本定理的条件中,严格单调、连续这两条件可以不必写出,是其他条件的内涵.

证明　对于 $x=\varphi(y)$,现给 y 以增量 $\Delta y\neq 0$,由 $x=\varphi(y)$ 的严格单调性,可见对应的增量 $\Delta x=\varphi(y+\Delta y)-\varphi(y)\neq 0$.于是

$$\frac{\Delta x}{\Delta y}=\frac{1}{\dfrac{\Delta y}{\Delta x}}.$$

由 $x=\varphi(y)$ 的连续性知,当 $\Delta y\to 0$ 时 $\Delta x\to 0$.令 $\Delta y\to 0$,将上式两边取极限,

$$\lim_{\Delta y\to 0}\frac{\Delta x}{\Delta y}=\frac{1}{\lim\limits_{\Delta x\to 0}\dfrac{\Delta y}{\Delta x}}=\frac{1}{f'(x)}.$$

这就证明了 $x=\varphi(y)$ 可导且公式(3.22)成立.证毕.

例 5　(1) 设 $y=\arcsin x$,求 y';(2) 设 $y=\arccos x$,求 y'.

解　(1) $y=\arcsin x, x\in[-1,1]$,反函数为

$$x=\sin y,\quad y\in\left[-\frac{\pi}{2},\frac{\pi}{2}\right].$$

由公式(3.22)有

$$\frac{\mathrm{d}y}{\mathrm{d}x}=\frac{1}{\frac{\mathrm{d}x}{\mathrm{d}y}}=\frac{1}{\cos y},\quad y\in\left(-\frac{\pi}{2},\frac{\pi}{2}\right) \tag{3.23}$$

(因为当 $y=\pm\frac{\pi}{2}$ 时,$\cos y=0$,与定理条件不符).而

$$\cos y=\sqrt{1-\sin^2 y}=\sqrt{1-x^2},\quad -1<x<1.$$

以此代入(3.23)式,得

$$\frac{\mathrm{d}y}{\mathrm{d}x}=\frac{1}{\sqrt{1-x^2}},\quad -1<x<1,$$

即

$$(\arcsin x)'=\frac{1}{\sqrt{1-x^2}},\quad -1<x<1.$$

(2) 类似地可证 $(\arccos x)'=-\frac{1}{\sqrt{1-x^2}},-1<x<1.$

例 6 (1) 设 $y=\arctan x$,求 y';(2) 设 $y=\operatorname{arccot} x$,求 y'.

解 (1) $y=\arctan x,-\infty<x<+\infty$,反函数为

$$x=\tan y,\quad y\in\left(-\frac{\pi}{2},\frac{\pi}{2}\right).$$

由公式(3.22)有

$$\frac{\mathrm{d}y}{\mathrm{d}x}=\frac{1}{\frac{\mathrm{d}x}{\mathrm{d}y}}=\frac{1}{\sec^2 y}=\frac{1}{1+\tan^2 y}=\frac{1}{1+x^2},\quad -\infty<x<+\infty,$$

即

$$(\arctan x)'=\frac{1}{1+x^2},\quad -\infty<x<+\infty.$$

(2) 类似地可证 $(\operatorname{arccot} x)'=-\frac{1}{1+x^2},-\infty<x<+\infty.$

三、复合函数的导数

先看一个例子,求 $(\sin 2x)'$.如果误认为它是 $\cos 2x$,那就错了.事实上,由乘法公式:

$$\begin{aligned}(\sin 2x)'&=(2\sin x\cos x)'=2(\sin x\cos x)'\\&=2[(\sin x)'\cos x+\sin x(\cos x)']\\&=2(\cos^2 x-\sin^2 x)=2\cos 2x.\end{aligned} \tag{3.24}$$

这里系数中的“2”是怎么来的?为此,考察函数 $y=\sin 2x$ 的构造.它是一个复合函数,由 $y=\sin u,u=2x$ 复合而成.

$$\frac{\mathrm{d}y}{\mathrm{d}u}=(\sin u)'_u=\cos u,\quad \frac{\mathrm{d}u}{\mathrm{d}x}=(2x)'_x=2,$$

这里$(\sin u)'_u$表示 $\sin u$ 对 u 求导,$(2x)'_x$表示 $2x$ 对 x 求导.下面即将证明的公式是

$$\frac{\mathrm{d}y}{\mathrm{d}x}=\frac{\mathrm{d}y}{\mathrm{d}u}\cdot\frac{\mathrm{d}u}{\mathrm{d}x}=(\cos u)\cdot 2=2\cos 2x.$$

此与(3.24)式完全一致.

定理 3.5(复合函数求导法) 设 $u=\varphi(x)$ 在 $x=x_0$ 处可导,$u_0=\varphi(x_0)$,又设 $y=f(u)$ 在 $u=u_0$ 处可导,则复合函数 $y=f(\varphi(x))$ 在 $x=x_0$ 处可导,且

$$\frac{\mathrm{d}y}{\mathrm{d}x}=\frac{\mathrm{d}y}{\mathrm{d}u}\cdot\frac{\mathrm{d}u}{\mathrm{d}x},\tag{3.25}$$

或写成

$$[f(\varphi(x))]'_x=f'(\varphi(x))\cdot\varphi'(x).\tag{3.26}$$

以上(3.25)式与(3.26)式均指在 $x=x_0$ 及相应的 $u=u_0=\varphi(x_0)$ 处.

证明 引入函数 $A(u)$,定义如下:

$$A(u)=\begin{cases}\dfrac{f(u)-f(u_0)}{u-u_0},u\neq u_0, & (3.27)\\ f'(u_0), \quad u=u_0. & (3.28)\end{cases}$$

由题设,$f(u)$ 在 $u=u_0$ 处可导,故有

$$\lim_{u\to u_0}\frac{f(u)-f(u_0)}{u-u_0}=f'(u_0)=A(u_0).$$

由(3.27)及上式,有

$$\lim_{u\to u_0}A(u)=A(u_0).$$

所以函数 $A(u)$ 在 $u=u_0$ 处连续.再由(3.27),当 $u\neq u_0$ 时,有

$$f(u)-f(u_0)=A(u)(u-u_0).$$

将 $u=\varphi(x)$ 代入上式左、右两边,得

$$f(\varphi(x))-f(\varphi(x_0))=A(\varphi(x))(\varphi(x)-\varphi(x_0)),$$

两边同时除以 $x-x_0$,得

$$\frac{f(\varphi(x))-f(\varphi(x_0))}{x-x_0}=A(\varphi(x))\cdot\frac{\varphi(x)-\varphi(x_0)}{x-x_0}.$$

令 $x\to x_0$,取极限得

$$\lim_{x\to x_0}\frac{f(\varphi(x))-f(\varphi(x_0))}{x-x_0}=\lim_{x\to x_0}\left(A(\varphi(x))\cdot\frac{\varphi(x)-\varphi(x_0)}{x-x_0}\right).\tag{3.29}$$

再由定理 2.23 的推论(连续函数复合的连续性)有

$$\lim_{x\to x_0}A(\varphi(x))=A(\varphi(x_0))=A(u_0)=f'(u_0)$$

以及

$$\lim_{x\to x_0}\frac{\varphi(x)-\varphi(x_0)}{x-x_0}=\varphi'(x_0).$$

于是由(3.29)推得

$$\lim_{x\to x_0}\frac{f(\varphi(x))-f(\varphi(x_0))}{x-x_0}=f'(u_0)\varphi'(x_0).$$

即(3.26)式在 $x=x_0$ 及相应的 $u=u_0=\varphi(x_0)$ 处成立.证毕.

注 本定理的重点不在于证明,而在于应用.回过头去看前面举过的那个例子,看看如何正确使用复合函数求导公式.

例 7 求$(\sin 2x)'$.

解 令 $y=\sin 2x$,这是一个复合函数:

$$y=\sin u,\quad u=2x.$$

由公式(3.25),有

$$(\sin 2x)'=(\sin u)'_u u'_x=\cos u\cdot(2x)'_x=\cos u\cdot 2=2\cos 2x.$$

例 8 设 $y=\sqrt{a^2-x^2}$,求$\frac{\mathrm{d}y}{\mathrm{d}x}$.

解 由外层往里,$y=\sqrt{u}$,$u=a^2-x^2$,由复合函数求导公式(3.25),

$$\begin{aligned}\frac{\mathrm{d}y}{\mathrm{d}x}&=\frac{\mathrm{d}y}{\mathrm{d}u}\cdot\frac{\mathrm{d}u}{\mathrm{d}x}=\frac{1}{2}u^{-\frac{1}{2}}\frac{\mathrm{d}}{\mathrm{d}x}(a^2-x^2)\\&=\frac{1}{2}u^{-\frac{1}{2}}(-2x)=\frac{-x}{\sqrt{a^2-x^2}}.\end{aligned}$$

例 9 $y=\cos^2 3x$,求$\frac{\mathrm{d}y}{\mathrm{d}x}$.

解 由外层往里,有

$$y=u^2,\quad u=\cos 3x,$$

$$\frac{\mathrm{d}y}{\mathrm{d}x}=2u\cdot(\cos 3x)'_x.$$

再进一步往里:

$$u=\cos v,\quad v=3x,$$

所以

$$\begin{aligned}\frac{\mathrm{d}y}{\mathrm{d}x}&=2\cos 3x\cdot(-\sin 3x)\cdot(3x)'_x\\&=-6\cos 3x\cdot\sin 3x=-3\sin 6x.\end{aligned}$$

做熟练了之后,不必写出中间变量,只要记在心中,层层往里计算就是了.

例 10 $y=\arctan(\mathrm{e}^{4x}+\ln\sin x)$,求$\frac{\mathrm{d}y}{\mathrm{d}x}$.

解
$$\begin{aligned}\frac{\mathrm{d}y}{\mathrm{d}x}&=\frac{1}{1+(\mathrm{e}^{4x}+\ln\sin x)^2}(\mathrm{e}^{4x}+\ln\sin x)'_x\\&=\frac{1}{1+(\mathrm{e}^{4x}+\ln\sin x)^2}\left[\mathrm{e}^{4x}(4x)'_x+\frac{1}{\sin x}(\sin x)'_x\right]\\&=\frac{1}{1+(\mathrm{e}^{4x}+\ln\sin x)^2}(4\mathrm{e}^{4x}+\cot x).\end{aligned}$$

例 11　设 $f(u)$ 可导，求 $y=f(\sin^4x)$ 的导数 $\dfrac{dy}{dx}$.

解　由复合函数求导法，将 $\sin^4x$ 看成 u，有

$$\begin{aligned}[f(\sin^4x)]'_x&=f'(u)(\sin^4x)'_x=f'(u)\cdot 4\sin^3x\cdot(\sin x)'_x\\&=f'(u)4\sin^3x\cos x=4f'(\sin^4x)\sin^3x\cos x.\end{aligned}$$

注意，$[f(\sin^4x)]'_x$ 与 $f'(\sin^4x)$ 不同，前者“$'$”在最外边（为了清楚起见，右下角注了 x），表示对自变量 x 求导，后者 $f'(\sin^4x)$ 的“$'$”在 f 的右上方，表示对 $f(\quad)$ 里面的变量（即中间变量 u）求导数.

还可以将本题的步骤写得更少一点，更紧凑一点：

$$\begin{aligned}[f(\sin^4x)]'&=f'(\sin^4x)(\sin^4x)'=f'(\sin^4x)\cdot 4\sin^3x\cdot(\sin x)'\\&=4f'(\sin^4x)\sin^3x\cos x.\end{aligned}$$

例 12　设 $x<0$，求 $(\ln(-x))'_x$.

解　记 $y=\ln(-x)$，$x<0$，则

$$(\ln(-x))'_x=\frac{dy}{dx}=\frac{1}{-x}(-x)'_x=\frac{1}{-x}(-1)=\frac{1}{x}.$$

将它与 $(\ln x)'=\dfrac{1}{x}(x>0)$ 合在一起，有公式

$$(\ln|x|)'=\frac{1}{x}(x>0\text{ 或 }x<0).$$

它在第五章不定积分中有用.

例 13　设 $f(x)$ 在对称区间 $(-a,a)$ 上可导，常数 $a>0$，证明：

(1) 若 $f(x)$ 为偶函数，则 $f'(x)$ 必为奇函数；

(2) 若 $f(x)$ 为奇函数，则 $f'(x)$ 必为偶函数.

可举例说明，(2)之逆不真.即若 $f(x)$ 为非奇非偶函数，而 $f'(x)$ 也可以是偶函数.

解　设 $f(x)$ 为偶函数，即对任意 $x\in(-a,a)$ 有

$$f(x)=f(-x).$$

两边对 x 求导，有

$$f'(x)=[f(-x)]'_x=f'(-x)(-x)'_x=-f'(-x).$$

所以 $f'(x)$ 为奇函数.类似可证(2).

而设 $f(x)=x^3+1$ 为非奇非偶函数，但 $f'(x)=3x^2$ 为偶函数，故(2)之逆不真.

四、基本初等函数及导数运算公式

基本初等函数及导数运算公式汇总如下：

基本初等函数求导公式：

(1) $C'=0$.

(2) $(x^\alpha)'=\alpha x^{\alpha-1}$，$x'=1$.

(3) $(a^x)'=a^x\ln a\ (a>0,a\neq1)$.

(4) $(e^x)'=e^x$.

(5) $(\log_a|x|)'=\dfrac{1}{x\ln a}\ (a>0,a\neq1)$.

(6) $(\ln|x|)'=\dfrac{1}{x}$.

(7) $(\sin x)'=\cos x$.

(8) $(\cos x)'=-\sin x$.

(9) $(\tan x)'=\sec^2 x$.

(10) $(\cot x)'=-\csc^2 x$.

(11) $(\sec x)'=\sec x\tan x$.

(12) $(\csc x)'=-\csc x\cot x$.

(13) $(\arcsin x)'=\dfrac{1}{\sqrt{1-x^2}}$.

(14) $(\arccos x)'=-\dfrac{1}{\sqrt{1-x^2}}$.

(15) $(\arctan x)'=\dfrac{1}{1+x^2}$.

(16) $(\operatorname{arccot} x)'=-\dfrac{1}{1+x^2}$.

导数运算公式(假设以下所涉及的导数均存在):

(1) $(u(x)\pm v(x))'=u'(x)\pm v'(x)$.

(2) $(u(x)v(x))'=u'(x)v(x)+u(x)v'(x)$.

$(u(x)v(x)w(x))'=u'(x)v(x)w(x)+u(x)v'(x)w(x)+u(x)v(x)w'(x)$.

(3) $(Cu(x))'=Cu'(x)$,其中 C 是常数.

(4) $\left(\dfrac{u(x)}{v(x)}\right)'=\dfrac{u'(x)v(x)-u(x)v'(x)}{v^2(x)}\quad(v(x)\neq 0)$.

(5) $[f(\varphi(x)]_x'=f'(\varphi(x))\cdot\varphi'(x)$,

或写成

$$\frac{\mathrm{d}y}{\mathrm{d}x}=\frac{\mathrm{d}y}{\mathrm{d}u}\cdot\frac{\mathrm{d}u}{\mathrm{d}x}.$$

(6) $\dfrac{\mathrm{d}x}{\mathrm{d}y}=\dfrac{1}{\dfrac{\mathrm{d}y}{\mathrm{d}x}}\quad\left(设\dfrac{\mathrm{d}y}{\mathrm{d}x}\neq 0\right)$.

§3.3 高阶导数

一、高阶导数概念

定义 3.4 设函数 $y=f(x)$ 的导函数 $y'=f'(x)$ 又可求导数,则称函数 $y=f(x)$ **二阶可导**,并记

$$[f'(x)]'=f''(x) \text{ 或 } \frac{\mathrm{d}}{\mathrm{d}x}\left(\frac{\mathrm{d}y}{\mathrm{d}x}\right)=\frac{\mathrm{d}^2y}{\mathrm{d}x^2},$$

称它为函数 $y=f(x)$ 的**二阶导数**.二阶导数可用一阶导数的极限式表示:

$$f''(x)=\lim_{\Delta x\to 0}\frac{f'(x+\Delta x)-f'(x)}{\Delta x}.$$

类似地,可定义三阶导数……n 阶导数(如果存在):

$$y^{(n)}=f^{(n)}(x)=\frac{\mathrm{d}^n y}{\mathrm{d}x^n}=\frac{\mathrm{d}}{\mathrm{d}x}\left(\frac{\mathrm{d}^{n-1}y}{\mathrm{d}x^{n-1}}\right)=[f^{(n-1)}(x)]'$$

$$=\lim_{\Delta x\to 0}\frac{f^{(n-1)}(x+\Delta x)-f^{(n-1)}(x)}{\Delta x}.\square \tag{3.30}$$

当 $n\geqslant 4$ 时,一般不再用撇“′”来表示求导的次数了,而改用数字表示.但为了避免与幂次混淆,故将数字用圆括号“(　　)”括起来.例如 $f^{(5)}(x)$ 表示 $f(x)$ 的五阶导数.

如果$f(x)$在$x=x_0$处n阶可导，那么由(3.30)式可知，必存在$x=x_0$的一个小邻域$U(x_0)$，在$U(x_0)$内$f(x)$存在$n-1$阶导数，并且$f^{(n-1)}(x)$在$x=x_0$处连续，这是前提.

如果$s=f(t)$表示直线运动的运动规律，那么$\frac{\mathrm{d}s}{\mathrm{d}t}=f'(t)$为运动的速度，$\frac{\mathrm{d}^2s}{\mathrm{d}t^2}=f''(t)$为运动的加速度.

二阶导数的符号有明确的几何意义，将在下一章中介绍.

如果是求y''，一般都是求了y'之后再求$(y')'=y''$，没有什么捷径.若求更高阶导数，一般要找出规律.

例 1　设$y=x^\alpha$(α为实常数)，求$y^{(m)}$.

解　当α不是正整数时，

$$y'=\alpha x^{\alpha-1},\quad y''=\alpha(\alpha-1)x^{\alpha-2},\cdots.$$

$$y^{(m)}=\alpha(\alpha-1)\cdots(\alpha-m+1)x^{\alpha-m}. \tag{3.31}$$

当α为正整数n时，有

$$y^{(m)}=n(n-1)\cdots(n-m+1)x^{n-m},m<n,$$

$$y^{(n)}=n!,$$

$$y^{(m)}=0,m>n.$$

例 2　设$y=\sin ax$，求$y^{(n)}$.

解　$y'=(\sin ax)'=a\cos ax=a\sin\left(\frac{\pi}{2}+ax\right)$，

今用数学归纳法证

$$y^{(n)}=(\sin ax)^{(n)}=a^n\sin\left(\frac{n\pi}{2}+ax\right). \tag{3.32}$$

已知当$n=1$时(3.32)式正确.设当$n=k$时(3.32)式正确：

$$y^{(k)}=a^k\sin\left(\frac{k\pi}{2}+ax\right),$$

则

$$y^{(k+1)}=a^k\left[\sin\left(\frac{k\pi}{2}+ax\right)\right]'=a^{k+1}\cos\left(\frac{k\pi}{2}+ax\right)$$

$$=a^{k+1}\sin\left(\frac{\pi}{2}+\frac{k\pi}{2}+ax\right)=a^{k+1}\sin\left(\frac{k+1}{2}\pi+ax\right),$$

所以当$n=k+1$时(3.32)式也正确.由数学归纳法知，对一切n，(3.32)式正确.

同理可证

$$(\cos ax)^{(n)}=a^n\cos\left(\frac{n\pi}{2}+ax\right). \tag{3.33}$$

例 3　设$y=\mathrm{e}^{ax}$，求$y^{(n)}$.

解　$y'=a\mathrm{e}^{ax}$.用数学归纳法容易证明

$$(\mathrm{e}^{ax})^{(n)}=a^n\mathrm{e}^{ax}. \tag{3.34}$$

例 4　设$y=\ln(1+x)$，求$y^{(n)}$.

解　$y'=(1+x)^{-1}$，$y''=(-1)(1+x)^{-2}$，$\cdots$，

用数学归纳法容易证明

$$[\ln(1+x)]^{(n)}=(-1)^{n-1}(n-1)!\ (1+x)^{-n}. \tag{3.35}$$

例 5 设 $y=f(x)$ 二阶可导且 $f'(x)\neq 0$，$x=\varphi(y)$ 是 $y=f(x)$ 的反函数，试用 $f'(x)$ 与 $f''(x)$ 表示 $\varphi''(y)$.

解 由反函数的求导公式(3.22)，

$$\varphi'(y)=\frac{1}{f'(x)}.$$

两边再对 y 求导，并注意到 $x=\varphi(y)$ 是 y 的函数，由复合函数求导公式(3.25)，有

$$\begin{aligned}\varphi''(y)&=\frac{\mathrm{d}}{\mathrm{d}y}\left(\frac{1}{f'(x)}\right)=\frac{\mathrm{d}}{\mathrm{d}x}\left(\frac{1}{f'(x)}\right)\cdot\frac{\mathrm{d}x}{\mathrm{d}y}\\&=-\frac{f''(x)}{(f'(x))^2}\cdot\frac{1}{\dfrac{\mathrm{d}y}{\mathrm{d}x}}=-\frac{f''(x)}{(f'(x))^3}.\end{aligned} \tag{3.36}$$

二、高阶导数的运算公式

有时利用高阶导数的运算公式，会给计算带来方便.

定理 3.6(高阶导数的运算公式) 设函数 $u(x)$ 与 $v(x)$ 存在 n 阶导数，则有

(1) $(u(x)\pm v(x))^{(n)}=u^{(n)}(x)\pm v^{(n)}(x)$； (3.37)

(2) $(Cu(x))^{(n)}=Cu^{(n)}(x)$； (3.38)

(3) 乘积的 n 阶导数的莱布尼茨(Leibniz)公式：

$$\begin{aligned}(uv)^{(n)}=&u^{(n)}v+\mathrm{C}_n^1u^{(n-1)}v'+\mathrm{C}_n^2u^{(n-2)}v''+\cdots+\\&\mathrm{C}_n^ku^{(n-k)}v^{(k)}+\cdots+uv^{(n)}.\end{aligned} \tag{3.39}$$

证明 容易知道(1)、(2)的正确性.现证(3).

当 $n=1$ 时，$(uv)'=u'v+uv'$.

当 $n=2$ 时，$\begin{aligned}(uv)''&=(u'v+uv')'=u''v+u'v'+u'v'+uv''\\&=u''v+2u'v'+uv''=u''v+\mathrm{C}_2^1u'v'+uv''.\end{aligned}$

可以看出它犹似二项式展开.现用数学归纳法证之.设当 $n=m$ 时(3.39)式正确：

$$\begin{aligned}(uv)^{(m)}=&u^{(m)}v+\mathrm{C}_m^1u^{(m-1)}v'+\mathrm{C}_m^2u^{(m-2)}v''+\cdots+\\&\mathrm{C}_m^{k-1}u^{(m-k+1)}v^{(k-1)}+\mathrm{C}_m^ku^{(m-k)}v^{(k)}+\cdots+uv^{(m)},\end{aligned}$$

则

$$\begin{aligned}(uv)^{(m+1)}=&u^{(m+1)}v+u^{(m)}v'+\mathrm{C}_m^1u^{(m)}v'+\mathrm{C}_m^1u^{(m-1)}v''+\cdots+\\&\mathrm{C}_m^{k-1}u^{(m-k+2)}v^{(k-1)}+\mathrm{C}_m^{k-1}u^{(m-k+1)}v^{(k)}+\\&\mathrm{C}_m^ku^{(m-k+1)}v^{(k)}+\mathrm{C}_m^ku^{(m-k)}v^{(k+1)}+\cdots+\\&u'v^{(m)}+uv^{(m+1)}\\=&u^{(m+1)}v+\mathrm{C}_{m+1}^1u^{(m)}v'+\cdots+\mathrm{C}_{m+1}^ku^{(m-k+1)}v^{(k)}+\cdots+uv^{(m+1)},\end{aligned}$$

这里用到了

$$\mathrm{C}_m^{k-1}+\mathrm{C}_m^k=\frac{m!}{(k-1)!\ (m-k+1)!}+\frac{m!}{(m-k)!\ k!}$$

$$=\frac{k\cdot m!\ +(m-k+1)\cdot m!}{(m-k+1)!\ k!}$$

$$=\frac{(m+1)!}{(m-k+1)!\ k!}=C_{m+1}^{k}.$$

因为当 $n=1$ 时已知(3.39)式正确,所以对一切 n,(3.39)式正确.证毕.

公式(3.39)可以按下述方法记忆:将$(u+v)^n$ 按二项式定理展开,展开之后,将方幂换成导数的阶数.但第一项应乘 v,最后一项应乘 u.

由于公式(3.39)较繁,故应尽量避免使用,能化成加、减的尽量用加、减.

例 6 设 $y=\dfrac{x}{x^2+x-2}$,求 $y^{(n)}$.

分析 宜用拆项求导,如果不拆项而直接求,就会很麻烦.

解 $\dfrac{x}{x^2+x-2}=\dfrac{x}{(x-1)(x+2)}\xlongequal{\text{设}}\dfrac{A}{x-1}+\dfrac{B}{x+2}$,

通分相加,取出分子,得

$$x=A(x+2)+B(x-1)=(A+B)x+2A-B.$$

比较等式左、右两边同次幂系数,令其相等得

$$A+B=1,\quad 2A-B=0,$$

从而解得 $A=\dfrac{1}{3}$,$B=\dfrac{2}{3}$.于是

$$\frac{x}{x^2+x-2}=\frac{1}{3}\cdot\frac{1}{x-1}+\frac{2}{3}\cdot\frac{1}{x+2}=\frac{1}{3}(x-1)^{-1}+\frac{2}{3}(x+2)^{-1}.$$

$$\left(\frac{x}{x^2+x-2}\right)^{(n)}=\frac{1}{3}[(-1)^n n!\ (x-1)^{-n-1}+2(-1)^n n!\ (x+2)^{-n-1}]$$

$$=\frac{(-1)^n n!}{3}\left[\frac{1}{(x-1)^{n+1}}+\frac{2}{(x+2)^{n+1}}\right].$$

例 7 设 $y=x^2e^{4x}$,求 $y^{(n)}$.

分析 无法拆项,只能用乘积的莱布尼茨公式(3.39)做.

解 注意,x^2 的三阶及高于三阶导数均为零,所以莱布尼茨公式中只有三项:

$$\begin{aligned}(x^2e^{4x})^{(n)}&=(e^{4x}x^2)^{(n)}\\&=(e^{4x})^{(n)}x^2+C_n^1(e^{4x})^{(n-1)}(x^2)'+C_n^2(e^{4x})^{(n-2)}(x^2)''\\&=4^ne^{4x}x^2+2n\cdot 4^{n-1}e^{4x}x+n(n-1)4^{n-2}e^{4x}.\end{aligned}$$

§3.4 隐函数求导法

一、隐函数求导法

先看一个简单的例子.

已知曲线方程 $y=e^{xy}+x+1$,求曲线上 $x=0$ 点处的切线方程.显然关键是求 $x=0$ 处的 y'.现在不知道该曲线的显式,如何求 y'呢?这就是现在要解决的问题.

一般，设自变量 x 与因变量 y 之间的关系由一个方程 $F(x,y)=0$ 确定，称这种形式给出的函数为隐函数. 如何求由它确定的隐函数 y 对 x 的导数呢? 设想已由 $F(x,y)=0$ 解出 $y=y(x)$，再将它代入 $F(x,y)$ 中，必然有

$$F(x,y(x))\equiv 0.$$

将上式两边对 x 求导，注意其中的 y 是 x 的函数，求导时应采用复合函数求导公式(3.25)，便可求出 y 对 x 的导数. 具体做题时，不需要将 $y=y(x)$ 代入，事实上也无法代入，因为关系 $y=y(x)$ 并不知道.

现在来看具体怎么做.

例 1　已知曲线方程 $y=e^{xy}+x+1$，求曲线上 $x=0$ 点处的切线方程.

解　将方程 $y=e^{xy}+x+1$ 两边对 x 求导，将 y 看成 x 的函数，采用复合函数求导公式(3.25)，有

$$y'=e^{xy}(xy'+y)+1.$$

解出 y'，得

$$y'=\frac{ye^{xy}+1}{1-xe^{xy}}.$$

又当 $x=0$ 时，曲线方程中对应的纵坐标 $y=2$. 以 $x=0,y=2$ 代入 y' 中，得

$$y'\Big|_{x=0}=\frac{2+1}{1-0}=3.$$

所以切线方程为

$$y-2=3(x-0),$$

即

$$y=3x+2.$$

例 2　设 $x^3+y^3-3axy=0$，其中 $a\neq 0$ 是常数，求由它确定的函数 y 的二阶导数 y''.

解　先求一阶导数:

$$3x^2+3y^2y'-3a(xy'+y)=0,$$

解得

$$y'=-\frac{ay-x^2}{ax-y^2}. \tag{3.40}$$

再求 y''，注意将右边的 y 看成 x 的函数，采用复合函数求导公式(3.25)，得

$$y''=-\frac{(ax-y^2)(ay'-2x)-(ay-x^2)(a-2yy')}{(ax-y^2)^2}.$$

再以(3.40)的 y' 代入，并化简得

$$y''=\frac{2xy(a^3-3axy+x^3+y^3)}{(ax-y^2)^3}.$$

再利用原方程 $x^3+y^3-3axy=0$，得

$$y''=\frac{2a^3xy}{(ax-y^2)^3}.$$

例 3　证明: 曲线 $x^{\frac{2}{3}}+y^{\frac{2}{3}}=a^{\frac{2}{3}}$ 上任意一点的切线介于两坐标轴之间的线段长为常数($x\neq 0,y\neq 0,a>0$ 为常数).

证明　在曲线上任取一点 (x_0,y_0)，$x_0\neq 0,y_0\neq 0$. 由隐函数求导法，有

$$\frac{2}{3}x^{-\frac{1}{3}}+\frac{2}{3}y^{-\frac{1}{3}}y'=0.$$

在点(x_0,y_0)处解出 y',得

$$y'=-\left(\frac{y_0}{x_0}\right)^{\frac{1}{3}}.$$

切线方程为

$$y-y_0=-\left(\frac{y_0}{x_0}\right)^{\frac{1}{3}}(x-x_0).$$

在 x 轴、y 轴上的交点分别为(用到 $x_0^{\frac{2}{3}}+y_0^{\frac{2}{3}}=a^{\frac{2}{3}}$)

$$A\left(x_0^{\frac{1}{3}}\left(x_0^{\frac{2}{3}}+y_0^{\frac{2}{3}}\right),0\right)=A\left(a^{\frac{2}{3}}x_0^{\frac{1}{3}},0\right),$$

$$B\left(0,y_0^{\frac{1}{3}}\left(x_0^{\frac{2}{3}}+y_0^{\frac{2}{3}}\right)\right)=B\left(0,a^{\frac{2}{3}}y_0^{\frac{1}{3}}\right),$$

$$|\overline{AB}|^2=\left(a^{\frac{2}{3}}x_0^{\frac{1}{3}}\right)^2+\left(a^{\frac{2}{3}}y_0^{\frac{1}{3}}\right)^2=a^{\frac{4}{3}}\left(x_0^{\frac{2}{3}}+y_0^{\frac{2}{3}}\right)=a^2,$$

所以 $|\overline{AB}|=a$ 为常数.

二、对数求导法

有的函数表达式由乘、除、乘幂、根式等复合而成,直接求导数会很麻烦,采用“对数求导法”会方便些,请见下面的例子.

例 4 设 $y=x^{\sin x}$,求 y'.

解 **方法 1** 两边取对数得

$$\ln y=\ln x^{\sin x}=\sin x\cdot\ln x.$$

由隐函数求导法,对 x 求导,有

$$(\ln y)'_x=(\sin x\cdot\ln x)'_x.$$

即有

$$\frac{1}{y}y'=\cos x\cdot\ln x+\frac{\sin x}{x}.$$

$$\begin{aligned}y'&=y\left(\cos x\cdot\ln x+\frac{\sin x}{x}\right)\\&=x^{\sin x}\left(\cos x\cdot\ln x+\frac{\sin x}{x}\right)\\&=x^{\sin x}\cos x\cdot\ln x+\sin x\cdot x^{\sin x-1}\\&=x^{\sin x-1}(x\cos x\cdot\ln x+\sin x).\end{aligned}$$

方法 2 $y=e^{\sin x\ln x}$,

$$\begin{aligned}y'&=e^{\sin x\ln x}(\sin x\ln x)'=x^{\sin x}\left(\cos x\cdot\ln x+\frac{\sin x}{x}\right)\\&=x^{\sin x-1}(x\cos x\cdot\ln x+\sin x).\end{aligned}$$

例 5 设 $y=\sqrt[3]{\frac{(x-1)(x-2)}{(x-3)(x-4)}}$,求 y'.

解 两边取对数,将乘、除化成加、减:

$$\ln y=\frac{1}{3}[\ln(x-1)+\ln(x-2)-\ln(x-3)-\ln(x-4)].$$

注意,这样取对数后,原来的值域与定义域可能有变动,但可以证明(证略),下面最后得到的结果仍是正确的.将上式两边对 x 求导,得

$$\frac{1}{y}y'=\frac{1}{3}\left(\frac{1}{x-1}+\frac{1}{x-2}-\frac{1}{x-3}-\frac{1}{x-4}\right),$$

$$y'=\frac{1}{3}\sqrt[3]{\frac{(x-1)(x-2)}{(x-3)(x-4)}}\left(\frac{1}{x-1}+\frac{1}{x-2}-\frac{1}{x-3}-\frac{1}{x-4}\right).$$

§3.5 函数的微分

函数的微分为一元函数微分学中另一重要概念,它在积分学中起重要的作用.

设 $y=f(x)$ 在 $x=x_0$ 的某邻域内有定义,让 x 从 x_0 改变到 $x_0+\Delta x$,相应地 y 有增量 Δy,

$$\Delta y=f(x_0+\Delta x)-f(x_0).$$

它与相应的 Δx 有什么“简单”的关系吗?

一、微分的定义

定义 3.5 设

$$\Delta y=f(x_0+\Delta x)-f(x_0)\xlongequal{\text{若可写成}}A\Delta x+o(\Delta x),\tag{3.41}$$

其中 A 为与 Δx 无关的量,且

$$\lim_{\Delta x\to 0}\frac{o(\Delta x)}{\Delta x}=0,\tag{3.42}$$

则称 $A\Delta x$ 为函数 $y=f(x)$ 在 $x=x_0$ 处相应于自变量增量 Δx 的微分,记为

$$\mathrm{d}y=A\Delta x,\tag{3.43}$$

并说函数 $y=f(x)$ 在 $x=x_0$ 处可微.□

换言之,若能从 Δy 中分离出一项 $A\Delta x$,其系数 A 与 Δx 无关,剩余的项记为 $o(\Delta x)$,满足(3.42)式,则将 $A\Delta x$ 这一项称为函数的微分.

现在要解决的是函数在什么条件下可微,在函数可微的条件下,(3.43)式中的 A 是多少.

定理 3.7(可微的充要条件) 设函数 $y=f(x)$ 在 $x=x_0$ 的某邻域内有定义,则函数 $y=f(x)$ 在 $x=x_0$ 处可微的充要条件是该函数在同一点可导.当条件满足时,(3.43)式中的 $A=f'(x_0)$.

证明 (必要性)设 $y=f(x)$ 在 $x=x_0$ 处可微,即有(3.41)式和(3.42)式成立.由(3.41)式有

$$\frac{\Delta y}{\Delta x}=A+\frac{o(\Delta x)}{\Delta x},$$

令 $\Delta x\to 0$,得

$$f'(x_0)=\lim_{\Delta x\to 0}\frac{\Delta y}{\Delta x}=A,$$

即 $f(x)$ 在 $x=x_0$ 处可导，且 $A=f'(x_0)$.

（充分性）设 $y=f(x)$ 在 $x=x_0$ 处可导，即有

$$\lim_{\Delta x\to 0}\frac{\Delta y}{\Delta x}=f'(x_0),$$

由无穷小与极限的关系定理 2.10（§2.3 之二），有

$$\frac{\Delta y}{\Delta x}=f'(x_0)+\alpha,$$

$$\Delta y=f'(x_0)\Delta x+\alpha\Delta x,$$

其中 $f'(x_0)$ 与 Δx 无关，$\lim\limits_{\Delta x\to 0}\dfrac{\alpha\Delta x}{\Delta x}=\lim\limits_{\Delta x\to 0}\alpha=0$. 由定义，$y=f(x)$ 在 $x=x_0$ 处可微，且 $dy=f'(x_0)\Delta x$. 证毕.

如果函数 $y=f(x)$ 在区间 (a,b) 内任意一点 x 处都可微，那么称 $y=f(x)$ 在 (a,b) 内**可微**，此时

$$dy=f'(x)\Delta x, \tag{3.44}$$

对自变量 x 而言，规定自变量 x 的微分 dx 等于自变量的增量 Δx，即

$$dx=\Delta x, \tag{3.45}$$

于是(3.44)式可写成

$$dy=f'(x)dx, \tag{3.46}$$

这就是函数 $y=f(x)$ 的**微分公式**. 由(3.46)式可见，导数 $f'(x)$ 可看成两微分之比：$f'(x)=\dfrac{dy}{dx}$. 当初用记号 $\dfrac{dy}{dx}$ 表示导数，不能将它看成一个比式. 而今可以将它看成一个比式，可以拆开来看了. 基于此，有的书上也将导数称为“微商”.

二、微分的运算

定理 3.8（微分的运算定理） 设 $u(x)$ 与 $v(x)$ 在同一点处可微，则有

(1) $d(u(x)\pm v(x))=du(x)\pm dv(x)$;

(2) $d(u(x)v(x))=v(x)du(x)+u(x)dv(x)$;

(3) $d\left(\dfrac{u(x)}{v(x)}\right)=\dfrac{v(x)du(x)-u(x)dv(x)}{v^2(x)} \quad (v(x)\neq 0)$.

上面几个公式，容易由导数相应的运算公式推得，证略.

定理 3.9（复合函数的微分法） 设 $u=\varphi(x)$ 在 x 处可微，$y=f(u)$ 在相应的 u 处可微，则复合函数 $y=f(\varphi(x))$ 在 x 处可微，且

$$dy=f'(u)du=f'(\varphi(x))\varphi'(x)dx.$$

其中第一个等式称为**复合函数微分公式**. 它告诉人们，当 u 为中间变量时，与 u 为自变量时的微分形式是一样的，故称为“**微分形式不变性**”.

证明 $dy=y'_x dx=f'(\varphi(x))\varphi'(x)dx$. 又

$$du=\varphi'(x)dx,$$

代入便有

$$dy = f'(u)\,du.$$

证毕.

例 1 设 $y=x^3-4x^2+\ln x$,求 dy.

解 $dy=d(x^3)-d(4x^2)+d(\ln x)=\left(3x^2-8x+\dfrac{1}{x}\right)dx.$

例 2 设 $y=\sin^4 3x$,求 dy.

解 方法 1 用公式(3.46),

$$\begin{aligned} dy &= (\sin^4 3x)'dx = 4\sin^3 3x\cos 3x\cdot 3dx \\ &= 12\sin^3 3x\cos 3x dx. \end{aligned}$$

方法 2 用复合函数微分形式不变性,

$$\begin{aligned} dy &= d(\sin^4 3x) = 4\sin^3 3x d(\sin 3x) = 4\sin^3 3x\cos 3x d(3x) \\ &= 4\sin^3 3x\cos 3x\cdot 3dx = 12\sin^3 3x\cos 3x dx. \end{aligned}$$

方法 2 实际上是利用微分记号“d”层层对复合函数由外层向里计算.

例 3 设 f 可微,$y=f(e^{2x})$,求 dy.

解 $dy = df(e^{2x}) = f'(e^{2x})d(e^{2x}) = f'(e^{2x})e^{2x}d(2x) = 2f'(e^{2x})e^{2x}dx.$

例 4 设由 $y=\sin(xy)+1$ 确定 y 为 x 的函数,求 dy.

解 方法 1 将 y 看成 x 的(由上述隐式确定的)函数,利用复合函数微分形式不变性有

$$\begin{aligned} dy &= d(\sin(xy)+1) = \cos(xy)\cdot d(xy)+0 \\ &= \cos(xy)\cdot(ydx+xdy), \end{aligned}$$

解出
$$dy = \frac{y\cos(xy)}{1-x\cos(xy)}dx.$$

方法 2 利用隐函数微分法,按 §3.4 之一的方法,先求出 y',再由 $dy=y'dx$ 求出 dy.略.

三、微分与增量的近似关系与微分的几何意义

设函数 $y=f(x)$ 在 $x=x_0$ 处可微,则由微分与增量的关系式(3.41)有

$$\Delta y = dy + o(\Delta x), \tag{3.47}$$

其中

$$dy = f'(x_0)\Delta x. \tag{3.48}$$

于是得到

$$\Delta y \approx dy = f'(x_0)\Delta x. \tag{3.49}$$

这种近似关系的差为 $o(\Delta x)$.当 $|\Delta x|$ 很小时,它更小.

将(3.48)式代入(3.47)式,并令 $x_0+\Delta x=x$,由 $\Delta y=f(x_0+\Delta x)-f(x_0)=f(x)-f(x_0)$,得到

$$f(x)=f(x_0)+f'(x_0)(x-x_0)+o(x-x_0). \tag{3.50}$$

去掉 $o(x-x_0)$,便得到计算函数值的近似公式:

$$f(x)\approx f(x_0)+f'(x_0)(x-x_0). \tag{3.51}$$

使用此近似公式时,要求 $|x-x_0|$ 很小.

对于一些具体的函数,例如 $f(x)$ 分别为 $\sin x, \mathrm{e}^x, \ln(1+x), (1+x)^\alpha$,取 $x_0=0$,并分别计算 $f(0)$ 与 $f'(0)$,得到

$$\sin x = \sin 0 + \cos 0 \cdot x + o(x) = x + o(x),$$

$$\mathrm{e}^x = \mathrm{e}^0 + \mathrm{e}^0 x + o(x) = 1 + x + o(x),$$

$$\ln(1+x) = \ln 1 + \frac{1}{1+0}x + o(x) = x + o(x),$$

$$(1+x)^\alpha = 1 + \alpha(1+0)^{\alpha-1}x + o(x) = 1 + \alpha x + o(x).$$

将来讲到泰勒公式(§4.5)时,上述这些公式还可推到带余项 $o(x^n)$ 的情形.

最后说一下函数 $y=f(x)$ 的微分的几何意义.如图 3-3 所示,

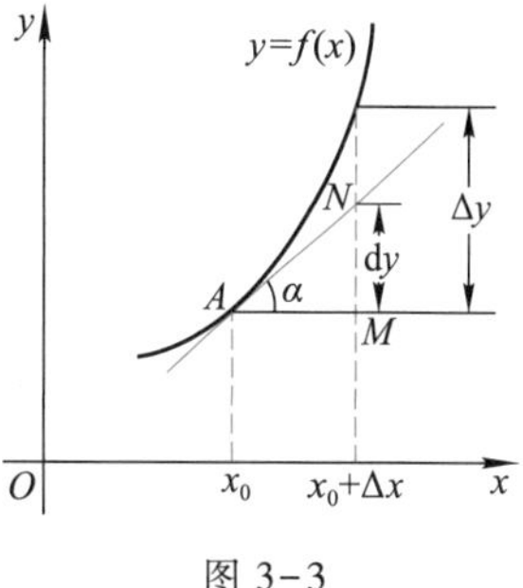

图 3-3

$$\mathrm{d}y = f'(x_0)\Delta x = \tan\alpha \cdot \Delta x = \overline{MN},$$

因此函数的微分 $\mathrm{d}y$ 表示当自变量由 x_0 改变到 $x_0+\Delta x$ 时切线上纵坐标的增量.这就是函数的微分的几何意义.上面近似公式(3.51)就是用切线上的点的纵坐标 $f(x_0)+f'(x_0)(x-x_0)$ 近似代替曲线 $y=f(x)$ 上相应的点的纵坐标 $f(x)$.

补充例题

习题三

§3.1

1. 按导数定义,求下列函数在任意一点 x 处或指定点处的导数:

(1) $f(x)=\sqrt{x}$,在 $x>0$ 处;

(2) $f(x)=\dfrac{1}{x}$,在 $x\neq 0$ 处;

(3) $f(x)=\begin{cases} x^2\cos\dfrac{1}{x}+\sin x, & x\neq 0, \\ 0, & x=0, \end{cases}$ 在 $x=0$ 处;

(4) $f(x)=\begin{cases} \dfrac{\mathrm{e}^{x^2}-1}{x}+\sqrt[3]{1+x}, & x\neq 0, \\ 1, & x=0, \end{cases}$ 在 $x=0$ 处.

*2. 设 $f(x)=\begin{cases} x^2\sin\dfrac{1}{x}+\mathrm{e}^{2x}, & x>0, \\ ax+b, & x\leqslant 0, \end{cases}$ 求常数 a 与 b,使 $f(x)$ 在 $x=0$ 处连续并且可导.

3. 已知下列各极限存在,说明下列各题的$f(x)$在$x=x_0$处可导,并求$f'(x_0)$:

(1) 设$\lim\limits_{h\to 0}\dfrac{f(x_0-h)-f(x_0)}{h}=A$;

(2) 设$f(x_0)=0$且$\lim\limits_{x\to 0}\dfrac{f(x_0+x)}{x}=A$;

(3) 设$\lim\limits_{h\to \infty}h\left[f\left(x_0+\dfrac{1}{h}\right)-f(x_0)\right]=A$.

4. 利用导数定义,求下列各极限:

(1) 设$f'(x_0)$存在,求$\lim\limits_{h\to 0}\dfrac{f(x_0+h)-f(x_0-h)}{h}$;

(2) 设$f'(0)$存在,$f(0)=0$,求$\lim\limits_{h\to 0}\dfrac{f(1-e^h)}{h}$;

*(3) 设$f'(x_0)$存在,$f(x_0)\neq 0$,求$\lim\limits_{h\to 0}\left(\dfrac{f(x_0+h)}{f(x_0)}\right)^{\frac{1}{h}}$.

5. 求曲线$y=e^x$上点$(0,1)$处的切线方程.

6. 在曲线$y=\ln x$上找点(x_0,y_0),使过此点的切线经过原点,并求此切线方程.

7. 设质点做直线运动,其运动规律为$s=f(t)$,试说明$\Delta t,\Delta s,\dfrac{\Delta s}{\Delta t},\dfrac{\mathrm{d}s}{\mathrm{d}t}$所表示的意义,并问:

(1) $\dfrac{s}{t}$是否表示平均速度(或速度),为什么?

(2) 若$s=3\sin t$,求$t=t_0$时的运动速度.

8. 当物体的温度高于周围介质的温度时,物体就不断冷却,若在时刻t时物体温度T与当时时刻t的关系为$T=f(t)$,问物体的温度T随时刻t的冷却速率是什么?

9. 求双曲线$y=\dfrac{a}{x}(a>0)$上任意一点$(x_0,y_0)(x_0\neq 0)$处的切线方程,并证明此切线与两坐标轴构成的三角形的面积为常数$2a$.

§3.2

10. 求下列函数的导数:

(1) $y=\dfrac{3}{x^2}-\sqrt[3]{x^2}+\dfrac{1}{\sqrt[3]{x}}+\ln\pi$;

(2) $y=\dfrac{x^3-4x^2+x+2}{3x^2}$;

(3) $y=(\sqrt{x}+1)\left(\dfrac{1}{\sqrt{x}}-1\right)$;

(4) $y=x^2\sin x+2x\tan x-\cos\dfrac{\pi}{4}$;

(5) $y=(2x+1)(x^2-3)(3x^3+4)$;

(6) $y=\dfrac{4-x}{3+x}$;

(7) $y=\dfrac{1}{\sqrt{x}+1}-\dfrac{1}{\sqrt{x}-1}$;

(8) $y=x^2e^x-xe^x$;

(9) $y=(3e)^x+e^{3x}+\ln(2x)$;

(10) $y=\dfrac{\cos x}{3x^2+4}$;

(11) $y=x\arcsin x$;

(12) $y=x^2\arctan x+\tan x$.

11. 求下列函数的导数:

(1) $y=(7x^3+2x-1)^4$;

(2) $y=\dfrac{3x-1}{(x^2-x+1)^{10}}$;

(3) $y=\sin(4x+3)$;

(4) $y=\cos^2 x+\sin 4x+1$;

(5) $y=\dfrac{1}{\sqrt{x^2+2x+3}}$;

(6) $y=(1+3\sin 2x)^3$;

(7) $y=\sqrt{\sin x}+\sin\sqrt{x}$;

(8) $y=\tan x^2+(\tan x)^2$;

(9) $y=\sqrt{1+3\cos^2 4x}$;

(10) $y=\dfrac{\sin x}{\cos^3 x}$;

(11) $y=\sqrt[3]{(ax+b)(cx+d)}$;

(12) $y=x\sec^2 x-\tan 2x$;

(13) $y=\mathrm{e}^{\mathrm{e}^x}+\mathrm{e}^{x^{\mathrm{e}}}+x^{\mathrm{e}^{\mathrm{e}}}$;

(14) $y=\mathrm{e}^{-x}+\mathrm{e}^{\frac{1}{x}}$;

(15) $y=\dfrac{\mathrm{e}^x}{\mathrm{e}^{4x}+1}$;

(16) $y=2^{\sin x}$;

(17) $y=\ln(x+\sqrt{x^2+1})$;

(18) $y=\ln\tan\dfrac{x}{2}$;

(19) $y=\arcsin\dfrac{1}{x}$;

(20) $y=\left(\dfrac{1-\cos x}{1+\cos x}\right)^3$;

(21) $y=\mathrm{e}^x\sqrt{1-\mathrm{e}^{2x}}+\arcsin \mathrm{e}^x$;

(22) $y=\arcsin\dfrac{x}{\sqrt{a^2+x^2}}\quad(a>0)$;

(23) $y=x(\cos\ln x+\sin\ln x)$;

(24) $y=\left(\dfrac{b}{a}\right)^x+\left(\dfrac{b}{x}\right)^b\quad(a>0,b>0,a\neq b)$;

(25) $y=x\arctan x-\dfrac{1}{2}\ln(1+x^2)$;

(26) $y=x\arccos x-\sqrt{1-x^2}$;

(27) $y=\dfrac{\mathrm{e}^{2x}}{1+2x}$;

(28) $y=\dfrac{1}{2}\arctan\left(\dfrac{1}{2}\tan\dfrac{x}{2}\right)$.

§ 3.3

12. 求下列函数的一阶导数与二阶导数:

(1) $y=x\ln(1-x^2)$;

(2) $y=\arcsin\sqrt{x}$.

13. 设$f(u)$二阶可导,求下列各题的$\dfrac{\mathrm{d}y}{\mathrm{d}x}$与$\dfrac{\mathrm{d}^2y}{\mathrm{d}x^2}$:

(1) $y=f(\sin^2 3x)$;

(2) $y=\mathrm{e}^{f(2x)}$.

14. 求下列函数的 n 阶导数:

(1) $f(x)=\dfrac{1}{x^2-2x-3}$;

(2) $f(x)=x^2\sin 2x$.

*15. 令 $x=\sin t$,试将$\dfrac{\mathrm{d}y}{\mathrm{d}x}$与$\dfrac{\mathrm{d}^2y}{\mathrm{d}x^2}$转换成$\dfrac{\mathrm{d}y}{\mathrm{d}t}$与$\dfrac{\mathrm{d}^2y}{\mathrm{d}t^2}$的表达式,并将方程

$$(1-x^2)\frac{\mathrm{d}^2y}{\mathrm{d}x^2}-x\frac{\mathrm{d}y}{\mathrm{d}x}-y=0$$

化成 y 关于 t 以及$\dfrac{\mathrm{d}y}{\mathrm{d}t}$与$\dfrac{\mathrm{d}^2y}{\mathrm{d}t^2}$的方程.

*16. 令 $x=\ln t$,试将$\dfrac{\mathrm{d}y}{\mathrm{d}x}$与$\dfrac{\mathrm{d}^2y}{\mathrm{d}x^2}$转换成$\dfrac{\mathrm{d}y}{\mathrm{d}t}$与$\dfrac{\mathrm{d}^2y}{\mathrm{d}t^2}$的表达式,并将方程

$$\frac{\mathrm{d}^2y}{\mathrm{d}x^2}-\frac{\mathrm{d}y}{\mathrm{d}x}+\mathrm{e}^{2x}y=0$$

化成 y 关于 t 以及$\dfrac{\mathrm{d}y}{\mathrm{d}t}$与$\dfrac{\mathrm{d}^2y}{\mathrm{d}t^2}$的方程.

§3.4

17. 求由下列方程确定的函数 $y=y(x)$ 的指定阶的导数或在指定处的导数：

(1) $x^2+xy+y^3=1,\dfrac{\mathrm{d}y}{\mathrm{d}x}$；

(2) $y\sin x-\cos(x+y)=0,\dfrac{\mathrm{d}y}{\mathrm{d}x}$；

(3) $\sqrt{x}+\sqrt{y}=1,\dfrac{\mathrm{d}y}{\mathrm{d}x}$及$\dfrac{\mathrm{d}^2y}{\mathrm{d}x^2}$；

(4) $y^3=7+\mathrm{e}^{xy},\left.\dfrac{\mathrm{d}y}{\mathrm{d}x}\right|_{x=0},\left.\dfrac{\mathrm{d}^2y}{\mathrm{d}x^2}\right|_{x=0}$.

18. 求下列函数的一阶导数：

(1) $y=\ln\dfrac{x\sqrt{2x+1}}{\sqrt[3]{3x+1}}$；

(2) $y=\ln\sqrt[3]{\dfrac{x(x+1)}{x^2+1}}$；

(3) $y=(\ln x)^x$；

(4) $y=\left(1+\dfrac{1}{x}\right)^x$；

(5) $y=x^x+x^{\frac{1}{x}}$；

(6) $y=\dfrac{\sqrt{x+2}(3-x)^4}{(x+1)^5}$.

§3.5

19. 利用微分运算法则及微分形式不变性，求下列函数的微分：

(1) $y=\sqrt{1+x^2}$；

(2) $y=\arcsin\dfrac{1}{x}$；

(3) $y=\ln^2(1+\cos 2x)$；

(4) $y=x\cos\dfrac{\pi}{x}-\sin\dfrac{\pi}{x}$；

(5) $y=\left(\dfrac{\sin x}{1+\cos x}\right)^2$；

(6) $y=x^{\sin x}$.

20. 利用微分运算法则及微分形式不变性，求由下列方程确定的函数 $y=y(x)$ 的 $\mathrm{d}y$ 及$\dfrac{\mathrm{d}y}{\mathrm{d}x}$：

(1) $x^3+y^3-3axy=1$；

(2) $y^2-2xy+9=0$；

(3) $y^2=1+x\mathrm{e}^y$；

(4) $xy=\mathrm{e}^{x+y}$.

21. 设 $y=f(x)$ 的图形如图所示，试在图(a)，(b)，(c)，(d)中分别标出在点 x_0 处的 $\mathrm{d}y$，Δy 以及 $\Delta y-\mathrm{d}y$，并说明它们的正负.

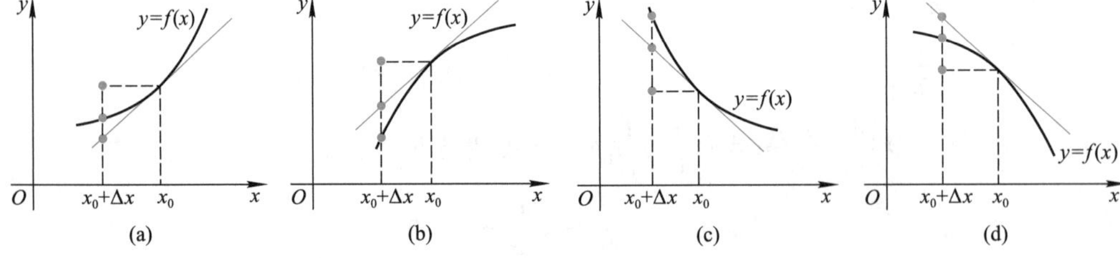

第 21 题图

习题三参考答案与提示

4

第四章　微分学的基本定理与导数的应用

微分学的几个基本定理,是微分学的理论基础.微分学的一些应用是在此基础上建立起来的.本章中介绍的导数的应用包括洛必达法则,单调性与极值,凹凸性与拐点,渐近线与作图等,并简单介绍某些不等式的证明与零点问题.本章的理论与应用都是十分重要的内容,应重视并熟练掌握之.

§4.1　微分学中值定理

本节中所讲的微分学中值定理是一个总称,具体包括费马(Fermat)定理,罗尔(Rolle)定理,拉格朗日(Lagrange)中值定理,柯西中值定理.至于泰勒(Taylor)定理(泰勒公式),将在§4.5中介绍.

一、费马定理

定理 4.1(费马定理)　设 $f(x)$ 在 $x=x_0$ 的某邻域内有定义,且满足

(1) $f(x)$ 在 $x=x_0$ 处可导;

(2) 在该邻域内存在一个小邻域 $U(x_0)$,对于 $U(x_0)$ 内的一切 x,有 $f(x)\geqslant f(x_0)$ $(f(x)\leqslant f(x_0))$,

则必有 $f'(x_0)=0$.

证明　以 $f(x)\geqslant f(x_0)$ 为例证明之($f(x)\leqslant f(x_0)$ 可类似证明).由条件,当 $x<x_0$ 时有

$$\frac{f(x)-f(x_0)}{x-x_0}\leqslant 0,$$

从而

$$f'_-(x_0)=\lim_{x\to x_0-0}\frac{f(x)-f(x_0)}{x-x_0}\leqslant 0.$$

当 $x>x_0$ 时有

$$\frac{f(x)-f(x_0)}{x-x_0}\geqslant 0,$$

从而

$$f'_+(x_0)=\lim_{x\to x_0+0}\frac{f(x)-f(x_0)}{x-x_0}\geqslant 0.$$

由于 $f'(x_0)$ 存在，故

$$f'(x_0)=f'_-(x_0)=f'_+(x_0).$$

所以只能是 $f'(x_0)=0$. 证毕.

例如 $f(x)=x^4$，$f(x)=x^4\geqslant 0=f(0)$，且 $f'(0)$ 存在，由定理 4.1 知 $f'(0)=0$. 实际上，此定理不是用来计算具体函数 $f'(x_0)=0$，而是用来推断抽象函数或一个复杂的函数，在定理条件下，说明它必有 $f'(x_0)=0$.

注 1　如果定理的条件(1)不满足，即未假定 $f(x)$ 在 $x=x_0$ 处可导，当然谈不上结论中的 $f'(x_0)=0$.

例如设 $f(x)=x^{\frac{2}{3}}$，有 $f(x)=x^{\frac{2}{3}}\geqslant 0=f(0)$，但不能说有 $f'(0)=0$. 事实上 $f'(0)$ 不存在，不满足定理条件.

注 2　定理的几何意义是，在满足定理的条件下，曲线 $y=f(x)$ 在点 $(x_0,f(x_0))$ 处的切线与 x 轴平行(如图 4-1 所示).

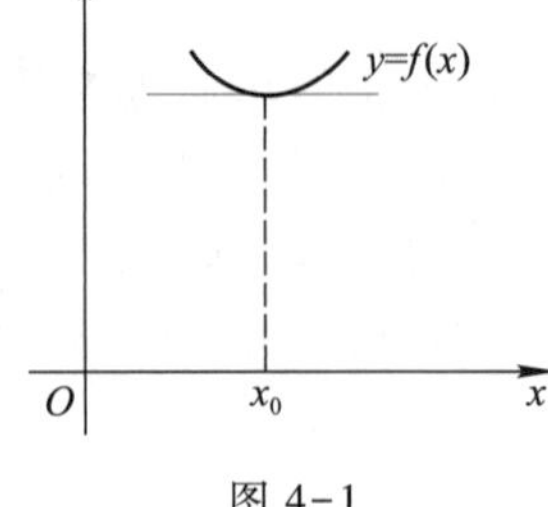

图 4-1

二、罗尔定理

费马定理是局部问题，条件与结论都只在一点及其邻域. 下面介绍的几个定理，条件与结论都涉及一个区间.

定理 4.2(罗尔定理)　设函数 $f(x)$ 满足下列 3 个条件：

(1) 在闭区间 $[a,b]$ 上连续；

(2) 在开区间 (a,b) 内可导；

(3) 在区间的两端点处的函数值相等：$f(a)=f(b)$，

则至少存在一点 $\xi\in(a,b)$ 使 $f'(\xi)=0$ (如图 4-2 所示，图中画的有两个 ξ).

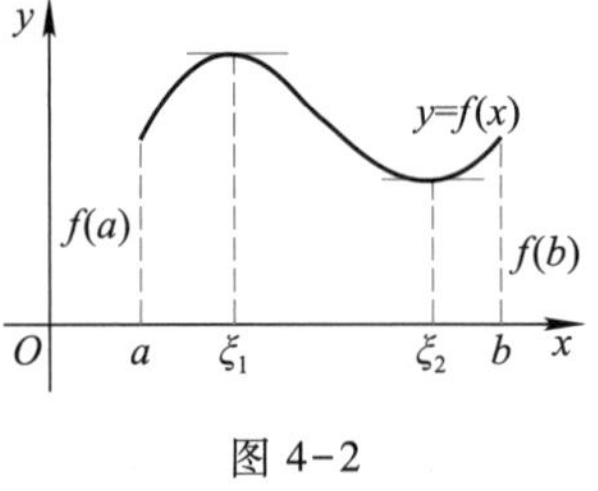

图 4-2

证明　证明的思路是在 (a,b) 内找出满足费马定理条件的 ξ，那么由费马定理即有 $f'(\xi)=0$.

由于 $f(x)$ 在闭区间 $[a,b]$ 上连续，故 $f(x)$ 在闭区间 $[a,b]$ 上必存在最小值 m 与最大值 M(定理 2.26). 以此入手，分两种情形讨论之.

① 设 $m=M$，此时 $f(x)$ 为一常数，所以 $f'(x)\equiv 0$((3.10)式). 任取 (a,b) 内的一点作为 ξ，都有 $f'(\xi)=0$，完成了证明.

② 设 $m\neq M$，由于 $f(a)=f(b)$，故 m 与 M 中，两者至少有一不与 $f(a)$ ($=f(b)$) 相等. 不妨设

$$f(a)=f(b)>m.$$

另一方面，必存在 $\xi\in[a,b]$ 使 $f(\xi)=m$. 显然 $\xi\neq a$，$\xi\neq b$，故 $\xi\in(a,b)$，使对 $[a,b]$ 上一切 x，有

$$f(\xi)=m\leqslant f(x).$$

此 ξ 满足费马定理条件(2)，由费马定理有 $f'(\xi)=0$. 证毕.

注 1 定理结论虽未指明 $\xi\in(a,b)$ 在何处，但从上述证明过程看，证明中找到的这个 ξ 实际上即费马定理中的 x_0，即在点 ξ，必存在一个小邻域 $U(\xi)$（它全在 $[a,b]$ 内），对一切 $x\in U(\xi)$ 均有 $f(x)\geqslant f(\xi)$（或均有 $f(x)\leqslant f(\xi)$）.

注 2 具体去找罗尔定理中确切的 ξ，就是去求方程 $f'(x)=0$ 的根，一般说来并非易事，也不是罗尔定理的本意.罗尔定理是说在定理条件下 $f'(x)=0$ 必存在根，即 $f'(x)$ 必存在零点，它只说这种 ξ 至少有一个，并未说 ξ 具体等于几.

注 3 罗尔定理条件不满足时，容易找到结论中的 ξ 不存在的例子，见下面例 1、例 2 与例 3.

例 1 $f(x)=x,x\in[-1,1]$，$f(x)$ 在 $[-1,1]$ 上连续，在 $(-1,1)$ 内可导，但 $f'(x)=1$，结论中的 ξ 不存在，此 $f(x)$ 不满足条件(3).

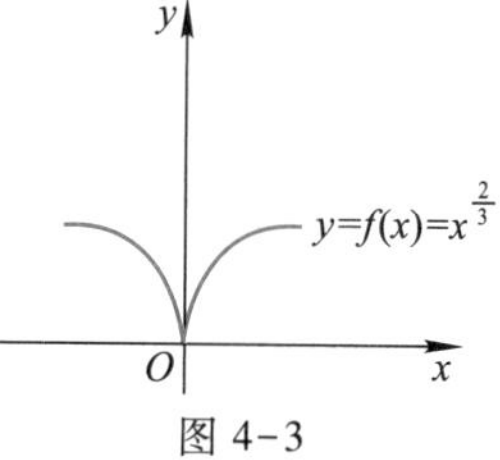

图 4-3

例 2 $f(x)=x^{\frac{2}{3}},x\in[-1,1]$，$f(x)$ 在 $[-1,1]$ 上连续，$f(-1)=f(1)=1$，但 $f'(x)=\dfrac{2}{3}x^{-\frac{1}{3}}\neq 0$，结论中的 ξ 不存在.此 $f(x)$ 不满足条件(2)，$f(x)$ 在 $x=0$ 处不可导（如图 4-3 所示）.

例 3 $f(x)=\begin{cases}x, & -1<x\leqslant 1,\\ 1, & x=-1,\end{cases}$ $f(x)$ 在 $(-1,1)$ 内可导，$f(-1)=f(1)=1$.但 $f'(x)=1\ (x\in(-1,1))$，结论中的 ξ 不存在.此 $f(x)$ 不满足条件(1)，$f(x)$ 在 $x=-1$ 处不连续.实际上，由于 $f(x)$ 在 $x=-1$ 处不连续，所以 $f(-1)=f(1)$ 这一条件毫无意义，因为 $f(-1)$ 这个值对 $(-1,1]$ 内部 $f(x)$ 的值不起任何作用（如图 4-4 所示）.

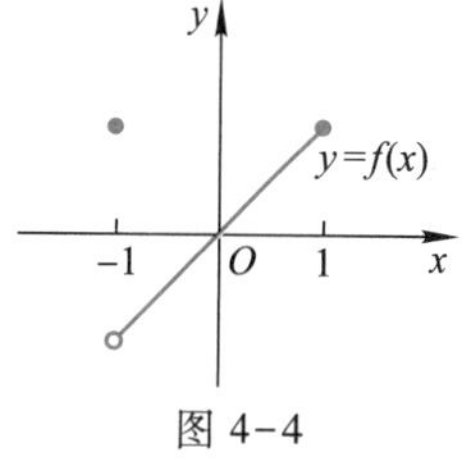

图 4-4

由罗尔定理可讨论 $f'(x)$ 至少有几个零点以及 $f(x)$ 至多有几个零点，详见下述推论.

推论 设 $f(x)$ 在区间 (a,b) 内可导.

(1) 若在 (a,b) 内 $f'(x)$ 至多有 k 个不同的零点，则 $f(x)$ 在 (a,b) 内至多有 $k+1$ 个不同的零点；特别地，若 $k=0$，即 $f'(x)$ 无零点，则 $f(x)$ 至多有 1 个零点；

(2) 若在 (a,b) 内 $f(x)$ 至少有 k 个不同的零点，则 $f'(x)$ 在 (a,b) 内至少有 $k-1$ 个不同的零点.

证明 (1) 用反证法.设 $f(x)$ 在 (a,b) 内有 $k+2$ 或更多个不同零点，由罗尔定理知，$f(x)$ 的每两个相邻零点间必至少有 $f'(x)$ 的一个零点，故知 $f'(x)$ 至少有 $k+1$ 个不同零点，与题设矛盾.

(2) 由罗尔定理知，$f(x)$ 的每两个相邻零点间必至少有 $f'(x)$ 的一个零点，故知若 $f(x)$ 有 k 个不同零点，则 $f'(x)$ 必至少有 $k-1$ 个不同零点.证毕.

例 4 设 $f(x)=\ln x-\dfrac{x}{\mathrm{e}}+2$，讨论 $f(x)$ 在区间 $(0,+\infty)$ 内零点的确切个数.

分析 讨论零点的确切个数，就要讨论至少有几个、至多有几个.若至少正好等于至多，那么就正好是几个. $f(x)$ 至少有几个零点一般用连续函数介值定理 2.27 或其推论（零点定理）；$f(x)$ 至多有几个零点用罗尔定理的推论.

解 由于$f(x)=\ln x-\frac{x}{\mathrm{e}}+2$，故有$f'(x)=\frac{1}{x}-\frac{1}{\mathrm{e}}=\frac{\mathrm{e}-x}{\mathrm{e}x}$．因此，当$x\in(0,\mathrm{e})$时，$f'(x)$无零点，故在此区间内$f(x)$至多有1个零点．同理，当$x\in(\mathrm{e},+\infty)$时，$f(x)$也至多有1个零点．

因$\lim\limits_{x\to0+0}f(x)=-\infty$，故总可取到$x_1>0$且足够小使$f(x_1)=\ln x_1-\frac{x_1}{\mathrm{e}}+2<0$．又$f(\mathrm{e})=1-1+2>0$，于是知在区间$(0,\mathrm{e})$内$f(x)$至少存在1个零点．将至多、至少合起来，$f(x)$在区间$(0,\mathrm{e})$内正好有1个零点．

又因为$f(\mathrm{e}^3)=3-\mathrm{e}^2+2<0$，$f(\mathrm{e})>0$，所以在区间$(\mathrm{e},\mathrm{e}^3)$内$f(x)$至少有1个零点，而前面已证明$f(x)$在区间$(\mathrm{e},+\infty)$内至多有1个零点，所以在区间$(\mathrm{e},+\infty)$内$f(x)$正好有1个零点．合并知道，$f(x)$在$(0,+\infty)$内正好有2个零点．

三、拉格朗日中值定理

拉格朗日中值定理是罗尔定理的推广，它去掉了罗尔定理中的条件(3)．

定理4.3(拉格朗日中值定理) 设函数$f(x)$满足下列条件：

(1) 在闭区间$[a,b]$上连续；

(2) 在开区间(a,b)内可导，

则至少存在一点$\xi\in(a,b)$使

$$f'(\xi)=\frac{f(b)-f(a)}{b-a}. \tag{4.1}$$

公式(4.1)称为$f(x)$在$[a,b]$上的拉格朗日中值公式．

分析 (4.1)式右边为弦AB(如图4-5所示)的斜率．定理是说，在给定条件下，曲线$y=f(x)$的弧上点A与B之间至少存在一点$(\xi,f(\xi))$，它的切线平行于弦AB．若$f(a)=f(b)$，则弦AB平行于x轴，拉格朗日中值定理就成为罗尔定理了．按照这条思路，想到将拉格朗日中值定理转化到罗尔定理去证明．

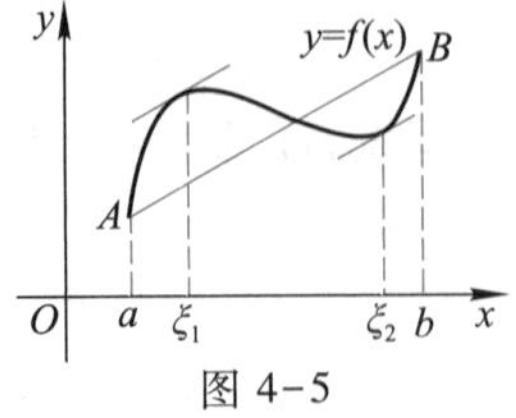

图4-5

证明 根据上面的分析，写出弦AB的方程：

$$y=f(a)+\frac{f(b)-f(a)}{b-a}(x-a).$$

作函数

$$\varphi(x)=f(x)-\left[f(a)+\frac{f(b)-f(a)}{b-a}(x-a)\right],$$

它表示同一点x处曲线$y=f(x)$上的点的纵坐标与弦AB上点的纵坐标之差．显然有

$$\varphi(a)=\varphi(b)=0,$$

$\varphi(x)$在闭区间$[a,b]$上连续，在开区间(a,b)内可导，于是由罗尔定理知，至少存在一点$\xi\in(a,b)$使$\varphi'(\xi)=0$，即

$$f'(\xi)=\frac{f(b)-f(a)}{b-a}.$$

证毕．

公式(4.1)有几种变形：

$$f(b)-f(a)=f'(\xi)(b-a),\xi\in(a,b). \tag{4.2}$$

设 $x_0\in[a,b]$，$x\in[a,b]$，在 x_0 与 x 之间的闭区间上使用拉格朗日中值定理，有

$$f(x)=f(x_0)+f'(\xi)(x-x_0),\quad x_0<\xi<x \text{ 或 } x<\xi<x_0. \tag{4.3}$$

若令 $\theta=\dfrac{\xi-x_0}{x-x_0}$，显然有 $0<\theta<1$，于是(4.3)又可改写为

$$f(x)=f(x_0)+f'(x_0+\theta(x-x_0))(x-x_0),\quad 0<\theta<1. \tag{4.4}$$

以上3种形式，将来都可能要用到.

推论 设 $f(x)$ 在区间 I 上可导，且 $f'(x)\equiv 0$，则在该区间 I 上，$f(x)$ 恒等于某常数.

证明 将 $f(x)$ 在 I 内的任一闭区间使用公式(4.4)，有

$$f(x)=f(x_0)+0\cdot(x-x_0)=f(x_0),$$

即 $f(x)$ 为某常数. 证毕.

利用拉格朗日中值定理与导函数的符号，可以判别函数的单调性，也可用来证明某些不等式，详见§4.3.

四、柯西中值定理

将拉格朗日中值定理推广到两个函数，有

定理4.4(柯西中值定理) 设函数 $f(x)$ 与 $g(x)$ 满足下述条件：

(1) 在闭区间 $[a,b]$ 上都连续；

(2) 在开区间 (a,b) 内都可导，且 $g'(x)\neq 0$，

则至少存在一点 $\xi\in(a,b)$ 使

$$\frac{f'(\xi)}{g'(\xi)}=\frac{f(b)-f(a)}{g(b)-g(a)}. \tag{4.5}$$

分析 若 $g(x)\equiv x$，则(4.5)式成为拉格朗日中值公式

$$f'(\xi)=\frac{f(b)-f(a)}{b-a}.$$

所以想到仿拉格朗日中值定理那样去证.

证明 先说明在定理条件下，$g(a)\neq g(b)$，从而(4.5)式右边是有意义的. 事实上，若 $g(a)=g(b)$，则由罗尔定理知，至少存在一点 c，$c\in(a,b)$，使 $g'(c)=0$，与 $g'(x)\neq 0$ 矛盾.

下面仿照拉格朗日中值定理的证明中作函数的办法，作

$$\varphi(x)=f(x)-\left[f(a)+\frac{f(b)-f(a)}{g(b)-g(a)}(g(x)-g(a))\right],$$

有 $\varphi(a)=\varphi(b)=0$. 又由条件知，$\varphi(x)$ 在闭区间 $[a,b]$ 上连续，在 (a,b) 内可导，于是由罗尔定理知，至少存在一点 $\xi\in(a,b)$ 使 $\varphi'(\xi)=0$，即

$$f'(\xi)-\frac{f(b)-f(a)}{g(b)-g(a)}g'(\xi)=0.$$

再变形即得(4.5)式. 证毕.

§4.2 洛必达法则

在§2.4中,遇到了下面形式的极限:设$\lim\limits_{x\to x_0}f(x)=0$,$\lim\limits_{x\to x_0}g(x)=0$,求$\lim\limits_{x\to x_0}\dfrac{f(x)}{g(x)}$,或者在$\lim\limits_{x\to\infty}f(x)=0$,$\lim\limits_{x\to\infty}g(x)=0$条件下,求$\lim\limits_{x\to\infty}\dfrac{f(x)}{g(x)}$.这就是所谓"$\dfrac{0}{0}$型"的极限问题.在该节中,采用了初等数学恒等变形,等价无穷小替换等方法,处理是有效的,并且是迅速的,但有时要有一定的技巧.类似地,也见到过所谓"$\dfrac{\infty}{\infty}$型"的极限问题.

本节即将介绍的洛必达(L'Hospital)法则,是在一定条件下求"$\dfrac{0}{0}$型"与"$\dfrac{\infty}{\infty}$型"的极限的方法.

一、求"$\dfrac{0}{0}$型"的极限的洛必达法则

定理 4.5 设

(1) $\lim\limits_{x\to x_0}f(x)=0$,$\lim\limits_{x\to x_0}g(x)=0$;

(2) 在点x_0的某去心邻域$\mathring{U}(x_0)$内,$f'(x)$与$g'(x)$都存在,且$g'(x)\neq 0$;

(3) $\lim\limits_{x\to x_0}\dfrac{f'(x)}{g'(x)}\overset{\text{存在}}{=\!=\!=}A$(或为$\infty$),

则有

$$\lim_{x\to x_0}\frac{f(x)}{g(x)}=\lim_{x\to x_0}\frac{f'(x)}{g'(x)}. \tag{4.6}$$

证明 由于定理条件中未设$f(x)$与$g(x)$在$x=x_0$处有定义,为能使用柯西中值定理,令

$$F(x)=\begin{cases}f(x), & x\in\mathring{U}(x_0),\\ 0, & x=x_0,\end{cases}$$

$$G(x)=\begin{cases}g(x), & x\in\mathring{U}(x_0),\\ 0, & x=x_0.\end{cases}$$

取$x\in\mathring{U}(x_0)$,不妨设$x>x_0$,于是在闭区间$[x_0,x]$上,$F(x)$与$G(x)$都连续,在开区间(x_0,x)内$F(x)$与$G(x)$都可导:$F'(x)=f'(x)$,$G'(x)=g'(x)$,且$G'(x)\neq 0$.对$F(x)$与$G(x)$使用柯西中值定理,有

$$\frac{F(x)-F(x_0)}{G(x)-G(x_0)}=\frac{F'(\xi)}{G'(\xi)},\quad x_0<\xi<x.$$

于是有

$$\frac{f(x)}{g(x)}=\frac{f'(\xi)}{g'(\xi)},\quad x_0<\xi<x.$$

令 $x\to x_0+0$,从而由条件(3)知

$$\lim_{x\to x_0+0}\frac{f'(\xi)}{g'(\xi)}=A(\text{或 }\infty),$$

于是推知

$$\lim_{x\to x_0+0}\frac{f(x)}{g(x)}=\lim_{x\to x_0+0}\frac{f'(\xi)}{g'(\xi)}=A(\text{或 }\infty).$$

类似地可证 $x<x_0$ 的情形,从而有(4.6)式.证毕.

定理 4.6 设

(1) $\lim\limits_{x\to\infty}f(x)=0,\lim\limits_{x\to\infty}g(x)=0$;

(2) 当 $|x|$ 充分大时(例如存在 $X>0$,当 $|x|>X$ 时),$f'(x)$ 与 $g'(x)$ 都存在,且 $g'(x)\neq 0$;

(3) $\lim\limits_{x\to\infty}\frac{f'(x)}{g'(x)}\xlongequal{\text{存在}}A(\text{或为}\infty)$,

则有

$$\lim_{x\to\infty}\frac{f(x)}{g(x)}=\lim_{x\to\infty}\frac{f'(x)}{g'(x)}.\tag{4.7}$$

证略.

例 1 求 $\lim\limits_{x\to 0}\frac{\sin x}{\ln(1+x)+x}$.

解 容易验证它是"$\frac{0}{0}$型",且满足定理 4.5 的一切条件,于是有

$$\lim_{x\to 0}\frac{\sin x}{\ln(1+x)+x}=\lim_{x\to 0}\frac{\cos x}{\frac{1}{1+x}+1}=\frac{1}{2}.$$

例 2 求 $\lim\limits_{x\to-\infty}\frac{\frac{\pi}{2}+\arctan x}{\frac{1}{x}}$.

解 容易验证它是当 $x\to-\infty$ 时的"$\frac{0}{0}$型",且满足定理 4.6 的一切条件,于是有

$$\lim_{x\to-\infty}\frac{\frac{\pi}{2}+\arctan x}{\frac{1}{x}}=\lim_{x\to-\infty}\frac{\frac{1}{1+x^2}}{-\frac{1}{x^2}}=\lim_{x\to-\infty}\frac{-x^2}{1+x^2}$$

$$=\lim_{x\to-\infty}\frac{-1}{\sqrt{\frac{1}{x^2}+1}}=-1.$$

二、“$\frac{\infty}{\infty}$型”的极限的洛必达法则

定理 4.7 设

(1) $\lim\limits_{x\to x_0}f(x)=\infty,\lim\limits_{x\to x_0}g(x)=\infty$;

(2) 在点 x_0 的某去心邻域 $\mathring{U}(x_0)$ 内,$f'(x)$ 与 $g'(x)$ 都存在,且 $g'(x)\neq 0$;

(3) $\lim\limits_{x\to x_0}\frac{f'(x)}{g'(x)}\overset{\text{存在}}{=\!=\!=}A$(或为$\infty$),

则有

$$\lim_{x\to x_0}\frac{f(x)}{g(x)}=\lim_{x\to x_0}\frac{f'(x)}{g'(x)}. \tag{4.8}$$

定理 4.8 设

(1) $\lim\limits_{x\to\infty}f(x)=\infty,\lim\limits_{x\to\infty}g(x)=\infty$;

(2) 当 $|x|$ 充分大时(例如存在 $X>0$,当 $|x|>X$ 时),$f'(x)$ 与 $g'(x)$ 都存在,且 $g'(x)\neq 0$;

(3) $\lim\limits_{x\to\infty}\frac{f'(x)}{g'(x)}\overset{\text{存在}}{=\!=\!=}A$(或为$\infty$),

则有

$$\lim_{x\to\infty}\frac{f(x)}{g(x)}=\lim_{x\to\infty}\frac{f'(x)}{g'(x)}. \tag{4.9}$$

以上两定理的证明均略,定理 4.7 与 4.8 称为求“$\frac{\infty}{\infty}$型”的极限的洛必达法则.

例 3 求 $\lim\limits_{x\to+\infty}\frac{\ln x}{x^{\alpha}}$,其中常数 $\alpha>0$.

解 容易验证它是当 $x\to+\infty$ 时的“$\frac{\infty}{\infty}$型”,满足定理 4.8 的一切条件,有

$$\lim_{x\to+\infty}\frac{\ln x}{x^{\alpha}}=\lim_{x\to+\infty}\frac{\frac{1}{x}}{\alpha x^{\alpha-1}}=\lim_{x\to+\infty}\frac{1}{\alpha x^{\alpha}}=0.$$

如果函数 $f(x)$ 与 $g(x)$ 满足定理中的条件(1)与(2),而 $\lim\limits_{\substack{x\to x_0\\(x\to+\infty)}}\frac{f'(x)}{g'(x)}$ 仍是“$\frac{0}{0}$型”或“$\frac{\infty}{\infty}$型”,并且将 $f'(x)$ 与 $g'(x)$ 分别作为新的函数 $f(x)$ 与 $g(x)$ 看待,仍满足定理中的条件,那么可继续施行洛必达法则.

例 4　求$\lim\limits_{x\to 0}\dfrac{e^x+e^{-x}-2}{1-\cos x}$.

解　利用洛必达法则得

$$\lim_{x\to 0}\frac{e^x+e^{-x}-2}{1-\cos x}=\lim_{x\to 0}\frac{e^x-e^{-x}}{\sin x}.$$

它又是"$\dfrac{0}{0}$型",且满足定理 4.5 的条件,再用洛必达法则,于是有

$$\lim_{x\to 0}\frac{e^x-e^{-x}}{\sin x}=\lim_{x\to 0}\frac{e^x+e^{-x}}{\cos x}=2.$$

将上面几个等式连在一起写,并注明"$\dfrac{0}{0}$型",可按如下写法:

$$\lim_{x\to 0}\frac{e^x+e^{-x}-2}{1-\cos x}\xlongequal{\frac{0}{0}\text{型}}\lim_{x\to 0}\frac{e^x-e^{-x}}{\sin x}\xlongequal{\frac{0}{0}\text{型}}\lim_{x\to 0}\frac{e^x+e^{-x}}{\cos x}=2.$$

在连续使用洛必达法则时,要注意随时化简,一旦发现已不是"$\dfrac{0}{0}$型"或"$\dfrac{\infty}{\infty}$型",就不能再用了.此外,洛必达法则的条件(3)不满足时也不能用,如下面两例.

例 5　求$\lim\limits_{x\to 0}\dfrac{\sin x+x^2\cos\dfrac{1}{x}}{x}$.

解　此为"$\dfrac{0}{0}$"型,如果使用洛必达法则,得到

$$\lim_{x\to 0}\frac{\cos x+2x\cos\dfrac{1}{x}+\sin\dfrac{1}{x}}{1},$$

成振荡型的极限不存在,此种情形不能用洛必达法则,其原因是洛必达法则的条件(3)不成立.而原题的极限却是存在的:

$$\lim_{x\to 0}\frac{\sin x+x^2\cos\dfrac{1}{x}}{x}=\lim_{x\to 0}\frac{\sin x}{x}+\lim_{x\to 0}x\cos\frac{1}{x}=1+0=1.$$

例 6　求$\lim\limits_{x\to +\infty}\dfrac{\sqrt{1+x^2}}{x}$.

解　满足洛必达法则的一切条件,但使用之后:

$$\lim_{x\to +\infty}\frac{\sqrt{1+x^2}}{x}=\lim_{x\to +\infty}\frac{x}{\sqrt{1+x^2}},$$

如此反复,得不出结果,但实际上它等于 1,推导如下:

$$\lim_{x\to+\infty}\frac{\sqrt{1+x^2}}{x}=\lim_{x\to+\infty}\sqrt{\frac{1+x^2}{x^2}}=\lim_{x\to+\infty}\sqrt{\frac{1}{x^2}+1}=1.$$

注　最后说一下关于洛必达法则的条件.使用洛必达法则时,条件(1)是必须检查的.不是"$\frac{0}{0}$型"或不是"$\frac{\infty}{\infty}$型",则不能用洛必达法则.条件(2)一般说来都会满足.因为若不满足,就无法考虑$\lim\limits_{x\to x_0}\frac{f'(x)}{g'(x)}$.十分关键而读者不易理解并且也不易掌握的是条件(3).由例5与例6可见,若条件(3)不成立,即如果

$$\lim_{\substack{x\to x_0\\(x\to\infty)}}\frac{f'(x)}{g'(x)}$$

不存在(不是无穷的不存在,下同)或推不出结果,不能说明

$$\lim_{\substack{x\to x_0\\(x\to\infty)}}\frac{f(x)}{g(x)}$$

也不存在或推不出结果.换言之,只能由等式(4.6)(或等式(4.7),(4.8),(4.9))的右边存在或无穷推出"左边"="右边",不能由"左边"存在或无穷去推出"右边"="左边".简单一点说,只能由"右边"推"左边",而不能由"左边"去推"右边".

其他诸如"$\infty-\infty$型""$0\cdot\infty$型""1^∞型""0^0型"以及"∞^0型",可经适当变形变成"$\frac{0}{0}$型"或"$\frac{\infty}{\infty}$型",然后再使用洛必达法则,也许可求出相应的极限值.

例 7　求$\lim\limits_{x\to0^+}x\ln x$.

解　此为"$0\cdot\infty$型",化为如下"$\frac{\infty}{\infty}$型"去做:

$$\lim_{x\to0^+}x\ln x=\lim_{x\to0^+}\frac{\ln x}{\frac{1}{x}}=\lim_{x\to0^+}\frac{\frac{1}{x}}{-\frac{1}{x^2}}=-\lim_{x\to0^+}x=0.$$

例 8　求$\lim\limits_{x\to0}\left(\frac{1}{\sin^2x}-\frac{\cos^2x}{x^2}\right)$.

解　此为"$\infty-\infty$型".宜先通分,通分之后,不要立即用洛必达法则,应先用第二章的办法(如约分、等价无穷小替换等办法化简):

$$\lim_{x\to0}\left(\frac{1}{\sin^2x}-\frac{\cos^2x}{x^2}\right)=\lim_{x\to0}\frac{x^2-\sin^2x\cos^2x}{x^2\sin^2x}=\lim_{x\to0}\frac{x^2-\frac{1}{4}\sin^22x}{x^4}$$

$$\xlongequal{\text{洛必达法则}}\lim_{x\to0}\frac{2x-\sin2x\cos2x}{4x^3}$$

$$= \lim_{x\to 0}\frac{2x-\dfrac{1}{2}\sin 4x}{4x^3}$$

$$\xlongequal{\text{洛必达法则}} \lim_{x\to 0}\frac{2-2\cos 4x}{12x^2}$$

$$\xlongequal{\text{洛必达法则}} \lim_{x\to 0}\frac{8\sin 4x}{24x}=\frac{4}{3}.$$

例 9 求$\lim\limits_{x\to 0^+}(\sin x)^x$.

解 此为"0^0 型",宜先变形:$(\sin x)^x=\mathrm{e}^{x\ln\sin x}$.

$$\lim_{x\to 0^+}x\ln\sin x=\lim_{x\to 0^+}\frac{\ln\sin x}{\dfrac{1}{x}}=\lim_{x\to 0^+}\frac{\dfrac{\cos x}{\sin x}}{-\dfrac{1}{x^2}}=\lim_{x\to 0^+}\left(-\frac{x^2\cos x}{\sin x}\right)=0,$$

所以

$$\lim_{x\to 0^+}(\sin x)^x=\mathrm{e}^0=1.$$

例 10 求$\lim\limits_{x\to 0}(\cos x)^{\frac{1}{\ln(1+x^2)}}$.

解 此为"1^∞ 型",宜先变形:

$$(\cos x)^{\frac{1}{\ln(1+x^2)}}=\mathrm{e}^{\frac{\ln\cos x}{\ln(1+x^2)}}.$$

方法 1

$$\lim_{x\to 0}\frac{\ln\cos x}{\ln(1+x^2)}\xlongequal{\text{洛必达法则}}\lim_{x\to 0}\frac{-\dfrac{\sin x}{\cos x}}{\dfrac{2x}{1+x^2}}$$

$$=-\lim_{x\to 0}\left(\frac{\sin x}{2x}\frac{1+x^2}{\cos x}\right)$$

$$=-\frac{1}{2},$$

所以

$$\lim_{x\to 0}(\cos x)^{\frac{1}{\ln(1+x^2)}}=\mathrm{e}^{-\frac{1}{2}}.$$

方法 2 本题也可不用洛必达法则而用等价无穷小替换:

$$\lim_{x\to 0}\frac{\ln\cos x}{\ln(1+x^2)}=\lim_{x\to 0}\frac{\ln(1+\cos x-1)}{x^2}=\lim_{x\to 0}\frac{\cos x-1}{x^2}$$

$$=\lim_{x\to 0}\frac{-\dfrac{1}{2}x^2}{x^2}=-\frac{1}{2}.$$

从而

$$\lim_{x\to 0}(\cos x)^{\frac{1}{\ln(1+x^2)}}=e^{-\frac{1}{2}}.$$

可见,洛必达法则并不是唯一选择的最好方法.

三、求函数极限方法小结,综合举例

求函数极限常见的是下述七种待定型:“$\frac{0}{0}$型”“$\frac{\infty}{\infty}$型”“$0\cdot\infty$型”“$\infty-\infty$型(同号无穷相减型)”“1^{∞}型”“0^0型”与“∞^0型”.求这类极限问题的方法大致为

(1) 用初等数学方法作一些恒等变形,能约分的约分,能化简的化简,常将幂指函数 u^v 化成指数函数 $e^{v\ln u}$,将七种形式中的后五种化为前两种.

(2) 利用等价无穷小替换(公式(2.21)及定理 2.20),或者将一个无穷小写成它的一个等价无穷小与一个高阶无穷小的和(定理 2.19).这些都是有条件的,请注意条件.

(3) 对于“$\frac{0}{0}$型”与“$\frac{\infty}{\infty}$型”,在满足洛必达法则条件时可用洛必达法则处理.但必须指出,正如前面已经看到,洛必达法则不是万能的,不是任何一个题都能用它来处理;洛必达法则也不是唯一可选的最好方法.能用等价无穷小替换的话,比用洛必达法则快;能用定理 2.19 的话,也比洛必达法则快.用洛必达法则常会带来复杂的运算.

(4) 最后,利用极限的四则运算法则及复合函数求极限(定理 2.13 及定理 2.14),当然要注意使用这些定理的条件,常化成初等函数在其定义区间上某点 x_0 处的极限(公式(2.25)).

例 11 求 $\lim\limits_{x\to 0}\left[\frac{1}{\ln(1-\sin x)}+\frac{1}{\ln(1+\sin x)}\right]$.

分析 因为 $\lim\limits_{x\to 0}\frac{1}{\ln(1-\sin x)}=\infty$,所以不能马上用和的极限运算公式拆开计算,应先化简 $\frac{1}{\ln(1-\sin x)}+\frac{1}{\ln(1+\sin x)}$,再求极限.

解

$$\lim_{x\to 0}\left[\frac{1}{\ln(1-\sin x)}+\frac{1}{\ln(1+\sin x)}\right]=\lim_{x\to 0}\frac{\ln(1-\sin^2 x)}{\ln(1-\sin x)\cdot\ln(1+\sin x)}$$

$$\overset{*}{=}\lim_{x\to 0}\frac{-\sin^2 x}{(-\sin x)\sin x}=1,$$

其中 * 这一步是用等价无穷小替换.

例 12 求 $\lim\limits_{x\to 0}\frac{2\tan x-\sin 2x}{(e^{2x}-1)\ln(2-\cos x)}$.

解 利用三角公式及等价无穷小替换,有

$$\lim_{x\to 0}\frac{2\tan x-\sin 2x}{(e^{2x}-1)\ln(2-\cos x)}=\lim_{x\to 0}\frac{\frac{2\sin x}{\cos x}-2\sin x\cos x}{(e^{2x}-1)\ln(1+1-\cos x)}$$

$$=\lim_{x\to 0}\frac{2\sin x\cdot(1-\cos^2 x)}{2x\ln(1+1-\cos x)\cdot\cos x}$$

$$=\lim_{x\to0}\frac{2\sin^3 x}{2x(1-\cos x)\cos x}=\lim_{x\to0}\frac{2x^3}{x\cdot x^2\cos x}=2.$$

本例中用了不少等价无穷小.但请注意,只能在乘、除中用等价无穷小替换,加、减中不能用,如本例的分子要先化成乘积才行.

例 13　求$\lim\limits_{x\to0}\frac{e^2-(1+x)^{\frac{2}{x}}}{x}$.

解　由于

$$\lim_{x\to0}(1+x)^{\frac{2}{x}}=\lim_{x\to0}[(1+x)^{\frac{1}{x}}]^2=e^2,$$

所以此题为"$\frac{0}{0}$型".

方法 1　用洛必达法则:

$$\begin{aligned}\lim_{x\to0}\frac{e^2-(1+x)^{\frac{2}{x}}}{x}&\overset{①}{=\!=}\lim_{x\to0}\frac{[e^2-(1+x)^{\frac{2}{x}}]'}{x'}\\&=\lim_{x\to0}\frac{[-e^{\frac{2}{x}\ln(1+x)}]'}{1}\\&=-\lim_{x\to0}e^{\frac{2}{x}\ln(1+x)}\cdot2\left[\frac{\ln(1+x)}{x}\right]'\\&=-2\lim_{x\to0}e^{\frac{2}{x}\ln(1+x)}\left\{\frac{x[\ln(1+x)]'-\ln(1+x)}{x^2}\right\}\\&=-2e^2\lim_{x\to0}\frac{x-(1+x)\ln(1+x)}{x^2(1+x)}\\&\underset{②}{\overset{①}{=\!=}}-2e^2\lim_{x\to0}\frac{1-1-\ln(1+x)}{2x+3x^2}\\&=2e^2\lim_{x\to0}\frac{\ln(1+x)}{x(2+3x)}\\&=e^2,\end{aligned}$$

其中①为洛必达法则,②也可以用等价无穷小替换:当 $x\to0$ 时 $x^2(1+x)\sim x^2$,再用洛必达法则.

方法 2　在方法 1 中用洛必达法则,计算十分麻烦.可以改用如下的等价无穷小替换,但要有一点技巧.由于

$$\lim_{x\to0}\frac{e^2-(1+x)^{\frac{2}{x}}}{x}=-\lim_{x\to0}\frac{(1+x)^{\frac{2}{x}}-e^2}{x}=-e^2\lim_{x\to0}\frac{e^{\frac{2}{x}\ln(1+x)-2}-1}{x},$$

令 $u=\frac{2}{x}\ln(1+x)-2$,当 $x\to0$ 时 $u\to0$,$e^u-1\sim u$.从而

$$e^{\frac{2}{x}\ln(1+x)-2}-1\sim\frac{2}{x}\ln(1+x)-2\quad(x\to0).$$

于是由等价无穷小替换,

$$\lim_{x\to0}\frac{e^2-(1+x)^{\frac{2}{x}}}{x}=-e^2\lim_{x\to0}\frac{\frac{2}{x}\ln(1+x)-2}{x}$$

$$=-2e^2\lim_{x\to0}\frac{\ln(1+x)-x}{x^2}$$

$$=-2e^2\lim_{x\to0}\frac{\frac{1}{1+x}-1}{2x}$$

$$=-2e^2\lim_{x\to0}\frac{-x}{2x(1+x)}=e^2.$$

例 14　已知$\lim\limits_{x\to0}\left(\frac{2-2\cos x}{x^2}\right)^{\frac{a}{x^2}}=e$，求常数 a 的值.

解　取对数讨论比较方便.令

$$y=\left(\frac{2-2\cos x}{x^2}\right)^{\frac{a}{x^2}},$$

有

$$\ln y=\frac{a}{x^2}\ln\frac{2-2\cos x}{x^2}.$$

从而

$$\lim_{x\to0}\ln y=a\lim_{x\to0}\frac{\ln(2-2\cos x)-2\ln x}{x^2}$$

$$\overset{①}{=\!=}a\lim_{x\to0}\frac{\frac{\sin x}{1-\cos x}-\frac{2}{x}}{2x}$$

$$=a\lim_{x\to0}\frac{x\sin x-2(1-\cos x)}{2x^2(1-\cos x)}$$

$$\overset{②}{=\!=}a\lim_{x\to0}\frac{x\sin x-2(1-\cos x)}{x^4}$$

$$\overset{①}{=\!=}a\lim_{x\to0}\frac{x\cos x+\sin x-2\sin x}{4x^3}$$

$$\overset{①}{=\!=}a\lim_{x\to0}\frac{-x\sin x}{12x^2}=-\frac{a}{12}.$$

所以

$$\lim_{x\to0}y=e^{-\frac{a}{12}}\overset{\text{由题设}}{=\!=\!=}e,$$

故知 $a=-12$.

注　以上运算中，①均为洛必达法则，②为等价无穷小替换.

§4.3 函数的单调性与极值、最大值最小值及不等式问题

一、函数单调性的判别

现在介绍用导数判别函数单调性.

定理 4.9(函数单调性的判别) 设函数 $f(x)$ 在闭区间 $[a,b]$ 上连续,在开区间 (a,b) 内可导,且 $f'(x)\geqslant 0(f'(x)\leqslant 0)$,其中等号只在有限个点处成立,则 $f(x)$ 在 $[a,b]$ 上是严格单调增加的(严格单调减少的).

若将定理中的闭区间 $[a,b]$ 改成开区间或半开半闭区间或无穷区间,则有同样的结论.

证明 先设在 (a,b) 内 $f'(x)>0$.对于 $[a,b]$ 上的任意两点 $x_1<x_2$,在 $[x_1,x_2]$ 上用拉格朗日中值定理,有

$$f(x_2)-f(x_1)=f'(\xi)(x_2-x_1)>0,\quad x_1<\xi<x_2,$$

故知 $f(x)$ 在 $[a,b]$ 上是严格单调增加的.

再设 $f'(x)$ 在 (a,b) 内有有限个点使 $f'(x)=0$,其余处 $f'(x)>0$.不妨设仅在 $x=c\in(a,b)$,使 $f'(c)=0$.将 $[a,b]$ 分成两个闭区间 $[a,c]$ 与 $[c,b]$.由上一段论证知,对于 $x_1\in(a,c)$, $x_2\in(c,b)$,有

$$f(x_1)<f(c),\quad f(c)<f(x_2).$$

所以对于 $x_1\in[a,b]$, $x_2\in[a,b]$,只要 $x_1<x_2$,便有

$$f(x_1)<f(x_2).$$

至于在 (a,b) 内有多个(有限个)点使 $f'(x)=0$ 以及 $f'(x)\leqslant 0$ 的情形,证明是类似的.证毕.

例 1 讨论函数 $f(x)=(x-1)^3(9x-17)$ 的单调区间.

解 $f'(x)=12(x-1)^2(3x-5)$.为讨论 $f'(x)$ 的正负,令 $f'(x)=0$,解得 $x=1$ 与 $x=\dfrac{5}{3}$.

当 $-\infty<x<\dfrac{5}{3}$ 时, $f'(x)\leqslant 0$ 且仅在 $x=1$ 处 $f'(x)=0$.由判别法知,在区间 $\left(-\infty,\dfrac{5}{3}\right]$ 上 $f(x)$ 严格单调减少.

当 $\left(\dfrac{5}{3},+\infty\right)$ 时, $f'(x)>0$,由判别法知,在区间 $\left[\dfrac{5}{3},+\infty\right)$ 上 $f(x)$ 严格单调增加.

例 2 讨论函数 $f(x)=x^2+\dfrac{2}{x}$ 的单调区间.

解 $f'(x)=2x-\dfrac{2}{x^2}=\dfrac{2(x^3-1)}{x^2}=\dfrac{2(x-1)(x^2+x+1)}{x^2}$.

令 $f'(x)=0$,解得 $x=1$.又在 $x=0$ 处 $f(x)$ 不连续,它也是一个区分点.分成 3 个区间考虑: $(-\infty,0)$, $(0,1)$ 以及 $(1,+\infty)$.

在$(-\infty,0)$，$f'(x)<0$，$f(x)$严格单调减少；

在$(0,1]$，$f'(x)<0$，$f(x)$严格单调减少；

在$[1,+\infty)$，$f'(x)>0$.$f(x)$严格单调增加.

注　不能说成在$(-\infty,0)\cup(0,1]$，$f(x)$严格单调减少.例如取$x_1=-1$，$f(x_1)=1-2=-1$，$x_2=\dfrac{1}{2}$，$f(x_2)=\dfrac{17}{4}$，虽然$x_1<x_2$，但$f(x_1)<f(x_2)$.

例 3　讨论函数$f(x)=x\sqrt[3]{(x+2)^2}$的单调区间.

解　$f'(x)=(x+2)^{\frac{2}{3}}+\dfrac{2}{3}x(x+2)^{-\frac{1}{3}}=\dfrac{5x+6}{3\sqrt[3]{x+2}}$.

令$f'(x)=0$，解得$x=-\dfrac{6}{5}$.又因在$x=-2$处导数$f'(x)$不存在，也应作为区分点.分成3个区间考虑：

$$(-\infty,-2),\left(-2,-\frac{6}{5}\right),\left(-\frac{6}{5},+\infty\right).$$

在$(-\infty,-2)$，$f'(x)>0$，又因在$x=-2$处$f(x)$连续，所以在$(-\infty,-2]$上$f(x)$严格单调增加；

在$\left(-2,-\dfrac{6}{5}\right)$，$f'(x)<0$，又因在两端点处$f(x)$均连续，所以在$\left[-2,-\dfrac{6}{5}\right]$上$f(x)$严格单调减少；

在$\left(-\dfrac{6}{5},+\infty\right)$，$f'(x)>0$，又因在$x=-\dfrac{6}{5}$处$f(x)$连续，所以在$\left[-\dfrac{6}{5},+\infty\right)$上$f(x)$严格单调增加.

二、函数的极值及其判别法

初等数学里介绍过函数的最大值、最小值概念，并用初等数学的办法解决了一些简单的问题.下面即将介绍函数的极值的概念，它与最大值、最小值有区别但又有联系，并且前者为后者服务.

定义 4.1　设$f(x)$在$x=x_0$的某邻域内有定义，又设在其内存在一个邻域$U(x_0)$，使对一切$x\in U(x_0)$，有$f(x)\geqslant f(x_0)$($f(x)\leqslant f(x_0)$)，则称$f(x_0)$为$f(x)$的一个**极小值**(**极大值**)，极大值与极小值统称**极值**.使$f(x)$为极值的$x=x_0$称为$f(x)$的**极值点**.□

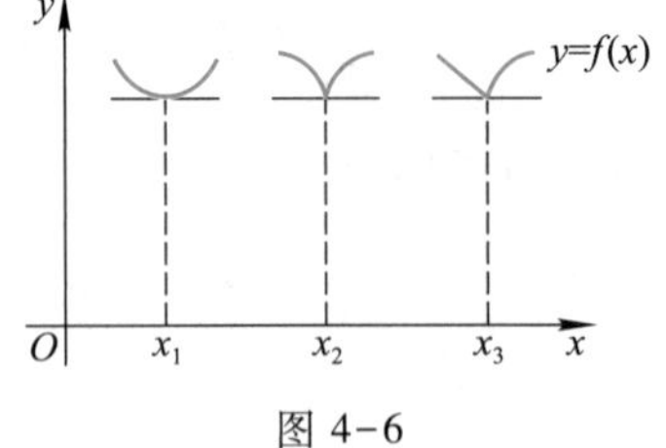

图 4-6

图 4-6 是极值的几种示意图(其中x_1,x_2,x_3都是极小值点).

如何判别极值呢？

定理 4.10(可导函数极值的必要条件)　设$f(x)$在$x=x_0$处可导，并设$x=x_0$是$f(x)$的极值点，则必有$f'(x_0)=0$.

证明　由极值定义知，本定理就是§4.1的费马定理.证毕.

使 $f'(x)=0$ 的点 $x=x_0$ 称为 $f(x)$ 的驻点.由定理可见,可导函数的极值点必是驻点.但是本定理之逆不真:驻点未必是极值点,例如 $f(x)=x^3$,在 $x=0$ 处 $f'(x)=3x^2=0$,$x=0$ 是 $f(x)$ 的驻点.但在 $x=0$ 的左侧 $x<0$,$f(x)<0$;在 $x=0$ 的右侧 $x>0$,$f(x)>0$,所以 $x=0$ 不是 $f(x)$ 的极值点.

函数有定义但不可导的点,也可能是极值点.例如 $f(x)=|x|\geqslant 0$,且仅在 $x=0$ 处为零,故 $x=0$ 是 $f(x)$ 的极小值点.但 $x=0$ 处 $f'(x)$ 不存在.

通常只讨论连续函数的极值点.由定理及以上所述可见,函数的极值点应从两方面去找:

(1) 驻点;

(2) 函数连续但导数不存在的点.

但是这样找出的点不一定是极值点,那么什么条件能保证是极值点呢?

定理 4.11(极值的第一充分条件) 设函数 $f(x)$ 在 $x=x_0$ 处连续,如果存在一个去心邻域 $\mathring{U}(x_0)$,当 $x\in\mathring{U}(x_0)$ 时 $f(x)$ 可导,并且

(1) 当 $x<x_0$ 且 $x\in\mathring{U}(x_0)$ 时 $f'(x)<0$;当 $x>x_0$ 且 $x\in\mathring{U}(x_0)$ 时 $f'(x)>0$,则 $x=x_0$ 为 $f(x)$ 的极小值点;

(2) 当 $x<x_0$ 且 $x\in\mathring{U}(x_0)$ 时 $f'(x)>0$;当 $x>x_0$ 且 $x\in\mathring{U}(x_0)$ 时 $f'(x)<0$,则 $x=x_0$ 为 $f(x)$ 的极大值点;

(3) 当 $x\in\mathring{U}(x_0)$ 但在 x_0 的左、右两侧 $f'(x)$ 不变号,则 $x=x_0$ 不是 $f(x)$ 的极值点.

证明 (1) 设 $x<x_0$ 且 $x\in\mathring{U}(x_0)$,在闭区间 $[x,x_0]$ 上用拉格朗日中值定理(注意定理的条件,拉格朗日中值定理是可以用的),有

$$f(x)-f(x_0)=f'(\xi)(x-x_0)>0,\quad x<\xi<x_0.$$

再设 $x>x_0$ 且 $x\in\mathring{U}(x_0)$,在闭区间 $[x_0,x]$ 上用拉格朗日中值定理,仍有

$$f(x)-f(x_0)=f'(\xi)(x-x_0)>0,\quad x_0<\xi<x.$$

可见 $f(x_0)$ 是 $f(x)$ 的一个极小值.

至于(2)、(3),读者自证之.证毕.

条件中只要求 $f(x)$ 在 x_0 处连续,在 x_0 的左、右两侧可导,而并未设 $f'(x_0)$ 存在.所以此定理也可用于 $f(x)$ 在 x_0 处连续而 $f'(x_0)$ 不存在的情形.

例 4 求例 1 中函数 $f(x)=(x-1)^3(9x-17)$ 的极值.

解 由例 1 知 $f'(x)=12(x-1)^2(3x-5)$.令 $f'(x)=0$,得驻点 $x=1$,$x=\dfrac{5}{3}$.从小到大排列且从左往右考察.

在 $x=1$ 的左、右两侧,$f'(x)$ 不变号,故 $x=1$ 不是极值点;

当 x 从 $x=\dfrac{5}{3}$ 的左侧邻域到右侧邻域时,$f'(x)$ 从负到正,故 $x=\dfrac{5}{3}$ 为 $f(x)$ 的极小值点,极小值为 $f\left(\dfrac{5}{3}\right)=-\dfrac{16}{27}$.

例 5 求例 2 中函数 $f(x)=x^2+\dfrac{2}{x}$ 的极值.

解 由例 2 知 $f'(x)=\dfrac{2(x-1)(x^2+x+1)}{x^2}$. 令 $f'(x)=0$，解得驻点 $x=1$. 又 $x=0$ 处 $f'(x)$ 不存在，但此处函数也无定义，故不必考虑.

当 x 从 $x=1$ 的左侧邻域到右侧邻域时，$f'(x)$ 从负到正，故 $x=1$ 是 $f(x)$ 的极小值点，极小值为 $f(1)=3$.

注意，$f(1)=3$ 是 $f(x)$ 的一个极小值，但不是 $f(x)$ 的最小值. 事实上，当 $x\to 0-0$ 时 $f(x)\to -\infty$，故此 $f(x)$ 没有最小值.

例 6 求例 3 中的函数 $f(x)=x\sqrt[3]{(x+2)^2}$ 的极值.

解 由例 3 知 $f'(x)=\dfrac{5x+6}{3\sqrt[3]{x+2}}$. 令 $f'(x)=0$，解得驻点 $x=-\dfrac{6}{5}$. 又 $f'(x)$ 不存在的点（在本题中是 $f'(x)$ 的分母为零的点）为 $x=-2$.

分别从左往右考察 $x=-2$ 与 $x=-\dfrac{6}{5}$ 的邻域内 $f'(x)$ 的符号改变情况.

当 x 从 $x=-2$ 的左侧邻域到右侧邻域时，$f'(x)$ 从正到负，且 $x=-2$ 处函数连续（注意，定理中只要求 $x=x_0$ 处函数连续，左、右两侧邻域 $f'(x)$ 变号，而并没有要求 $f(x)$ 在 $x=x_0$ 处可导），由定理 4.11 知，$x=-2$ 为 $f(x)$ 的极大值点. 极大值为 $f(-2)=0$.

再考察 $x=-\dfrac{6}{5}$ 处. 当 x 从 $x=-\dfrac{6}{5}$ 的左侧邻域到右侧邻域时，$f'(x)$ 从负到正，故 $x=-\dfrac{6}{5}$ 为 $f(x)$ 的极小值点，极小值 $f\left(-\dfrac{6}{5}\right)=-\dfrac{6}{5}\left(\dfrac{4}{5}\right)^{\frac{2}{3}}$. 图 4-7 中画了此函数的大致图形.

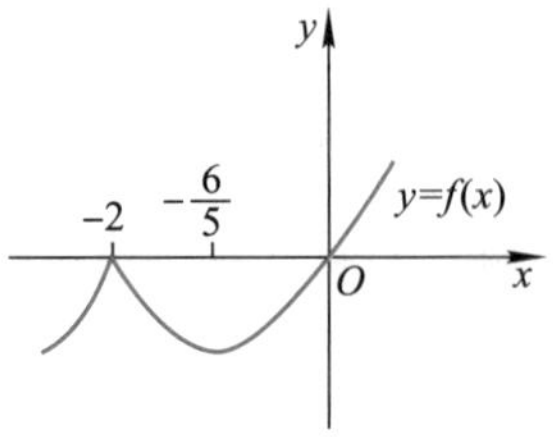

图 4-7

由以上几个例子可见，单调性与极值有密切关系. 常将求函数的单调区间与求函数的极值合在一起讨论.

使用极值的第一充分条件，需讨论 $x=x_0$ 左、右两侧邻域 $f'(x)$ 的符号的改变. 但有时由于 $f'(x)$ 的形式较复杂，讨论起来不方便，下面的极值的第二充分条件就避免了这件事，但代替的是要考察 $f''(x_0)$ 的符号.

定理 4.12（极值的第二充分条件） 设函数 $f(x)$ 在 $x=x_0$ 处二阶导数存在，且 $f'(x_0)=0$.

（1）若 $f''(x_0)>0$，则 $f(x_0)$ 为 $f(x)$ 的极小值；

（2）若 $f''(x_0)<0$，则 $f(x_0)$ 为 $f(x)$ 的极大值；

（3）若 $f''(x_0)=0$，应改用其他方法判定.

证明 （1）由 $\lim\limits_{x\to x_0}\dfrac{f'(x)-f'(x_0)}{x-x_0}=f''(x_0)>0$，有 $f'(x)=(f''(x_0)+\alpha)(x-x_0)$，其中 $\lim\limits_{x\to x_0}\alpha=0$. 于是推知，当 $x<x_0$ 且 $|x-x_0|$ 充分小时，$f'(x)<0$；当 $x>x_0$ 且 $|x-x_0|$ 充分小时，

$f'(x)>0$,故 $f(x_0)$ 为极小值.类似可证(2).至于(3),举例说明如下:

例如 $f(x)=x^4$, $f'(0)=0$, $f''(0)=0$,显然 $f(0)$ 是 $f(x)$ 的极小值;又如 $f(x)=-x^4$, $f'(0)=0$, $f''(0)=0$,但 $f(0)$ 显然是 $f(x)$ 的极大值;又如 $f(x)=x^3$, $f'(0)=0$, $f''(0)=0$,但 $x=0$ 不是 $f(x)$ 的极值点.所以当 $f'(x_0)=0$, $f''(x_0)=0$ 时,按本定理,无法判断 $x=x_0$ 是否为 $f(x)$ 的极值点.证毕.

例 7　求 $f(x)=x+2\sin x+2\cos x+\cos 2x$ 在 $[0,2\pi]$ 上的极值.

解　
$$\begin{aligned}f'(x)&=1+2\cos x-2\sin x-2\sin 2x\\&=1+2\cos x-2\sin x-4\sin x\cos x\\&=(1+2\cos x)(1-2\sin x).\end{aligned}$$

令 $f'(x)=0$,求得驻点 $x=\dfrac{\pi}{6},\dfrac{2\pi}{3},\dfrac{5\pi}{6},\dfrac{4\pi}{3}$.

$$f''(x)=-2\sin x-2\cos x-4\cos 2x.$$

$f''\left(\dfrac{\pi}{6}\right)=-1-\sqrt{3}-2<0$,故 $f\left(\dfrac{\pi}{6}\right)=\dfrac{1}{6}(\pi+6\sqrt{3}+9)$ 为极大值;

$f''\left(\dfrac{2\pi}{3}\right)=-\sqrt{3}+1+2>0$,故 $f\left(\dfrac{2\pi}{3}\right)=\dfrac{1}{6}(4\pi+6\sqrt{3}-9)$ 为极小值;

$f''\left(\dfrac{5\pi}{6}\right)=-1+\sqrt{3}-2<0$,故 $f\left(\dfrac{5\pi}{6}\right)=\dfrac{1}{6}(5\pi-6\sqrt{3}+9)$ 为极大值;

$f''\left(\dfrac{4\pi}{3}\right)=\sqrt{3}+1+2>0$,故 $f\left(\dfrac{4\pi}{3}\right)=\dfrac{1}{6}(8\pi-6\sqrt{3}-9)$ 为极小值.

三、函数的最大值与最小值及应用题

设函数 $f(x)$ 在闭区间 $[a,b]$ 上连续,则在该区间上必存在最小值与最大值.最小值与最大值可能在端点 $x=a$ 或 $x=b$ 处取到,也可能在开区间 (a,b) 内部取到.若为后者,则必为极值.由此得到寻找闭区间上连续函数的最大值、最小值的方法如下:

求出 $f(x)$ 在开区间 (a,b) 内部的驻点以及导数不存在的点.设总数为有限个,分别计算出对应的函数值,再计算 $f(a)$ 与 $f(b)$.将这些函数值比较大小,大者为最大值,小者为最小值.

例 8　求例 7 的函数 $f(x)=x+2\sin x+2\cos x+\cos 2x$ 在闭区间 $[0,2\pi]$ 上的最小值与最大值.

解　此 $f(x)$ 在 $(0,2\pi)$ 内部驻点处的函数值已计算,见例 7,只要再计算区间两端点处的函数值:

$$f(0)=3,\ f(2\pi)=2\pi+3.$$

比较大小,即知

$$\max_{0\leqslant x\leqslant 2\pi} f(x)=2\pi+3,$$

$$\min_{0\leqslant x\leqslant 2\pi} f(x)=f\left(\frac{4\pi}{3}\right)=\frac{1}{6}(8\pi-6\sqrt{3}-9).$$

注　不加证明地指出,如果函数 $f(x)$ 在区间 I 上连续,并且在 I 内部只有一个极值点，是极小值点（极大值点），则此极小值（极大值）必是 $f(x)$ 在 I 上的最小值（最大值）. 在应用问题中常用到这个注.

下面举几个最大值、最小值的应用题的例子.

例 9 设计一个有底无盖的圆柱形容器，其容积为一定值 V，欲使其表面积为最小，其底半径与高各应为多少？

解 第 1 步 建立函数关系. 求最值那个量作因变量，自变量原则上可以任选. 如果列出的式子中有多个变量，那么应找出这些变量之间的关系，然后消去多余变量，最后保留一个作为自变量，同时写出相应的定义域.

设容器的表面积为 S，底半径为 r，高为 h，于是

$$S=\pi r^2+2\pi rh.$$

但

$$\pi r^2h=V.$$

消去 h 保留 r，得一元函数

$$S=\pi r^2+\frac{2V}{r},0<r<+\infty.$$

第 2 步 求驻点及函数连续而导数不存在的点. 为此，求

$$\frac{\mathrm{d}S}{\mathrm{d}r}=2\pi r-\frac{2V}{r^2},$$

并令 $\frac{\mathrm{d}S}{\mathrm{d}r}=0$，得驻点 $r=\left(\frac{V}{\pi}\right)^{\frac{1}{3}}$.

第 3 步 检验. 用极值的第二充分条件：

$$\frac{\mathrm{d}^2S}{\mathrm{d}r^2}=2\pi+\frac{4V}{r^3}>0,$$

$r=\left(\frac{V}{\pi}\right)^{\frac{1}{3}}$ 为 S 的唯一驻点，且为极小值点. 再由本段例 8 后的注知，$r=\left(\frac{V}{\pi}\right)^{\frac{1}{3}}$ 为 S 的最小值点. 此时

$$h=\frac{V}{\pi r^2}=\left(\frac{V}{\pi}\right)^{\frac{1}{3}}.$$

所以当 $r=h=\left(\frac{V}{\pi}\right)^{\frac{1}{3}}$ 时，S 最小，最小值 $S=3\pi\left(\frac{V}{\pi}\right)^{\frac{2}{3}}$.

例 10 在椭圆 $\frac{x^2}{a^2}+\frac{y^2}{b^2}=1$ 的第一象限中的点 (x_0,y_0) 作椭圆的切线 L，与两坐标轴相交形成一个三角形，求 (x_0,y_0) 的坐标，使得该三角形的面积为最小.

解 按例 9 的步骤处理. 为求三角形面积，先要求出切线方程及切线与两坐标轴的交点等.

第 1 步 由隐函数微分法，将椭圆方程

$$\frac{x^2}{a^2}+\frac{y^2}{b^2}=1$$

两边对 x 求导,得

$$\frac{2x}{a^2}+\frac{2yy'}{b^2}=0,$$

得点(x_0,y_0)处的切线斜率

$$y_0'=-\frac{b^2x_0}{a^2y_0}.$$

切线方程为

$$y-y_0=-\frac{b^2x_0}{a^2y_0}(x-x_0),$$

或写成

$$\frac{x_0x}{a^2}+\frac{y_0y}{b^2}=1.$$

两坐标轴上的截距分别为

$$X=\frac{a^2y_0^2}{b^2x_0}+x_0=\frac{a^2y_0^2+b^2x_0^2}{b^2x_0}=\frac{a^2}{x_0},$$

$$Y=\frac{b^2x_0^2}{a^2y_0}+y_0=\frac{b^2x_0^2+a^2y_0^2}{a^2y_0}=\frac{b^2}{y_0}.$$

这里显然 $x_0\neq 0,y_0\neq 0$.因为若 $x_0=0$ 或 $y_0=0$,切线与坐标轴不能形成三角形.

第 2 步　设三角形的面积为 S,则

$$S=\frac{1}{2}\frac{a^2}{x_0}\frac{b^2}{y_0}.$$

再由 $y_0=\frac{b}{a}\sqrt{a^2-x_0^2}$ 得

$$S=\frac{a^3b}{2x_0\sqrt{a^2-x_0^2}},\quad 0<x_0<a.$$

对于此 S 讨论极值,因带有根号且在分母上,会带来运算麻烦.改取

$$A=x^2(a^2-x^2),\quad 0<x<a,$$

S 为最小值的充要条件是 A 为最大值.故只要考虑 A 为最大值即可.

第 3 步　计算$\frac{\mathrm{d}A}{\mathrm{d}x}$并令其为零:

$$\frac{\mathrm{d}A}{\mathrm{d}x}=2x(a^2-x^2)-2x^3=2x(a^2-2x^2)=0,$$

得唯一驻点

$$x=\frac{a}{\sqrt{2}}.$$

第 4 步　检验.由于$\frac{\mathrm{d}^2A}{\mathrm{d}x^2}=2a^2-12x^2$,以 $x=\frac{a}{\sqrt{2}}$代入得$\frac{\mathrm{d}^2A}{\mathrm{d}x^2}=-4a^2<0$,故知此时 A 为极大

值.于是知当 $x=\frac{a}{\sqrt{2}}$ 时 A 为最大值,从而知此时 S 为最小值.切点坐标为 $\left(\frac{a}{\sqrt{2}},\frac{b}{\sqrt{2}}\right)$.

例 11 有一成直线的海岸线 L(如图 4-8 所示),一游泳者从海中的点 A 到陆地上的点 B.设 A 到 L 的垂直距离为 a,垂足为 C,B 到 L 的垂直距离为 b,垂足为 D,CD 长为 l.设水中游泳的速率为 v_1,陆地上跑步的速率为 $v_2(v_2>v_1)$.问上岸点 E 位于何处时,才能使得所用时间最短(长度以 km 计,时间以 h 计)?

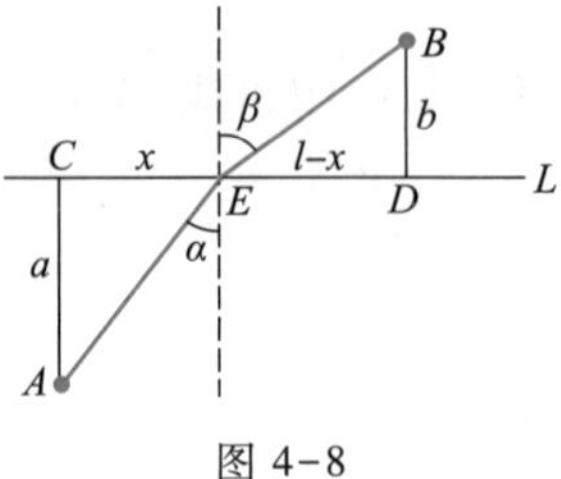

图 4-8

解 第 1 步 设 $CE=x$,则 $ED=l-x$,

$$AE=\sqrt{a^2+x^2},BE=\sqrt{b^2+(l-x)^2}.$$

总共所用时间

$$t=\frac{\sqrt{a^2+x^2}}{v_1}+\frac{\sqrt{b^2+(l-x)^2}}{v_2},\quad 0\leqslant x\leqslant l.$$

第 2 步

$$\frac{\mathrm{d}t}{\mathrm{d}x}=\frac{x}{v_1\sqrt{a^2+x^2}}-\frac{l-x}{v_2\sqrt{b^2+(l-x)^2}}. \tag{4.10}$$

令 $\frac{\mathrm{d}t}{\mathrm{d}x}=0$,欲从上式解出 $x=?$ 感到十分麻烦.先证明由 $\frac{\mathrm{d}t}{\mathrm{d}x}=0$ 的确可求解得唯一的 $x=x_0$.

为此,令

$$f(x)=\frac{x}{v_1\sqrt{a^2+x^2}}-\frac{l-x}{v_2\sqrt{b^2+(l-x)^2}},\quad 0\leqslant x\leqslant l.$$

易知 $f(0)<0,f(l)>0$,故知当 $0<x<l$ 时,$f(x)=0$ 至少有一个实根.又

$$f'(x)=\frac{a^2}{v_1(a^2+x^2)^{3/2}}+\frac{b^2}{v_2[b^2+(l-x)^2]^{3/2}}>0,$$

故在 $0<x<l$ 内,$f(x)=0$ 有且只有 1 个实根(因为 $f(x)$ 严格单调增加),记为 $x=x_0$.

第 3 步 由于 $\left.\frac{\mathrm{d}t}{\mathrm{d}x}\right|_{x=x_0}=0,\frac{\mathrm{d}^2t}{\mathrm{d}x^2}=f'(x)>0$,所以 $x=x_0$ 为 $f(x)$ 的极小值点,且为唯一驻点,故 $x=x_0$ 为 $f(x)$ 在 $[0,l]$ 上的最小值点.

现在再回过头来看 $x_0=?$ 在图 4-8 中引入角 α,β,

$$\sin\alpha=\frac{x}{\sqrt{a^2+x^2}},\quad \sin\beta=\frac{l-x}{\sqrt{b^2+(l-x)^2}}.$$

于是由 $\frac{\mathrm{d}t}{\mathrm{d}x}=0$(见(4.10)式)得

$$\frac{\sin\alpha}{v_1}=\frac{\sin\beta}{v_2},\quad 即 \quad \frac{\sin\alpha}{\sin\beta}=\frac{v_1}{v_2}.$$

换言之,取 $x=x_0$,使 $\sin\alpha$ 与 $\sin\beta$ 之比正好为 $v_1:v_2$ 之处,虽然 x_0 未确切求出,但 x_0 的位置已很明确了.

光线穿过两不同介质的界面时入射角正弦与折射角正弦之比的结论与此相同.

四、简单不等式问题

众所周知,证明不等式比证明等式要难.初等数学教科书中已介绍过一些不等式,例如 $a^2+b^2\geqslant 2ab$ 等.现在有了微分学这一工具,特别是拉格朗日中值定理,可以用它来推导一些不等式.常用的有下述三种方法,其理论依据是显而易见的.

方法 1(用单调性证) 设函数 $f(x)$ 在闭区间 $[a,b]$ 上连续,在开区间 (a,b) 内可导.

(1) 若当 $x\in(a,b)$ 时 $f'(x)\geqslant 0$,且其中只在有限个点处等号成立,则当 $x\in(a,b]$ 时 $f(x)>f(a)$;

(2) 若当 $x\in(a,b)$ 时 $f'(x)\leqslant 0$,且其中只在有限个点处等号成立,则当 $x\in[a,b)$ 时 $f(x)>f(b)$.

例 12 设 $x>y\geqslant \mathrm{e}$,证明 $y^x>x^y$.

分析 看起来是两个变量,实际上,固定其中一个,例如固定 y,成为 $a^x>x^a\ (x>a\geqslant \mathrm{e})$,一元函数的办法可以用上来.

采用微分学的办法就要求导数,但函数 a^x 很顽固,求导之后形状不变,很难化简.所以应先将要证的不等式变形,两边取 ln,成为求证:当 $x>a$ 时,

$$x\ln a>a\ln x\quad(a\geqslant \mathrm{e}).$$

证明 令 $f(x)=x\ln a-a\ln x$,有 $f'(x)=\ln a-\dfrac{a}{x}$,且 $f(a)=0$,当 $x>a$ 时 $f'(x)>0$.由方法 1(1)推知当 $x>a$ 时 $f(x)>f(a)=0$,即 $x\ln a-a\ln x>0$,从而 $a^x>x^a\ (x>a\geqslant \mathrm{e})$.证毕.

例 13 设 $f(x)=x^3-\dfrac{\sin^3 x}{\cos x}$,证明:当 $0<x<\dfrac{\pi}{2}$ 时,$f(x)<0$.

证明 要证明 $f(x)<0$,等价于证明当 $0<x<\dfrac{\pi}{2}$ 时,$x<\dfrac{\sin x}{(\cos x)^{1/3}}$.令

$$\varphi(x)=x-\frac{\sin x}{(\cos x)^{1/3}},\quad 0\leqslant x<\frac{\pi}{2},$$

有

$$\varphi(0)=0,$$

$$\begin{aligned}\varphi'(x)&=1-\frac{(\cos x)^{4/3}+\dfrac{1}{3}(\cos x)^{-2/3}\sin^2 x}{(\cos x)^{2/3}}\\&=\frac{(\cos x)^{2/3}-(\cos x)^{4/3}-\dfrac{1}{3}(\cos x)^{-2/3}(1-\cos^2 x)}{(\cos x)^{2/3}}\\&=\frac{-2(\cos x)^{6/3}+3(\cos x)^{4/3}-1}{3(\cos x)^{4/3}}.\end{aligned}$$

令 $u=(\cos x)^{2/3}$,于是

$$\varphi'(x)=-\frac{1}{3u^2}(2u^3-3u^2+1)$$

$$=-\frac{1}{3u^2}(u-1)^2(2u+1)$$

$$<0 \quad \left(0<x<\frac{\pi}{2}\text{即 }0<u<1\right).$$

所以当 $0<x<\frac{\pi}{2}$ 时，$\varphi(x)<0$. 从而 $x<\frac{\sin x}{(\cos x)^{1/3}}$，即 $f(x)=x^3-\frac{\sin^3 x}{\cos x}<0$. 证毕.

方法 2 （用最值证） 设函数 $f(x)$ 在区间 I 上存在最大值 M（最小值 m），则有不等式

$$f(x)\leqslant M \quad (f(x)\geqslant m),$$

且仅在最大值点（最小值点）处等号成立.

例 14 设常数 c 满足 $0<c<1$，证明：当 $x>0$ 时有不等式 $x^c-cx\leqslant 1-c$，并且仅当 $x=1$ 时等号成立.

证明 将要证的不等式各项移到右边，令

$$f(x)=1-c+cx-x^c,$$

有

$$f'(x)=c-cx^{c-1}=c(1-x^{c-1}).$$

令 $f'(x)=0$，得 $x=1$. 当 $0<x<1$ 时，$f'(x)<0$；当 $x>1$ 时，$f'(x)>0$. 所以当 $x=1$ 时，$f(x)$ 取极小值，也是 $f(x)$ 在区间 $(0,+\infty)$ 上的最小值，即

$$\min_{0<x<+\infty} f(x)=f(1)=0.$$

于是推知当 $x>0$ 时 $f(x)\geqslant 0$，并且仅当 $x=1$ 时 $f(x)=0$. 证毕.

注 此不等式中含有一个常数 c，$0<c<1$. 取各式各样的 c，可以得到一些不等式. 例如

（1）取 $c=\frac{1}{2}$，有不等式 $\sqrt{x}-\frac{1}{2}x\leqslant\frac{1}{2}$，即 $x+1\geqslant 2\sqrt{x}$，其中 $x>0$，并且仅当 $x=1$ 时等号成立.

（2）设 $x>0,y>0$，证明 $\frac{x+y}{2}\geqslant\sqrt{xy}$，并且仅当 $x=y$ 时等号成立.

证明 由于 $x>0,y>0$，证明 $\frac{x+y}{2}\geqslant\sqrt{xy}$ 相当于证明 $x\,\frac{1+\frac{y}{x}}{2}\geqslant x\sqrt{\frac{y}{x}}$. 两边约去 x，即要证明 $\frac{1}{2}\left(1+\frac{y}{x}\right)\geqslant\sqrt{\frac{y}{x}}$，即 $\sqrt{\frac{y}{x}}-\frac{1}{2}\frac{y}{x}\leqslant\frac{1}{2}$. 由（1）知这是正确的，并且仅当 $\frac{y}{x}=1$ 即 $x=y$ 时等号成立. 证毕.

当然为了证（2）不必如此费力. 在此仅是说明例 14 的应用.

方法 3（用拉格朗日中值定理证） 设 $f(x)$ 在闭区间 $[a,b]$ 上连续，在 (a,b) 内可导，且 $f'(x)\geqslant A$（$f'(x)\leqslant A$），并设 $x_1\in[a,b]$，$x_2\in[a,b]$，$x_1<x_2$，则有不等式

$$f(x_2)-f(x_1)\geqslant A(x_2-x_1) \quad (f(x_2)-f(x_1)\leqslant A(x_2-x_1)).$$

如果将题设改为 $f'(x)>A$（$f'(x)<A$），则结论中的不等号亦应改为严格的不等号.

例 15 设 $0<a<b$，证明：$\frac{\ln b-\ln a}{b-a}>\frac{2a}{a^2+b^2}$.

证　由所要证的不等式形状知，可考虑使用拉格朗日中值公式.令 $f(x)=\ln x$，当 $0<a<b$时，

$$\frac{f(b)-f(a)}{b-a}=f'(\xi),0<a<\xi<b,$$

即

$$\frac{\ln b-\ln a}{b-a}=\frac{1}{\xi},0<a<\xi<b.$$

又由于$\frac{1}{\xi}>\frac{1}{b}$，于是有$\frac{\ln b-\ln a}{b-a}>\frac{1}{b}$.再由基本不等式$\frac{2ab}{a^2+b^2}\leqslant 1$推知

$$\frac{\ln b-\ln a}{b-a}>\frac{2a}{a^2+b^2}.$$

证毕.

§4.4　曲线的凹向、渐近线与函数图形的描绘

一、曲线的凹向与拐点

在§4.3中，利用一阶导数的符号，讨论了函数的增减性，亦即其对应曲线（自左往右看）的升降性.现在要讨论函数 $y=f(x)$ 所对应的曲线的凹向（定义见下面），利用二阶导数 $f''(x)$ 的符号，可以得到判别曲线 $y=f(x)$ 的凹向的法则.

定义 4.2　设函数 $y=f(x)$ 在闭区间 $[a,b]$ 上连续.如果对于任意两点 $x_1\in[a,b]$，$x_2\in[a,b]$，$x_1\neq x_2$，必有

$$f\left(\frac{x_1+x_2}{2}\right)<(>)\frac{1}{2}[f(x_1)+f(x_2)],$$

则称曲线 $y=f(x)$ 在 $[a,b]$ 上是凹（凸）的，或称该弧是凹弧（凸弧），如图 4-9 所示（如图 4-10所示）.

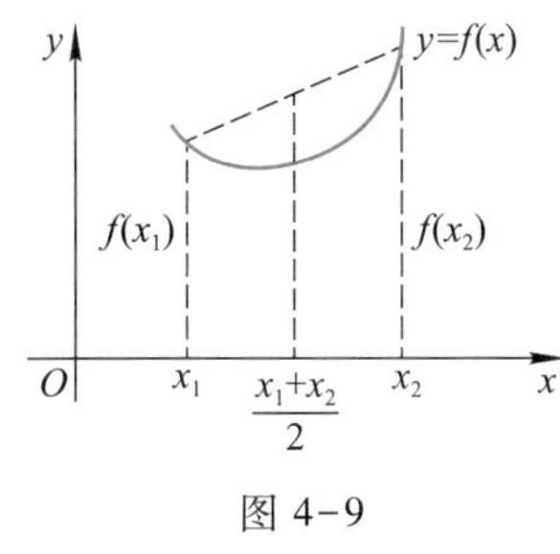

图 4-9

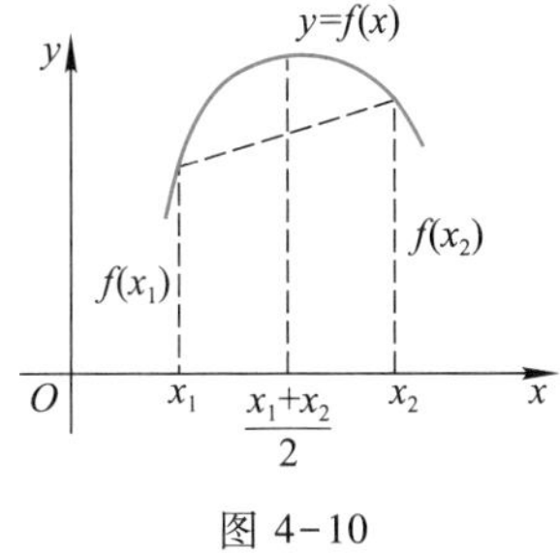

图 4-10

如何判别曲线的凹与凸呢？有下述定理.

定理 4.13（凹向的判别定理）　设函数 $f(x)$ 在闭区间 $[a,b]$ 上连续，在开区间 (a,b) 内二阶可导.

(1) 若 $f''(x)>0,x\in(a,b)$，则曲线 $y=f(x)$ 在 $[a,b]$ 上是凹的；

(2) 若 $f''(x)<0,x\in(a,b)$，则曲线 $y=f(x)$ 在 $[a,b]$ 上是凸的.

证明　(1) 即要证当 $f''(x)>0$ 时，对于 $x_1\in[a,b]$，$x_2\in[a,b]$，$x_1\neq x_2$，有

$$2f\left(\frac{x_1+x_2}{2}\right)<f(x_1)+f(x_2).$$

不妨设 $x_1<x_2$，由拉格朗日中值定理，有

$$f(x_1)-f\left(\frac{x_1+x_2}{2}\right)-\left[f\left(\frac{x_1+x_2}{2}\right)-f(x_2)\right]$$

$$=f'(\xi_1)\frac{x_1-x_2}{2}-f'(\xi_2)\frac{x_1-x_2}{2}$$

$$=f''(\xi)(\xi_1-\xi_2)\frac{x_1-x_2}{2}>0,$$

其中 $x_1<\xi_1<\dfrac{x_1+x_2}{2}<\xi_2<x_2,\xi_1<\xi<\xi_2,f''(\xi)>0$.(1)证毕.类似可证(2).证毕.

若将定理中的闭区间$[a,b]$改成开区间或半开半闭区间或无穷区间，则有同样结论.

例 1　讨论曲线 $y=4x^5-5x^4+x+1$ 的凹凸性.

解　用二阶导数的符号来讨论.

$$y'=20x^4-20x^3+1,y''=80x^3-60x^2=20x^2(4x-3).$$

令 $y''=0$，得 $x=0,x=\dfrac{3}{4}$，于是将$(-\infty,+\infty)$分成 3 个区间，自左往右讨论：$(-\infty,0)$，$\left(0,\dfrac{3}{4}\right),\left(\dfrac{3}{4},+\infty\right)$.

当$-\infty<x<0$ 时，$y''<0$，曲线在$(-\infty,0]$上是凸的；

当 $0<x<\dfrac{3}{4}$时，$y''<0$，曲线在$\left[0,\dfrac{3}{4}\right]$上是凸的；

当$\dfrac{3}{4}<x<+\infty$ 时，$y''>0$，曲线在$\left[\dfrac{3}{4},+\infty\right)$上是凹的.

由例 1 可以看到，曲线上有这种点，在它的左、右两侧邻域，曲线的凹向不同.

定义 4.3　设点$(x_0,f(x_0))$是连续曲线 $y=f(x)$上的一点，在该点左、右两侧邻域曲线的凹向不同(由凹变凸或由凸变凹)，则称该点为曲线的**拐点**.□

如何找拐点呢？有下述定理.

定理 4.14　设点$(x_0,f(x_0))$是曲线 $y=f(x)$的拐点，且 $f''(x_0)$存在，则$f''(x_0)=0$.

证略.

换言之，对于二阶可导函数$f(x)$，要找曲线 $y=f(x)$的拐点，只有从 $f''(x)=0$ 的点中去找.但是使$f''(x)=0$ 的 $x=x_0$ 对应的点$(x_0,f(x_0))$不一定是拐点.例如上面例 1 的 $y=f(x)=4x^5-5x^4+x+1,f''(x)=20x^2(4x-3)$，在 $x=0$ 处有 $f''(0)=0$.但在 $x=0$ 的左、右两侧邻域，$f''(x)$不变号，曲线 $y=f(x)$并不改变凹向，故点$(0,f(0))$并不是该曲线的拐点.而在 $x=\dfrac{3}{4}$处，$f''(x)=0$，并且在点$\left(\dfrac{3}{4},f\left(\dfrac{3}{4}\right)\right)$的左侧邻域曲线是凸的，在点$\left(\dfrac{3}{4},f\left(\dfrac{3}{4}\right)\right)$的右侧邻域曲线是凹的，故点$\left(\dfrac{3}{4},f\left(\dfrac{3}{4}\right)\right)$是该曲线的拐点.

由上可知，设 $f(x)$ 为连续函数，求曲线 $y=f(x)$ 的拐点的步骤为

(1) 求 $f''(x)$，求出使 $f''(x)=0$ 的点，并求出 $f''(x)$ 不存在的点 x_1,x_2 等，设为有限个；

(2) 将 x_1,x_2 等由小到大排列，逐个检查每点左、右两侧邻域的 $f''(x)$ 的符号.左、右两侧邻域 $f''(x)$ 变号的点 $(x_0,f(x_0))$ 是拐点，左、右两侧邻域 $f''(x)$ 不变号的点 $(x_0,f(x_0))$ 不是拐点.

可见，用 $f''(x)$ 讨论曲线 $y=f(x)$ 的凹向与拐点，类似于用 $f'(x)$ 讨论函数 $y=f(x)$ 的单调性与极值点.

二、曲线的渐近线

讨论曲线的渐近线，实际上只用到极限，但与下面要讨论的函数图形有关系，故放在这一节来讲.

定义 4.4 设有曲线 C，点 $M\in C$，如果存在一条直线 L，当点 M 沿曲线 C 远离坐标原点趋于无穷远时(即当 $|\overline{OM}|\to\infty$ 时)，M 到 L 的距离 $d\to 0$，那么称 L 为 C 的一条**渐近线**.□

1. 水平渐近线的求法

如果

$$\lim_{x\to+\infty}f(x)=b,\text{即}\lim_{x\to+\infty}(f(x)-b)=0,$$

那么 $y=b$ 是 $y=f(x)$ 的一条水平渐近线.类似地，如果

$$\lim_{x\to-\infty}f(x)=b_1,\text{即}\lim_{x\to-\infty}(f(x)-b_1)=0,$$

那么 $y=b_1$ 也是 $y=f(x)$ 的一条水平渐近线.

例 2 求 $y=\arctan x$ 的水平渐近线.

解 因为

$$\lim_{x\to+\infty}\arctan x=\frac{\pi}{2},\quad \lim_{x\to-\infty}\arctan x=-\frac{\pi}{2},$$

所以有两条水平渐近线 $y=\dfrac{\pi}{2}$ 及 $y=-\dfrac{\pi}{2}$.

2. 垂直渐近线的求法

如果

$$\lim_{x\to x_0+0}f(x)=\infty\quad\text{或}\quad\lim_{x\to x_0-0}f(x)=\infty,$$

或两者都成立，那么 $x=x_0$ 是曲线 $y=f(x)$ 的一条垂直渐近线.

例 3 求 $y=\mathrm{e}^{\frac{1}{x}}$ 的垂直渐近线.

解 $\lim\limits_{x\to0+0}\mathrm{e}^{\frac{1}{x}}=+\infty$，故 $x=0$ 是 $y=\mathrm{e}^{\frac{1}{x}}$ 的一条垂直渐近线.

3. 斜渐近线

设 $y=ax+b$ 是曲线 $y=f(x)$ 的一条斜渐近线(如图 4-11 所示)，曲线 $y=f(x)$ 上的点 M 到直线 $y=ax+b$ 的距离

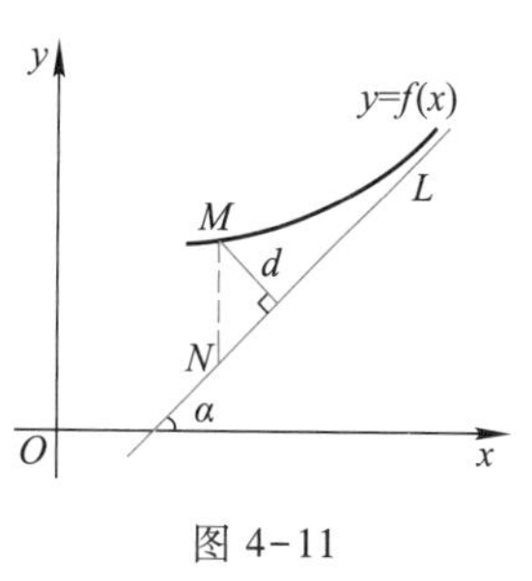

图 4-11

$$d=|\overline{MN}||\cos\alpha|,$$

其中

$$\cos\alpha\neq 0,$$

$$|\overline{MN}|=|f(x)-(ax+b)|.$$

由于 $\lim\limits_{x\to+\infty}d=0$ 等价于 $\lim\limits_{x\to+\infty}|\overline{MN}|=0$，即

$$\lim_{x\to+\infty}[f(x)-(ax+b)]=0. \tag{4.11}$$

由此推知，方程 $y=ax+b$ 表示的直线是曲线 $y=f(x)$ 沿 $x\to+\infty$ 方向的一条斜渐近线的充要条件是(4.11)式成立.当(4.11)式成立时，推知

$$\lim_{x\to+\infty}\left(\frac{f(x)}{x}-a-\frac{b}{x}\right)=0,$$

从而

$$\lim_{x\to+\infty}\frac{f(x)}{x}=a \tag{4.12}$$

及

$$\lim_{x\to+\infty}(f(x)-ax)=b. \tag{4.13}$$

反之，设(4.12)式及(4.13)式相继成立，于是(4.11)式成立，从而知 $y=ax+b$ 是曲线 $y=f(x)$ 的斜渐近线.所以(4.12)式及(4.13)式同时成立是 $y=ax+b$ 为 $y=f(x)$ 的沿 $x\to+\infty$ 方向的斜渐近线的充要条件.类似地可讨论有无沿 $x\to-\infty$ 方向的斜渐近线.

例 4　讨论曲线 $y=\dfrac{x^3}{x^2-1}$ 的渐近线.

解　易见 $x=\pm1$ 是两条垂直渐近线.此外，由于

$$\lim_{x\to+\infty}\frac{y}{x}=\lim_{x\to+\infty}\frac{x^3}{x(x^2-1)}=1,$$

$$\lim_{x\to+\infty}(y-x)=\lim_{x\to+\infty}\left(\frac{x^3}{x^2-1}-x\right)=\lim_{x\to+\infty}\frac{x}{x^2-1}=0,$$

所以 $y=x$ 是沿 $x\to+\infty$ 方向的一条斜渐近线.同理可知，$y=x$ 也是沿 $x\to-\infty$ 方向的斜渐近线.

例 5　求曲线 $y=x+\sqrt{x^2-x+1}$ 的渐近线.

解　不存在那种 x_0，使当 $x\to x_0$ 时 $y\to\infty$，故没有垂直渐近线.当 $x\to+\infty$ 时 $y\to+\infty$，所以当 $x\to+\infty$ 时不存在水平渐近线.考虑(4.12)式，

$$\lim_{x\to+\infty}\frac{y}{x}=\lim_{x\to+\infty}\frac{x+\sqrt{x^2-x+1}}{x}$$

$$=\lim_{x\to+\infty}\frac{x\left(1+\sqrt{1-\dfrac{1}{x}+\dfrac{1}{x^2}}\right)}{x}=2.$$

$$\lim_{x\to+\infty}(y-2x)=\lim_{x\to+\infty}(-x+\sqrt{x^2-x+1})$$

$$=\lim_{x\to+\infty}\frac{x^2-x+1-x^2}{\sqrt{x^2-x+1}+x}$$

$$= \lim_{x\to+\infty} \frac{-x\left(1-\frac{1}{x}\right)}{x\left(\sqrt{1-\frac{1}{x}+\frac{1}{x^2}}+1\right)} = -\frac{1}{2},$$

故有斜渐近线 $y=2x-\frac{1}{2}$.

再看沿 $x\to-\infty$ 方向，

$$\lim_{x\to-\infty} y = \lim_{x\to-\infty}(x+\sqrt{x^2-x+1}) = \lim_{x\to-\infty}\frac{x^2-x+1-x^2}{\sqrt{x^2-x+1}-x}$$

$$= \lim_{x\to-\infty} \frac{-x\left(1-\frac{1}{x}\right)}{-x\left(\sqrt{1-\frac{1}{x}+\frac{1}{x^2}}+1\right)} = \frac{1}{2},$$

所以 $y=\frac{1}{2}$是沿 $x\to-\infty$ 方向的一条水平渐近线.不必再考虑 $\lim\limits_{x\to-\infty}\frac{y}{x}$,因为它必定是 0,做出来的就是水平渐近线.可见沿 $x\to+\infty$ 方向与沿 $x\to-\infty$ 方向即使都有渐近线,也可以不一样.

三、函数图形的描绘

以微分学为工具,可以将函数 $y=f(x)$ 的图形比单纯描点画得确切一些,其步骤如下:

(1) 求出函数 $y=f(x)$ 的定义域,并求出函数的连续区间与间断点;

(2) 求 $y'=f'(x)$,并令 $f'(x)=0$,求出驻点,同时求出使 $f(x)$ 连续而 $f'(x)$ 不存在的点;

(3) 求 $y''=f''(x)$,并令 $f''(x)=0$,求出相应的点,同时求出使 $f(x)$ 连续而 $f''(x)$ 不存在的点;

(4) 将(1)中的间断点以及(2)、(3)中求出的点,按 x 从小到大列表(见例 6),注明图形的性态(包括单调性、极值、凹凸性、拐点等);

(5) 求出函数 $y=f(x)$ 的图形的渐近线;

(6) 在可导的区间上,用光滑曲线连接有关的点,并注意间断点及渐近线的走向,画出曲线 $y=f(x)$ 的大致图形.

例 6　画出函数 $y=f(x)=x^3-3x+2$ 的图形.

解　(1) 定义域为 $(-\infty,+\infty)$,在整个区间 $(-\infty,+\infty)$ 上 $f(x)$ 均连续.

(2) $f'(x)=3x^2-3$,令 $f'(x)=0$,得 $x=\pm1$.

(3) $f''(x)=6x$,令 $f''(x)=0$,得 $x=0$.

(4) 列表:

x	$(-\infty,-1)$	-1	$(-1,0)$	0	$(0,1)$	1	$(1,+\infty)$
y'	+	0	−	−	−	0	+
y''	−	−	−	0	+	+	+
$y=f(x)$	↗	极大值 4	↘	拐点 $(0,2)$	↘	极小值 0	↗

(5) 无渐近线.

(6) 描图如图 4-12 所示.

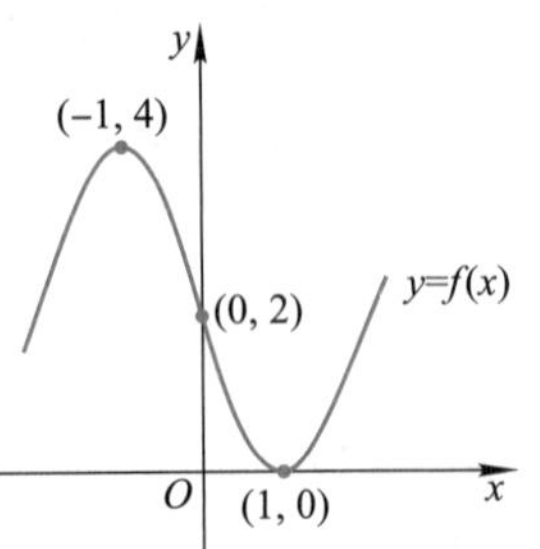

图 4-12

例 7　画出函数 $y=f(x)=x\sqrt[3]{(x+2)^2}$ 的图形(见 §4.3 例 3).

解　(1) 定义域为 $(-\infty,+\infty)$,在整个区间上均连续.

(2) $f'(x)=\dfrac{1}{3}(5x+6)(x+2)^{-\frac{1}{3}}$.令 $f'(x)=0$,得驻点 $x=-\dfrac{6}{5}$.此外,在 $x=-2$ 处函数连续,但导数不存在.

(3) $f''(x)=\dfrac{2}{9}(5x+12)(x+2)^{-\frac{4}{3}}$.令 $f''(x)=0$,得 $x=-\dfrac{12}{5}$.此外在 $x=-2$ 处函数连续,但 $f''(x)$ 不存在.

(4) 列表:

x	$\left(-\infty,-\frac{12}{5}\right)$	$-\frac{12}{5}$	$\left(-\frac{12}{5},-2\right)$	-2	$\left(-2,-\frac{6}{5}\right)$	$-\frac{6}{5}$	$\left(-\frac{6}{5},+\infty\right)$
y'	+	+	+	⋮	−	0	+
y''	−	0	+	⋮	+	+	+
$y=f(x)$	↗	拐点	↗	极大值	↘	极小值	↗

拐点坐标 $\left(-\dfrac{12}{5},-\dfrac{24}{25}\left(\dfrac{5}{2}\right)^{\frac{1}{3}}\right)$,极大值 $f(-2)=0$,极小值 $f\left(-\dfrac{6}{5}\right)=-\dfrac{24}{25}\left(\dfrac{5}{4}\right)^{\frac{1}{3}}$.再描一点 $(0,0)$.

(5) 无渐近线.

(6) 描图如图 4-13 所示.

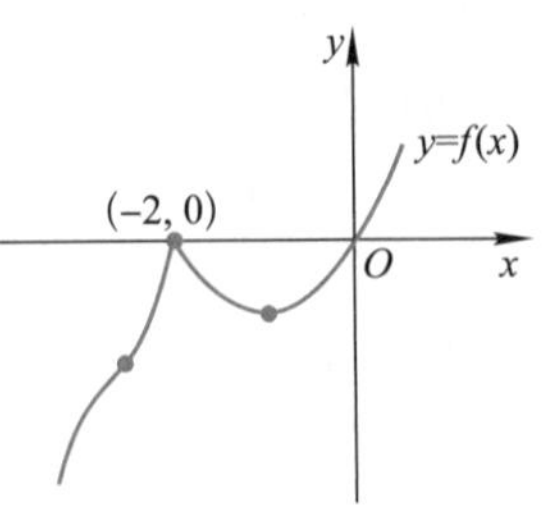

图 4-13

例 8　画出函数 $y=f(x)=x+\dfrac{1}{2x^2}$ 的图形.

解　(1) 定义域为 $(-\infty,0)\cup(0,+\infty)$.$x=0$ 为无穷间断点.

(2) $f'(x)=1-\dfrac{1}{x^3}=\dfrac{x^3-1}{x^3}$.令 $f'(x)=0$,驻点 $x=1$.

(3) $f''(x)=\dfrac{3}{x^4}$.

(4) 列表:

x	$(-\infty,0)$	0	$(0,1)$	1	$(1,+\infty)$
$f'(x)$	+	⋮	−	0	+
$f''(x)$	+	⋮	+	+	+
$y=f(x)$	↗	⋮	↘	极小值	↗

无拐点,极小值 $f(1)=\dfrac{3}{2}$.

(5) 渐近线:$\lim\limits_{x\to0}f(x)=+\infty$,$x=0$ 是一条垂直渐近线.又

$$\lim_{x\to+\infty}\frac{f(x)}{x}=\lim_{x\to+\infty}\left(1+\frac{1}{2x^3}\right)=1,$$

$$\lim_{x\to+\infty}(y-x)=0,$$

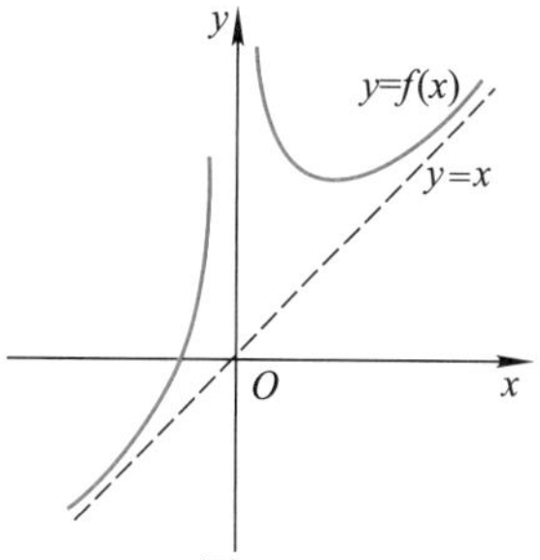

所以 $y=x$ 是沿 $x\to+\infty$ 方向的一条斜渐近线.又当$x\to-\infty$ 时有同样的结果,故 $y=x$ 也是沿 $x\to-\infty$ 方向的斜渐近线.

(6) 描图如图 4-14 所示.除了上述一些要素,还可再多

图 4-14

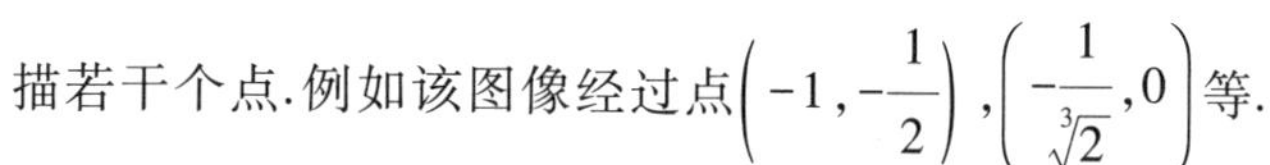
描若干个点.例如该图像经过点$\left(-1,-\dfrac{1}{2}\right)$,$\left(-\dfrac{1}{\sqrt[3]{2}},0\right)$等.

例 9　画出函数 $y=f(x)=e^{-x^2}$的图形.此曲线称为概率曲线,在概率论中有重要应用.

解　(1) 定义域为$(-\infty,+\infty)$,在此区间上都连续.由于$f(-x)=f(x)$,所以 $f(x)$是偶函数,$y=f(x)$的图形关于 y 轴对称.

(2) $f'(x)=-2xe^{-x^2}$.令 $f'(x)=0$,得驻点 $x=0$.

(3) $f''(x)=4e^{-x^2}\left(x^2-\dfrac{1}{2}\right)$.令 $f''(x)=0$,得 $x=\pm\dfrac{1}{\sqrt{2}}$.

(4) 列表:

x	$\left(-\infty,-\frac{1}{\sqrt{2}}\right)$	$-\frac{1}{\sqrt{2}}$	$\left(-\frac{1}{\sqrt{2}},0\right)$	0	$\left(0,\frac{1}{\sqrt{2}}\right)$	$\frac{1}{\sqrt{2}}$	$\left(\frac{1}{\sqrt{2}},+\infty\right)$
$f'(x)$	+	+	+	0	−	−	−
$f''(x)$	+	0	−	−	−	0	+
$y=f(x)$	↗	拐点	↗	极大值	↘	拐点	↘

拐点坐标$\left(\pm\dfrac{1}{\sqrt{2}},e^{-\frac{1}{2}}\right)$,极大值 $f(0)=1$.

(5) 渐近线:$\lim\limits_{x\to\pm\infty}e^{-x^2}=0$,故 $y=0$ 是沿 $x\to\pm\infty$ 方向的水平渐近线.无其他渐近线.

(6) 描图如图 4-15 所示.

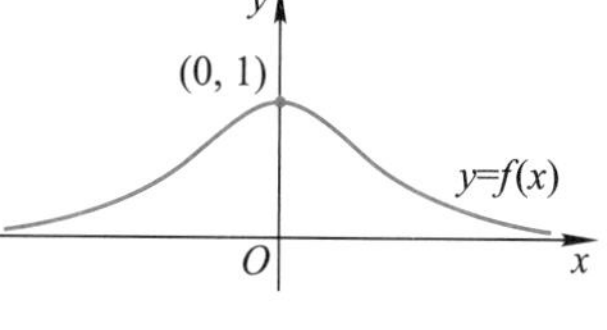

图 4-15

§4.5 泰勒定理

一、泰勒定理

将拉格朗日中值定理中的条件和结论向高阶导数推广,可以得到下述泰勒定理.为使引入更加自然,还得从$(x-x_0)$的 n 次多项式

$$P(x)=a_0+a_1(x-x_0)+a_2(x-x_0)^2+\cdots+a_n(x-x_0)^n \tag{4.14}$$

说起,如何用多项式 $P(x)$ 在 $x=x_0$ 的特征来表示各系数 $a_i(i=0,1,\cdots,n)$? 容易看出,将 $x=x_0$代入(4.14)式两边,得

$$a_0=P(x_0),$$

将(4.14)式两边对 x 求导,再以 $x=x_0$ 代入,得

$$a_1=P'(x_0),$$

继续往下做,可得

$$\cdots,a_k=\frac{1}{k!}P^{(k)}(x_0),\cdots,a_n=\frac{1}{n!}P^{(n)}(x_0).$$

由此得到

$$P(x)=P(x_0)+\frac{P'(x_0)}{1!}(x-x_0)+\cdots+\frac{P^{(n)}(x_0)}{n!}(x-x_0)^n. \tag{4.15}$$

(4.15)式的右边称为 n 次多项式 $P(x)$ 在 $x=x_0$ 处的泰勒多项式.

现在将它推广到一般可求足够阶导数的$f(x)$的情形.设$f(x)$在 $x=x_0$ 处 n 阶可导,多项式

$$f(x_0)+\frac{f'(x_0)}{1!}(x-x_0)+\frac{f''(x_0)}{2!}(x-x_0)^2+\cdots+\frac{f^{(n)}(x_0)}{n!}(x-x_0)^n \tag{4.16}$$

称为$f(x)$在 $x=x_0$ 处的 n 阶泰勒多项式.一般说来,$f(x)$与它并不相等(因若相等,则$f(x)$必是 x 的 n 次多项式了).考察差

$$f(x)-\left[f(x_0)+\frac{f'(x_0)}{1!}(x-x_0)+\frac{f''(x_0)}{2!}(x-x_0)^2+\cdots+\frac{f^{(n)}(x_0)}{n!}(x-x_0)^n\right]$$

$$\xlongequal{\text{记为}}R_n(x), \tag{4.17}$$

有如下的泰勒定理.

定理 4.15(具有拉格朗日余项的泰勒定理) 设$f(x)$在闭区间$[a,b]$上有 n 阶连续导数,开区间(a,b)内 $n+1$ 阶可导,$x_0\in[a,b]$,$x\in[a,b]$,则$f(x)$在 $x=x_0$ 处可以展开成具有拉格朗日余项的 n 阶泰勒公式:

$$f(x)=f(x_0)+\frac{f'(x_0)}{1!}(x-x_0)+\frac{f''(x_0)}{2!}(x-x_0)^2+\cdots+$$

$$\frac{f^{(n)}(x_0)}{n!}(x-x_0)^n+R_n(x), \tag{4.18}$$

其中

$$R_n(x)=\frac{f^{(n+1)}(\xi)}{(n+1)!}(x-x_0)^{n+1}(\xi\text{ 介于 }x_0\text{ 与 }x\text{ 之间})\tag{4.19}$$

称为 n 阶泰勒公式的拉格朗日余项.

分析　关键是要证明由(4.17)式定义的 $R_n(x)$ 可以由(4.19)式来表示.

证明　由 $R_n(x)$ 的定义可知

$$R_n(x_0)=0,R_n'(x_0)=0,\cdots,R_n^{(n)}(x_0)=0.$$

另外取函数 $G(x)=(x-x_0)^{n+1}$,有

$$G(x_0)=0,G'(x_0)=0,\cdots,G^{(n)}(x_0)=0.$$

对于函数 $R_n(x)$ 与 $G(x)$ 在区间$[x_0,x]$上(类似地在区间$[x,x_0]$上)用柯西中值公式,有

$$\begin{aligned}\frac{R_n(x)}{G(x)}&=\frac{R_n(x)-R_n(x_0)}{G(x)-G(x_0)}=\frac{R_n'(\xi_1)}{G'(\xi_1)}\\&=\frac{R_n'(\xi_1)-R_n'(x_0)}{G'(\xi_1)-G'(x_0)}=\cdots=\frac{R_n^{(n)}(\xi_n)-R_n^{(n)}(x_0)}{G^{(n)}(\xi_n)-G^{(n)}(x_0)}\\&=\frac{R_n^{(n+1)}(\xi)}{G^{(n+1)}(\xi)}=\frac{f^{(n+1)}(\xi)}{(n+1)!},\end{aligned}$$

其中 ξ 位于以 x_0 与 x 为端点的开区间内.由上式得到用 $f(x)$ 的 $n+1$ 阶导数来表示 $R_n(x)$ 的表达式:

$$R_n(x)=\frac{f^{(n+1)}(\xi)}{(n+1)!}(x-x_0)^{n+1},x_0\in[a,b],x\in[a,b],$$

其中 ξ 介于 x_0 与 x 之间.证毕.

注　若 $n=0$,即设 $f(x)$ 在$[a,b]$上连续,在(a,b)内一阶可导,(4.18)式连同(4.19)式便成为拉格朗日中值公式.

减弱泰勒定理 4.15 的条件,结论也相应地降低,有下述定理.

定理 4.16(具有佩亚诺余项的泰勒定理)　设 $f(x)$ 在点 $x=x_0$ 处有 n 阶导数(这意味着在 $x=x_0$ 的小邻域内 $f(x)$ 具有 $n-1$ 阶导数),则 $f(x)$ 在 $x=x_0$ 处可以展开成具有佩亚诺(Peano)余项的 n 阶泰勒公式:

$$\begin{aligned}f(x)=f(x_0)&+\frac{f'(x_0)}{1!}(x-x_0)+\frac{f''(x_0)}{2!}(x-x_0)^2+\cdots+\\&\frac{f^{(n)}(x_0)}{n!}(x-x_0)^n+R_n(x),x\in U(x_0),\end{aligned}\tag{4.20}$$

其中

$$R_n(x)=o((x-x_0)^n)\tag{4.21}$$

称为 n 阶泰勒公式的佩亚诺余项,$U(x_0)$ 表示 x_0 的某邻域,且

$$\lim_{x\to x_0}\frac{o((x-x_0)^n)}{(x-x_0)^n}=0.$$

证明　关键是要证明由

$$R_n(x)=f(x)-\left[f(x_0)+\frac{f'(x_0)}{1!}(x-x_0)+\cdots+\frac{f^{(n)}(x_0)}{n!}(x-x_0)^n\right] \quad (4.22)$$

定义的 $R_n(x)$ 必满足(4.21)式.由(4.22)式有

$$R_n(x_0)=0, R'_n(x_0)=0, \cdots, R_n^{(n-1)}(x_0)=0.$$

再令 $G(x)=(x-x_0)^n$,有

$$G(x_0)=0, G'(x_0)=0, \cdots, G^{(n-1)}(x_0)=0.$$

由洛必达法则,并且在下式的最后一步用 $R_n^{(n)}(x_0)$ 的定义式,得到

$$\begin{aligned}\lim_{x\to x_0}\frac{R_n(x)}{G(x)}&=\lim_{x\to x_0}\frac{R'_n(x)}{G'(x)}=\cdots=\lim_{x\to x_0}\frac{R_n^{(n-1)}(x)}{G^{(n-1)}(x)}\\&=\lim_{x\to x_0}\frac{R_n^{(n-1)}(x)-R_n^{(n-1)}(x_0)}{n!\ (x-x_0)}=\frac{R_n^{(n)}(x_0)}{n!}.\end{aligned} \quad (4.23)$$

但由(4.22)式知 $R_n^{(n)}(x_0)=0$,于是由(4.23)式推得

$$R_n(x)=o((x-x_0)^n), x\in U(x_0).$$

证毕.

注　泰勒定理 4.16 的条件比泰勒定理 4.15 的条件要弱得多,结论以及它的使用范围相应地也降低不少.定理 4.15 可以用于区间 $[a,b]$ 上,而定理 4.16 只能用于 $x=x_0$ 的邻域 $U(x_0)$.

$x_0=0$ 时的泰勒公式称为麦克劳林(**Maclaurin**)公式.

二、某些初等函数的泰勒公式

下面五个函数在 $x_0=0$ 处的具有佩亚诺余项的泰勒公式(即麦克劳林公式)是十分重要的:

(1) $\mathrm{e}^x=1+x+\dfrac{1}{2!}x^2+\cdots+\dfrac{1}{n!}x^n+o(x^n)$.

(2) $\sin x=x-\dfrac{1}{3!}x^3+\dfrac{1}{5!}x^5-\cdots+(-1)^n\dfrac{1}{(2n+1)!}x^{2n+1}+o(x^{2n+2})$.

(3) $\cos x=1-\dfrac{1}{2!}x^2+\dfrac{1}{4!}x^4-\cdots+(-1)^n\dfrac{1}{(2n)!}x^{2n}+o(x^{2n+1})$.

(4) $\ln(1+x)=x-\dfrac{x^2}{2}+\dfrac{x^3}{3}-\cdots+(-1)^{n-1}\dfrac{x^n}{n}+o(x^n)$.

(5) $(1+x)^\alpha=1+\alpha x+\dfrac{\alpha(\alpha-1)}{2!}x^2+\cdots+\dfrac{\alpha(\alpha-1)\cdots(\alpha-n+1)}{n!}x^n+o(x^n)$.

如果要写出具有拉格朗日余项的泰勒公式,只要将余项作相应的变更即可,从略.

今以(2)为例推导之.令 $f(x)=\sin x$,由高阶导数公式(见§3.3 例 2)

$$f^{(k)}(x)=(\sin x)^{(k)}=\sin\left(\frac{k\pi}{2}+x\right),$$

$$f^{(k)}(0)=\sin\frac{k\pi}{2}, k=1,2,\cdots,$$

所以

$$f^{(2n)}(0)=0,\quad f^{(2n+1)}(0)=\sin\frac{2n+1}{2}\pi=(-1)^n.$$

代入(4.20)式连同(4.21)式,得到$f(x)=\sin x$在$x_0=0$处的具有佩亚诺余项的$2n+1$阶泰勒公式:

$$\sin x=x-\frac{1}{3!}x^3+\frac{1}{5!}x^5-\cdots+(-1)^n\frac{1}{(2n+1)!}x^{2n+1}+o(x^{2n+2}).$$

其他几个公式的证明是类似的.

三、泰勒公式的某些应用

1. 作近似计算

例 1 计算$\sqrt{\mathrm{e}}$,精确到误差不超过 0.000 1.

解 $f(x)=\mathrm{e}^x$,写出$f(x)$在$x_0=0$处的具有拉格朗日余项的n阶泰勒公式:

$$\mathrm{e}^x=1+x+\frac{1}{2!}x^2+\cdots+\frac{1}{n!}x^n+\frac{\mathrm{e}^{\xi}}{(n+1)!}x^{n+1},$$

取$x=\frac{1}{2}$,从而$0<\xi<\frac{1}{2}$,$\mathrm{e}^{\xi}<2$.取n使

$$\frac{\mathrm{e}^{\xi}}{(n+1)!}\left(\frac{1}{2}\right)^{n+1}<\frac{1}{(n+1)!}\left(\frac{1}{2}\right)^{n}<0.000\,1,$$

经估算,$n=6$足够了.因此

$$\begin{aligned}\sqrt{\mathrm{e}}&\approx1+\frac{1}{2}+\frac{1}{2!}\left(\frac{1}{2}\right)^2+\frac{1}{3!}\left(\frac{1}{2}\right)^3+\frac{1}{4!}\left(\frac{1}{2}\right)^4+\frac{1}{5!}\left(\frac{1}{2}\right)^5+\frac{1}{6!}\left(\frac{1}{2}\right)^6\\&\approx1.648\,7.\end{aligned}$$

2. 利用具有佩亚诺余项的泰勒公式求极限

例 2 求$\lim\limits_{x\to0}\dfrac{\sqrt{1-x^4}-\sqrt[3]{1+3x^4}+x^5}{(\mathrm{e}^x-1)(1-\cos x)\tan x}$.

解 本题的分母用等价无穷小替换立刻可以化简如下:当$x\to0$时,$\tan x\sim x$,$\mathrm{e}^x-1\sim x$,$1-\cos x\sim\frac{1}{2}x^2$.于是$(\mathrm{e}^x-1)(1-\cos x)\tan x\sim\frac{1}{2}x^4$.而分子为加、减项,无法用等价无穷小替换.如果用洛必达法则,根式求导会带来复杂的运算.用具有佩亚诺余项的四阶泰勒公式,立刻见效.

$$\sqrt{1-x^4}=(1-x^4)^{\frac{1}{2}}=1+\frac{1}{2}(-x^4)+o_1(x^4)=1-\frac{1}{2}x^4+o_1(x^4),$$

$$\sqrt[3]{1+3x^4}=(1+3x^4)^{\frac{1}{3}}=1+\frac{1}{3}(3x^4)+o_2(x^4)=1+x^4+o_2(x^4),$$

于是

$$\sqrt{1-x^4}-\sqrt[3]{1+3x^4}+x^5=-\frac{3}{2}x^4+o(x^4),$$

$$\lim_{x\to 0}\frac{\sqrt{1-x^4}-\sqrt[3]{1+3x^4}+x^5}{(\mathrm{e}^x-1)(1-\cos x)\tan x}=\lim_{x\to 0}\frac{-\frac{3}{2}x^4+o(x^4)}{\frac{1}{2}x^4}=-3.$$

例 3 已知$\lim\limits_{x\to 0}\dfrac{\sqrt{1+ax}+\sqrt[3]{1-bx}-2}{x^2}=-\dfrac{1}{4}$,求正常数 a 与 b 的值.

解 将分子中的两个根式在 $x=0$ 处分别展开成具有佩亚诺余项的二阶泰勒公式(为什么),有

$$\sqrt{1+ax}=(1+ax)^{\frac{1}{2}}=1+\frac{1}{2}(ax)+\frac{1}{2}\left(\frac{1}{2}-1\right)(ax)^2+o_1(x^2),$$

$$\sqrt[3]{1-bx}=(1-bx)^{\frac{1}{3}}=1+\frac{1}{3}(-bx)+\frac{1}{3}\left(\frac{1}{3}-1\right)(-bx)^2+o_2(x^2).$$

$$\lim_{x\to 0}\frac{\sqrt{1+ax}+\sqrt[3]{1-bx}-2}{x^2}=\lim_{x\to 0}\frac{\left(\frac{a}{2}-\frac{b}{3}\right)x-\left(\frac{a^2}{4}+\frac{2b^2}{9}\right)x^2+o(x^2)}{x^2}.$$

由题设,上式极限值为$-\dfrac{1}{4}$,所以

$$\frac{a}{2}-\frac{b}{3}=0,-\left(\frac{a^2}{4}+\frac{2b^2}{9}\right)=-\frac{1}{4}.$$

解得 $a=\dfrac{\sqrt{3}}{3},b=\dfrac{\sqrt{3}}{2}$(因题设 $a>0,b>0$).

如果本题用洛必达法则,会很麻烦.

补充例题

习题四

§4.1

1. 设常数 $a+b=0$,试验证 $f(x)=ax^2+bx+c$ 在$[0,1]$上满足罗尔定理条件,并求满足罗尔定理结论的 ξ.

2. 设 $f(x)$ 一阶可导,下面四个命题:

(A) 若 $f(x)$ 只有一个零点,则 $f'(x)$ 必无零点;

(B) 若 $f'(x)$ 至少有两个零点,则 $f(x)$ 必至少有两个零点;

(C) 若 $f'(x)$ 无零点,则 $f(x)$ 至多有一个零点;

(D) 若 $f(x)$ 无零点,则 $f'(x)$ 至多有一个零点

中只有(　)是正确的,请说明理由;其余三个是不正确的,请举反例说明之.

3. 不准求出$f(x)=x(x-1)(x-2)(x-3)$的导数，请说明方程$f'(x)=0$正好有几个实根，并指出它们分别所在的区间，要说明理由.

4. 设方程$a_0x^n+a_1x^{n-1}+\cdots+a_{n-1}x=0$有正根$x_0$，证明方程$a_0nx^{n-1}+a_1(n-1)x^{n-2}+\cdots+a_{n-1}=0$在区间$(0,x_0)$内必有实根.

5. 设$f(x)$在闭区间$[1,3]$上连续.

*(1) 如果$f(1)+f(2)+f(3)=3$，证明至少存在一点$\eta\in[1,3]$，使$f(\eta)=1$；

(2) 如果进一步假设$f(x)$在闭区间$[1,4]$上连续，在$(1,4)$内可导，且$f(4)=1$，证明至少存在一点$\xi\in(1,4)$，使$f'(\xi)=0$.

6. 设$f(x)$在(a,b)内二阶可导，且$f(x_1)=f(x_2)=f(x_3)$，其中$a<x_1<x_2<x_3<b$，证明在(x_1,x_3)内至少存在一点ξ，使$f''(\xi)=0$.

7. 设常数$0<a<1,b>0$，证明方程$x-a\sin x-b=0$有且正好有一个实根.

8. 设$f(x)=\arcsin x,x\in[0,b]$，验证$f(x)$在$[0,b]$上满足拉格朗日定理中值的条件，并求$f(x)$在$[0,b]$上满足拉格朗日中值公式中的ξ.

9. 证明函数$f(x)=\sqrt[3]{x}$在闭区间$[-1,1]$上不满足拉格朗日中值定理的条件，但满足拉格朗日中值公式的ξ却存在，这是为什么？

10. 证明函数$f(x)=|x|$在闭区间$[-1,1]$上不满足拉格朗日中值定理的条件，也不存在满足拉格朗日中值公式的ξ.

11. 设$f(x)$在$[0,+\infty)$上可导，且$f(0)<0,f'(x)\geqslant k>0$，证明：

*(1) 存在$x_1>0$使$f(x_1)>0$；

(2) 存在唯一的$x_0\in(0,+\infty)$使$f(x_0)=0$.

若将条件“$f'(x)\geqslant k>0$”改为“$f'(x)>0$”，则结论未必成立，请给出例子.

§4.2

12. 求下列极限：

(1) $\lim\limits_{x\to0}\dfrac{e^x-e^{-x}}{\sin x}$；　　(2) $\lim\limits_{x\to0}\dfrac{e^x-x-\cos x}{x^2}$；

(3) $\lim\limits_{x\to0}\dfrac{\tan x-x}{x^2\sin x}$；　　(4) $\lim\limits_{x\to0+0}\dfrac{\ln x}{\cot x}$；

(5) $\lim\limits_{x\to0}\left(\dfrac{1}{x}-\dfrac{1}{e^x-1}\right)$；　　(6) $\lim\limits_{x\to1-0}[\ln x\cdot\ln(1-x)]$；

(7) $\lim\limits_{x\to0+0}x^x$；　　(8) $\lim\limits_{x\to0+0}x^\delta\ln x(\delta>0)$；

(9) $\lim\limits_{x\to0}\left(\dfrac{\ln(1+x)}{x^2}-\dfrac{1}{x}\right)$；　　(10) $\lim\limits_{x\to0}\left[\dfrac{(1+x)^{\frac{1}{x}}}{e}\right]^{\frac{1}{x}}$；

(11) $\lim\limits_{x\to\frac{\pi}{4}}(\tan x)^{\tan 2x}$；　　(12) $\lim\limits_{x\to\frac{\pi}{2}-0}(\tan x)^{2x-\pi}$；

(13) $\lim\limits_{x\to0}\dfrac{1}{x}\left[\left(\dfrac{2+\cos x}{3}\right)^{\frac{1}{x}}-1\right]$；　　(14) $\lim\limits_{x\to0}\dfrac{1}{x^3}\left[\left(\dfrac{2+\cos x}{3}\right)^{x}-1\right]$.

§4.3

13. 讨论下列函数的单调增加、单调减少区间：

(1) $y=3x^4-4x^3+1$；　　(2) $y=x+\ln x$；

(3) $y=x\sqrt{x+3}$;

(4) $y=x-\ln(1+x)$;

(5) $y=\dfrac{10}{4x^3-9x^2+6x}$;

(6) $y=\sqrt[3]{(2x-a)(a-x)^2}$ $(a>0)$;

(7) $y=x+\dfrac{4}{x^2}$;

(8) $y=x^2-\dfrac{2}{x}$.

14. 求下列函数的极值点及极值:

(1) $y=x(x-2)^2$;

(2) $y=(x^2-4)^2$;

(3) $y=x+e^{-x}$;

(4) $y=xe^{-x}$;

(5) $y=(x+1)^{\frac{2}{3}}(x-2)^2$;

(6) $y=x+\dfrac{1}{x^2}$;

(7) $y=(1-x^2)^{\frac{1}{3}}$;

(8) $y=x+\dfrac{1}{x}$.

15. 求函数 $f(x)=x^4-8x^2+3$ 在闭区间 $[-2,2]$ 上的最大值与最小值.

16. 一扇形面积为 25cm^2,求半径 r 的值,使此扇形的全周长为最小.

17. 一圆柱形有底无盖的容器,表面积为 S(定值),求底半径及高,使其容积为最大.

18. 将一块半径为 R 的圆片,剪去一中心角,余下的中心角设为 φ,求 φ 的值,使该扇形片卷成的锥形容积最大.

19. 在半径为 a 的圆桌中心上方 x 处挂一盏电灯,按照物理知识,照度 $I=k\dfrac{\sin\theta}{r^2}$,其中 θ 是光线的倾角(如图所示),r 是光源与被照点的距离,k 是比例系数(与灯光强度有关),求 x 的值使 I 最大.

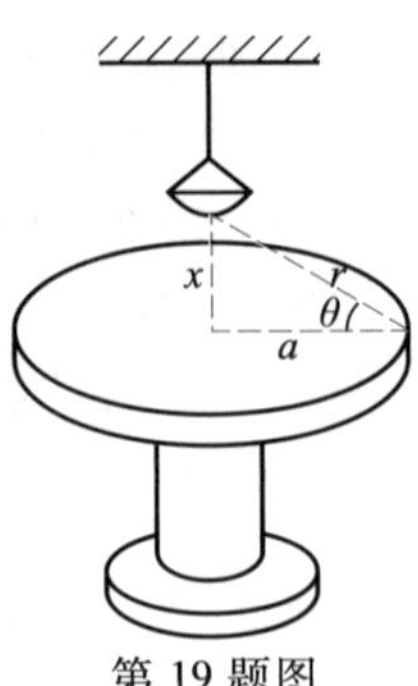

第 19 题图

20. 某量 A 未知,对它测量了 n 次,得到 n 个数据 $x_1,x_2,\cdots,x_n$,求 x 使 $\sum\limits_{i=1}^{n}(x-x_i)^2$ 最小,通常取这个 x 作为该量 A 的近似值.

21. 利用单调性证明下列不等式:

(1) 当 $x>0$ 时,$x>\ln(1+x)>x-\dfrac{1}{2}x^2$;

(2) 当 $x>4$ 时,$2^x>x^2$;

(3) 当 $x>0$ 时,$1+\dfrac{1}{2}x>\sqrt{1+x}$;

*(4) 当 $0<a<x<\dfrac{\pi}{2}$ 时,$\dfrac{\tan x}{x}>\dfrac{\tan a}{a}$;

*(5) 当 $x>0$ 时,$0<\dfrac{\arctan x}{\ln(1+x)}<\dfrac{\sqrt{2}+1}{2}$;

*(6) 当 $0<x\leqslant\dfrac{\pi}{2}$ 时,$\dfrac{\sin^2 x}{x^2}>\cos x$.

22. 利用最值证明下列不等式:

(1) 当 $x>0$ 时,$ax\leqslant e^{a-1}+x\ln x$,其中常数 $a>0$;

(2) 当 $x<2$ 时,$(2x-3)\ln(2-x)-x+1\leqslant 0$.

23. 利用拉格朗日中值定理证明下列不等式:

(1) 当 $e<a<x<e^2$ 时,$\ln^2 x-\ln^2 a>\dfrac{4}{e^2}(x-a)$;

(2) 当 $0<\alpha<\beta$ 及 $n>1$ 时，$n\alpha^{n-1}(\beta-\alpha)<\beta^n-\alpha^n<n\beta^{n-1}(\beta-\alpha)$.

24. 设 $f(x)$ 二阶可导，并设曲线 $y=f(x)$ 与某直线交于 3 点，证明至少存在一点 ξ 使 $f''(\xi)=0$.（参见第 6 题.）

*25. 设 k 是常数，讨论方程 $kx+\dfrac{1}{x^2}=1$ 当 $x>0$ 时的根的个数.

§4.4

26. 讨论下列曲线的凹向并求拐点：

(1) $y=x^3-5x^2+8x$； (2) $y=2x^2-\dfrac{x^4}{4}$； (3) $y=x^2+\dfrac{1}{x}$.

27. 已知点 $(1,3)$ 是曲线 $y=ax^3+bx^2$ 的拐点，求常数 a 与 b，并求该曲线的凹凸区间.

28. 证明：曲线 $y=\dfrac{x+1}{x^2+1}$ 有 3 个拐点，并且位于一条直线上.

29. 求下列曲线的渐近线：

(1) $y=\dfrac{e^{x^2}+1}{e^{x^2}-1}$； (2) $y^2-2xy+x-1=0$；

(3) $y=e^{-\frac{1}{x^2}}\arctan\dfrac{(x-1)(x-2)}{(x-3)(x-4)}$； (4) $y=x+\dfrac{1}{x^2}$；

(5) $y=\dfrac{1}{x-1}+\ln|e^x-1|$.

30. 讨论下列函数的性态并作图：

(1) $y=8x^3-12x^2+6x+1$； (2) $y=3x^4+4x^3-12x^2+2$；

(3) $y=x^2e^{-x}$； (4) $y=\dfrac{x^2}{1+x}$；

(5) $y=\dfrac{1}{\sqrt{x+4}}$； (6) $y=(1-x)\sqrt{x}$；

(7) $y=x+\dfrac{1}{x^2}$； (8) $y=\dfrac{2}{1-x^2}$；

(9) $y=x+\dfrac{\ln x}{x}$； (10) $y=x-2\arctan x$.

§4.5

31. 求函数 $f(x)=\sin^2 x$ 的五阶泰勒多项式，并用其计算 $\left(\sin\dfrac{1}{3}\right)^2$ 的近似值.

32. 设 $f(x)$ 在 $x=0$ 处二阶可导，且 $\lim\limits_{x\to 0}\dfrac{\sin x+xf(x)}{x^3}=0$，求 $f(0)$，$f'(0)$ 及 $f''(0)$.

*33. 设 $f(x)$ 在 $x=a$ 处二阶可导，$f'(a)\neq 0$，求

$$\lim_{x\to a}\left[\frac{1}{f'(a)(x-a)}-\frac{1}{f(x)-f(a)}\right].$$

34. 设 $f(x)$ 在 $x=0$ 处存在二阶导数，且

$$\lim_{x\to 0}\frac{xf(x)-\ln(1+x)}{x^2}=\frac{1}{3},$$

求 $f(0)$, $f'(0)$ 及 $f''(0)$.

35. 设 $f(x)=\arctan x-\dfrac{x+ax^3}{1+bx^2}$,其中 a,b 是常数,将 $f(x)$ 展开至 $o(x^7)$,使

$$\lim_{x\to 0}\frac{f(x)}{x^7}=A,\quad A\neq 0,A\neq\infty,$$

求出 A 与 a,b 的值.

习题四参考答案与提示

5

第五章　不定积分

不定积分是导数的逆，本章主要解决其运算问题.

§5.1　不定积分的概念与性质

一、原函数与不定积分

第三章介绍了导数的概念及如何由一个函数求它的导数问题，现在讨论它的逆问题.

定义 5.1（原函数）　设 $f(x)$ 在区间 I 上有定义，如果存在可导函数 $F(x)$，使

$$F'(x)=f(x) \quad \text{或} \quad \mathrm{d}F(x)=f(x)\,\mathrm{d}x, \quad x\in I,$$

那么称 $F(x)$ 为 $f(x)$ 在区间 I 上的一个原函数.□

这里的区间 I 可以是开区间、闭区间、半开半闭区间或无穷区间.以后“在区间 I 上”几个字常省略.

例如 $(x^2)'=2x$，$(x^2+1)'=2x$，所以 x^2 与 x^2+1 都是 $2x$ 的原函数.一般有下述定理.

定理 5.1　设 $F(x)$ 是 $f(x)$ 的一个原函数，则 $F(x)+C$ 也是 $f(x)$ 的原函数，并且 $f(x)$ 的原函数的一般表达式是 $F(x)+C$，其中 C 是任意常数.

证明　由条件有 $F'(x)=f(x)$，故 $(F(x)+C)'=F'(x)=f(x)$，所以 $F(x)+C$ 也是 $f(x)$ 的原函数.

若 $\Phi(x)$ 也是 $f(x)$ 的一个原函数，则 $\Phi'(x)=f(x)$，于是

$$(\Phi(x)-F(x))'=\Phi'(x)-F'(x)=f(x)-f(x)=0.$$

由§4.1 拉格朗日中值定理的推论知，$\Phi(x)-F(x)=C$，其中 C 为某常数，即 $\Phi(x)$ 必是 $F(x)+C$ 的形状.所以 $f(x)$ 的原函数的一般表达式为 $F(x)+C$.证毕.

定义 5.2（不定积分）　设 $F(x)$ 是 $f(x)$ 的一个原函数，$f(x)$ 的原函数的一般表达式 $F(x)+C$ 称为 $f(x)$ 的不定积分，记成

$$\int f(x)\,\mathrm{d}x = F(x) + C,$$

其中 $f(x)$ 称为被积函数，$f(x)\,\mathrm{d}x$ 称为被积表达式，x 称为积分变量，C 是任意常数，称为积分常数.□

由已知函数 $f(x)$ 求它的原函数或不定积分的方法称为积分法，积分法是微分法的逆运算.

给定 $f(x)$，在什么条件下它必定存在原函数？有下述充分条件，其证明留待第六章.

定理 5.2（原函数存在定理）　设 $f(x)$ 在区间 I 上连续，则它必存在原函数.

二、基本积分表

由求导公式便可得相应的积分公式,常用的基本积分公式如下:

① $\int x^{\alpha}\mathrm{d}x=\frac{x^{\alpha+1}}{\alpha+1}+C\ (\alpha\neq-1)$, $\int 1\mathrm{d}x=x+C$,

② $\int\frac{1}{x}\mathrm{d}x=\ln|x|+C$,

③ $\int a^{x}\mathrm{d}x=\frac{a^{x}}{\ln a}+C\ (a>0,a\neq1)$,

④ $\int \mathrm{e}^{x}\mathrm{d}x=\mathrm{e}^{x}+C$,

⑤ $\int\sin x\mathrm{d}x=-\cos x+C$,

⑥ $\int\cos x\mathrm{d}x=\sin x+C$,

⑦ $\int\tan x\mathrm{d}x=-\ln|\cos x|+C$,

⑧ $\int\cot x\mathrm{d}x=\ln|\sin x|+C$,

⑨ $\int\sec x\mathrm{d}x=\ln|\sec x+\tan x|+C$,

⑩ $\int\csc x\mathrm{d}x=\ln|\csc x-\cot x|+C$,

⑪ $\int\sec^{2}x\mathrm{d}x=\tan x+C$,

⑫ $\int\csc^{2}x\mathrm{d}x=-\cot x+C$,

⑬ $\int\sec x\tan x\mathrm{d}x=\sec x+C$,

⑭ $\int\csc x\cot x\mathrm{d}x=-\csc x+C$,

⑮ $\int\frac{1}{a^{2}+x^{2}}\mathrm{d}x=\frac{1}{a}\arctan\frac{x}{a}+C$,

⑯ $\int\frac{1}{a^{2}-x^{2}}\mathrm{d}x=\frac{1}{2a}\ln\left|\frac{a+x}{a-x}\right|+C$,

⑰ $\int\frac{1}{\sqrt{a^{2}-x^{2}}}\mathrm{d}x=\arcsin\frac{x}{a}+C$,

⑱ $\int\frac{\mathrm{d}x}{\sqrt{x^{2}\pm a^{2}}}=\ln\left|x+\sqrt{x^{2}\pm a^{2}}\right|+C$,

⑲ $\int\mathrm{e}^{ax}\sin bx\mathrm{d}x=\frac{\mathrm{e}^{ax}(a\sin bx-b\cos bx)}{a^{2}+b^{2}}+C$,

⑳ $\int e^{ax}\cos bx\mathrm{d}x=\dfrac{e^{ax}(b\sin bx+a\cos bx)}{a^2+b^2}+C$,

其中公式①~⑥,⑪~⑭可由微分公式直接得到,其他几个公式,将在以后逐步证明.

三、不定积分的性质

由不定积分定义以及微分(导数)的相应性质,可推出不定积分的下述性质.

(1) 设$f(x)$存在原函数,则

$$\left(\int f(x)\mathrm{d}x\right)'=f(x),\quad \mathrm{d}\left(\int f(x)\mathrm{d}x\right)=f(x)\mathrm{d}x.$$

(2) 设$f(x)$可导,则

$$\int f'(x)\mathrm{d}x=f(x)+C,\quad \int \mathrm{d}f(x)=f(x)+C.$$

(3) 设$f(x)$与$g(x)$均存在原函数,则

$$\int (f(x)\pm g(x))\mathrm{d}x=\int f(x)\mathrm{d}x\pm\int g(x)\mathrm{d}x.$$

(4) 设$f(x)$存在原函数,k是常数,$k\neq 0$,则

$$\int kf(x)\mathrm{d}x=k\int f(x)\mathrm{d}x.$$

利用基本积分表及积分性质,可以求一些简单的不定积分.

例 1 求$\int\dfrac{(\sqrt{x}-2)^2}{x}\mathrm{d}x$.

解 应将$(\sqrt{x}-2)^2$展开、拆项,再利用幂函数的积分公式去求.

$$\begin{aligned}\int\frac{(\sqrt{x}-2)^2}{x}\mathrm{d}x&=\int\frac{x-4\sqrt{x}+4}{x}\mathrm{d}x=\int\left(1-4x^{-\frac{1}{2}}+\frac{4}{x}\right)\mathrm{d}x\\&=x-\frac{4}{-\frac{1}{2}+1}x^{-\frac{1}{2}+1}+4\ln|x|+C\\&=x-8\sqrt{x}+4\ln|x|+C.\end{aligned}$$

注 在分解为三个不定积分后,每个不定积分的结果都应添加任意常数.三个任意常数之和仍是任意常数,所以只要在最后添加一个任意常数.结果是否正确,可以将最后结果求导,看它是否与被积函数相等.

例 2 求$\int 2^x e^x\mathrm{d}x$.

解 $\int 2^x e^x\mathrm{d}x=\int(2e)^x\mathrm{d}x.$

将 2e 看成基本积分公式③中的a,由公式③得

$$\int 2^x e^x\mathrm{d}x=\int(2e)^x\mathrm{d}x=\frac{(2e)^x}{\ln(2e)}+C=\frac{2^x e^x}{1+\ln 2}+C.$$

例 3 求$\int\dfrac{1+x^4}{1+x^2}\mathrm{d}x$.

解 采用拆项的办法.

$$\int \frac{1+x^4}{1+x^2}dx=\int \frac{x^4-1+2}{1+x^2}dx=\int \frac{(x^2-1)(x^2+1)+2}{1+x^2}dx$$

$$=\int\left(x^2-1+\frac{2}{1+x^2}\right)dx=\int x^2dx-\int 1dx+\int\frac{2}{1+x^2}dx$$

$$=\frac{1}{3}x^3-x+2\arctan x+C.$$

例 4 求 $\int \sin^2\frac{x}{2}dx$.

解 $\int \sin^2\frac{x}{2}dx=\int\left(\frac{1}{2}-\frac{1}{2}\cos x\right)dx=\frac{x}{2}-\frac{1}{2}\sin x+C.$

例 5 一曲线 $y=f(x)$ 满足 $f(2)=-4$,且在该曲线上任意一点处的切线斜率 $f'(x)$ 等于该点横坐标 x 的平方,求该曲线方程.

解 由题设知 $f'(x)=x^2$,所以

$$f(x)=\int x^2dx=\frac{1}{3}x^3+C.$$

在曲线族 $y=\frac{1}{3}x^3+C$ 中任意一条曲线上 x 处的切线斜率总等于 x^2,现要从中找出一条曲线 $y=f(x)$ 使 $x=2$ 时 $y=-4$.从而知

$$\frac{1}{3}\times 2^3+C=-4,$$

即

$$C=-\frac{20}{3}.$$

所以所求曲线方程为 $y=\frac{1}{3}x^3-\frac{20}{3}$.

例 6 设 $f(x)=\max\{x^2,x+2\}$,求 $\int f(x)dx$.

解 应将 $f(x)$ 写成分段表达式,最好先作出曲线 $y=x^2$ 与 $y=x+2$ 的图形,并求出它们的交点,如图 5-1 所示,从而知

$$f(x)=\begin{cases}x^2, & x<-1,\\ x+2, & -1\leqslant x\leqslant 2,\\ x^2, & x>2.\end{cases}$$

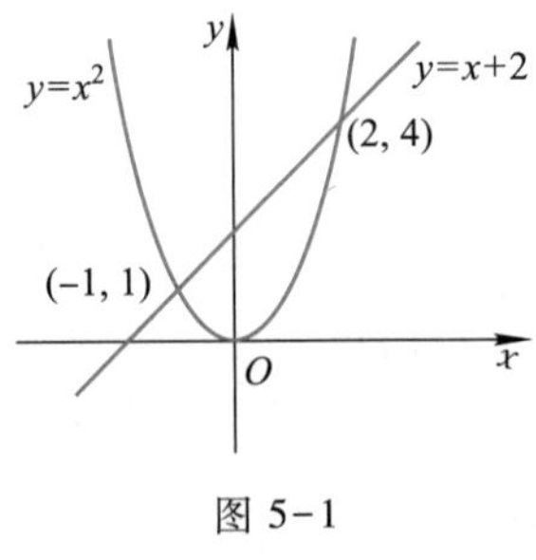

图 5-1

所以

$$\int f(x)dx=\begin{cases}\frac{1}{3}x^3+C_1, & x<-1,\\ \frac{1}{2}x^2+2x+C_2, & -1\leqslant x\leqslant 2,\\ \frac{1}{3}x^3+C_3, & x>2.\end{cases}$$

被积函数 $f(x)$ 是连续的，所以它的原函数存在.特别地.它的原函数在分界点 $x=-1$，$x=2$ 处可导，故在这两点处原函数应连续.固定 C_2（固定 C_1 或 C_3 都可以），取区间 $[-1,2]$ 上的一个原函数 $\frac{1}{2}x^2+2x+C_2$，由于在 $x=-1$ 处原函数连续，所以

$$\lim_{x\to-1-0}\left(\frac{1}{3}x^3+C_1\right)=-\frac{1}{3}+C_1=\lim_{x\to-1+0}\left(\frac{1}{2}x^2+2x+C_2\right)=-\frac{3}{2}+C_2,$$

知

$$C_1=-\frac{3}{2}+C_2+\frac{1}{3}=-\frac{7}{6}+C_2.$$

类似地，由于在 $x=2$ 处原函数连续，由

$$\lim_{x\to2+0}\left(\frac{1}{3}x^3+C_3\right)=\frac{8}{3}+C_3=\lim_{x\to2-0}\left(\frac{1}{2}x^2+2x+C_2\right)=6+C_2$$

知

$$C_3=6+C_2-\frac{8}{3}=\frac{10}{3}+C_2.$$

于是

$$\int f(x)\,\mathrm{d}x=\begin{cases}\frac{1}{3}x^3-\frac{7}{6}+C, & x<-1,\\ \frac{1}{2}x^2+2x+C, & -1\leqslant x\leqslant 2,\\ \frac{1}{3}x^3+\frac{10}{3}+C, & x>2,\end{cases}$$

其中 C 为任意常数.

例 7　设当 $x\neq-1$，$x\neq1$ 时，$F'(x)=\frac{1}{\sqrt{|1-x^2|}}$，而当 $x=-1$，$x=1$ 时，$F(x)$ 连续，求 $F(x)$ 在区间 $(-\infty,+\infty)$ 上的表达式.

解　本题与例 6 不同之处在于，例 6 的 $f(x)$ 处处连续，故 $\left(\int f(x)\,\mathrm{d}x\right)'=f(x)$.而本例 $F'(x)$ 在 $x=\pm1$ 处为无穷间断，$F(x)$ 在 $x=\pm1$ 处不可导，应分段求不定积分，最后在分界点处拼接成连续（但不可导）函数.为了分段积分，应先写出 $F'(x)$ 的分段表达式：

$$F'(x)=\frac{1}{\sqrt{|1-x^2|}}=\begin{cases}\frac{1}{\sqrt{x^2-1}}, & x<-1,\\ \frac{1}{\sqrt{1-x^2}}, & -1<x<1,\\ \frac{1}{\sqrt{x^2-1}}, & x>1.\end{cases}$$

$$F(x)=\begin{cases}\ln|x+\sqrt{x^2-1}|+C_1, & x<-1,\\ \arcsin x+C_2, & -1<x<1,\\ \ln|x+\sqrt{x^2-1}|+C_3, & x>1.\end{cases}$$

将 $F(x)$ 在以上两个分界点处拼接成连续函数.由于

$$\lim_{x\to-1-0}F(x)=C_1,\quad \lim_{x\to-1+0}F(x)=-\frac{\pi}{2}+C_2,$$

$$\lim_{x\to1-0}F(x)=\frac{\pi}{2}+C_2,\quad \lim_{x\to1+0}F(x)=C_3,$$

故 $C_1=-\frac{\pi}{2}+C_2,\frac{\pi}{2}+C_2=C_3$.令 $C_2=C$(任意常数),得 $C_1=-\frac{\pi}{2}+C,C_3=\frac{\pi}{2}+C$,从而

$$F(x)=\begin{cases}\ln|x+\sqrt{x^2-1}|-\frac{\pi}{2}+C, & x<-1,\\ \arcsin x+C, & -1\leqslant x\leqslant1,\\ \ln|x+\sqrt{x^2-1}|+\frac{\pi}{2}+C & x>1.\end{cases}$$

§5.2 几种基本的积分方法

无论是初等函数求导数,还是分段函数在分界点处按定义求导数,都有一套规范的步骤可供操作,而求不定积分却不是这样,常因题而异.外表形式十分相似的题,所用方法可能截然不同.下面介绍的三种方法,是求积分的基本方法,关键是通过练习熟练掌握它们.

一、第一换元法(又称凑微分求积分法)

设 $F(u)$ 可导,$F'(u)=f(u)$,又设 $u=\varphi(x)$ 也可导,并且可以构成某区间 I 上的复合函数 $F(\varphi(x))$,则由微分形式不变性,有

$$\begin{aligned}\mathrm{d}F(\varphi(x))&=F'(\varphi(x))\mathrm{d}\varphi(x)=f(\varphi(x))\mathrm{d}\varphi(x)\\&=f(\varphi(x))\varphi'(x)\mathrm{d}x,\end{aligned}$$

从而

$$\begin{aligned}\int f(\varphi(x))\varphi'(x)\mathrm{d}x&=\int f(\varphi(x))\mathrm{d}\varphi(x)=\int F'(\varphi(x))\mathrm{d}\varphi(x)\\&=\int \mathrm{d}F(\varphi(x))=F(\varphi(x))+C.\end{aligned}\tag{5.1}$$

换言之,形如 $\int f(\varphi(x))\varphi'(x)\mathrm{d}x$ 的这种积分,凑成 $\int f(\varphi(x))\mathrm{d}\varphi(x)$ 之后,令 $u=\varphi(x)$,则可套用公式 $\int f(u)\mathrm{d}u=F(u)+C$.例如基本积分表中的公式,将其中的 x 改成 x 的可导函数 $u=\varphi(x)$,这些公式仍成立.实际做题时,不必写出 $u=\varphi(x)$ 而只要按如下一些例子那样去做.公式(5.1)称为第一换元法积分公式.

例 1 求 $\int\cos 2x\mathrm{d}x$.

解　将 $2x$ 看成 $\varphi(x)$，则 $dx=\frac{1}{2}d(2x)$，

$$\int\cos 2x dx=\int\cos 2x\cdot\frac{1}{2}d(2x)=\frac{1}{2}\int\cos \underbrace{2x d(2x)}_{\text{一致}}$$

$$=\frac{1}{2}\sin 2x+C.$$

这里关键的一步在于将 dx 凑成$\frac{1}{2}d(2x)$使与 $\cos 2x$ 中的 $2x$ 一致，而并不一定要将$\varphi(x)$写出来.

例 2　求 $\int(3x-5)^{10}dx$.

分析　将$(3x-5)^{10}$展开成 x 的多项式去做是不可取的，采用凑微分的办法.

解　将 dx 凑成

$$dx=\frac{1}{3}d(3x-5),$$

$$\int(3x-5)^{10}dx=\int(3x-5)^{10}\frac{1}{3}d(3x-5)$$

$$=\frac{1}{3}\int(\underbrace{3x-5)^{10}d(3x}_{\text{一致}}-5)$$

$$=\frac{1}{3}\cdot\frac{1}{11}(3x-5)^{11}+C$$

$$=\frac{1}{33}(3x-5)^{11}+C.$$

例 3　求 $\int\frac{x}{x^2+2}dx$.

分析　基本积分表中没有类似的公式，采用凑微分的办法.

解　$xdx=\frac{1}{2}d(x^2+2)$，所以

$$\int\frac{x}{x^2+2}dx=\int\frac{\frac{1}{2}d(x^2+2)}{x^2+2}=\frac{1}{2}\int\frac{d(x^2+2)}{x^2+2}$$

$$=\frac{1}{2}\ln(x^2+2)+C.$$

注　xdx 可以凑成$\frac{1}{2}dx^2$，也可以凑成$\frac{1}{2}d(x^2+1)$，$\frac{1}{2}d(x^2+2)$等.考虑到被积函数中有x^2+2，所以将 xdx 凑成$\frac{1}{2}d(x^2+2)$.这叫做“顾此顾彼”，而不要“顾此失彼”.

例 4 求 $\int xe^{-x^2}dx$.

解 $xdx=-\frac{1}{2}d(-x^2)$，所以

$$\int xe^{-x^2}dx=-\frac{1}{2}\int e^{-x^2}d(-x^2)=-\frac{1}{2}e^{-x^2}+C.$$

例 5 求 $\int \tan xdx$.

解 $\tan x=\frac{\sin x}{\cos x}$，$\sin xdx=-d(\cos x)$，所以

$$\int \tan xdx=\int\frac{\sin x}{\cos x}dx=-\int\frac{1}{\cos x}d(\cos x)$$
$$=-\ln|\cos x|+C.$$

类似地有 $\int \cot xdx=\ln|\sin x|+C$.这样就分别得到基本积分表中的公式⑦和⑧.

例 6 求 $\int \sin^2 xdx$.

解 利用三角公式 $\sin^2 x=\frac{1}{2}-\frac{1}{2}\cos 2x$，有

$$\int\sin^2 xdx=\int\left(\frac{1}{2}-\frac{1}{2}\cos 2x\right)dx=\frac{1}{2}x-\frac{1}{4}\sin 2x+C,$$

其中积分 $\int\cos 2xdx$ 见例 1.

例 7 求 $\int \sin^3 xdx$.

解 与例 6 做法不一样，应利用三角公式：

$$\sin^3 x=\sin^2 x\sin x=(1-\cos^2 x)\sin x,$$

$$\int\sin^3 xdx=\int(1-\cos^2 x)\sin xdx=\int\sin xdx-\int\cos^2 x\sin xdx$$
$$=-\cos x+\int\cos^2 xd(\cos x)=-\cos x+\frac{1}{3}\cos^3 x+C.$$

例 8 求 $\int\sin^4 xdx$.

分析 $\sin x$ 的偶次幂，宜用半角公式，降低偶次幂的幂次.

解 $$\int\sin^4 xdx=\int\left(\frac{1-\cos 2x}{2}\right)^2dx=\frac{1}{4}\int(1-2\cos 2x+\cos^2 2x)dx$$
$$=\frac{1}{4}\int\left[1-2\cos 2x+\frac{1}{2}(1+\cos 4x)\right]dx$$
$$=\int\frac{3}{8}dx-\frac{1}{2}\int\cos 2xdx+\frac{1}{8}\int\cos 4xdx$$
$$=\frac{3}{8}x-\frac{1}{4}\int\cos 2xd(2x)+\frac{1}{32}\int\cos 4xd(4x)$$

$$=\frac{3}{8}x-\frac{1}{4}\sin 2x+\frac{1}{32}\sin 4x+C.$$

注　$\int\sin^{2n+1}x\cos^k x\mathrm{d}x$，$\int\sin^k x\cos^{2n+1}x\mathrm{d}x$（$n=0,1,\cdots$；$k$ 为整数）可仿例 7 去做. $\int\sin^{2n}x\mathrm{d}x$，$\int\cos^{2n}x\mathrm{d}x$（$n=1,2,\cdots$）可仿例 8 去做，但较麻烦.

例 9　求 $\int\sec x\mathrm{d}x$.

解　$$\int\sec x\mathrm{d}x=\int\frac{\sec x(\sec x+\tan x)}{\sec x+\tan x}\mathrm{d}x$$

$$=\int\frac{\sec x\tan x+\sec^2 x}{\sec x+\tan x}\mathrm{d}x$$

$$=\int\frac{1}{\sec x+\tan x}\mathrm{d}(\sec x+\tan x)$$

$$=\ln|\sec x+\tan x|+C.$$

注　由题所给 $\int\sec x\mathrm{d}x$，故 $x\neq n\pi\pm\frac{\pi}{2}(n=0,\pm1,\pm2,\cdots)$，从而知

$$\sec x+\tan x=\frac{1+\sin x}{\cos x}\neq 0$$

且有定义，所以乘、除（$\sec x+\tan x$）是合理的.

利用三角公式，也可以写成如下结果，可作为公式用：

$$\int\sec x\mathrm{d}x=\frac{1}{2}\ln\frac{1+\sin x}{1-\sin x}+C=\ln\left|\tan\left(\frac{\pi}{4}+\frac{x}{2}\right)\right|+C.$$

类似地可推出基本积分表中的公式⑩.

例 10　求 $\int\frac{\mathrm{d}x}{a^2+x^2}(a>0)$.

分析　直接由 $(\arctan x)'=\frac{1}{1+x^2}$ 之逆，只能推出 $\int\frac{\mathrm{d}x}{1+x^2}=\arctan x+C$. 将 $\int\frac{\mathrm{d}x}{a^2+x^2}$ 与它对照，分母中提出 a^2，再将 $\mathrm{d}x$ 凑成 $a\mathrm{d}\left(\frac{x}{a}\right)$ 即可.

解　$$\int\frac{\mathrm{d}x}{a^2+x^2}=\frac{1}{a^2}\int\frac{a\mathrm{d}\left(\frac{x}{a}\right)}{1+\left(\frac{x}{a}\right)^2}=\frac{1}{a}\int\frac{\mathrm{d}\left(\frac{x}{a}\right)}{1+\left(\frac{x}{a}\right)^2}$$

$$=\frac{1}{a}\arctan\frac{x}{a}+C.$$

这就是基本积分表中公式⑮.

例 11　求 $\int\frac{\mathrm{d}x}{a^2-x^2}(a>0)$.

解 采用与例 10 不同的方法,拆项:

$$\frac{1}{a^2-x^2}=\frac{1}{2a}\left(\frac{1}{a-x}+\frac{1}{a+x}\right).$$

$$\begin{aligned}\int\frac{\mathrm{d}x}{a^2-x^2}&=\frac{1}{2a}\int\left(\frac{1}{a-x}+\frac{1}{a+x}\right)\mathrm{d}x\\&=\frac{1}{2a}(-\ln|a-x|+\ln|a+x|)+C\\&=\frac{1}{2a}\ln\left|\frac{a+x}{a-x}\right|+C,\end{aligned}$$

这就是基本积分表中公式⑯.

熟悉了上面一些例子之后,“凑微分,求积分”的要点可归结为如下一些常见类型:设 $f(x)$ 的原函数容易求得,如果要求下面一些式子左边这个积分,可用“凑微分”的办法得到右边,然后便可求得此积分:

$$\int f(ax+b)\mathrm{d}x=\frac{1}{a}\int f(ax+b)\mathrm{d}(ax+b),\ a\neq 0.$$

$$\int f(ax^2+bx+c)(2ax+b)\mathrm{d}x=\int f(ax^2+bx+c)\mathrm{d}(ax^2+bx+c).$$

特别地,

$$\int f(ax^2+c)x\mathrm{d}x=\frac{1}{2a}\int f(ax^2+c)\mathrm{d}(ax^2+c),a\neq 0.$$

$$\int f(\sqrt{x})\frac{1}{\sqrt{x}}\mathrm{d}x=2\int f(\sqrt{x})\mathrm{d}\sqrt{x}.$$

$$\int f(\ln x)\frac{1}{x}\mathrm{d}x=\int f(\ln x)\mathrm{d}(\ln x).$$

$$\int f(\mathrm{e}^x)\mathrm{e}^x\mathrm{d}x=\int f(\mathrm{e}^x)\mathrm{d}(\mathrm{e}^x).$$

$$\int f(\sin x)\cos x\mathrm{d}x=\int f(\sin x)\mathrm{d}(\sin x).$$

$$\int f(\cos x)\sin x\mathrm{d}x=-\int f(\cos x)\mathrm{d}(\cos x).$$

再给出若干略有技巧性的例题.

例 12 求 $\int x(x+2)^{100}\mathrm{d}x$.

分析 将 $(x+2)^{100}$ 展开再分项显然不可取,改变一种思路.

解
$$\begin{aligned}\int x(x+2)^{100}\mathrm{d}x&=\int(x+2-2)(x+2)^{100}\mathrm{d}x\\&=\int[(x+2)^{101}-2(x+2)^{100}]\mathrm{d}x\\&=\int(x+2)^{101}\mathrm{d}x-2\int(x+2)^{100}\mathrm{d}x\end{aligned}$$

$$= \int (x+2)^{101} \mathrm{d}(x+2) - 2\int (x+2)^{100} \mathrm{d}(x+2)$$
$$= \frac{1}{102}(x+2)^{102} - \frac{2}{101}(x+2)^{101} + C.$$

例 13 求 $\int \frac{1}{1+\mathrm{e}^x}\mathrm{d}x$.

解 **方法 1** 类似于例 12,

$$\int \frac{1}{1+\mathrm{e}^x}\mathrm{d}x = \int \frac{1+\mathrm{e}^x-\mathrm{e}^x}{1+\mathrm{e}^x}\mathrm{d}x = \int 1\mathrm{d}x - \int \frac{\mathrm{e}^x}{1+\mathrm{e}^x}\mathrm{d}x$$
$$= x - \int \frac{1}{1+\mathrm{e}^x}\mathrm{d}(1+\mathrm{e}^x)$$
$$= x - \ln(1+\mathrm{e}^x) + C.$$

方法 2 为了要凑出 $\mathrm{d}u$,作如下变形:

$$\int \frac{1}{1+\mathrm{e}^x}\mathrm{d}x = \int \frac{\mathrm{e}^{-x}}{\mathrm{e}^{-x}+1}\mathrm{d}x = -\int \frac{1}{\mathrm{e}^{-x}+1}\mathrm{d}(\mathrm{e}^{-x}+1)$$
$$= -\ln(\mathrm{e}^{-x}+1) + C = -\ln\frac{1+\mathrm{e}^x}{\mathrm{e}^x} + C$$
$$= x - \ln(1+\mathrm{e}^x) + C.$$

二、第二换元法(又称变量变换法)

第二换元法基于下述定理.

定理 5.3(不定积分的第二换元法) 设函数 $f(x)$ 连续,$x=\varphi(t)$ 有连续导数 $\varphi'(t)$ 且 $\varphi'(t)\neq 0$.如果

$$\int f(\varphi(t))\varphi'(t)\mathrm{d}t = G(t) + C,$$

那么

$$\int f(x)\mathrm{d}x = \int f(\varphi(t))\varphi'(t)\mathrm{d}t = G(t) + C$$
$$= G(\psi(x)) + C, \tag{5.2}$$

其中 $t=\psi(x)$ 为 $x=\varphi(t)$ 的反函数.

换言之,为求 $\int f(x)\mathrm{d}x$,经变量变换 $x=\varphi(t)$ 之后,成为

$$\int f(x)\mathrm{d}x = \int f(\varphi(t))\varphi'(t)\mathrm{d}t,$$

做出右边积分,再以 $x=\varphi(t)$ 的反函数 $t=\psi(x)$ 代回成原变量 x 即可.

证明 只要证明

$$\frac{\mathrm{d}}{\mathrm{d}x}G(\psi(x)) = f(x)$$

即可.由

$$\frac{\mathrm{d}}{\mathrm{d}x}G(\psi(x)) = \frac{\mathrm{d}}{\mathrm{d}t}G(t)\frac{\mathrm{d}t}{\mathrm{d}x} = f(\varphi(t))\varphi'(t)\cdot\frac{1}{\varphi'(t)}$$

$$=f(\varphi(t))=f(x).$$

证毕.

例 14 求 $\int \frac{1}{\sqrt{x+2}+\sqrt[3]{x+2}}\mathrm{d}x$.

解 被积函数中含有 $\sqrt{ax+b}$ 与 $\sqrt[3]{ax+b}$，根式中为同一个一次式 $ax+b$，其中一个为"$\sqrt{\quad}$"，另一个为"$\sqrt[3]{\quad}$"，设法去掉这些根号，为此，令

$$\sqrt[6]{x+2}=t,$$

则

$$\sqrt{x+2}=t^3,\quad \sqrt[3]{x+2}=t^2,\quad x=t^6-2,\quad \mathrm{d}x=6t^5\mathrm{d}t.$$

代入原式，得

$$\begin{aligned}
&\int \frac{\mathrm{d}x}{\sqrt{x+2}+\sqrt[3]{x+2}}\\
&=\int \frac{6t^5}{t^3+t^2}\mathrm{d}t=\int \frac{6t^3}{t+1}\mathrm{d}t\\
&=6\int\left(t^2-t+1-\frac{1}{t+1}\right)\mathrm{d}t\\
&=6\left(\frac{t^3}{3}-\frac{t^2}{2}+t-\ln|t+1|\right)+C\\
&=2\sqrt{x+2}-3\sqrt[3]{x+2}+6\sqrt[6]{x+2}-6\ln(\sqrt[6]{x+2}+1)+C.
\end{aligned}$$

例 15 求 $\int \sqrt{a^2-x^2}\,\mathrm{d}x \quad (a>0)$.

分析 被积函数中含有"$\sqrt{x\text{ 的二次式}}$"，若像例 14 那样，令 $\sqrt{x\text{ 的二次式}}$ 为 t，虽然能将此根式去掉，但 $\mathrm{d}x$ 中却含有 t 的二次式的根式，达不到去掉根式的目的.

解 为去掉 $\sqrt{a^2-x^2}$，令

$$x=a\sin t,\ -\frac{\pi}{2}\leqslant t\leqslant \frac{\pi}{2},$$

则

$$\sqrt{a^2-x^2}=\sqrt{a^2-a^2\sin^2 t}=a\cos t,$$
$$\mathrm{d}x=a\cos t\mathrm{d}t.$$

于是

$$\begin{aligned}
\int \sqrt{a^2-x^2}\,\mathrm{d}x&=\int a^2\cos^2 t\mathrm{d}t\\
&=a^2\int\left(\frac{1}{2}+\frac{1}{2}\cos 2t\right)\mathrm{d}t\\
&=a^2\left(\frac{t}{2}+\frac{1}{4}\sin 2t\right)+C\\
&=\frac{a^2}{2}t+\frac{a^2}{2}\sin t\cos t+C.
\end{aligned}$$

为代回成原变量 x，作辅助三角形（如图 5-2 所示），知 $\cos t=\frac{\sqrt{a^2-x^2}}{a}$，于是

$$\int \sqrt{a^2-x^2}\,\mathrm{d}x=\frac{a^2}{2}\arcsin\frac{x}{a}+\frac{x}{2}\sqrt{a^2-x^2}+C.$$

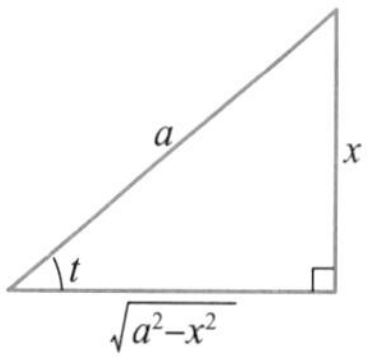

图 5-2

例 16 求 $\int \frac{\mathrm{d}x}{\sqrt{x^2-a^2}}$ $(a>0)$.

解 设 $x>a$,为去掉根式,这里应令

$$x=a\sec t, 0<t<\frac{\pi}{2},$$

有

$$\sqrt{x^2-a^2}=a\tan t,$$
$$\mathrm{d}x=a\sec t\tan t\mathrm{d}t.$$

于是

$$\int \frac{\mathrm{d}x}{\sqrt{x^2-a^2}}=\int \frac{a\sec t\tan t}{a\tan t}\mathrm{d}t=\int \sec t\mathrm{d}t$$
$$=\ln|\sec t+\tan t|+C_1.$$

如图 5-3 所示,作辅助三角形,则

$$\tan t=\frac{\sqrt{x^2-a^2}}{a}.$$

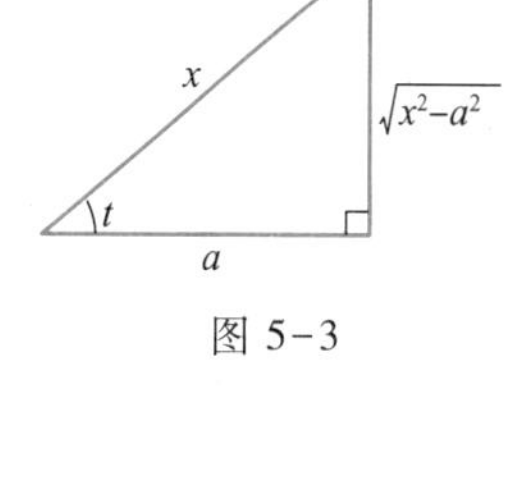

图 5-3

于是

$$\int \frac{\mathrm{d}x}{\sqrt{x^2-a^2}}=\ln\left|\frac{x}{a}+\frac{\sqrt{x^2-a^2}}{a}\right|+C_1$$
$$=\ln|x+\sqrt{x^2-a^2}|+C,$$

这里 $C=C_1-\ln a$,将两个常数并在一起了.当 $x<-a$ 时有同一结果.本例就是基本积分表中公式⑱的减号情形,至于⑱的加号情形,可以令

$$x=a\tan t,\quad -\frac{\pi}{2}<t<\frac{\pi}{2},$$

作变量变换得到.

例 17 求 $\int \frac{x^2}{(a^2+x^2)^2}\mathrm{d}x$ $(a>0)$.

解 此题虽然没有根式,但含有 a^2+x^2,也可仿例 15 和例 16 的办法利用三角公式化简处理.令

$$x=a\tan t,\quad a^2+x^2=a^2\sec^2 t,\quad \mathrm{d}x=a\sec^2 t\mathrm{d}t,$$

$$\int \frac{x^2}{(a^2+x^2)^2}\mathrm{d}x=\int \frac{a^2\tan^2 t\cdot a\sec^2 t}{a^4\sec^4 t}\mathrm{d}t$$
$$=\frac{1}{a}\int \sin^2 t\mathrm{d}t$$
$$=\frac{1}{a}\int\left(\frac{1}{2}-\frac{1}{2}\cos 2t\right)\mathrm{d}t$$
$$=\frac{1}{a}\left(\frac{t}{2}-\frac{1}{4}\sin 2t\right)+C$$

$$= \frac{1}{a}\left(\frac{1}{2}\arctan\frac{x}{a} - \frac{1}{2}\frac{x}{\sqrt{x^2+a^2}}\frac{a}{\sqrt{x^2+a^2}}\right) + C$$

$$= \frac{1}{2a}\arctan\frac{x}{a} - \frac{x}{2(x^2+a^2)} + C.$$

总结以上例 14~例 17，在被积函数中，含有以下根式，可作相应的变量变换以去掉根式.

含有$\sqrt[n]{ax+b}$及$\sqrt[m]{ax+b}$，可设$\sqrt[nm]{ax+b}=t$（n,m 为正整数）；

含有$\sqrt{a^2-x^2}$，可设 $x=a\sin t$，积分之后可作辅助三角形（如图 5-2 所示），便于还原成 x；

含有$\sqrt{x^2-a^2}$，可设 $x=a\sec t$，积分之后可作辅助三角形（如图 5-3 所示），便于还原成 x；

含有$\sqrt{x^2+a^2}$，可设 $x=a\tan t$，积分之后可作辅助三角形（如图 5-4 所示），便于还原成 x.

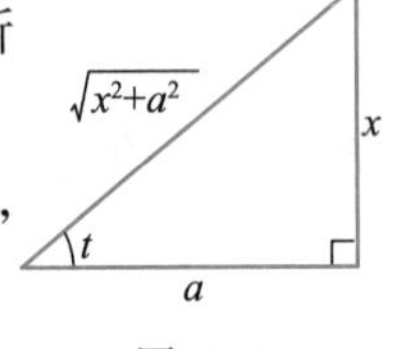

图 5-4

再举几个其他形式略有技巧性的例子.之所以说它们“略有技巧性”，是提醒读者灵活使用变量变换.

例 18 求$\int\frac{1}{\sqrt{e^x+1}}dx$.

分析 遇到根式，总是设法先去掉根式.

解 令$\sqrt{e^x+1}=t$，则 $x=\ln(t^2-1)$，$dx=\frac{2t}{t^2-1}dt$，

$$\int\frac{1}{\sqrt{e^x+1}}dx = \int\frac{2t}{t(t^2-1)}dt = \int\frac{2}{t^2-1}dt$$

$$= \ln\left|\frac{t-1}{t+1}\right| + C = \ln\left(\frac{\sqrt{e^x+1}-1}{\sqrt{e^x+1}+1}\right) + C.$$

例 19 求$\int\frac{x^2}{(x+2)^{100}}dx$.

分析 前面已经说过，含有$\sqrt{ax+b}$的积分，可令$\sqrt{ax+b}=t$以消除根号.现在虽然没有根号，但分母中有$(x+2)^{100}$，将它展开显然是不现实的.仿照前述，令 $x+2=t$（也可令$(x+2)^{100}=t$，但会带来分数幂的计算）即可.

解 令 $x+2=t$，有 $dx=dt$，于是

$$\int\frac{x^2}{(x+2)^{100}}dx = \int\frac{(t-2)^2}{t^{100}}dt = \int\frac{t^2-4t+4}{t^{100}}dt$$

$$= \int(t^{-98} - 4t^{-99} + 4t^{-100})dt$$

$$= \frac{t^{-97}}{-97} - \frac{4t^{-98}}{-98} + \frac{4t^{-99}}{-99} + C$$

$$= -\frac{1}{97(x+2)^{97}} + \frac{2}{49(x+2)^{98}} - \frac{4}{99(x+2)^{99}} + C.$$

变量变换也可以与其他方法结合起来使用，或接连作若干个变量变换.

例 20　设常数 $a>0$，求 $\int \frac{\mathrm{d}x}{x+\sqrt{a^2-x^2}}$.

解　令 $x=a\sin t$，无论是 $x\geqslant 0$ 还是 $x\leqslant 0$，分别对应 $0\leqslant t\leqslant \frac{\pi}{2}$ 或 $-\frac{\pi}{2}\leqslant t\leqslant 0$，总有 $|\cos t|=\cos t$. 于是

$$\sqrt{a^2-x^2}=a|\cos t|=a\cos t,\quad \mathrm{d}x=a\cos t\mathrm{d}t,$$

从而

$$\begin{aligned}\int \frac{\mathrm{d}x}{x+\sqrt{a^2-x^2}}&=\int \frac{\cos t}{\sin t+\cos t}\mathrm{d}t\\&\xlongequal{*}\int \frac{1}{2}\left(\frac{\cos t-\sin t}{\sin t+\cos t}+\frac{\sin t+\cos t}{\sin t+\cos t}\right)\mathrm{d}t\\&=\frac{1}{2}\int \frac{1}{\sin t+\cos t}\mathrm{d}(\sin t+\cos t)+\frac{1}{2}\int 1\mathrm{d}t\\&=\frac{1}{2}\ln|\sin t+\cos t|+\frac{t}{2}+C\\&=\frac{1}{2}\ln\left|\frac{x}{a}+\frac{\sqrt{a^2-x^2}}{a}\right|+\frac{1}{2}\arcsin\frac{x}{a}+C\\&=\frac{1}{2}\ln\left|x+\sqrt{a^2-x^2}\right|+\frac{1}{2}\arcsin\frac{x}{a}+C_1,\end{aligned}$$

其中 $C_1=C-\frac{1}{2}\ln a$ 仍是一个积分常数.

注　本题解法中 * 这一步是最关键也是技术含量最高的一步，想法来自凑微分求积分，例如求

$$\int \frac{\gamma\sin x+\delta\cos x}{\alpha\sin x+\beta\cos x}\mathrm{d}x\quad(\alpha,\beta,\gamma,\delta\text{ 均为常数},\alpha^2+\beta^2\neq 0),$$

令

$$\frac{\gamma\sin x+\delta\cos x}{\alpha\sin x+\beta\cos x}=\frac{A(\alpha\cos x-\beta\sin x)}{\alpha\sin x+\beta\cos x}+\frac{B(\alpha\sin x+\beta\cos x)}{\alpha\sin x+\beta\cos x},$$

其中 A,B 为待定常数，除 A,B 外，右边第一项的分子为分母的导数，第二项的分子等于分母，于是由分子相等，

$$\gamma\sin x+\delta\cos x=(A\alpha+B\beta)\cos x+(-A\beta+B\alpha)\sin x,$$

得 $A\alpha+B\beta=\delta,-A\beta+B\alpha=\gamma$，可求得常数 A 与 B 的值.

例 21　求 $\int \frac{x^5}{\sqrt{1+x^2}}\mathrm{d}x$.

分析　分母含有 x^2，分子 $x^5\mathrm{d}x=(x^2)^2x\mathrm{d}x=\frac{1}{2}(x^2)^2\mathrm{d}(x^2)$，首先想到令 $u=x^2$，以降低幂次.

解　令 $u=x^2$，

$$\int \frac{x^5}{\sqrt{1+x^2}}\mathrm{d}x = \frac{1}{2}\int \frac{u^2}{\sqrt{1+u}}\mathrm{d}u.$$

容易想到再令$\sqrt{1+u}=t$，从而 $u=t^2-1$，$\mathrm{d}u=2t\mathrm{d}t$. 于是

$$\begin{aligned}\int \frac{x^5}{\sqrt{1+x^2}}\mathrm{d}x &= \int \frac{u^2}{2\sqrt{1+u}}\mathrm{d}u = \int (t^2-1)^2\mathrm{d}t \\ &= \int (t^4-2t^2+1)\mathrm{d}t \\ &= \frac{1}{5}t^5 - \frac{2}{3}t^3 + t + C \\ &= \frac{1}{5}(1+x^2)^{\frac{5}{2}} - \frac{2}{3}(1+x^2)^{\frac{3}{2}} + (1+x^2)^{\frac{1}{2}} + C.\end{aligned}$$

注　本题也可令 $x=\tan t$，

$$\int \frac{x^5}{\sqrt{1+x^2}}\mathrm{d}x = \int \frac{\tan^5 t\sec^2 t}{\sec t}\mathrm{d}t = \int (\sec^2 t-1)^2\mathrm{d}(\sec t),$$

余下的请读者完成.

三、分部积分法

利用两个可导函数 $u(x)$ 与 $v(x)$ 乘积的导数公式（或微分公式）之逆，便得分部积分公式.

设 $u=u(x)$ 与 $v=v(x)$ 均具有连续导数，由乘积的导数公式

$$(u(x)v(x))' = u'(x)v(x) + u(x)v'(x)$$

或微分公式

$$\mathrm{d}(u(x)v(x)) = v(x)\mathrm{d}u(x) + u(x)\mathrm{d}v(x),$$

两边积分并移项，得

$$\int u(x)v'(x)\mathrm{d}x = u(x)v(x) - \int u'(x)v(x)\mathrm{d}x, \tag{5.3}$$

或相应地有

$$\int u(x)\mathrm{d}v(x) = u(x)v(x) - \int v(x)\mathrm{d}u(x). \tag{5.4}$$

公式(5.3)与(5.4)都称为**分部积分公式**. 使用分部积分公式进行积分的方法称为**分部积分法**. 以公式(5.4)为例，分部积分法的要点是将被积表达式分成两部分的乘积，一部分为 $u(x)$，另一部分为 $\mathrm{d}v(x)$，从 $u(x)$ 求出 $\mathrm{d}u(x)$，从 $\mathrm{d}v(x)$ 求出 $v(x)$（这是关键），之后使用公式(5.4)，即将一部分先积出来，另一部分再进一步去做，所以称为分部积分.

例 22　求 $\int x\mathrm{e}^x\mathrm{d}x$.

解　将 $x\mathrm{e}^x\mathrm{d}x$ 写成 $x\mathrm{d}(\mathrm{e}^x)$，有

$$\int x\mathrm{e}^x\mathrm{d}x = \int x\mathrm{d}(\mathrm{e}^x) = x\mathrm{e}^x - \int \mathrm{e}^x\mathrm{d}x = x\mathrm{e}^x - \mathrm{e}^x + C.$$

有的读者可能会这么去想：

$$\int x\mathrm{e}^x\mathrm{d}x = \int \mathrm{e}^x\mathrm{d}\left(\frac{x^2}{2}\right) = \frac{x^2}{2}\mathrm{e}^x - \int \frac{x^2}{2}\mathrm{d}(\mathrm{e}^x)$$

$$=\frac{1}{2}x^2e^x-\frac{1}{2}\int x^2e^x\mathrm{d}x.$$

这样一来，不但没有将$\int xe^x\mathrm{d}x$中的因子 x 的幂次降低，反而升高为$\int x^2e^x\mathrm{d}x$了，达不到进一步可以做出来的目的. 可见用分部积分法做积分时，适当选择 $u(x)$ 与 $\mathrm{d}v(x)$ 是十分关键的.

例 23　求 $\int x\sin x\mathrm{d}x$.

解　$$\int x\sin x\mathrm{d}x=-\int x\mathrm{d}(\cos x)=-\left(x\cos x-\int\cos x\mathrm{d}x\right)$$
$$=-(x\cos x-\sin x)+C$$
$$=-x\cos x+\sin x+C.$$

如果这样做：

$$\int x\sin x\mathrm{d}x=\int\sin x\cdot\mathrm{d}\left(\frac{x^2}{2}\right)=\frac{x^2}{2}\sin x-\int\frac{x^2}{2}\mathrm{d}(\sin x)$$
$$=\frac{x^2}{2}\sin x-\int\frac{x^2}{2}\cos x\mathrm{d}x,$$

不但没有将$\int x\sin x\mathrm{d}x$中 x 的幂次降低，反而升高了幂次，所以后一做法不可取.

例 24　求 $\int x\arctan x\mathrm{d}x$.

分析　无法将 $x\arctan x\mathrm{d}x$ 写成 $x\mathrm{d}(?)$，现在改为 $x\arctan x\mathrm{d}x=\arctan x\mathrm{d}\left(\frac{x^2}{2}\right)$ 去考虑.

解　$$\int x\arctan x\mathrm{d}x=\int\arctan x\mathrm{d}\left(\frac{x^2}{2}\right)$$
$$=\frac{x^2}{2}\arctan x-\int\frac{x^2}{2}\mathrm{d}(\arctan x)$$
$$=\frac{x^2}{2}\arctan x-\int\frac{x^2}{2(1+x^2)}\mathrm{d}x$$
$$=\frac{x^2}{2}\arctan x-\frac{1}{2}\int\frac{1+x^2-1}{1+x^2}\mathrm{d}x$$
$$=\frac{x^2}{2}\arctan x-\frac{1}{2}x+\frac{1}{2}\arctan x+C.$$

例 25　求 $\int\ln x\mathrm{d}x$.

解　取 $u=\ln x$，$\mathrm{d}v=\mathrm{d}x$，

$$\int\ln x\mathrm{d}x=x\ln x-\int x\mathrm{d}(\ln x)=x\ln x-\int x\cdot\frac{1}{x}\mathrm{d}x$$
$$=x\ln x-x+C.$$

例 26　求 $\int x^2\cos x\mathrm{d}x$.

解 前面已做过 $\int x\sin x\mathrm{d}x$，现在采用类似的思想方法，有

$$\begin{aligned}\int x^2\cos x\mathrm{d}x&=\int x^2\mathrm{d}(\sin x)=x^2\sin x-\int\sin x\mathrm{d}(x^2)\\&=x^2\sin x-2\int x\sin x\mathrm{d}x.\end{aligned}$$

再将 $\int x\sin x\mathrm{d}x$ 中 x 的幂次降低，有

$$\begin{aligned}\int x^2\cos x\mathrm{d}x&=x^2\sin x-2\int x\sin x\mathrm{d}x\\&=x^2\sin x+2\int x\mathrm{d}(\cos x)\\&=x^2\sin x+2\left(x\cos x-\int\cos x\mathrm{d}x\right)\\&=x^2\sin x+2x\cos x-2\sin x+C.\end{aligned}$$

注 分部积分可能连做二次，在做第二次时，切忌将第一次做出来的 $v(x)$ 设成第二次的 $u(x)$，如果这样去做，将会原封不动地回到第一次的出发点，读者不妨去试试.

例 27 求 $\int \mathrm{e}^x\cos x\mathrm{d}x$.

解 $$\begin{aligned}\int\mathrm{e}^x\cos x\mathrm{d}x&=\int\cos x\mathrm{d}(\mathrm{e}^x)=\mathrm{e}^x\cos x-\int\mathrm{e}^x\mathrm{d}(\cos x)\\&=\mathrm{e}^x\cos x+\int\mathrm{e}^x\sin x\mathrm{d}x\\&=\mathrm{e}^x\cos x+\int\sin x\mathrm{d}(\mathrm{e}^x)\\&=\mathrm{e}^x\cos x+\mathrm{e}^x\sin x-\int\mathrm{e}^x\mathrm{d}(\sin x)\\&=\mathrm{e}^x(\cos x+\sin x)-\int\mathrm{e}^x\cos x\mathrm{d}x.\end{aligned}$$

这里虽然又出现了 $\int \mathrm{e}^x\cos x\mathrm{d}x$，但并非原封不动地回去，得到的是关于 $\int \mathrm{e}^x\cos x\mathrm{d}x$ 的一个方程，解出 $\int \mathrm{e}^x\cos x\mathrm{d}x$，得到 $\mathrm{e}^x\cos x$ 的一个原函数，从而

$$\int\mathrm{e}^x\cos x\mathrm{d}x=\frac{1}{2}\mathrm{e}^x(\cos x+\sin x)+C.$$

由以上几个例子，现将使用分部积分法的常见题型归纳如下（以下 a,b,k 均为常数，$a\neq0,k\neq0$，① 中 n 为正整数；② 中 n 可以是不等于-1 的整数）：

① $\int x^n\mathrm{e}^{ax}\mathrm{d}x=\frac{1}{a}\int x^n\mathrm{d}(\mathrm{e}^{ax})$，

$\int x^n\cos(ax+b)\mathrm{d}x=\frac{1}{a}\int x^n\mathrm{d}(\sin(ax+b))$，

$\int x^n\sin(ax+b)\mathrm{d}x=-\frac{1}{a}\int x^n\mathrm{d}(\cos(ax+b))$，

然后再用分部积分公式，当 $n>1$ 时要用多次.

② $\int x^n \ln x\mathrm{d}x = \frac{1}{n+1}\int \ln x\mathrm{d}(x^{n+1})$,

$\int x^n \arctan x\mathrm{d}x = \frac{1}{n+1}\int \arctan x\mathrm{d}(x^{n+1})$,

$\int x^n \arcsin x\mathrm{d}x = \frac{1}{n+1}\int \arcsin x\mathrm{d}(x^{n+1})$,

然后再用分部积分公式.

③ $\int \mathrm{e}^{kx}\cos(ax+b)\mathrm{d}x$ 与 $\int \mathrm{e}^{kx}\sin(ax+b)\mathrm{d}x$ 要用两次分部积分.

再举几个使用分部积分法的其他类型的例子.

例 28　求 $\int \sin\sqrt{x}\mathrm{d}x$.

解　常用的一种方法是先作变量变换,看它能否化为熟悉的情形.为此,作变量变换,令 $\sqrt{x}=t$,则 $x=t^2$, $\mathrm{d}x=2t\mathrm{d}t$,可将所给积分化为例 23.

$$\begin{aligned}\int \sin\sqrt{x}\mathrm{d}x &= \int 2t\sin t\mathrm{d}t = -2\int t\mathrm{d}(\cos t)\\ &= -2\left(t\cos t - \int \cos t\mathrm{d}t\right) = -2t\cos t + 2\sin t + C\\ &= -2\sqrt{x}\cos\sqrt{x} + 2\sin\sqrt{x} + C.\end{aligned}$$

例 29　求 $\int \sec^3 x\mathrm{d}x$.

分析　若令 $u=\sec^3 x$, $\mathrm{d}v=\mathrm{d}x$,则分部积分之后将出现 $\int 3x\sec^3 x\tan x\mathrm{d}x$,会越做越麻烦.将 $\sec^3 x$ 拆成两个因式试之.

解　$$\begin{aligned}\int \sec^3 x\mathrm{d}x &= \int \sec x\cdot\sec^2 x\mathrm{d}x = \int \sec x\mathrm{d}\tan x\\ &= \sec x\tan x - \int \tan x\mathrm{d}\sec x\\ &= \sec x\tan x - \int \tan^2 x\sec x\mathrm{d}x\\ &= \sec x\tan x - \int (\sec^2 x - 1)\sec x\mathrm{d}x\\ &= \sec x\tan x - \int \sec^3 x\mathrm{d}x + \int \sec x\mathrm{d}x,\end{aligned}$$

所以

$$\begin{aligned}\int \sec^3 x\mathrm{d}x &= \frac{1}{2}\left(\sec x\tan x + \int \sec x\mathrm{d}x\right)\\ &= \frac{1}{2}\sec x\tan x + \frac{1}{2}\ln|\sec x+\tan x|+C.\end{aligned}$$

例 30　已知 $\frac{\sin x}{x}$ 是 $f(x)$ 的一个原函数,求 $\int x^3 f'(x)\mathrm{d}x$.

分析　由已知 $f(x)=\left(\frac{\sin x}{x}\right)'$,有 $f'(x)=\left(\frac{\sin x}{x}\right)''$.如果由此去求出 $f'(x)$,代入被积

函数再去积分,显然太麻烦了.而利用分部积分公式能将 $f'(x)$ 转化为 $f(x)$,现在依照这条思路去做.

解 $\int x^3 f'(x)\mathrm{d}x = \int x^3 \mathrm{d}f(x) = x^3 f(x) - \int f(x)\mathrm{d}(x^3)$

$$= x^3\left(\frac{\sin x}{x}\right)' - \int 3x^2\left(\frac{\sin x}{x}\right)'\mathrm{d}x$$

$$= x^3\frac{x\cos x - \sin x}{x^2} - 3\int x^2\mathrm{d}\left(\frac{\sin x}{x}\right)$$

$$= x^2\cos x - x\sin x - 3\left(x^2\cdot\frac{\sin x}{x} - \int\frac{\sin x}{x}\mathrm{d}(x^2)\right)$$

$$= x^2\cos x - x\sin x - 3x\sin x + 6\int\sin x\mathrm{d}x$$

$$= x^2\cos x - 4x\sin x - 6\cos x + C.$$

§5.3 几种典型类型的积分举例

以上讲的是基本积分方法,现在利用前述三个基本积分方法,来解决一些典型类型的积分,是按类型来积分.

一、简单有理函数的积分

由第一换元法立即可知有下述两公式:

(1) $\int\frac{A}{x-a}\mathrm{d}x = A\ln|x-a| + C.$

(2) $\int\frac{A}{(x-a)^n}\mathrm{d}x = \frac{A}{(-n+1)(x-a)^{n-1}} + C, n>0, n\neq 1.$

(3) 对于分母为二次式、分子为一次式的简单分式,无论分母二次式可否因式分解,均可按下面例1、例2去做.

例1 求 $\int\frac{x-1}{x^2+x+1}\mathrm{d}x.$

解 将被积函数拆成两项,一项的分子为分母的导数,再乘适当的常系数,使另一项的分子只是常数.如本例:

$$\frac{x-1}{x^2+x+1} = \frac{\frac{1}{2}(2x+1)}{x^2+x+1} + \frac{-\frac{3}{2}}{x^2+x+1},$$

然后在积分时,将第二项的分母配方,配成平方和(或平方差):

$$\int\frac{x-1}{x^2+x+1}\mathrm{d}x = \int\frac{\frac{1}{2}(2x+1)}{x^2+x+1}\mathrm{d}x - \frac{3}{2}\int\frac{1}{x^2+x+1}\mathrm{d}x$$

$$= \frac{1}{2}\ln|x^2+x+1| - \frac{3}{2}\int\frac{\mathrm{d}x}{\left(x+\frac{1}{2}\right)^2+\left(\frac{\sqrt{3}}{2}\right)^2}$$

$$=\frac{1}{2}\ln\left|x^2+x+1\right|-\frac{3}{2}\cdot\frac{1}{\frac{\sqrt{3}}{2}}\arctan\frac{x+\frac{1}{2}}{\frac{\sqrt{3}}{2}}+C$$

$$=\frac{1}{2}\ln\left|x^2+x+1\right|-\sqrt{3}\arctan\frac{2x+1}{\sqrt{3}}+C.$$

例 2 求 $\int\frac{x+2}{3x^2+2x-1}\mathrm{d}x$.

解 **方法 1**

$$\int\frac{x+2}{3x^2+2x-1}\mathrm{d}x=\int\frac{\frac{1}{6}(6x+2)}{3x^2+2x-1}\mathrm{d}x+\frac{5}{3}\int\frac{1}{3x^2+2x-1}\mathrm{d}x$$

$$=\frac{1}{6}\ln\left|3x^2+2x-1\right|+\frac{5}{9}\int\frac{1}{x^2+\frac{2}{3}x-\frac{1}{3}}\mathrm{d}x$$

$$=\frac{1}{6}\ln\left|3x^2+2x-1\right|+\frac{5}{9}\int\frac{1}{\left(x+\frac{1}{3}\right)^2-\left(\frac{2}{3}\right)^2}\mathrm{d}x$$

$$=\frac{1}{6}\ln\left|3x^2+2x-1\right|+\frac{5}{9}\cdot\frac{1}{2\cdot\frac{2}{3}}\ln\left|\frac{x+\frac{1}{3}-\frac{2}{3}}{x+\frac{1}{3}+\frac{2}{3}}\right|+C_1$$

$$=\frac{1}{6}\ln\left|3x^2+2x-1\right|+\frac{5}{12}\ln\left|\frac{3x-1}{x+1}\right|+C,$$

其中 $C=C_1-\frac{5}{12}\ln 3$ 为新的积分常数.

方法 2 由于被积函数的分母可以分解为两个一次因式的乘积,故也可将该被积函数拆项如下:

$$\frac{x+2}{(3x-1)(x+1)}=\frac{A}{3x-1}+\frac{B}{x+1},$$

通分,比较等号两边分子的同次幂,得

$$x+2=A(x+1)+B(3x-1)=(A+3B)x+A-B.$$

故 $A+3B=1,A-B=2$,解之得 $A=\frac{7}{4},B=-\frac{1}{4}$.于是

$$\int\frac{x+2}{3x^2+2x-1}\mathrm{d}x=\frac{7}{4}\int\frac{1}{3x-1}\mathrm{d}x-\frac{1}{4}\int\frac{1}{x+1}\mathrm{d}x$$

$$=\frac{7}{12}\ln\left|3x-1\right|-\frac{1}{4}\ln\left|x+1\right|+C.$$

无疑方法 2 较省事.

例 3 求 $\int \frac{x^3+x^2-4x-16}{x^2-2x-3}dx$.

分析 分子最高次幂≥分母最高次幂，宜用除法手段，除以整式部分，余下的分式中"分子最高次幂<分母最高次幂"，并且再将后一分式拆项（如例 2 方法 2）：

$$\begin{aligned}\frac{x^3+x^2-4x-16}{x^2-2x-3} &= x+3+\frac{5x-7}{x^2-2x-3}\\ &= x+3+\frac{2}{x-3}+\frac{3}{x+1}.\end{aligned}$$

解 $$\begin{aligned}\int \frac{x^3+x^2-4x-16}{x^2-2x-3}dx &= \int\left(x+3+\frac{2}{x-3}+\frac{3}{x+1}\right)dx\\ &= \frac{x^2}{2}+3x+2\ln|x-3|+3\ln|x+1|+C.\end{aligned}$$

对于被积函数为一般分式的不定积分，虽然有一般的定理及相应的处理方法，积分的结果为整式、有理分式、对数函数与反正切函数之和.但实际操作起来不但很烦琐，并且有技术上的困难，本书不去介绍这些了.下面只介绍几个用"观察法"拆项的例子.

例 4 求 $\int \frac{22x^2-20x-3}{(2x-1)(2x^2+3x-2)}dx$.

解 先要将被积函数写成部分分式之和.由于

$$(2x-1)(2x^2+3x-2)=(2x-1)(x+2)(2x-1)=(2x-1)^2(x+2),$$

故

$$\begin{aligned}\frac{22x^2-20x-3}{(2x-1)(2x^2+3x-2)} &= \frac{22x^2-20x-3}{(2x-1)^2(x+2)}\\ &= \frac{A}{2x-1}+\frac{B}{(2x-1)^2}+\frac{D}{x+2}.\end{aligned}$$

通分，比较等式两边分子的同次幂得

$$\begin{aligned}22x^2-20x-3 &= A(2x-1)(x+2)+B(x+2)+D(2x-1)^2\\ &= (2A+4D)x^2+(3A+B-4D)x+(-2A+2B+D),\end{aligned}$$

从而

$$2A+4D=22,\quad 3A+B-4D=-20,\quad -2A+2B+D=-3,$$

解得 $A=1, B=-3, D=5$.于是

$$\begin{aligned}\int \frac{22x^2-20x-3}{(2x-1)(2x^2+3x-2)}dx &= \int \frac{1}{2x-1}dx-\int \frac{3}{(2x-1)^2}dx+\int \frac{5}{x+2}dx\\ &= \frac{1}{2}\ln|2x-1|+\frac{3}{2(2x-1)}+5\ln|x+2|+C.\end{aligned}$$

注 如果由

$$\frac{22x^2-20x-3}{(2x-1)(2x^2+3x-2)}=\frac{A}{2x-1}+\frac{Bx+D}{2x^2+3x-2}$$

去确定 A,B,D，再由 $\frac{Bx+D}{2x^2+3x-2}=\frac{\alpha}{2x-1}+\frac{\beta}{x+2}$ 去确定 α 与 β，无形中将原有分母的因式（2x-

$1)^2$ 降低为 $2x-1$，这当然是错误的.要注意分母隐性含有 2 次因式.

例 5　求 $\int \frac{1+2x^4}{x^3(1+x^4)^2}dx$.

解
$$\frac{1+2x^4}{x^3(1+x^4)^2}=\frac{1+x^4}{x^3(1+x^4)^2}+\frac{x^4}{x^3(1+x^4)^2}$$
$$=\frac{1}{x^3(1+x^4)}+\frac{x}{(1+x^4)^2}$$
$$=\frac{1}{x^3}-\frac{x}{1+x^4}+\frac{x}{(1+x^4)^2},$$
$$\int \frac{1+2x^4}{x^3(1+x^4)^2}dx=\int \frac{1}{x^3}dx-\int \frac{x}{1+x^4}dx+\int \frac{x}{(1+x^4)^2}dx$$
$$=-\frac{1}{2x^2}-\frac{1}{2}\arctan x^2+\frac{1}{2}\int \frac{1}{(1+(x^2)^2)^2}dx^2.$$

而对于第 3 个积分，令 $x^2=\tan t$，有
$$\frac{1}{2}\int \frac{1}{(1+(x^2)^2)^2}d(x^2)=\frac{1}{2}\int \frac{\sec^2 t}{\sec^4 t}dt=\frac{1}{2}\int \cos^2 t dt$$
$$=\frac{1}{4}\int (1+\cos 2t)dt$$
$$=\frac{1}{4}\left(t+\frac{1}{2}\sin 2t\right)+C$$
$$=\frac{1}{4}\left(t+\frac{\tan t}{\sec^2 t}\right)+C$$
$$=\frac{1}{4}\left(\arctan x^2+\frac{x^2}{1+x^4}\right)+C.$$

于是
$$\int \frac{1+2x^4}{x^3(1+x^4)^2}dx=-\frac{1}{2x^2}-\frac{1}{4}\arctan x^2+\frac{x^2}{4(1+x^4)}+C.$$

二、$\int \frac{Mx+N}{\sqrt{ax^2+bx+c}}dx$ 的计算 $(a\neq 0)$

这种类型的题可仿例 1、例 2 去做，仅是最后使用的积分公式不同而已.

例 6　求 $\int \frac{x-1}{\sqrt{x^2+x+1}}dx$.

解　$\int \frac{x-1}{\sqrt{x^2+x+1}}dx$

$$=\int \frac{\frac{1}{2}(2x+1)}{\sqrt{x^2+x+1}}dx-\frac{3}{2}\int \frac{1}{\sqrt{x^2+x+1}}dx$$

$$=\frac{1}{2}\cdot\frac{1}{-\frac{1}{2}+1}\sqrt{x^2+x+1}-\frac{3}{2}\int\frac{dx}{\sqrt{\left(x+\frac{1}{2}\right)^2+\left(\frac{\sqrt{3}}{2}\right)^2}}$$

$$=\sqrt{x^2+x+1}-\frac{3}{2}\ln\left|x+\frac{1}{2}+\sqrt{\left(x+\frac{1}{2}\right)^2+\left(\frac{\sqrt{3}}{2}\right)^2}\right|+C$$

$$=\sqrt{x^2+x+1}-\frac{3}{2}\ln\left|x+\frac{1}{2}+\sqrt{x^2+x+1}\right|+C.$$

例 7　求 $\int\frac{x+2}{\sqrt{3x^2+2x-1}}dx$.

解

$$\int\frac{x+2}{\sqrt{3x^2+2x-1}}dx$$

$$=\frac{1}{6}\int\frac{6x+2}{\sqrt{3x^2+2x-1}}dx+\frac{5\sqrt{3}}{9}\int\frac{1}{\sqrt{\left(x+\frac{1}{3}\right)^2-\left(\frac{2}{3}\right)^2}}dx$$

$$=\frac{1}{6}\cdot\frac{1}{-\frac{1}{2}+1}\sqrt{3x^2+2x-1}+\frac{5\sqrt{3}}{9}\ln\left|x+\frac{1}{3}+\sqrt{\left(x+\frac{1}{3}\right)^2-\left(\frac{2}{3}\right)^2}\right|+C$$

$$=\frac{1}{3}\sqrt{3x^2+2x-1}+\frac{5\sqrt{3}}{9}\ln\left|x+\frac{1}{3}+\sqrt{x^2+\frac{2}{3}x-\frac{1}{3}}\right|+C.$$

例 8　求 $\int\frac{x}{\sqrt{2x-x^2}}dx$.

解　$$\int\frac{x}{\sqrt{2x-x^2}}dx$$

$$=-\frac{1}{2}\int\frac{2-2x}{\sqrt{2x-x^2}}dx+\int\frac{1}{\sqrt{2x-x^2}}dx$$

$$=-\frac{1}{2}\cdot\frac{1}{-\frac{1}{2}+1}\sqrt{2x-x^2}+\int\frac{1}{\sqrt{1-(x-1)^2}}dx$$

$$=-\sqrt{2x-x^2}+\arcsin(x-1)+C.$$

三、三角函数有理式的积分

三角函数有理式的积分,可以作积分变量变换 $\tan\frac{x}{2}=t$,从而有

$$x=2\arctan t,\quad dx=\frac{2}{1+t^2}dt,$$

$$\cos x=\cos\left(2\cdot\frac{x}{2}\right)=2\cos^2\frac{x}{2}-1$$

$$=\frac{2}{\tan^2\frac{x}{2}+1}-1=\frac{1-t^2}{1+t^2},$$

$$\sin x=2\tan\frac{x}{2}\cos^2\frac{x}{2}=\frac{2t}{1+t^2},$$

具体计算请见下面的例子.

例 9　求 $\int\frac{1}{1+\sin x+\cos x}\mathrm{d}x$.

解　按上述积分变量变换,有

$$\int\frac{1}{1+\sin x+\cos x}\mathrm{d}x=\int\frac{1}{t+1}\mathrm{d}t=\ln|t+1|+C$$
$$=\ln\left|\tan\frac{x}{2}+1\right|+C.$$

变换 $\tan\frac{x}{2}=t$ 称“万能代换”.的确,凡 $\sin x,\cos x,\tan x,\cot x,\sec x,\csc x$ 的有理式的积分都可用万能代换化为 t 的有理式的积分而将它“积出来”,但过程十分烦琐,能不用尽量不用,例如

例 10　求 $\int\frac{1}{\sin^4 x}\mathrm{d}x$.

解　$$\int\frac{1}{\sin^4 x}\mathrm{d}x=\int\csc^4x\mathrm{d}x=\int\csc^2x(1+\cot^2x)\mathrm{d}x$$
$$=-\int(1+\cot^2x)\mathrm{d}\cot x=-\cot x-\frac{1}{3}\cot^3x+C.$$

虽然有相当多的初等函数的积分可以解决,但仍有大量的初等函数的积分不能用初等函数来表示,例如

$$\int\frac{\mathrm{e}^x}{x}\mathrm{d}x,\quad\int\frac{1}{\ln x}\mathrm{d}x,\quad\int\mathrm{e}^{-x^2}\mathrm{d}x,$$

$$\int\frac{1}{\sqrt{1-k^2\sin^2x}}\mathrm{d}x\ (0<k<1),$$

$$\int\sqrt{1-k^2\sin^2x}\,\mathrm{d}x\quad(0<k<1)$$

等,应寻求别的办法计算它们,就不在此多说了.

补充例题

习题五

§5.1

1. 求下列不定积分：

(1) $\int\left(4x^3-5\sqrt{x^3}+\frac{2}{\sqrt{x}}\right)\mathrm{d}x$；

(2) $\int\frac{3x^4-2x^3+x^2-x+1}{x^2}\mathrm{d}x$；

(3) $\int\sqrt{x}\left(x^2-\frac{2}{\sqrt{x}}+\frac{1}{\sqrt{x^3}}\right)\mathrm{d}x$；

(4) $\int\left(\frac{2-3x}{x}\right)^2\mathrm{d}x$；

(5) $\int\frac{4x^2+5}{1+x^2}\mathrm{d}x$；

(6) $\int\frac{1}{x^2(1+x^2)}\mathrm{d}x$；

(7) $\int(\mathrm{e}^{\frac{x}{2}}-\mathrm{e}^{-\frac{x}{2}})^2\mathrm{d}x$；

(8) $\int 3^{-x}\mathrm{e}^x\mathrm{d}x$；

(9) $\int[(\mathrm{e}^{\mathrm{e}})^x+x^{\mathrm{e}^{\mathrm{e}}}]\mathrm{d}x$；

(10) $\int\frac{\mathrm{e}^{2x}-1}{\mathrm{e}^x+1}\mathrm{d}x$；

(11) $\int\tan^2x\mathrm{d}x$；

(12) $\int\frac{\cos 2x}{\cos x-\sin x}\mathrm{d}x$；

(13) $\int\frac{1}{\cos^2x\sin^2x}\mathrm{d}x$；

(14) $\int\frac{2}{1+\cos 2x}\mathrm{d}x$；

(15) $\int\cos^2\frac{x}{2}\mathrm{d}x$；

(16) $\int\frac{2-x^4}{1+x^2}\mathrm{d}x$.

2. 已知 $f'(x)=3x^2-x+1$，且 $f(1)=2$，求 $f(x)$.

3. 已知某质点做直线运动的速度 $v=s'=4\sin t$，且当 $t=0$ 时 $s=0$，求当 $t=\pi$ 时的 s.

4. 一曲线 $y=f(x)$ 经过点 $(2,4)$，且该曲线上任意点 x 处的切线斜率为 $8-2x$，求该曲线方程.

5. 设 $f(x)=\begin{cases}\mathrm{e}^x, & x\leqslant 0,\\ \cos x, & x>0,\end{cases}$ 求 $\int f(x)\mathrm{d}x$.

6. 求 $\int\min\{x^2,x+2\}\mathrm{d}x$.

§5.2

7. 用第一换元法求下列不定积分：

(1) $\int\sin 3x\mathrm{d}x$；

(2) $\int\sqrt{1+3x}\,\mathrm{d}x$；

(3) $\int\mathrm{e}^{2x}\mathrm{d}x$；

(4) $\int\frac{1}{3-2x}\mathrm{d}x$；

(5) $\int\frac{1}{9+4x^2}\mathrm{d}x$；

(6) $\int\frac{1}{\sqrt{9-4x^2}}\mathrm{d}x$；

(7) $\int\sec^2(2x-1)\mathrm{d}x$；

(8) $\int\tan 4x\mathrm{d}x$；

(9) $\int\mathrm{e}^{x^2}x\mathrm{d}x$；

(10) $\int\frac{x}{9-4x^2}\mathrm{d}x$；

(11) $\int\frac{1}{9-4x^2}\mathrm{d}x$；

(12) $\int\frac{x}{\sqrt{9-4x^2}}\mathrm{d}x$；

(13) $\int \cos^2 x\mathrm{d}x$；

(14) $\int \cos^3 x\mathrm{d}x$；

(15) $\int \sec^2 x\tan x\mathrm{d}x$；

(16) $\int \frac{1+\cos x}{x+\sin x}\mathrm{d}x$；

(17) $\int \frac{1}{x\ln x}\mathrm{d}x$；

(18) $\int \frac{\sqrt{1+\ln x}}{x}\mathrm{d}x$；

(19) $\int \frac{(1+\sqrt{1-x^2})^2}{1-x^2}\mathrm{d}x$；

(20) $\int \frac{\sin x}{1+\cos x}\mathrm{d}x$；

(21) $\int \frac{\mathrm{e}^{2x}}{1+\mathrm{e}^{2x}}\mathrm{d}x$；

(22) $\int \frac{1}{1+\mathrm{e}^{2x}}\mathrm{d}x$；

(23) $\int \frac{\arcsin x}{\sqrt{1-x^2}}\mathrm{d}x$；

(24) $\int \frac{\mathrm{d}x}{\sqrt{1-x^2}\arcsin x}$；

(25) $\int \frac{x^3}{1+x^4}\mathrm{d}x$；

(26) $\int \frac{x}{1+x^4}\mathrm{d}x$；

(27) $\int \frac{1}{\sqrt{x}(1+x)}\mathrm{d}x$；

(28) $\int \frac{1}{x^2}\sin\frac{1}{x}\mathrm{d}x$；

(29) $\int \frac{\mathrm{e}^{\sqrt{x}}}{\sqrt{x}}\mathrm{d}x$；

(30) $\int \frac{x-1}{x^2-2x+2}\mathrm{d}x$；

(31) $\int \frac{1}{x^2-2x+2}\mathrm{d}x$；

(32) $\int \frac{\sin x}{\cos^3 x}\mathrm{d}x$；

(33) $\int \frac{\sin^2 x}{\cos^4 x}\mathrm{d}x$；

(34) $\int \frac{\sin x\cos x}{1+\sin^2 x}\mathrm{d}x$；

(35) $\int \frac{\cos x}{1+\sin^2 x}\mathrm{d}x$；

(36) $\int \frac{\sin x}{1+\sin^2 x}\mathrm{d}x$.

8. 利用第二换元法求下列不定积分：

(1) $\int x\sqrt{x-4}\,\mathrm{d}x$；

(2) $\int \frac{\mathrm{d}x}{1+\sqrt{x}}$；

(3) $\int \frac{x^2}{\sqrt{2-x}}\mathrm{d}x$；

(4) $\int \frac{\mathrm{d}x}{1-\sqrt{2x+1}}$；

(5) $\int x(x+1)^{100}\mathrm{d}x$；

(6) $\int \frac{\mathrm{d}x}{\sqrt{x}-\sqrt[3]{x}}$；

(7) $\int \sqrt{4-x^2}\,\mathrm{d}x$；

(8) $\int \frac{x^2\mathrm{d}x}{\sqrt{25-4x^2}}$；

(9) $\int \frac{\mathrm{d}x}{\sqrt{1+4x^2}}$；

(10) $\int \frac{\mathrm{d}x}{x^2\sqrt{1+x^2}}$；

(11) $\int \frac{\mathrm{d}x}{x\sqrt{4x^2-9}}$；

(12) $\int \frac{\mathrm{d}x}{(x^2+a^2)^{3/2}}\quad (a>0)$；

(13) $\int \frac{1}{x}\sqrt{\frac{1-x}{x}}\,\mathrm{d}x$；

(14) $\int \frac{\mathrm{e}^{2x}\mathrm{d}x}{\sqrt{\mathrm{e}^x+1}}$；

(15) $\int \frac{\mathrm{d}x}{\mathrm{e}^{3x}+\mathrm{e}^x}$；

(16) $\int \frac{\mathrm{d}x}{\mathrm{e}^x+2+2\mathrm{e}^{-x}}$；

(17) $\int \frac{\mathrm{d}x}{1+\sqrt{1-x^2}}$；

(18) $\int \frac{\mathrm{d}x}{x-\sqrt{1-x^2}}$.

9. 利用分部积分法求下列不定积分：

(1) $\int x\cos 2x\mathrm{d}x$；

(2) $\int x^2\sin x\mathrm{d}x$；

(3) $\int x^2\mathrm{e}^{-x}\mathrm{d}x$；

(4) $\int \arctan x\mathrm{d}x$；

(5) $\int \ln(1+x^2)\mathrm{d}x$；

(6) $\int \arcsin\sqrt{x}\mathrm{d}x$；

(7) $\int \sin\ln x\mathrm{d}x$；

(8) $\int (\ln x)^3\mathrm{d}x$；

(9) $\int x\sin^2 x\mathrm{d}x$；

(10) $\int (\mathrm{e}^x\sin x)^2\mathrm{d}x$；

(11) $\int x^3\mathrm{e}^{x^2}\mathrm{d}x$；

(12) $\int \frac{x^4}{(1+x^2)^2}\mathrm{d}x$；

(13) $\int \frac{\ln\ln x}{x}\mathrm{d}x$；

(14) $\int \frac{x\mathrm{e}^x}{(\mathrm{e}^x+1)^2}\mathrm{d}x$；

*(15) $\int \frac{x\mathrm{e}^x}{(x+1)^2}\mathrm{d}x$；

(16) $\int \mathrm{e}^{\sin x}(x\cos x-\tan x\sec x)\mathrm{d}x$；

(17) $\int (\arcsin x)^2\mathrm{d}x$；

(18) $\int x\arcsin x\mathrm{d}x$.

§5.3

10. 求下列不定积分：

(1) $\int \frac{\mathrm{d}x}{x^2-3x}$；

(2) $\int \frac{\mathrm{d}x}{x^2+2x-15}$；

(3) $\int \frac{8x-13}{x^2+2x+5}\mathrm{d}x$；

(4) $\int \frac{2x+3}{9x^2+6x-15}\mathrm{d}x$；

(5) $\int \frac{x^2\mathrm{d}x}{1-x^4}$；

(6) $\int \frac{x}{\sqrt{2x+x^2}}\mathrm{d}x$；

(7) $\int x\sqrt{4x-x^2}\,\mathrm{d}x$；

(8) $\int \frac{x+2}{\sqrt{4x^2+4x+5}}\mathrm{d}x$；

(9) $\int \sqrt{\frac{1-x}{1+x}}\frac{\mathrm{d}x}{x}$；

(10) $\int \frac{\mathrm{d}x}{1+\sin x}$；

(11) $\int \frac{\mathrm{d}x}{\sin x+\cos x}$；

(12) $\int \frac{\mathrm{d}x}{(2+\cos x)\sin x}$；

(13) $\int \frac{\ln x}{(1-x)^2}\mathrm{d}x$；

*(14) $\int \frac{1+x^2+x^4}{x^3(1+x^2)}\ln(1+x^2)\mathrm{d}x$.

11. 设当 $x>0$ 时 $\frac{\mathrm{e}^{-x}}{x}$ 是 $f(x)$ 的一个原函数，求 $\int xf''(x)\mathrm{d}x\,(x>0)$.

12. 设当 $x>0$ 时 $f'(x^2)=\frac{1}{x}$，求 $f(x)$.

13. 设 $f'(\ln x)=\begin{cases}1, & 0<x\leqslant 1,\\ x, & x>1,\end{cases}$ 且 $f(0)=0$，求 $f(x)$.

*14. 设函数 $y=f(x)$ 在某区间 I 上具有连续导数，$f'(x)\neq 0$，$x=\varphi(y)$ 是 $y=f(x)$ 的反函数．$\Phi(y)$ 是 $\varphi(y)$ 的一个原函数，$F(x)$ 是 $f(x)$ 的一个原函数，证明：

(1) $\int f(x)\mathrm{d}x = xf(x)-\Phi(f(x))+C$；

(2) $\int \varphi(y) \mathrm{d}y = y\varphi(y) - F(\varphi(y)) + C.$

习题五参考答案与提示

6

第六章　定积分及其应用

定积分是某种和的极限,来源于求面积、做功等问题.它与不定积分来源不同,但被证明关系十分密切.本章介绍定积分的概念、性质、计算与应用,以及与定积分有关的一些证明题.反常积分也放在本章中介绍.

§6.1　定积分的概念

一、引入定积分的两个重要例子

例 1　求曲边梯形的面积.

设由曲线 $y=f(x)$, $x\in[a,b]$, $f(x)\geqslant 0$,两直线 $x=a$, $x=b$ 以及 x 轴围成的图形称为曲边梯形,如图 6-1 所示.

图 6-1

怎样确定曲边梯形的面积? 怎么求此面积?

如果 $f(x)$ 恒等于某常数 h,那么此曲边梯形实际是一个矩形,由"矩形面积=高×底"来计算:

$$A=h\cdot(b-a).\tag{6.1}$$

但一般情况下,$y=f(x)$ 不是常量,$f(x)$ 随 x 而变化,因此无法

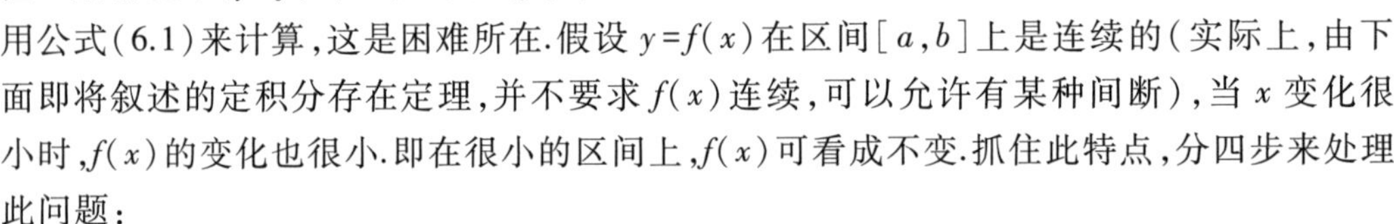

用公式(6.1)来计算,这是困难所在.假设 $y=f(x)$ 在区间 $[a,b]$ 上是连续的(实际上,由下面即将叙述的定积分存在定理,并不要求 $f(x)$ 连续,可以允许有某种间断),当 x 变化很小时,$f(x)$ 的变化也很小.即在很小的区间上,$f(x)$ 可看成不变.抓住此特点,分四步来处理此问题:

(1) 分割:任意取 $n-1$ 个分点(加上头和尾共 $n+1$ 个)

$$a=x_0<x_1<x_2<\cdots<x_{i-1}<x_i<\cdots<x_{n-1}<x_n=b,\tag{6.2}$$

将区间 $[a,b]$ 分成 n 个小区间 $[x_{i-1},x_i]$ $(i=1,2,\cdots,n)$,记

$$\Delta x_i=x_i-x_{i-1},\tag{6.3}$$

同时将原曲边梯形分割成 n 个小曲边梯形(如图 6-2 所示).

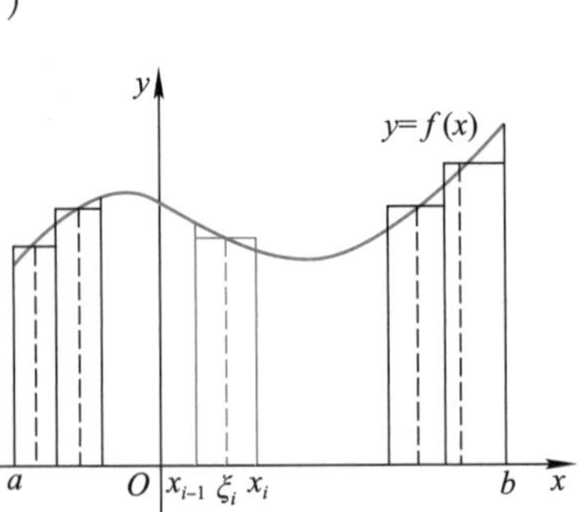

图 6-2

(2) 取近似:在每个小区间 $[x_{i-1},x_i]$ 上任意取一点 $\xi_i\in[x_{i-1},x_i]$,以 $x=\xi_i$ 处的纵坐标 $f(\xi_i)\geqslant 0$ 为高,以 Δx_i

为底作小矩形，以此小矩形的面积 $f(\xi_i)\Delta x_i$ 作为小曲边梯形面积的近似值($i=1,2,\cdots,n$).

(3) 求和：这 n 个小矩形面积之和，即台阶形面积

$$\sum_{i=1}^{n} f(\xi_i)\Delta x_i \tag{6.4}$$

便是所求面积的近似值.

(4) 取极限：令 λ 表示 n 个小区间 $[x_{i-1},x_i]$ ($i=1,2,\cdots,n$) 中最大的区间长度，即 $\lambda=\max\limits_{1\leqslant i\leqslant n}\{\Delta x_i\}$，若极限

$$\lim_{\lambda\to 0}\sum_{i=1}^{n} f(\xi_i)\Delta x_i \tag{6.5}$$

存在，自然就认为此极限值便是所求的曲边梯形的面积.

例 2　变力做功问题.

设质点 M 沿 x 轴从点 $x=a$ 在力 $f(x)$ 作用下运动到点 $x=b(b>a)$，求其所做的功.

如果力 $f(x)\equiv$ 常数 f，那么由物理公式“功=力×距离”，有

$$W=f\cdot(b-a). \tag{6.6}$$

但在力 $f(x)$ 不是常量的情况下，如何来计算变力做功的问题呢？如同例 1 那样，采取四步：

(1) 分割：任意取 $n-1$ 个分点(加上头和尾共 $n+1$ 个)

$$a=x_0<x_1<x_2<\cdots<x_{i-1}<x_i<\cdots<x_{n-1}<x_n=b,$$

将从 $x=a$ 到 $x=b$ 分成 n 段，记 $\Delta x_i=x_i-x_{i-1}$. 在这同时，从 $x=a$ 到 $x=b$ 所做的功被分成 n 段小区间 $[x_{i-1},x_i]$ 所做的功的和.

(2) 取近似：在每个小区间 $[x_{i-1},x_i]$ 上任意取一点 $\xi_i\in[x_{i-1},x_i]$，以 $x=\xi_i$ 处的力 $f(\xi_i)$ 作为从 $x=x_{i-1}$ 到 $x=x_i$ 整段上的力，从而以 $f(\xi_i)\Delta x_i$ 作为力 $f(x)$ 从 $x=x_{i-1}$ 到 $x=x_i$ 所做的功的近似值($i=1,2,\cdots,n$).

(3) 求和：这 n 段上变力所做的功的近似值之和

$$\sum_{i=1}^{n} f(\xi_i)\Delta x_i$$

便是所求功的近似值.

(4) 取极限：令 λ 同例 1，若极限

$$\lim_{\lambda\to 0}\sum_{i=1}^{n} f(\xi_i)\Delta x_i$$

存在，自然就认为此极限值便是变力 $f(x)$ 从 $x=a$ 到 $x=b$ 所做的功.

以上讨论的两个问题，虽然具体意义不同，但从数量关系上以及解决问题的方法上来看，可归结为同一数学模型. 下面就抓住它们的数学特征，抽象出定积分概念.

二、定积分定义

定义 6.1　设函数 $f(x)$ 在闭区间 $[a,b]$ 上有定义且有界，作下面四步：

(1) 分割：任意取 $n-1$ 个分点(加上头和尾共 $n+1$ 个)

$$a=x_0<x_1<\cdots<x_{i-1}<x_i<\cdots<x_{n-1}<x_n=b$$

划分区间$[a,b]$，记

$$\Delta x_i = x_i - x_{i-1},\quad i=1,2,\cdots,n.$$

(2) 作乘积：在每个小区间$[x_{i-1},x_i]$上任意取一点$\xi_i\in[x_{i-1},x_i]$，作乘积

$$f(\xi_i)\Delta x_i\quad (i=1,2,\cdots,n).$$

(3) 求和：

$$\sum_{i=1}^{n} f(\xi_i)\Delta x_i.$$

(4) 取极限：记$\lambda=\max\limits_{1\leqslant i\leqslant n}\{\Delta x_i\}$，如果不论对$[a,b]$的何种分法，点$\xi_i\in[x_{i-1},x_i]$的何种取法，极限

$$\lim_{\lambda\to 0}\sum_{i=1}^{n} f(\xi_i)\Delta x_i$$

都存在，且与$[a,b]$的分法及ξ_i的取法无关，那么称这个极限值I为函数$f(x)$在区间$[a,b]$上的定积分，记作

$$I=\int_a^b f(x)\,\mathrm{d}x=\lim_{\lambda\to 0}\sum_{i=1}^{n} f(\xi_i)\Delta x_i, \tag{6.7}$$

其中a与b分别称为定积分的下限与上限，$[a,b]$称为积分区间，x称为积分变量，$f(x)$称为被积函数，$f(x)\mathrm{d}x$称为被积表达式. □

由定义及例1可见，若$f(x)\geqslant 0$，则定积分

$$\int_a^b f(x)\,\mathrm{d}x$$

在几何上表示由曲线$y=f(x)$，$x=a$，$x=b$以及x轴围成的曲边梯形的面积，这就是通常所说的定积分的几何意义.

如果在闭区间$[a,b]$上$f(x)$既可以取到正值又可取到负值，那么$\sum\limits_{i=1}^{n} f(\xi_i)\Delta x_i$表示台阶形面积的代数和，从而可知，定积分$\int_a^b f(x)\mathrm{d}x$在几何上表示由曲线$y=f(x)$，$x=a$，$x=b$及$x$轴围成的图形的面积代数和. 如果计算真正的面积，那么应是$\int_a^b |f(x)|\,\mathrm{d}x$.

由定义可知

$$\int_a^b \mathrm{d}x=\lim_{\lambda\to 0}\sum_{i=1}^{n} 1\Delta x_i=b-a,$$

表示区间$[a,b]$的长.

以上的定积分定义中，下限a小于上限b. 但实际上，也要讨论从$x=b$到$x=a(b>a)$的做功问题. 对于一般的$f(x)$，在$x=b$到$x=a(b>a)$之间插入$n-1$个分点：

$$b=x_0>x_1>\cdots>x_{i-1}>x_i>\cdots>x_n=a,$$

记$\Delta x_i=x_i-x_{i-1}<0$，在每个小区间$[x_i,x_{i-1}]$上任意取一点$x=\xi_i\in[x_i,x_{i-1}]$，作乘积$f(\xi_i)\Delta x_i(i=1,2,\cdots,n)$及和式$\sum\limits_{i=1}^{n} f(\xi_i)\Delta x_i$. 记$\lambda=\max\limits_{1\leqslant i\leqslant n}\{|\Delta x_i|\}$. 若极限

$$\lim_{\lambda\to 0}\sum_{i=1}^{n} f(\xi_i)\Delta x_i$$

存在,且与$[b,a]$的分法及ξ_i的取法无关,则此极限称为$f(x)$从$x=b$到$x=a$的定积分,记作

$$\int_b^a f(x)\,\mathrm{d}x = \lim_{\lambda \to 0} \sum_{i=1}^{n} f(\xi_i)\Delta x_i.$$

可见$\int_a^b f(x)\,\mathrm{d}x$与$\int_b^a f(x)\,\mathrm{d}x$的差异仅在于$\Delta x_i$差一个符号,故有

$$\int_b^a f(x)\,\mathrm{d}x = -\int_a^b f(x)\,\mathrm{d}x. \tag{6.8}$$

即:交换定积分上、下限的次序,积分的值仅差一个符号.

此外,为了以后的需要,自然规定

$$\int_a^a f(x)\,\mathrm{d}x = 0. \tag{6.9}$$

定积分的值与积分变量的记号无关,即有

$$\int_a^b f(x)\,\mathrm{d}x = \int_a^b f(t)\,\mathrm{d}t. \tag{6.10}$$

这是因为由定义可见,定积分的值只与被积函数和积分区间有关.

三、定积分的存在定理

在什么条件下,保证(6.7)式定义的定积分存在? 在此不给出证明,仅叙述两个存在定理.

定理 6.1(定积分存在定理) 设函数$f(x)$在闭区间$[a,b]$上连续,则定积分$\int_a^b f(x)\,\mathrm{d}x$存在.

定理 6.2(定积分存在定理) 设函数$f(x)$在闭区间$[a,b]$上有界,且只有有限个间断点,则定积分$\int_a^b f(x)\,\mathrm{d}x$存在.

定积分$\int_a^b f(x)\,\mathrm{d}x$存在,称$f(x)$在$[a,b]$上**可积**.以上两个定理分别是$f(x)$在$[a,b]$上可积的充分条件.

例 3 求定积分$\int_0^1 x^2\,\mathrm{d}x$.

解 由于被积函数$f(x)=x^2$在闭区间$[0,1]$上连续,所以定积分$\int_0^1 x^2\,\mathrm{d}x$存在,因此不论区间$[0,1]$如何划分,$\xi_i$如何取,极限$\lim\limits_{\lambda \to 0}\sum\limits_{i=1}^{n}(\xi_i)^2\Delta x_i$总存在,且与$[0,1]$的分法及$\xi_i$的取法无关. 现在取一种特殊的分法——等分,从而$\Delta x_i = \dfrac{1}{n}(i=1,2,\cdots,n)$,$\xi_i \in \left[\dfrac{i-1}{n},\dfrac{i}{n}\right]$,取小区间的右端点$\xi_i = \dfrac{i}{n}(i=1,2,\cdots,n)$,$\lambda \to 0$对应于$n \to \infty$,从而定积分

$$\int_0^1 x^2\,\mathrm{d}x = \lim_{n \to \infty}\sum_{i=1}^{n}\left(\frac{i}{n}\right)^2\frac{1}{n} = \lim_{n \to \infty}\frac{1}{n^3}\sum_{i=1}^{n} i^2$$

$$= \lim_{n\to\infty} \frac{1}{n^3}(1^2 + 2^2 + \cdots + n^2)$$

$$= \lim_{n\to\infty} \frac{n(n+1)(2n+1)}{6n^3} = \frac{1}{3}.$$

可见,即使取一种特殊的分法和取特殊的 ξ_i,按定义计算定积分仍是一件十分复杂的事.这也迫使人们去寻找切实可行的有效方法来计算定积分.为此,要从定积分的性质入手.

§6.2 定积分的性质及微积分学基本定理

一、定积分的基本性质

以下假设所考虑的函数在所讨论的区间上均可积.

性质 1 设 A 是常数,则

$$\int_a^b Af(x)\,\mathrm{d}x = A\int_a^b f(x)\,\mathrm{d}x.$$

此性质的证明很简单.求和时,可将常数因子从和式中提出来;求极限时,常数因子也可以从极限符号中提出,由此便知本性质成立.

性质 2 $\int_a^b [f(x) + g(x)]\,\mathrm{d}x = \int_a^b f(x)\,\mathrm{d}x + \int_a^b g(x)\,\mathrm{d}x.$

证明 根据假设,$\int_a^b f(x)\,\mathrm{d}x$ 与 $\int_a^b g(x)\,\mathrm{d}x$ 都存在,采用相同的分法及 ξ_i 相同的取法,从而

$$\lim_{\lambda\to 0}\sum_{i=1}^{n}[f(\xi_i) + g(\xi_i)]\Delta x_i = \lim_{\lambda\to 0}\sum_{i=1}^{n} f(\xi_i)\Delta x_i + \lim_{\lambda\to 0}\sum_{i=1}^{n} g(\xi_i)\Delta x_i$$

$$= \int_a^b f(x)\,\mathrm{d}x + \int_a^b g(x)\,\mathrm{d}x,$$

所以

$$\int_a^b [f(x) + g(x)]\,\mathrm{d}x = \int_a^b f(x)\,\mathrm{d}x + \int_a^b g(x)\,\mathrm{d}x.$$

证毕.

性质 3 $\int_a^b f(x)\,\mathrm{d}x = \int_a^c f(x)\,\mathrm{d}x + \int_c^b f(x)\,\mathrm{d}x.$

(不论 $a<c<b$,还是 c 在区间 $[a,b]$ 之外,只要在最大的区间上 $f(x)$ 可积,此性质都成立.)

证明 先设 $a<c<b$.按假定,定积分 $\int_a^b f(x)\,\mathrm{d}x$ 存在,取 c 为一个分点,分别以 $\sum\limits_{[a,c]}$ 与 $\sum\limits_{[c,b]}$ 表示 $f(x)$ 在区间 $[a,c]$ 与 $[c,b]$ 上的一种分法求和,$\sum\limits_{[a,b]}$ 表示这两种分法求和合在一起的一种分法求和,于是

$$\sum_{[a,b]} f(\xi_i)\Delta x_i = \sum_{[a,c]} f(\xi_i)\Delta x_i + \sum_{[c,b]} f(\xi_i)\Delta x_i.$$

令 $\lambda=\max\limits_{1\leqslant i\leqslant n}\{\Delta x_i\}$，从而有

$$\lim_{\lambda\to 0}\sum_{[a,b]}f(\xi_i)\Delta x_i=\lim_{\lambda\to 0}\sum_{[a,c]}f(\xi_i)\Delta x_i+\lim_{\lambda\to 0}\sum_{[c,b]}f(\xi_i)\Delta x_i$$
$$=\int_a^c f(x)\,\mathrm{d}x+\int_c^b f(x)\,\mathrm{d}x,$$

即证明了 $\int_a^b f(x)\,\mathrm{d}x=\int_a^c f(x)\,\mathrm{d}x+\int_c^b f(x)\,\mathrm{d}x.$

至于 c 在区间 $[a,b]$ 之外，例如设 $a<b<c$，则由已证有

$$\int_a^c f(x)\,\mathrm{d}x=\int_a^b f(x)\,\mathrm{d}x+\int_b^c f(x)\,\mathrm{d}x,$$

再由(6.8)式，$\int_b^c f(x)\,\mathrm{d}x=-\int_c^b f(x)\,\mathrm{d}x$，代入并移项便得欲证等式.证毕.

性质 4 设 $f(x)\geqslant 0,a<b$，则

$$\int_a^b f(x)\,\mathrm{d}x\geqslant 0.$$

证明 由于 $f(x)\geqslant 0$ 及 $a<b$，所以 $f(\xi_i)\geqslant 0,\Delta x_i>0$，从而

$$\int_a^b f(x)\,\mathrm{d}x=\lim_{\lambda\to 0}\sum_{i=1}^{n}f(\xi_i)\Delta x_i\geqslant 0.$$

推论 1 设 $f(x)\geqslant g(x),a<b$，则

$$\int_a^b f(x)\,\mathrm{d}x\geqslant\int_a^b g(x)\,\mathrm{d}x.$$

推论 2 $\left|\int_a^b f(x)\,\mathrm{d}x\right|\leqslant\int_a^b|f(x)|\,\mathrm{d}x,a<b.$

证明 因为 $-|f(x)|\leqslant f(x)\leqslant|f(x)|$，由推论 1，有

$$-\int_a^b|f(x)|\,\mathrm{d}x\leqslant\int_a^b f(x)\,\mathrm{d}x\leqslant\int_a^b|f(x)|\,\mathrm{d}x,$$

由绝对值不等式的性质立即可得推论 2.

性质 4 以及它的两个推论，常称为定积分不等式性质，实际上更常用也更有用的是下面的性质 5.

性质 5 设 $f(x)$ 在闭区间 $[a,b]$ 上连续，$f(x)\geqslant 0$，且至少存在一点 $x_1\in[a,b]$ 使 $f(x_1)>0$，则

$$\int_a^b f(x)\,\mathrm{d}x>0.$$

证明 不妨设 x_1 位于开区间 (a,b) 内部.若 $x_1=a$ 或 $x_1=b$，其证明是类似的.

由于 $f(x)$ 在 $x=x_1$ 处连续，故 $\lim\limits_{x\to x_1}f(x)=f(x_1)>0$.由定理 2.9(局部保号性)知，存在包含 x_1 在内的区间 $[x_1-\delta,x_1+\delta]$，使 $[x_1-\delta,x_1+\delta]\subset(a,b)$，且当 $x\in[x_1-\delta,x_1+\delta]$ 时 $f(x)>\frac{1}{2}f(x_1)$，从而

$$\int_a^b f(x)\,\mathrm{d}x=\int_a^{x_1-\delta}f(x)\,\mathrm{d}x+\int_{x_1-\delta}^{x_1+\delta}f(x)\,\mathrm{d}x+\int_{x_1+\delta}^{b}f(x)\,\mathrm{d}x.$$

由性质 4 及其推论 1，有

$$\int_a^{x_1-\delta} f(x)\,\mathrm{d}x \geqslant 0, \quad \int_{x_1+\delta}^b f(x)\,\mathrm{d}x \geqslant 0,$$

$$\int_{x_1-\delta}^{x_1+\delta} f(x)\,\mathrm{d}x \geqslant \int_{x_1-\delta}^{x_1+\delta} \frac{1}{2} f(x_1)\,\mathrm{d}x = \frac{1}{2} f(x_1) \int_{x_1-\delta}^{x_1+\delta} \mathrm{d}x = \delta f(x_1) > 0.$$

于是推知 $\int_a^b f(x)\,\mathrm{d}x > 0$. 证毕.

例如，在[0,1]上，$x^2 \geqslant x^3$，且仅在 $x=0$ 及 $x=1$ 处 $x^2=x^3$，由性质 5 有 $\int_0^1 x^2\,\mathrm{d}x > \int_0^1 x^3\,\mathrm{d}x$.

性质 6（积分中值定理） 设 $f(x)$ 在闭区间 $[a,b]$ 上连续，则至少存在一点 $\xi \in (a,b)$ 使

$$\int_a^b f(x)\,\mathrm{d}x = f(\xi)(b-a). \tag{6.11}$$

证明 因为 $f(x)$ 在 $[a,b]$ 上连续，所以 $\int_a^b f(x)\,\mathrm{d}x$ 存在. 记

$$\frac{\int_a^b f(x)\,\mathrm{d}x}{b-a} = h,$$

有

$$\int_a^b f(x)\,\mathrm{d}x = h(b-a) = \int_a^b h\,\mathrm{d}x,$$

从而

$$\int_a^b [f(x)-h]\,\mathrm{d}x = 0.$$

以下用反证法. 设不存在 $\xi \in (a,b)$ 使 $f(\xi)=h$，则由 $f(x)$ 的连续性知，要么在 (a,b) 内 $f(x)$ 恒大于 h，至多在端点处 $f(x)=h$，从而由性质 5，$\int_a^b (f(x)-h)\,\mathrm{d}x > 0$；要么在 (a,b) 内 $f(x)$ 恒小于 h，从而 $\int_a^b (f(x)-h)\,\mathrm{d}x < 0$. 都与 $\int_a^b (f(x)-h)\,\mathrm{d}x = 0$ 矛盾. 故存在 $\xi \in (a,b)$ 使 $f(\xi)=h$，从而(6.11)式成立. 证毕.

注 前面已说过，$\int_a^b f(x)\,\mathrm{d}x$ 在几何上表示由曲线 $y=f(x)$，$x=a$，$x=b$ 及 x 轴围成的图形的面积的代数和，(6.11)式表明，$\int_a^b f(x)\,\mathrm{d}x$ 相当于一块矩形的面积，它的底为 $(b-a)$，高为 $f(\xi)$. 从而

$$f(\xi) = \frac{\int_a^b f(x)\,\mathrm{d}x}{b-a}$$

表示此矩形的高，即此曲线 $y=f(x)$ 在区间 $[a,b]$ 上的平均高度. 通常称

$$\bar{f} = \frac{\int_a^b f(x)\,\mathrm{d}x}{b-a} \tag{6.12}$$

为函数 $f(x)$ 在 $[a,b]$ 上的平均值.

二、变上限积分定义的函数及变上限积分的求导定理

设 $f(x)$ 在区间 I 上连续，$a\in I, x\in I$，积分

$$\int_a^x f(t)\,\mathrm{d}t \tag{6.13}$$

的值与下限 a、上限 x 以及函数 f 有关，与表示积分变量的字母无关.固定 a 与函数 f，让 $x\in I$，称(6.13)式为变上限积分定义的函数，简称变上限函数.现在讨论此函数对变上限 x 的求导问题.

定理 6.3（变上限函数对变上限的求导定理）

设 $f(x)$ 在区间 I 上连续，$a\in I, x\in I$，则

$$\left(\int_a^x f(t)\,\mathrm{d}t\right)_x' = f(x). \tag{6.14}$$

证明 记 $\Phi(x)=\int_a^x f(t)\,\mathrm{d}t$，按定义写出 $\Phi'(x)$ 的极限表达式：

$$\begin{aligned}\Phi'(x) &= \lim_{\Delta x\to 0}\frac{\Phi(x+\Delta x)-\Phi(x)}{\Delta x}\\ &= \lim_{\Delta x\to 0}\frac{\int_a^{x+\Delta x} f(t)\,\mathrm{d}t-\int_a^x f(t)\,\mathrm{d}t}{\Delta x}\\ &= \lim_{\Delta x\to 0}\frac{\int_x^{x+\Delta x} f(t)\,\mathrm{d}t}{\Delta x}=\lim_{\Delta x\to 0}\frac{f(\xi)\Delta x}{\Delta x}\\ &= \lim_{\Delta x\to 0} f(\xi),\end{aligned}$$

这里 ξ 介于 x 与 $x+\Delta x$ 之间，当 $\Delta x\to 0$ 时 $\xi\to x$.由函数 f 的连续性有 $\lim\limits_{\Delta x\to 0} f(\xi)=f(x)$.证毕.

注 如果 I 为闭区间 $[a,b]$，x 为端点，例如右端点 b，那么上述证明中 $\Delta x<0$，所以得到的是左导数 $\Phi_-'(b)$.类似地，如果 x 为左端点 a，那么上述证明中 $\Delta x>0$，得到的是右导数 $\Phi_+'(a)$.其他情形得到的是导数 $\Phi'(x)$.

上述定理十分重要，表明在 $f(x)$ 连续的条件下，$f(x)$ 的变上限积分与 $f(x)$ 的原函数之间的关系.即有

推论 设 $f(x)$ 在区间 I 上连续，$a\in I, x\in I$，则 $\int_a^x f(t)\,\mathrm{d}t$ 是 $f(x)$ 的一个原函数（表明连续函数必存在原函数，即 §5.1 的定理 5.2（原函数存在定理））.从而可见 $f(x)$ 的不定积分可以表示成

$$\int f(x)\,\mathrm{d}x=\int_a^x f(t)\,\mathrm{d}t+C. \tag{6.15}$$

换言之，如果 $F(x)$ 是 $f(x)$ 在区间 I 上的一个原函数，那么 $\int_a^x f(t)\,\mathrm{d}t$ 与 $F(x)$ 之差必是某一常数：

$$\int_a^x f(t)\,\mathrm{d}t=F(x)+C_0. \tag{6.16}$$

三、牛顿-莱布尼茨公式(微积分学基本定理)

定理 6.4 设 $f(x)$ 在闭区间 $[a,b]$ 上连续, $F(x)$ 是 $f(x)$ 的任意一个原函数,则有

$$\int_a^b f(x)\,\mathrm{d}x = F(b) - F(a), \tag{6.17}$$

此称牛顿-莱布尼茨(Newton-Leibniz)公式.

证明 由(6.16)式,以 $x=a$ 代入,有

$$\int_a^a f(x)\,\mathrm{d}x = F(a) + C_0,$$

由(6.9)式知上式左边为零,所以 $C_0=-F(a)$. 于是(6.16)式成为

$$\int_a^x f(t)\,\mathrm{d}t = F(x) - F(a).$$

再以 $x=b$ 代入,得(6.17)式. 证毕.

在使用时,常将公式(6.17) 中间再添过渡一步而写成:

$$\int_a^b f(x)\,\mathrm{d}x = F(x)\Big|_a^b = F(b) - F(a). \tag{6.18}$$

例如对于 §6.1 例 3,由牛顿-莱布尼茨公式有

$$\int_0^1 x^2\,\mathrm{d}x = \frac{1}{3}x^3\Big|_0^1 = \frac{1}{3} - 0 = \frac{1}{3}.$$

有了公式(6.18),基本上解决了定积分的计算问题.

例 1 求 $\int_{-2}^2 \frac{1}{4+x^2}\mathrm{d}x$.

解 先由基本积分表得到 $\frac{1}{4+x^2}$ 的一个原函数,为 $\frac{1}{2}\arctan\frac{x}{2}$, 于是由牛顿-莱布尼茨公式,有

$$\begin{aligned}\int_{-2}^2 \frac{1}{4+x^2}\mathrm{d}x &= \frac{1}{2}\arctan\frac{x}{2}\Big|_{-2}^2\\ &= \frac{1}{2}(\arctan 1 - \arctan(-1))\\ &= \frac{\pi}{4}.\end{aligned}$$

例 2 求 $\int_0^1 (1+x\mathrm{e}^{-x^2})\mathrm{d}x$.

解
$$\begin{aligned}\int_0^1 (1+x\mathrm{e}^{-x^2})\mathrm{d}x &= \int_0^1 1\mathrm{d}x + \int_0^1 x\mathrm{e}^{-x^2}\mathrm{d}x\\ &= x\Big|_0^1 - \frac{1}{2}\int_0^1 \mathrm{e}^{-x^2}\mathrm{d}(-x^2)\\ &= 1 - 0 - \frac{1}{2}\mathrm{e}^{-x^2}\Big|_0^1\\ &= 1 - \frac{1}{2}(\mathrm{e}^{-1} - 1)\end{aligned}$$

$$= \frac{3}{2} - \frac{1}{2e}.$$

例 3　设 $f(x)=\begin{cases}2+x^2, & x\leqslant 0,\\ e^{-x}, & x>0,\end{cases}$ 求 $\int_1^3 f(x-2)\,dx$.

解　先写出 $f(x-2)$ 的表达式，

$$f(x-2)=\begin{cases}2+(x-2)^2, & x\leqslant 2,\\ e^{-(x-2)}, & x>2.\end{cases}$$

再由分段表达式的分段区间，按本节一中的定积分性质 3 分段积分：

$$\begin{aligned}\int_1^3 f(x-2)\,dx &= \int_1^2 [2+(x-2)^2]\,dx+\int_2^3 e^{-(x-2)}\,dx\\ &= \left[2x+\frac{1}{3}(x-2)^3\right]\Bigg|_1^2 - e^{-(x-2)}\Big|_2^3\\ &= 4-2+\frac{1}{3}-e^{-1}+1=\frac{10}{3}-e^{-1}.\end{aligned}$$

例 4　求 $\int_0^{\pi}\sqrt{1-\sin 2x}\,dx$.

分析　利用三角公式，

$$1-\sin 2x=\cos^2 x+\sin^2 x-2\sin x\cos x=(\cos x-\sin x)^2,$$

$$\sqrt{1-\sin 2x}=|\cos x-\sin x|.$$

被积函数带绝对值号的定积分，应区分哪一段上 $|\cos x-\sin x|=\cos x-\sin x$，哪一段上 $|\cos x-\sin x|=\sin x-\cos x$，然后进行分段积分.

解

$$\begin{aligned}\int_0^{\pi}\sqrt{1-\sin 2x}\,dx &= \int_0^{\pi}|\cos x-\sin x|\,dx\\ &= \int_0^{\frac{\pi}{4}}(\cos x-\sin x)\,dx+\int_{\frac{\pi}{4}}^{\pi}(\sin x-\cos x)\,dx\\ &= (\sin x+\cos x)\Big|_0^{\frac{\pi}{4}} - (\cos x+\sin x)\Big|_{\frac{\pi}{4}}^{\pi}\\ &= \left(\frac{\sqrt{2}}{2}+\frac{\sqrt{2}}{2}\right)-1-\left[-1+0-\left(\frac{\sqrt{2}}{2}+\frac{\sqrt{2}}{2}\right)\right]\\ &= 2\sqrt{2}.\end{aligned}$$

例 5　求 $f(x)=\sin x$ 在区间 $[0,\pi]$ 上的平均值.

解　按平均值公式(6.12)，有

$$\begin{aligned}\bar{f} &= \frac{1}{\pi-0}\int_0^{\pi}\sin x\,dx=\frac{1}{\pi}(-\cos x)\Big|_0^{\pi}\\ &= \frac{1}{\pi}[1-(-1)]=\frac{2}{\pi}.\end{aligned}$$

四、利用积分和式求某种特定形式的极限

定积分是某种和的极限，因此利用定积分可以求某种特殊的和的极限. 设 u_n 可以

写成

$$u_n=\frac{1}{n}\sum_{i=1}^{n}f\left(\frac{i}{n}\right),$$

其中 $f(x)$ 为区间 $[0,1]$ 上的连续函数，将 $\frac{1}{n}$ 看成 $\Delta x_i(i=1,2,\cdots,n)$，$\frac{i}{n}=\xi_i\in\left[\frac{i-1}{n},\frac{i}{n}\right]$，从而知上述和式为 $f(x)$ 在区间 $[0,1]$ 上的一种特定的积分和. 由于 $f(x)$ 在 $[0,1]$ 上连续，所以不论区间如何划分，ξ_i 如何取，积分和式的极限总存在，从而

$$\lim_{n\to\infty}u_n=\lim_{n\to\infty}\frac{1}{n}\sum_{i=1}^{n}f\left(\frac{i}{n}\right)=\int_0^1 f(x)\,\mathrm{d}x. \tag{6.19}$$

例 6　求 $\lim\limits_{n\to\infty}\left(\frac{1}{n^2+1^2}+\frac{2}{n^2+2^2}+\cdots+\frac{n}{n^2+n^2}\right)$.

解　记 $u_n=\frac{1}{n^2+1^2}+\frac{2}{n^2+2^2}+\cdots+\frac{n}{n^2+n^2}$，将它改写为

$$\begin{aligned}u_n&=\frac{1}{n}\left[\frac{1/n}{1+(1/n)^2}+\frac{2/n}{1+(2/n)^2}+\cdots+\frac{n/n}{1+(n/n)^2}\right]\\&=\frac{1}{n}\sum_{i=1}^{n}\frac{i/n}{1+(i/n)^2}.\end{aligned}$$

令 $f(x)=\frac{x}{1+x^2}$，$x\in[0,1]$，从而

$$u_n=\frac{1}{n}\sum_{i=1}^{n}f\left(\frac{i}{n}\right),$$

$$\begin{aligned}\lim_{n\to\infty}u_n&=\lim_{n\to\infty}\frac{1}{n}\sum_{i=1}^{n}f\left(\frac{i}{n}\right)=\int_0^1 f(x)\,\mathrm{d}x\\&=\int_0^1\frac{x}{1+x^2}\mathrm{d}x=\frac{1}{2}\ln\left(1+x^2\right)\Big|_0^1=\frac{1}{2}\ln 2.\end{aligned}$$

可见能否利用积分和式求极限，改写、变形十分重要，必须使和式中能提出 $\frac{1}{n}$ 这么一个因式，余下的为 $f\left(\frac{i}{n}\right)$ 的求和形式.

§6.3　定积分的换元法与分部积分法

用牛顿-莱布尼茨公式计算定积分的第一步就是先求出原函数，而求原函数（不定积分）的过程中，有换元法与分部积分法，那么求定积分时，是否也有换元法与分部积分法？下面就来介绍这两种方法.

一、定积分的换元法

定理 6.5　对于积分 $\int_a^b f(x)\,\mathrm{d}x$，设 $f(x)$ 在闭区间 $[a,b]$ 上连续，作积分变量变换 $x=$

$\varphi(t)$,设满足

(1) $x=a$ 对应 $t=\alpha$;$x=b$ 对应 $t=\beta$,即 $a=\varphi(\alpha)$,$b=\varphi(\beta)$;

(2) 当 t 在以 α,β 为端点的闭区间上变动时,函数 $x=\varphi(t)$ 的值域不超出区间 $[a,b]$,并设 $\varphi'(t)$ 也连续,

则有定积分的换元公式:

$$\int_a^b f(x)\,\mathrm{d}x = \int_\alpha^\beta f(\varphi(t))\varphi'(t)\,\mathrm{d}t. \tag{6.20}$$

证明 设 $F(x)$ 是 $f(x)$ 的一个原函数,则(6.20)式左边:

$$\int_a^b f(x)\,\mathrm{d}x = F(b) - F(a).$$

另一方面,

$$\frac{\mathrm{d}}{\mathrm{d}t}F(\varphi(t)) = F'(\varphi(t))\varphi'(t) = f(\varphi(t))\varphi'(t),$$

由牛顿-莱布尼茨公式,有

$$\begin{aligned}\int_\alpha^\beta f(\varphi(t))\varphi'(t)\,\mathrm{d}t &= F(\varphi(t))\Big|_\alpha^\beta = F(\varphi(\beta)) - F(\varphi(\alpha))\\ &= F(b) - F(a).\end{aligned}$$

(6.20)式的左边等于(6.20)式的右边,所以(6.20)式成立.证毕.

定理 6.5 告诉我们,在定理 6.5 的条件下,x 的上、下限,应相应地换成 t 对应的值作为新的上、下限,而不必像不定积分那样需要还原成原变量.公式(6.20)称为定积分的换元法积分公式.

注意,公式(6.20)中,α 与 β 分别由 $a=\varphi(\alpha)$ 与 $b=\varphi(\beta)$ 确定.确定出什么就是什么,可能 $\alpha<\beta$,也可能 $\alpha>\beta$.

例 1 求 $\displaystyle\int_0^5 \frac{x+1}{\sqrt{3x+1}}\mathrm{d}x$.

解 作变量变换 $\sqrt{3x+1}=t$,$x=\dfrac{1}{3}(t^2-1)$,有 $\mathrm{d}x=\dfrac{2}{3}t\mathrm{d}t$,且当 $x=0$ 时 $t=1$;当 $x=5$ 时 $t=4$.于是

$$\begin{aligned}\int_0^5 \frac{x+1}{\sqrt{3x+1}}\mathrm{d}x &= \int_1^4 \frac{2}{3}\left[\frac{1}{3}(t^2-1)+1\right]\mathrm{d}t = \int_1^4\left(\frac{2}{9}t^2+\frac{4}{9}\right)\mathrm{d}t\\ &= \left(\frac{2t^3}{27}+\frac{4t}{9}\right)\Big|_1^4 = \frac{128}{27}+\frac{16}{9}-\left(\frac{2}{27}+\frac{4}{9}\right) = 6.\end{aligned}$$

例 2 求 $I=\displaystyle\int_{\frac{1}{2}}^{\frac{\sqrt{2}}{2}} \frac{\mathrm{d}x}{x^2\sqrt{1-x^2}}$.

解 令 $x=\sin t$,则 $\mathrm{d}x=\cos t\mathrm{d}t$,且当 $x=\dfrac{1}{2}$ 时 $t=\dfrac{\pi}{6}$;当 $x=\dfrac{\sqrt{2}}{2}$ 时 $t=\dfrac{\pi}{4}$.于是

$$I = \int_{\frac{1}{2}}^{\frac{\sqrt{2}}{2}} \frac{\mathrm{d}x}{x^2\sqrt{1-x^2}} = \int_{\frac{\pi}{6}}^{\frac{\pi}{4}} \frac{\cos t\mathrm{d}t}{\sin^2 t\,|\cos t|}.$$

当$\frac{\pi}{6}\leqslant t\leqslant\frac{\pi}{4}$时 $\cos t>0$，$|\cos t|=\cos t$，从而

$$I=\int_{\frac{\pi}{6}}^{\frac{\pi}{4}}\frac{\mathrm{d}t}{\sin^2 t}=-\cot t\Big|_{\frac{\pi}{6}}^{\frac{\pi}{4}}=-(1-\sqrt{3})=\sqrt{3}-1.$$

例 3　设 $f(x)$ 为连续函数，a 是常数，证明：

(1) 若 $f(x)$ 为偶函数，则$\int_{-a}^{a}f(x)\mathrm{d}x=2\int_{0}^{a}f(x)\mathrm{d}x$；

(2) 若 $f(x)$ 为奇函数，则$\int_{-a}^{a}f(x)\mathrm{d}x=0$；

(3) 若 $f(x)$ 有周期 T，则$\int_{a}^{a+T}f(x)\mathrm{d}x=\int_{0}^{T}f(x)\mathrm{d}x$.

证明　(1) $\int_{-a}^{a}f(x)\mathrm{d}x=\int_{-a}^{0}f(x)\mathrm{d}x+\int_{0}^{a}f(x)\mathrm{d}x$，对于第一个积分，作变量变换，令 $x=-t$，从而

$$\int_{-a}^{0}f(x)\mathrm{d}x=\int_{a}^{0}f(-t)(-\mathrm{d}t)=\int_{0}^{a}f(-t)\mathrm{d}t$$
$$=\int_{0}^{a}f(t)\mathrm{d}t=\int_{0}^{a}f(x)\mathrm{d}x.$$

于是

$$\int_{-a}^{a}f(x)\mathrm{d}x=2\int_{0}^{a}f(x)\mathrm{d}x.$$

(2) 的证明是类似的，请读者自己完成.

(3) $\int_{a}^{a+T}f(x)\mathrm{d}x=\int_{a}^{0}f(x)\mathrm{d}x+\int_{0}^{T}f(x)\mathrm{d}x+\int_{T}^{a+T}f(x)\mathrm{d}x.$

对于第三个积分，作变量变换，令 $x=T+t$，于是

$$\int_{T}^{a+T}f(x)\mathrm{d}x=\int_{0}^{a}f(T+t)\mathrm{d}t=\int_{0}^{a}f(t)\mathrm{d}t=\int_{0}^{a}f(x)\mathrm{d}x.$$

从而

$$\int_{a}^{a+T}f(x)\mathrm{d}x=\int_{0}^{T}f(x)\mathrm{d}x.$$

(3)的结论是说，以 T 为周期的连续函数的定积分，只要积分区间的长度等于 1 个周期，那么此积分的值与从何处作为积分起点无关.

本例的结论可以作为公式使用.

例 4　求$\int_{-\frac{\pi}{2}}^{\frac{\pi}{2}}\frac{(1+x)^2}{1+x^2}|\sin x|\mathrm{d}x$.

解　$\int_{-\frac{\pi}{2}}^{\frac{\pi}{2}}\frac{(1+x)^2}{1+x^2}|\sin x|\mathrm{d}x$

$$=\int_{-\frac{\pi}{2}}^{\frac{\pi}{2}}\frac{1+2x+x^2}{1+x^2}|\sin x|\mathrm{d}x$$

$$=\int_{-\frac{\pi}{2}}^{\frac{\pi}{2}}\left(\frac{2x}{1+x^2}|\sin x|+|\sin x|\right)\mathrm{d}x$$

$$= \int_{-\frac{\pi}{2}}^{\frac{\pi}{2}} \frac{2x}{1+x^2} |\sin x| \mathrm{d}x + \int_{-\frac{\pi}{2}}^{\frac{\pi}{2}} |\sin x| \mathrm{d}x.$$

第一个积分的被积函数为奇函数,在对称区间上其积分值为零;第二个积分的被积函数为偶函数,在对称区间上积分,所以

$$\int_{-\frac{\pi}{2}}^{\frac{\pi}{2}} \frac{(1+x)^2}{1+x^2} |\sin x| \mathrm{d}x = 0 + 2\int_{0}^{\frac{\pi}{2}} |\sin x| \mathrm{d}x = 2\int_{0}^{\frac{\pi}{2}} \sin x \mathrm{d}x$$

$$= -2\cos x \Big|_{0}^{\frac{\pi}{2}} = 2.$$

有些定积分,其被积函数的原函数一时无法求得,因而无法用牛顿-莱布尼茨公式计算之,但有时却可通过定积分的变量变换而求得该定积分的值.当然,这仅是某些十分特殊的例子.

例 5　通过定积分的变量变换,计算 $I = \int_0^{\pi} \frac{x\sin x}{1+\cos^2 x}\mathrm{d}x$.

解　作变量变换,令 $x=\pi-t$,有

$$\begin{aligned} I &= \int_{\pi}^{0} \frac{(\pi-t)\sin(\pi-t)}{1+\cos^2(\pi-t)}(-\mathrm{d}t) \\ &= \int_0^{\pi} \frac{\pi\sin t}{1+\cos^2 t}\mathrm{d}t - \int_0^{\pi} \frac{t\sin t}{1+\cos^2 t}\mathrm{d}t \\ &= -\pi\int_0^{\pi} \frac{1}{1+\cos^2 t}\mathrm{d}(\cos t) - \int_0^{\pi} \frac{x\sin x}{1+\cos^2 x}\mathrm{d}x \\ &= -\pi\int_0^{\pi} \frac{1}{1+\cos^2 t}\mathrm{d}(\cos t) - I. \end{aligned}$$

将 I 移项,得

$$2I = -\pi\arctan\cos t \Big|_0^{\pi} = -\pi[\arctan(-1) - \arctan 1] = \frac{\pi^2}{2},$$

于是

$$I = \frac{\pi^2}{4}.$$

例 6　设 $f(x)$ 为不恒等于零的连续函数,a 为常数,证明:

(1) 若 $f(x)$ 为奇函数,则 $F(x) = \int_a^x f(t)\mathrm{d}t$ 为偶函数;

(2) 若 $f(x)$ 为偶函数,则 $F(x) = \int_0^x f(t)\mathrm{d}t$ 为奇函数;

(3) 若 $f(x)$ 为周期是 T 的周期函数,则 $F(x) = \int_a^x f(t)\mathrm{d}t$ 为周期是 T 的周期函数的充要条件是

$$\int_0^T f(x)\mathrm{d}x = 0. \tag{6.21}$$

证明　(1) 要证 $F(x)$ 为偶函数,就是证 $F(x)-F(-x)=0$.事实上,

$$F(x) - F(-x) = \int_a^x f(t)\mathrm{d}t - \int_a^{-x} f(t)\mathrm{d}t$$

$$= \int_a^x f(t)\,dt + \int_{-x}^a f(t)\,dt$$

$$= \int_{-x}^x f(t)\,dt = 0.$$

（2）的证明是类似的.

（3）$F(x+T) - F(x) = \int_a^{x+T} f(t)\,dt - \int_a^x f(t)\,dt$

$$= \int_a^{x+T} f(t)\,dt + \int_x^a f(t)\,dt$$

$$= \int_x^{x+T} f(t)\,dt = \int_0^T f(t)\,dt.$$

可见，若(6.21)式成立，则 $F(x+T)=F(x)$；若 $F(x+T)=F(x)$，则(6.21)式成立.故知(6.21)式成立为 $F(x)$ 是以 T 为周期的周期函数的充要条件.证毕.

例如，设 n 为正整数，$\sin^{2n-1}x$ 为奇函数，由例 6 的(1)知，$\int_a^x \sin^{2n-1}t\,dt$ 为偶函数.$\sin^{2n}x$ 为偶函数，由(2)知，$\int_0^x \sin^{2n}t\,dt$ 为奇函数.

由(1)可见，若奇函数 $f(x)$ 为不恒等于零的连续函数，则它的一切原函数 $\int_a^x f(t)\,dt + C$ 都是偶函数.

由(2)可见，若偶函数 $f(x)$ 为不恒等于零的连续函数，则它的原函数中，有且仅有一个原函数 $\int_0^x f(t)\,dt$ 是奇函数，其他原函数 $\int_0^x f(t)\,dt + C$ 当 $C \neq 0$ 时是非奇非偶函数.请对照§3.2 例 13，某非奇非偶函数的导数也可能是偶函数.现在明确无误地知道了，偶函数 $f(x)$ 的原函数中，有且仅有一个原函数 $\int_0^x f(t)\,dt$ 是奇函数.

不少读者经常误认为周期函数的原函数一定是周期函数.由(3)的结论可见，当且仅当(6.21)式成立时 $\int_a^x f(t)\,dt$ 才是周期函数，从而任意一个原函数

$$\int f(x)\,dx = \int_a^x f(t)\,dt + C$$

才是周期函数.例如 $f(x)=\sin^2 x$ 有周期 π，但是 $\int_0^\pi \sin^2 x\,dx \neq 0$，所以 $\sin^2 x$ 的任意一个原函数都不是周期函数.

二、定积分的分部积分法

定积分的分部积分法与不定积分的分部积分法形式上类似，仅是多了上、下限.

定理 6.6 设函数 $u(x)$ 与 $v(x)$ 有连续的导数，则分部积分公式成立：

$$\int_a^b u(x)\,dv(x) = u(x)v(x)\Big|_a^b - \int_a^b v(x)\,du(x). \tag{6.22}$$

证明略.

公式(6.22)称为定积分的分部积分公式，在利用它计算定积分时，不必等到原函数求出来之后才将上、下限代入，而可以计算一步代一步.

例 7 求$\int_0^1 x^3 e^{x^2}dx$.

解 $\int_0^1 x^3 e^{x^2}dx = \int_0^1 x^2 \cdot x e^{x^2}dx = \frac{1}{2}\int_0^1 x^2 de^{x^2} = \frac{1}{2}x^2 e^{x^2}\Big|_0^1 - \frac{1}{2}\int_0^1 e^{x^2}dx^2$

$$= \frac{e}{2} - \frac{1}{2}e^{x^2}\Big|_0^1 = \frac{e}{2} - \frac{e}{2} + \frac{1}{2} = \frac{1}{2}.$$

例 8 求$\int_1^e \sin(\ln x)dx$.

解 由分部积分法,

$$\begin{aligned}\int_1^e \sin(\ln x)dx &= x\sin(\ln x)\Big|_1^e - \int_1^e x d[\sin(\ln x)]\\ &= e\sin 1 - \int_1^e \cos(\ln x)dx\\ &= e\sin 1 - \left\{x\cos(\ln x)\Big|_1^e - \int_1^e x d[\cos(\ln x)]\right\}\\ &= e\sin 1 - e\cos 1 + 1 - \int_1^e \sin(\ln x)dx,\end{aligned}$$

所以

$$\int_1^e \sin(\ln x)dx = \frac{1}{2}(e\sin 1 - e\cos 1 + 1).$$

例 9 设 n 是非负整数,证明$\int_0^{\frac{\pi}{2}}\sin^n x dx = \int_0^{\frac{\pi}{2}}\cos^n x dx$ $(n = 0,1,2,\cdots)$,并求之.

解 先证$\int_0^{\frac{\pi}{2}}\sin^n x dx = \int_0^{\frac{\pi}{2}}\cos^n x dx$ $(n = 0,1,2,\cdots)$.

作变量变换,令 $x=\frac{\pi}{2}-t$,有

$$\int_0^{\frac{\pi}{2}}\sin^n x dx = \int_{\frac{\pi}{2}}^0 \sin^n\left(\frac{\pi}{2}-t\right)(-dt) = \int_0^{\frac{\pi}{2}}\cos^n t dt = \int_0^{\frac{\pi}{2}}\cos^n x dx,\quad n = 0,1,2,\cdots.$$

现在用分部积分法计算$\int_0^{\frac{\pi}{2}}\sin^n x dx$,将它记为 I_n,于是

$$I_0 = \int_0^{\frac{\pi}{2}} 1 dx = \frac{\pi}{2},$$

$$I_1 = \int_0^{\frac{\pi}{2}}\sin x dx = -\cos x\Big|_0^{\frac{\pi}{2}} = 1.$$

当 $n\geqslant 2$ 时,

$$\begin{aligned}I_n &= \int_0^{\frac{\pi}{2}}\sin^n x dx = \int_0^{\frac{\pi}{2}}\sin^{n-1}x\cdot\sin x dx = -\int_0^{\frac{\pi}{2}}\sin^{n-1}x d(\cos x)\\ &= -(\sin^{n-1}x\cos x)\Big|_0^{\frac{\pi}{2}} + \int_0^{\frac{\pi}{2}}\cos x d\sin^{n-1}x\end{aligned}$$

$$= \int_0^{\frac{\pi}{2}} \cos x \cdot (n-1)\sin^{n-2}x \cos x\mathrm{d}x$$

$$= (n-1)\int_0^{\frac{\pi}{2}} \cos^2 x\sin^{n-2}x\mathrm{d}x$$

$$= (n-1)\int_0^{\frac{\pi}{2}} (1-\sin^2 x)\sin^{n-2}x\mathrm{d}x$$

$$= (n-1)\int_0^{\frac{\pi}{2}} \sin^{n-2}x\mathrm{d}x - (n-1)\int_0^{\frac{\pi}{2}} \sin^n x\mathrm{d}x$$

$$= (n-1)I_{n-2} - (n-1)I_n.$$

于是

$$nI_n = (n-1)I_{n-2},$$

$$I_n = \frac{n-1}{n}I_{n-2}, \quad n = 2,3,\cdots.$$

按此公式递推下去有

$$I_n = \begin{cases} \dfrac{n-1}{n}\cdot\dfrac{n-3}{n-2}\cdot\cdots\cdot\dfrac{2}{3}\cdot I_1 = \dfrac{n-1}{n}\cdot\dfrac{n-3}{n-2}\cdot\cdots\cdot\dfrac{2}{3}\cdot 1, & \text{当 } n \text{ 为大于 1 的奇数时,} \\ \dfrac{n-1}{n}\cdot\dfrac{n-3}{n-2}\cdot\cdots\cdot\dfrac{1}{2}\cdot I_0 = \dfrac{n-1}{n}\cdot\dfrac{n-3}{n-2}\cdot\cdots\cdot\dfrac{1}{2}\cdot\dfrac{\pi}{2}, & \text{当 } n \text{ 为大于 0 的偶数时.} \end{cases} \tag{6.23}$$

此称沃利斯(Wallis)公式,它可以作为公式使用,应记住.例如由公式(6.23),

$$\int_0^{\frac{\pi}{2}} \sin^8 x\mathrm{d}x = \frac{7}{8}\cdot\frac{5}{6}\cdot\frac{3}{4}\cdot\frac{1}{2}\cdot\frac{\pi}{2} = \frac{35\pi}{256},$$

$$\int_0^{\frac{\pi}{2}} \sin^9 x\mathrm{d}x = \frac{8}{9}\cdot\frac{6}{7}\cdot\frac{4}{5}\cdot\frac{2}{3}\cdot 1 = \frac{128}{315}.$$

以下举一个套用沃利斯公式的例子.

例 10　求 $\int_0^6 x^2\sqrt{6x-x^2}\,\mathrm{d}x$.

解　根号下的 x 的二次三项式宜先用配方法再用变量变换,

$$\sqrt{6x-x^2} = \sqrt{9-(x^2-6x+9)} = \sqrt{3^2-(x-3)^2},$$

令 $x-3=3\sin t$,则 $\mathrm{d}x=3\cos t\mathrm{d}t$, $\sqrt{6x-x^2}=\sqrt{9(1-\sin^2 t)}=3|\cos t|$.于是

$$\int_0^6 x^2\sqrt{6x-x^2}\,\mathrm{d}x$$

$$= \int_{-\frac{\pi}{2}}^{\frac{\pi}{2}} (3+3\sin t)^2\cdot 3|\cos t|\cdot 3\cos t\mathrm{d}t$$

$$= 81\int_{-\frac{\pi}{2}}^{\frac{\pi}{2}} (1+2\sin t+\sin^2 t)\cos^2 t\mathrm{d}t$$

$$= 81\int_{-\frac{\pi}{2}}^{\frac{\pi}{2}} \cos^2 t\mathrm{d}t + 162\int_{-\frac{\pi}{2}}^{\frac{\pi}{2}} \sin t\cos^2 t\mathrm{d}t + 81\int_{-\frac{\pi}{2}}^{\frac{\pi}{2}} (1-\cos^2 t)\cos^2 t\mathrm{d}t$$

$$= 162\int_0^{\frac{\pi}{2}}\cos^2 t\mathrm{d}t + 0 + 162\int_0^{\frac{\pi}{2}}\cos^2 t\mathrm{d}t - 162\int_0^{\frac{\pi}{2}}\cos^4 t\mathrm{d}t$$

$$= 324\cdot\frac{1}{2}\cdot\frac{\pi}{2} - 162\cdot\frac{3}{4}\cdot\frac{1}{2}\cdot\frac{\pi}{2} = \frac{405}{8}\pi.$$

三、有关变上限函数的一些问题

设 $f(x)$ 为连续函数，则 $f(x)$ 的变上限积分是可导函数，因此关于微分学的问题，可以很方便地移植过来.

1. 积分限为 x 的可导函数再对 x 的求导公式，积分限为 x 的连续函数再对 x 求积分

定理 6.7 设 $f(x)$ 为连续函数，$\varphi_1(x)$ 与 $\varphi_2(x)$ 均可导，则

$$\frac{\mathrm{d}}{\mathrm{d}x}\left(\int_{\varphi_1(x)}^{\varphi_2(x)} f(t)\mathrm{d}t\right) = f(\varphi_2(x))\varphi_2'(x) - f(\varphi_1(x))\varphi_1'(x). \tag{6.24}$$

证明 设 $F(x)$ 是 $f(x)$ 的一个原函数，则由牛顿-莱布尼茨公式有

$$\int_{\varphi_1(x)}^{\varphi_2(x)} f(t)\mathrm{d}t = F(t)\Big|_{\varphi_1(x)}^{\varphi_2(x)} = F(\varphi_2(x)) - F(\varphi_1(x)),$$

从而

$$\begin{aligned}\frac{\mathrm{d}}{\mathrm{d}x}\left(\int_{\varphi_1(x)}^{\varphi_2(x)} f(t)\mathrm{d}t\right) &= \frac{\mathrm{d}}{\mathrm{d}x}(F(\varphi_2(x)) - F(\varphi_1(x)))\\ &= F'(\varphi_2(x))\varphi_2'(x) - F'(\varphi_1(x))\varphi_1'(x)\\ &= f(\varphi_2(x))\varphi_2'(x) - f(\varphi_1(x))\varphi_1'(x).\end{aligned}$$

证毕.

例 11 设 $f(x)$ 在 $x=0$ 的某邻域内连续，且 $f(0)=A$，求

$$\lim_{x\to 0}\frac{\int_0^{x^2}(x^2-t)f(t)\mathrm{d}t}{x^4}.$$

解 这是"$\frac{0}{0}$型"的极限，采用洛必达法则解决之. 为了使分子对 x 求导，宜先将分子拆开成两项：

$$\begin{aligned}\lim_{x\to 0}\frac{\int_0^{x^2}(x^2-t)f(t)\mathrm{d}t}{x^4} &= \lim_{x\to 0}\frac{x^2\int_0^{x^2}f(t)\mathrm{d}t - \int_0^{x^2}tf(t)\mathrm{d}t}{x^4}\\ &\xlongequal{\text{洛必达法则}} \lim_{x\to 0}\frac{2x\int_0^{x^2}f(t)\mathrm{d}t + 2x^3f(x^2) - 2x^3f(x^2)}{4x^3}\\ &= \lim_{x\to 0}\frac{\int_0^{x^2}f(t)\mathrm{d}t}{2x^2}\\ &\xlongequal{\text{洛必达法则}} \lim_{x\to 0}\frac{f(x^2)\cdot 2x}{4x}\\ &= \frac{f(0)}{2} = \frac{A}{2}.\end{aligned}$$

例 12　设$f(x)$在$[a,b]$上连续，$\int_a^b f(x)\mathrm{d}x=6$，求$\int_a^b f(x)\left[\int_x^b f(t)\mathrm{d}t\right]\mathrm{d}x$的值.

解　方法 1　设$\int_x^b f(t)\mathrm{d}t=F(x)$，则$F(b)=0$，$F'(x)=-f(x)$. 于是

$$\int_a^b f(x)\left[\int_x^b f(t)\mathrm{d}t\right]\mathrm{d}x=-\int_a^b F'(x)F(x)\mathrm{d}x=-\frac{1}{2}F^2(x)\Big|_a^b$$
$$=-\frac{1}{2}[F^2(b)-F^2(a)].$$

由题设有$F(b)=0$，$F(a)=\int_a^b f(t)\mathrm{d}t=6$，所以

$$\int_a^b f(x)\left[\int_x^b f(t)\mathrm{d}t\right]\mathrm{d}x=-\frac{1}{2}(0-36)=18.$$

方法 2　设$F'(x)=f(x)$，有$\int_x^b f(t)\mathrm{d}t=F(b)-F(x)$. 于是

$$\int_a^b f(x)\left[\int_x^b f(t)\mathrm{d}t\right]\mathrm{d}x=\int_a^b f(x)[F(b)-F(x)]\mathrm{d}x$$
$$=F(b)\int_a^b f(x)\mathrm{d}x-\int_a^b F(x)\mathrm{d}F(x)$$
$$=F(b)[F(b)-F(a)]-\frac{1}{2}[F^2(b)-F^2(a)]$$
$$=\frac{1}{2}[F(b)-F(a)]^2=\frac{1}{2}\left[\int_a^b f(x)\mathrm{d}x\right]^2=18.$$

2. 有关单调性、不等式等问题

变上限积分$\int_a^x f(t)\mathrm{d}t$是x的函数，微分学中有关函数的单调性、不等式、极值等问题的理论和处理方法可以照搬过来.

例 13　设$f(x)$在$(-\infty,+\infty)$内连续且严格单调增加，证明函数

$$F(x)=\frac{\int_0^x f(x-t)\mathrm{d}t}{x}$$

在区间$(-\infty,0)$与$(0,+\infty)$内亦严格单调增加.

证明　求$F'(x)$，但被积函数中含有$f(x-t)$，x位于f里面，无法使用定理 6.7，应先用变量变换办法将$(x-t)$化掉. 为此，令$x-t=u$，则$\mathrm{d}t=-\mathrm{d}u$，且当$t=0$时$u=x$，当$t=x$时$u=0$. 于是

$$\int_0^x f(x-t)\mathrm{d}t=\int_x^0 f(u)(-\mathrm{d}u)=\int_0^x f(u)\mathrm{d}u,$$

$$F(x)=\frac{\int_0^x f(u)\mathrm{d}u}{x},$$

$$F'(x)=\frac{x\left(\int_0^x f(u)\mathrm{d}u\right)'_x-\int_0^x f(u)\mathrm{d}u}{x^2}$$

$$=\frac{xf(x)-\int_0^x f(u)\,\mathrm{d}u}{x^2}$$

$$\xlongequal{\text{中值定理}}\frac{xf(x)-xf(\xi)}{x^2}$$

$$=\frac{1}{x}(f(x)-f(\xi)).$$

其中,当 $x>0$ 时 $0<\xi<x$,$f(\xi)<f(x)$,当 $x<0$ 时 $x<\xi<0$,$f(x)<f(\xi)$.所以无论 $x>0$ 还是 $x<0$,均有 $F'(x)>0$.故在$(-\infty,0)$与$(0,+\infty)$内 $F(x)$均严格单调增加.证毕.

例 14　设 $f(x)$与 $g(x)$在$[a,b]$上均连续,证明:

$$\left(\int_a^b f(x)g(x)\,\mathrm{d}x\right)^2\leqslant\int_a^b f^2(x)\,\mathrm{d}x\cdot\int_a^b g^2(x)\,\mathrm{d}x.$$

证明　任取 $x\in[a,b]$,并令

$$\varphi(x)=\left(\int_a^x f(t)g(t)\,\mathrm{d}t\right)^2-\int_a^x f^2(t)\,\mathrm{d}t\int_a^x g^2(t)\,\mathrm{d}t,$$

采用微分学的方法去证明当 $x\geqslant a$ 时 $\varphi(x)\leqslant 0$.易知 $\varphi(a)=0$,

$$\varphi'(x)=2\int_a^x f(t)g(t)\,\mathrm{d}t\cdot f(x)g(x)-f^2(x)\int_a^x g^2(t)\,\mathrm{d}t-g^2(x)\int_a^x f^2(t)\,\mathrm{d}t$$

$$=-\int_a^x[f^2(x)g^2(t)-2f(t)g(t)f(x)g(x)+g^2(x)f^2(t)]\,\mathrm{d}t$$

$$=-\int_a^x[f(x)g(t)-f(t)g(x)]^2\,\mathrm{d}t.$$

因为 $x\geqslant a$,所以 $\varphi'(x)\leqslant 0$.因此,当 $x\geqslant a$ 时 $\varphi(x)\leqslant 0$,从而 $\varphi(b)\leqslant 0$.证毕.

例 14 的公式称为柯西-施瓦茨积分不等式.

§6.4　反常积分

在定积分的定义中,要求积分区间$[a,b]$为有限区间,被积函数 $f(x)$在$[a,b]$上有界.但实际问题中区间可能为无穷.例如,将火箭送入太空(设想离地球为无穷远),怎样计算做功问题? 又如,能否确定并计算由曲线 $y=\ln x$ 与 x 轴、y 轴围成的缺口展向无限的图形的面积? 这些问题引起反常积分(又称广义积分)的讨论.

一、无穷区间上的反常积分

定义 6.2　设函数 $f(x)$在区间$[a,+\infty)$上连续,定义

$$\int_a^{+\infty}f(x)\,\mathrm{d}x=\lim_{b\to+\infty}\int_a^b f(x)\,\mathrm{d}x,\tag{6.25}$$

称它为 $f(x)$在区间$[a,+\infty)$上的反常积分.如果(6.25)式右边极限存在,就称反常积分 $\int_a^{+\infty}f(x)\,\mathrm{d}x$ 收敛;如果(6.25)式右边极限不存在,就称反常积分 $\int_a^{+\infty}f(x)\,\mathrm{d}x$ 发散.□

例 1　讨论反常积分

(1) $\int_0^{+\infty}\frac{1}{1+x^2}\mathrm{d}x$;　　　　(2) $\int_0^{+\infty}\frac{x}{1+x^2}\mathrm{d}x$

的敛散性.若收敛,求出此积分的值.

解 (1) 按定义,

$$\int_0^{+\infty}\frac{1}{1+x^2}\mathrm{d}x=\lim_{b\to+\infty}\int_0^b\frac{1}{1+x^2}\mathrm{d}x=\lim_{b\to+\infty}\arctan x\Big|_0^b$$

$$=\lim_{b\to+\infty}\arctan b=\frac{\pi}{2}.$$

(2) $$\int_0^{+\infty}\frac{x}{1+x^2}\mathrm{d}x=\lim_{b\to+\infty}\int_0^b\frac{x}{1+x^2}\mathrm{d}x=\lim_{b\to+\infty}\frac{1}{2}\ln(1+x^2)\Big|_0^b$$

$$=\lim_{b\to+\infty}\frac{1}{2}\ln(1+b^2)=+\infty,$$

所以反常积分 $\int_0^{+\infty}\frac{x}{1+x^2}\mathrm{d}x$ 发散.

定义 6.3 设 $f(x)$ 在 $(-\infty,b]$ 上连续,定义反常积分

$$\int_{-\infty}^b f(x)\mathrm{d}x=\lim_{a\to-\infty}\int_a^b f(x)\mathrm{d}x. \tag{6.26}$$

设 $f(x)$ 在 $(-\infty,+\infty)$ 上连续,定义反常积分

$$\int_{-\infty}^{+\infty}f(x)\mathrm{d}x=\int_{-\infty}^c f(x)\mathrm{d}x+\int_c^{+\infty}f(x)\mathrm{d}x, \tag{6.27}$$

其中 c 为任意指定的一个实数,例如通常可取 $c=0$.而(6.27)式右边两个积分分别独立地按(6.26)式与(6.25)式考虑.如果这两个反常积分都存在,才说反常积分 $\int_{-\infty}^{+\infty}f(x)\mathrm{d}x$ 收敛;只要(6.27)式右边两个反常积分中有一个不存在,就说反常积分 $\int_{-\infty}^{+\infty}f(x)\mathrm{d}x$ 发散.□

例 2 讨论反常积分 $\int_{-\infty}^{+\infty}\frac{x}{1+x^2}\mathrm{d}x$ 的敛散性.

解 按定义,将 $\int_{-\infty}^{+\infty}\frac{x}{1+x^2}\mathrm{d}x$ 拆开讨论:

$$\int_{-\infty}^{+\infty}\frac{x}{1+x^2}\mathrm{d}x=\int_{-\infty}^0\frac{x}{1+x^2}\mathrm{d}x+\int_0^{+\infty}\frac{x}{1+x^2}\mathrm{d}x,$$

由例 1 之(2),上式右边第 2 个反常积分发散,所以 $\int_{-\infty}^{+\infty}\frac{x}{1+x^2}\mathrm{d}x$ 发散.事实上,上式右边第一个反常积分也是发散的.

只有收敛的反常积分才可以使用对称性与奇偶性,而发散的反常积分不能使用对称性与奇偶性.所以不能说例 2 这个反常积分为 0.又如,将来可以知道,反常积分 $\int_{-\infty}^{+\infty}\mathrm{e}^{-x^2}\mathrm{d}x$ 是个很有用的积分,它是收敛的,从而有

$$\int_{-\infty}^{+\infty}\mathrm{e}^{-x^2}\mathrm{d}x=2\int_0^{+\infty}\mathrm{e}^{-x^2}\mathrm{d}x,$$

并且将来到二重积分时可以证明

$$\int_0^{+\infty}\mathrm{e}^{-x^2}\mathrm{d}x=\frac{\sqrt{\pi}}{2}.$$

例 3 设常数 $a>0, p>0$,讨论反常积分 $\int_a^{+\infty}\frac{\mathrm{d}x}{x^p}$ 的敛散性,收敛时求出它的值.

解 当 $p\neq 1$ 时,

$$\int_a^{+\infty}\frac{1}{x^p}\mathrm{d}x=\lim_{b\to+\infty}\int_a^b\frac{1}{x^p}\mathrm{d}x=\lim_{b\to+\infty}\left.\frac{x^{-p+1}}{-p+1}\right|_a^b$$

$$=\frac{1}{-p+1}\lim_{b\to+\infty}(b^{-p+1}-a^{-p+1})$$

$$=\begin{cases}\dfrac{a^{1-p}}{p-1}, & p>1,\\ +\infty, & p<1.\end{cases}$$

当 $p=1$ 时,

$$\int_a^{+\infty}\frac{1}{x}\mathrm{d}x=\lim_{b\to+\infty}\ln x\Big|_a^b=\lim_{b\to+\infty}(\ln b-\ln a)=+\infty.$$

所以,当 $p>1$ 时,此反常积分收敛,其值为$\frac{a^{1-p}}{p-1}$;当 $p\leqslant 1$ 时,此反常积分发散.

例 4 求 $\int_1^{+\infty}\frac{1}{\sqrt{x}(1+x)}\mathrm{d}x$.

解 反常积分也可以像定积分那样作变量变换.令$\sqrt{x}=t$,则 $x=t^2$, $\mathrm{d}x=2t\mathrm{d}t$,且当 $x=1$ 时 $t=1$,当 $x\to+\infty$ 时 $t\to+\infty$.于是

$$\int_1^{+\infty}\frac{\mathrm{d}x}{\sqrt{x}(1+x)}=\int_1^{+\infty}\frac{2\mathrm{d}t}{1+t^2}=2\arctan t\Big|_1^{+\infty}$$

$$=2\left(\frac{\pi}{2}-\frac{\pi}{4}\right)=\frac{\pi}{2}.$$

注意,这里 $\arctan t\Big|_1^{+\infty}$ 包含两个过程:

$$\arctan t\Big|_1^b \quad 及 \quad \lim_{b\to+\infty}(\arctan b-\arctan 1).$$

做习惯了,这两个过程可以如上那样并成一个,但在思想上应认识到,后一过程是一个极限.

例 5 对于反常积分 $\int_2^{+\infty}\frac{\mathrm{d}x}{x\ln^p x}$,讨论常数 p 的值,何时该反常积分收敛?何时发散?收敛时,求出该反常积分的值.

解 此反常积分是可以计算的.

$$\int_2^{+\infty}\frac{1}{x\ln^p x}\mathrm{d}x=\begin{cases}\ln(\ln x)\Big|_2^{+\infty}=+\infty, & p=1,\\ \dfrac{1}{-p+1}\ln^{-p+1}x\Big|_2^{+\infty}=+\infty, & p<1,\\ \dfrac{1}{-p+1}\ln^{-p+1}x\Big|_2^{+\infty}=\dfrac{1}{p-1}\ln^{-p+1}2, & p>1.\end{cases}$$

总结:当 $p\leqslant 1$ 时,该反常积分发散;当 $p>1$ 时,该反常积分收敛,收敛于$\frac{1}{(p-1)\ln^{p-1}2}$.

其实,题中下限不一定是 2,只要大于 1,该反常积分在 $p>1$ 时总收敛.

二、无界函数的反常积分

定义 6.4 设函数 $f(x)$ 在区间 $[a,b)$ 上连续,且

$$\lim_{x\to b-0} f(x)=\infty.$$

定义

$$\int_a^b f(x)\,\mathrm{d}x=\lim_{\beta\to b-0}\int_a^{\beta} f(x)\,\mathrm{d}x, \tag{6.28}$$

称之为 $f(x)$ 在区间 $[a,b]$ 上的反常积分.如果(6.28)式右边极限存在,那么称反常积分 $\int_a^b f(x)\,\mathrm{d}x$ 收敛;如果(6.28)式右边极限不存在,那么称反常积分 $\int_a^b f(x)\,\mathrm{d}x$ 发散.

使 $\lim\limits_{x\to b-0} f(x)=\infty$ 的 $x=b$ 称为 $f(x)$ 的奇点,也称瑕点.□

例 6 讨论反常积分

(1) $\displaystyle\int_0^1 \frac{\mathrm{d}x}{\sqrt{1-x^2}}$;　　(2) $\displaystyle\int_0^1 \frac{\mathrm{d}x}{1-x^2}$

的敛散性,若收敛,求出此积分的值.

解 (1) $\displaystyle\int_0^1 \frac{\mathrm{d}x}{\sqrt{1-x^2}}=\lim_{\beta\to 1-0}\int_0^{\beta}\frac{\mathrm{d}x}{\sqrt{1-x^2}}=\lim_{\beta\to 1-0}\arcsin x\Big|_0^{\beta}$

$$=\lim_{\beta\to 1-0}\arcsin\beta=\arcsin 1=\frac{\pi}{2}.\text{(收敛.)}$$

(2) $\displaystyle\int_0^1 \frac{\mathrm{d}x}{1-x^2}=\lim_{\beta\to 1-0}\int_0^{\beta}\frac{\mathrm{d}x}{1-x^2}=\lim_{\beta\to 1-0}\frac{1}{2}\ln\frac{1+x}{1-x}\Big|_0^{\beta}$

$$=\lim_{\beta\to 1-0}\frac{1}{2}\ln\frac{1+\beta}{1-\beta}=+\infty.\text{(发散.)}$$

例 7 讨论反常积分 $\displaystyle\int_a^b \frac{\mathrm{d}x}{(b-x)^k}$ 的敛散性,其中常数 $k>0, a<b$.

解 因为 $\dfrac{1}{(b-x)^k}$ 在 $[a,b)$ 上连续, $\lim\limits_{x\to b-0}\dfrac{1}{(b-x)^k}=+\infty$,所以 $x=b$ 是被积函数的奇点.当 $k\neq 1$ 时,

$$\int_a^b \frac{\mathrm{d}x}{(b-x)^k}=\lim_{\beta\to b-0}\int_a^{\beta}\frac{\mathrm{d}x}{(b-x)^k}=\lim_{\beta\to b-0}\left[\frac{-1}{-k+1}(b-x)^{-k+1}\right]\Bigg|_a^{\beta}$$

$$=\lim_{\beta\to b-0}\left\{\frac{-1}{-k+1}\left[(b-\beta)^{-k+1}-(b-a)^{-k+1}\right]\right\}$$

$$=\begin{cases}\dfrac{(b-a)^{1-k}}{1-k}, & 0<k<1,\\ +\infty, & k>1.\end{cases}$$

当 $k=1$ 时,

$$\int_a^b \frac{\mathrm{d}x}{b-x}=\lim_{\beta\to b-0}\int_a^{\beta}\frac{\mathrm{d}x}{b-x}=-\lim_{\beta\to b-0}\ln(b-x)\Big|_a^{\beta}$$

$$=-\lim_{\beta\to b-0}\left[\ln(b-\beta)-\ln(b-a)\right]=+\infty.$$

所以，当 $0<k<1$ 时，该反常积分收敛，其值为$\dfrac{(b-a)^{1-k}}{1-k}$；当 $k\geqslant1$ 时，该反常积分发散.

注　以上例 3、例 5 与例 7 三个例子的结论非常重要，希切记.

有时会遇到区间$[a,b]$的左端点或左、右两个端点都是奇点的情形.

定义 6.5　设函数 $f(x)$ 在区间 $(a,b]$ 上连续，且 $\lim\limits_{x\to a+0}f(x)=\infty$，定义

$$\int_a^b f(x)\,\mathrm{d}x=\lim_{\alpha\to a+0}\int_\alpha^b f(x)\,\mathrm{d}x,\tag{6.29}$$

称之为 $f(x)$ 在区间$[a,b]$上的**反常积分**. 若(6.29)式右边极限存在，则称反常积分 $\int_a^b f(x)\,\mathrm{d}x$ **收敛**；若(6.29)式右边极限不存在，则称反常积分 $\int_a^b f(x)\,\mathrm{d}x$ **发散**.□

定义 6.6　设函数 $f(x)$ 在区间 (a,b) 上连续，且 $\lim\limits_{x\to a+0}f(x)=\infty$，$\lim\limits_{x\to b-0}f(x)=\infty$，定义

$$\int_a^b f(x)\,\mathrm{d}x=\int_a^{x_0} f(x)\,\mathrm{d}x+\int_{x_0}^b f(x)\,\mathrm{d}x,\tag{6.30}$$

其中 $x_0\in(a,b)$ 为取定的一点. 若右边两个反常积分都收敛，则称反常积分 $\int_a^b f(x)\,\mathrm{d}x$ **收敛**；只要右边两个反常积分中有一个不存在，就称反常积分 $\int_a^b f(x)\,\mathrm{d}x$ **发散**.□

有时会遇到以下情形.

定义 6.7　设 $f(x)$ 在区间$[a,b]$上除点 $c\in(a,b)$ 外均连续，且 $\lim\limits_{x\to c}f(x)=\infty$，定义

$$\int_a^b f(x)\,\mathrm{d}x=\int_a^c f(x)\,\mathrm{d}x+\int_c^b f(x)\,\mathrm{d}x.\tag{6.31}$$

(6.31)式右边两个反常积分分别独立地按(6.28)式与(6.29)式考虑. 如果这两个反常积分都存在，就说反常积分 $\int_a^b f(x)\,\mathrm{d}x$ **收敛**；只要(6.31)式右边两个反常积分中有一个不存在，就说反常积分 $\int_a^b f(x)\,\mathrm{d}x$ **发散**.□

例 8　讨论反常积分 $\displaystyle\int_{-1}^1\frac{\mathrm{d}x}{x^2}$ 的敛散性.

解　奇点 $x=0\in(-1,1)$，所以应将积分拆开讨论：

$$\int_{-1}^1\frac{\mathrm{d}x}{x^2}=\int_{-1}^0\frac{\mathrm{d}x}{x^2}+\int_0^1\frac{\mathrm{d}x}{x^2}.$$

而

$$\int_0^1\frac{\mathrm{d}x}{x^2}=\lim_{\alpha\to0+0}\int_\alpha^1\frac{\mathrm{d}x}{x^2}=\lim_{\alpha\to0+0}\left(-\frac{1}{x}\right)\Bigg|_\alpha^1=\lim_{\alpha\to0+0}\left(-1+\frac{1}{\alpha}\right)=+\infty,$$

所以原反常积分发散.

读者必须警惕积分区间内部含有奇点的情形. 本题不能按如下方法认为是定积分去做：

$$\int_{-1}^1\frac{\mathrm{d}x}{x^2}=\left(-\frac{1}{x}\right)\Bigg|_{-1}^1=-\left(\frac{1}{1}-\frac{1}{-1}\right)=-2,$$

正值函数的定积分，积分区间从小到大，却得出负值，岂非矛盾！

例 9 求$\int_{\frac{1}{2}}^{\frac{3}{2}}\frac{\mathrm{d}x}{\sqrt{|x-x^2|}}$.

解 $x=1\in\left(\frac{1}{2},\frac{3}{2}\right)$是函数$\frac{1}{\sqrt{|x-x^2|}}$的奇点.按定义,应将积分分开考虑:

$$\int_{\frac{1}{2}}^{\frac{3}{2}}\frac{\mathrm{d}x}{\sqrt{|x-x^2|}}=\int_{\frac{1}{2}}^{1}\frac{\mathrm{d}x}{\sqrt{|x-x^2|}}+\int_{1}^{\frac{3}{2}}\frac{\mathrm{d}x}{\sqrt{|x-x^2|}}.$$

$$\begin{aligned}\int_{\frac{1}{2}}^{1}\frac{\mathrm{d}x}{\sqrt{|x-x^2|}}&=\int_{\frac{1}{2}}^{1}\frac{\mathrm{d}x}{\sqrt{x-x^2}}=\lim_{\beta\to1-0}\int_{\frac{1}{2}}^{\beta}\frac{\mathrm{d}x}{\sqrt{\left(\frac{1}{2}\right)^2-\left(x-\frac{1}{2}\right)^2}}\\&=\lim_{\beta\to1-0}\arcsin(2x-1)\Big|_{\frac{1}{2}}^{\beta}\\&=\lim_{\beta\to1-0}\arcsin(2\beta-1)=\frac{\pi}{2}.\end{aligned}$$

类似地,

$$\begin{aligned}\int_{1}^{\frac{3}{2}}\frac{\mathrm{d}x}{\sqrt{|x-x^2|}}&=\int_{1}^{\frac{3}{2}}\frac{\mathrm{d}x}{\sqrt{x^2-x}}=\int_{1}^{\frac{3}{2}}\frac{\mathrm{d}x}{\sqrt{\left(x-\frac{1}{2}\right)^2-\left(\frac{1}{2}\right)^2}}\\&=\lim_{\alpha\to1+0}\int_{\alpha}^{\frac{3}{2}}\frac{\mathrm{d}x}{\sqrt{\left(x-\frac{1}{2}\right)^2-\left(\frac{1}{2}\right)^2}}\\&=\lim_{\alpha\to1+0}\ln\left[x-\frac{1}{2}+\sqrt{\left(x-\frac{1}{2}\right)^2-\left(\frac{1}{2}\right)^2}\right]\Bigg|_{\alpha}^{\frac{3}{2}}\\&=\ln\left(1+\frac{\sqrt{3}}{2}\right)-\lim_{\alpha\to1+0}\ln\left[\alpha-\frac{1}{2}+\sqrt{\left(\alpha-\frac{1}{2}\right)^2-\left(\frac{1}{2}\right)^2}\right]\\&=\ln(2+\sqrt{3}).\end{aligned}$$

所以

$$\int_{\frac{1}{2}}^{\frac{3}{2}}\frac{\mathrm{d}x}{\sqrt{|x-x^2|}}=\frac{\pi}{2}+\ln(2+\sqrt{3}).$$

例 10 计算反常积分$I=\int_{0}^{+\infty}\frac{x\mathrm{e}^x}{(\mathrm{e}^x+1)^2}\mathrm{d}x$.

解 用分部积分法,

$$\begin{aligned}I&=\int_{0}^{+\infty}\frac{x\mathrm{e}^x}{(\mathrm{e}^x+1)^2}\mathrm{d}x=-\int_{0}^{+\infty}x\mathrm{d}\left(\frac{1}{\mathrm{e}^x+1}\right)\\&=-\left(\frac{x}{\mathrm{e}^x+1}\Big|_{0}^{+\infty}-\int_{0}^{+\infty}\frac{1}{\mathrm{e}^x+1}\mathrm{d}x\right)\\&=-\left(0-\int_{0}^{+\infty}\frac{\mathrm{e}^{-x}}{1+\mathrm{e}^{-x}}\mathrm{d}x\right)\end{aligned}$$

$$= \int_0^{+\infty} \frac{e^{-x}}{1+e^{-x}} dx$$

$$= -\left[\ln(1+e^{-x})\right]\Big|_0^{+\infty} = \ln 2.$$

注　反常积分也可以像定积分那样进行分部积分.但应注意,如果先积出的那部分用上、下限分别代入(实际上是求极限),它们分别都是有限的(如本例),那么可以积出一部分代一部分.如果先积出的那部分用上、下限分别代入,发现极限不存在,那么应将整个积分做完之后,再用上、下限分别代入(即做整体的极限).

例 11　计算反常积分 $\int_1^{+\infty} \frac{x+1}{x^2\sqrt{x^2-1}} dx$.

解　用变量变换,令 $x=\sec t$,则 $dx=\tan t\sec t dt$,且当 $x=1$ 时 $t=0$,当 $x\to+\infty$ 时 $t\to\frac{\pi}{2}$. $\sqrt{x^2-1}=|\tan t|=\tan t\left(0\leqslant t\leqslant\frac{\pi}{2}\right)$,于是

$$I=\int_1^{+\infty} \frac{x+1}{x^2\sqrt{x^2-1}} dx = \int_0^{\frac{\pi}{2}} \frac{(\sec t+1)\tan t\sec t}{\sec^2 t\tan t} dt$$

$$= \int_0^{\frac{\pi}{2}} (1+\cos t) dt = \frac{\pi}{2}+1.$$

注　反常积分经过变量变换也可能变成一个正常积分.但一般说来,这是特例.

例 12　计算反常积分 $\int_1^{+\infty} \frac{\arctan x}{x^2} dx$.

解　用分部积分法,

$$\int_1^{+\infty} \frac{\arctan x}{x^2} dx = -\int_1^{+\infty} \arctan x d\left(\frac{1}{x}\right)$$

$$= -\left(\frac{\arctan x}{x}\Big|_1^{+\infty} - \int_1^{+\infty} \frac{1}{x}\cdot\frac{1}{1+x^2} dx\right)$$

$$= -\left[0-\frac{\pi}{4}-\int_1^{+\infty}\left(\frac{1}{x}-\frac{x}{1+x^2}\right) dx\right]$$

$$= \frac{\pi}{4}+\int_1^{+\infty}\left(\frac{1}{x}-\frac{x}{1+x^2}\right) dx$$

$$\overset{*}{=} \frac{\pi}{4}+\left[\ln x-\frac{1}{2}\ln(1+x^2)\right]\Big|_1^{+\infty}$$

$$= \frac{\pi}{4}+\left(\ln\frac{x}{\sqrt{1+x^2}}\right)\Big|_1^{+\infty}$$

$$= \frac{\pi}{4}+\left(0-\ln\frac{1}{\sqrt{2}}\right) = \frac{\pi}{4}+\frac{1}{2}\ln 2.$$

注意,$\int_1^{+\infty}\left(\frac{1}{x}-\frac{x}{1+x^2}\right) dx$ 不能随便拆项写成

$$\int_1^{+\infty}\left(\frac{1}{x}-\frac{x}{1+x^2}\right) dx = \int_1^{+\infty} \frac{1}{x} dx - \int_1^{+\infty} \frac{x}{1+x^2} dx.$$

因为右边两个反常积分是发散的，而 $\int_1^{+\infty}\left(\frac{1}{x}-\frac{x}{1+x^2}\right)\mathrm{d}x$ 是一个整体.只有当将一个整体拆成两个，而这两个分别都收敛时才能拆开讨论，不然，一定要将整体的按整体去计算(参见例 10 的注).反常积分计算中不能随便“拆项”.

例 13　设 $f(x)$ 是一个连续函数，e^{-x^2} 是 $f(x)$ 的一个原函数，求 $\int_0^{+\infty}x^2f'(x)\mathrm{d}x$ 的值.

解　$I=\int_0^{+\infty}x^2f'(x)\mathrm{d}x=\int_0^{+\infty}x^2\mathrm{d}f(x)=x^2f(x)\Big|_0^{+\infty}-2\int_0^{+\infty}xf(x)\mathrm{d}x.$

因为 e^{-x^2} 是 $f(x)$ 的一个原函数，所以 $f(x)=(\mathrm{e}^{-x^2})'=-2x\mathrm{e}^{-x^2}$. 于是 $f(x)$ 含有 e^{-x^2}. 因此 $x^2f(x)$ 以上限代入(即 $x\to+\infty$)时有 $\lim\limits_{x\to+\infty}x^2f(x)=0$，以下限 $x=0$ 代入时 $x^2f(x)\Big|_{x=0}=0$. 从而

$$\begin{aligned}I&=\int_0^{+\infty}x^2f'(x)\mathrm{d}x=0-2\int_0^{+\infty}xf(x)\mathrm{d}x\\&=-2\int_0^{+\infty}x\mathrm{d}\mathrm{e}^{-x^2}=-2\left(x\mathrm{e}^{-x^2}\Big|_0^{+\infty}-\int_0^{+\infty}\mathrm{e}^{-x^2}\mathrm{d}x\right)\\&=2\int_0^{+\infty}\mathrm{e}^{-x^2}\mathrm{d}x=2\times\frac{\sqrt{\pi}}{2}=\sqrt{\pi}.\end{aligned}$$

§6.5　定积分在几何上的应用

一、定积分应用的基础——微元法

设所求的量(几何量或物理量) F 依赖于某区间 $[a,b]$ 以及在此区间上定义的函数 $f(x)$，并且满足条件

(1) 当 $f(x)$ 为常数 f 时，

$$F=f\cdot(b-a);\tag{6.32}$$

(2) 当将区间 $[a,b]$ 分为一些 Δx 的并集时，量 F 也被分割为相应的一些 ΔF 之和，即 F 对区间 $[a,b]$ 具有“可加性”.

将 $f(x)$ 在小区间 $[x,x+\Delta x]$ 上视为常量，于是

$$\Delta F\approx f(x)\Delta x,$$

当 $f(x)$ 满足一定条件时，这个近似式确切地说应该是

$$\Delta F=f(x)\Delta x+o(\Delta x).\tag{6.33}$$

记 $\mathrm{d}x=\Delta x$，并记

$$\mathrm{d}F=f(x)\mathrm{d}x,\tag{6.34}$$

称它为量 F 的微元，所求的量

$$F=\int_a^b f(x)\mathrm{d}x.\tag{6.35}$$

由以上分析可知，在满足(1)、(2)的条件下，关键是列出量 F 的微元(6.34)式，而列出这一步的前提是条件(1)中的公式(6.32)式.写出微元之后再套上积分号从 a 到 b 积分便得 F.

每一个量都要去论证在何种情况下所获得的微元(6.34)满足条件(6.33)是麻烦的，有时甚至是很困难的，在以下推导一些典型微元时，均略去其证明.

二、平面图形的面积

设平面图形 A 的上边一条曲线为 $y=y_2(x)$，下边一条曲线为 $y=y_1(x)$，并且介于 $x=a$ 与 $x=b$ 之间($a<b$)，$y_2(x)\geqslant y_1(x)$ ($x\in[a,b]$)，如图 6-3 所示.现在来求它的面积(也记成 A).

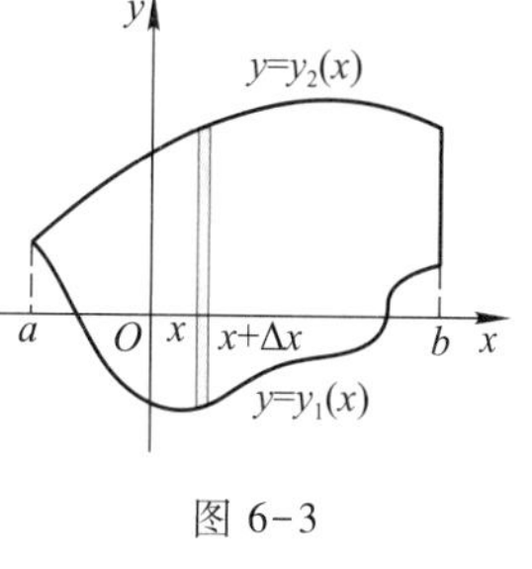

图 6-3

将区间$[a,b]$分割成一些$[x,x+\Delta x]$的并集，A 也随之被分为一些 ΔA 之和，将 ΔA 近似看成一矩形竖条的面积，微元

$$dA=(y_2(x)-y_1(x))dx, \tag{6.36}$$

从而面积

$$A=\int_a^b(y_2(x)-y_1(x))dx. \tag{6.37}$$

例 1 求由曲线 $y=x^2$ 与 $x=y^2$ 围成的图形的面积.

解 第 1 步 画出欲求面积的这块图形，如图 6-4 所示.并求出有关交点的坐标为点 $O(0,0)$，$B(1,1)$，并标出曲线方程.

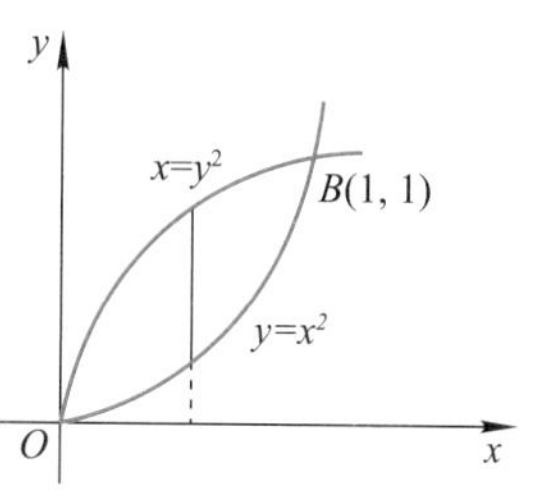

图 6-4

第 2 步 画出细竖条，以平行于 y 轴的一直线示意表示之.同时写出面积微元

$$dA=(\sqrt{x}-x^2)dx.$$

第 3 步 写出定积分(包括上、下限)，并计算之.面积

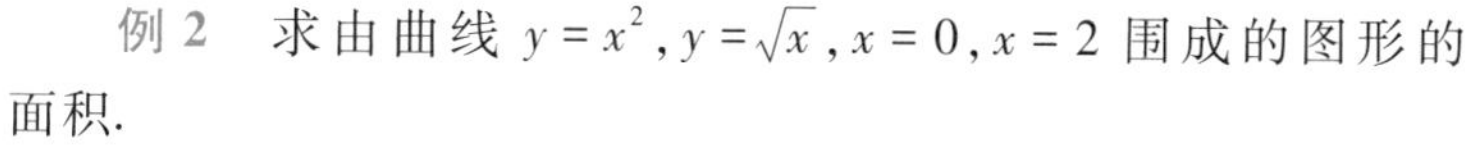

$$A=\int_0^1(\sqrt{x}-x^2)dx=\left(\frac{2}{3}x^{\frac{3}{2}}-\frac{1}{3}x^3\right)\Bigg|_0^1=\frac{2}{3}-\frac{1}{3}=\frac{1}{3}.$$

例 2 求由曲线 $y=x^2$，$y=\sqrt{x}$，$x=0$，$x=2$ 围成的图形的面积.

解 第 1 步 画出图形(如图 6-5 所示)，并求出交点 $O(0,0)$ 与点 $B(1,1)$.发现此图形位于 $0\leqslant x\leqslant 1$ 这部分，上边曲线为 $y=\sqrt{x}$，下边曲线为 $y=x^2$；位于 $1\leqslant x\leqslant 2$ 这部分，上边曲线为 $y=x^2$，下边曲线为 $y=\sqrt{x}$.

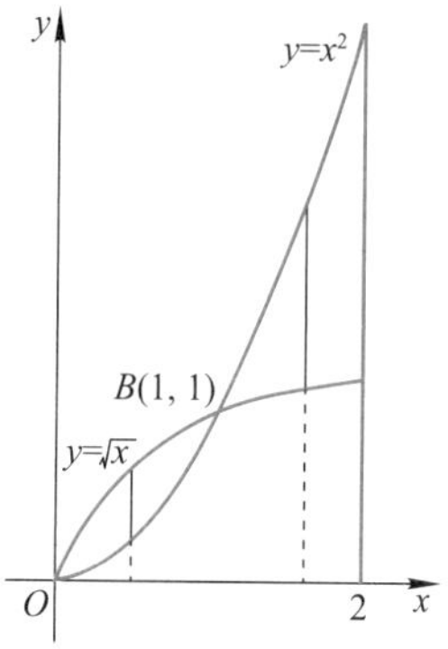

图 6-5

第 2 步 画细竖条，由图知，微元应分段写：

当 $0\leqslant x\leqslant 1$ 时，$dA=(\sqrt{x}-x^2)dx$，

当 $1\leqslant x\leqslant 2$ 时，$dA=(x^2-\sqrt{x})dx$.

第 3 步 写出积分并计算之.面积

$$\begin{aligned}A&=\int_0^1(\sqrt{x}-x^2)dx+\int_1^2(x^2-\sqrt{x})dx\\&=\left(\frac{2}{3}x^{\frac{3}{2}}-\frac{1}{3}x^3\right)\Bigg|_0^1+\left(\frac{1}{3}x^3-\frac{2}{3}x^{\frac{3}{2}}\right)\Bigg|_1^2\end{aligned}$$

$$=\left(\frac{2}{3}-\frac{1}{3}\right)+\left(\frac{8}{3}-\frac{4\sqrt{2}}{3}-\frac{1}{3}+\frac{2}{3}\right)$$

$$=\frac{1}{3}(10-4\sqrt{2}).$$

做熟了之后，第 2 步和第 3 步可合并，但第 1 步不能省，一定要画图.

例 3 求由曲线 $y^2=2x$ 与直线 $y=x-4$ 围成的图形的面积.

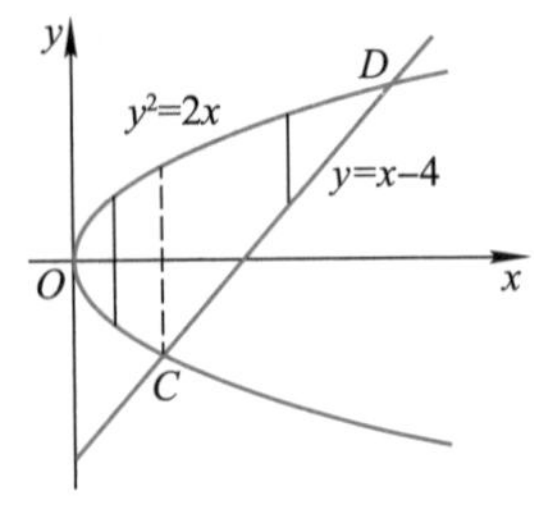

图 6-6

解 作图 6-6，并求出有关的点：交点 $C(2,-2)$ 与 $D(8,4)$. 画细竖条，由图知，微元应分区间，从而积分应分区间. 面积

$$A=\int_0^2[\sqrt{2x}-(-\sqrt{2x})]\mathrm{d}x+\int_2^8[\sqrt{2x}-(x-4)]\mathrm{d}x$$

$$=\frac{2}{3}(2x)^{\frac{3}{2}}\Big|_0^2+\left[\frac{1}{3}(2x)^{\frac{3}{2}}-\frac{x^2}{2}+4x\right]\Big|_2^8=18.$$

有时平面图形 A 如图 6-7 所示，它的左边一条曲线为 $x=x_1(y)$，右边一条曲线为 $x=x_2(y)$，并且介于 $y=c$ 与 $y=d$ 之间，$c<d$，$x_2(y)\geqslant x_1(y)\,(y\in[c,d])$，那么用一细横条示意面积微元，

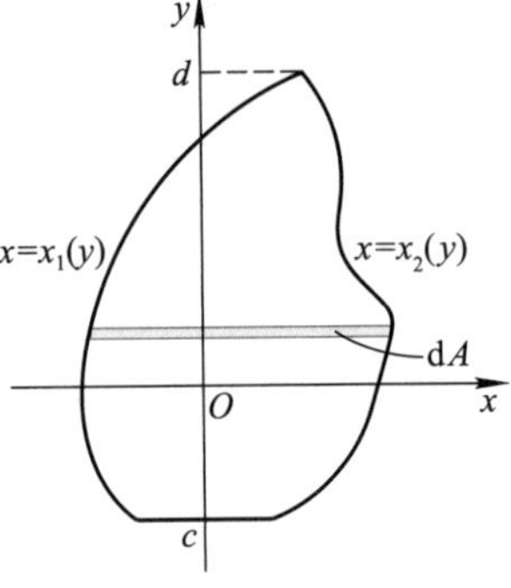

图 6-7

$$\mathrm{d}A=(x_2(y)-x_1(y))\mathrm{d}y, \tag{6.38}$$

从而面积

$$A=\int_c^d(x_2(y)-x_1(y))\mathrm{d}y. \tag{6.39}$$

例 4 用公式(6.39)求例 3 的图形的面积.

解 重新画个图，如图 6-8 所示. 它由左边一条曲线和右边一条曲线围成，故用(6.38)式取细横条微元，按(6.39)式计算方便. 面积

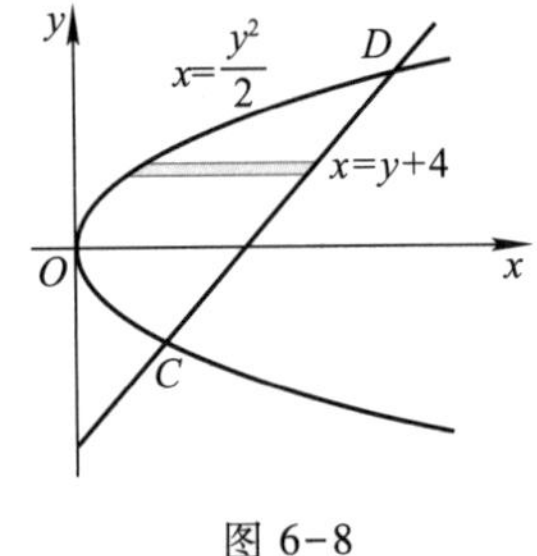

图 6-8

$$A=\int_{-2}^4\left(y+4-\frac{1}{2}y^2\right)\mathrm{d}y$$

$$=\left(\frac{y^2}{2}+4y-\frac{1}{6}y^3\right)\Big|_{-2}^4$$

$$=8+16-\frac{64}{6}-2+8-\frac{8}{6}$$

$$=18.$$

可见，对于这种图形用细横条取微元更方便. 同一个图形，是分竖条取微元，还是分横条取微元，计算简繁可能不同，这是读者需要通过实践细心体会的.

三、旋转体体积

设由曲线 $y=y(x)$，x 轴及直线 $x=a$，$x=b\,(a<b)$ 围成的图形绕 x 轴旋转一周而形成一个旋转体，求此旋转体体积 V.

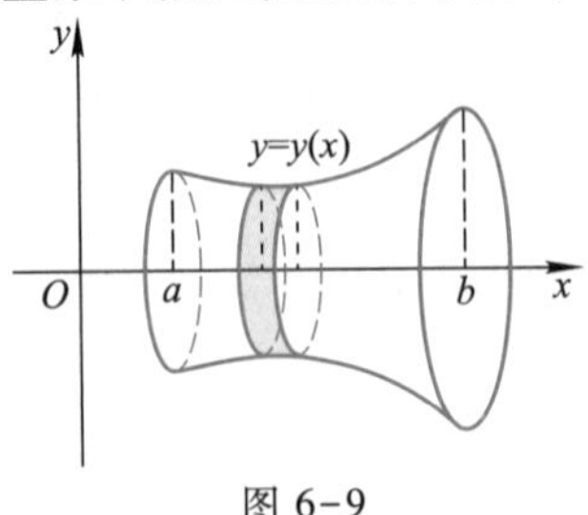

图 6-9

如图 6-9 所示，将区间 $[a,b]$ 分割成一些 $[x,x+\Delta x]$ 之

和，V 也随之被分割成一些 ΔV 之和.将 ΔV 近似地看成由矩形竖条绕 x 轴旋转一周而成的扁形柱体的体积，微元

$$\mathrm{d}V=\pi y^2(x)\,\mathrm{d}x$$

（$|y(x)|$ 为旋转半径，$\pi y^2(x)$ 为柱体的底圆面积，$\mathrm{d}x$ 为柱体的厚度），从而

$$V=\int_a^b \pi y^2(x)\,\mathrm{d}x. \tag{6.40}$$

注意，这类问题的关键是找出旋转半径.例如由曲线 $x=x(y)$，$y=c$，$y=d$ 围成的曲边梯形绕 y 轴旋转一周而成的旋转体体积

$$V=\int_c^d \pi x^2(y)\,\mathrm{d}y, \tag{6.41}$$

其中 $|x(y)|$ 为旋转半径.

例 5 求由椭圆 $\dfrac{x^2}{a^2}+\dfrac{y^2}{b^2}=1$ 围成的图形绕 x 轴旋转而成的旋转体体积（$a>0,b>0$）.

解 如图 6-10 所示，从椭圆方程解出

$$y^2=b^2\left(1-\frac{x^2}{a^2}\right),$$

此 y^2 就是旋转半径的平方，代入公式（6.40），即得

$$V=\int_{-a}^{a}\pi b^2\left(1-\frac{x^2}{a^2}\right)\mathrm{d}x=\pi b^2\left(x-\frac{x^3}{3a^2}\right)\Bigg|_{-a}^{a}=\frac{4}{3}\pi ab^2.$$

特别，当 $a=b$ 时，即得半径为 a 的球的体积.

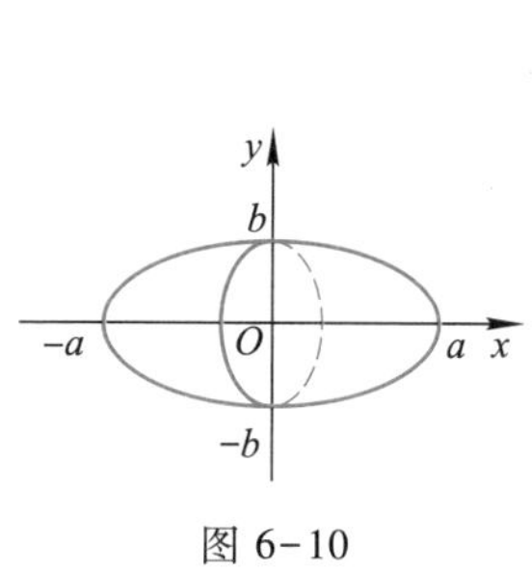

图 6-10

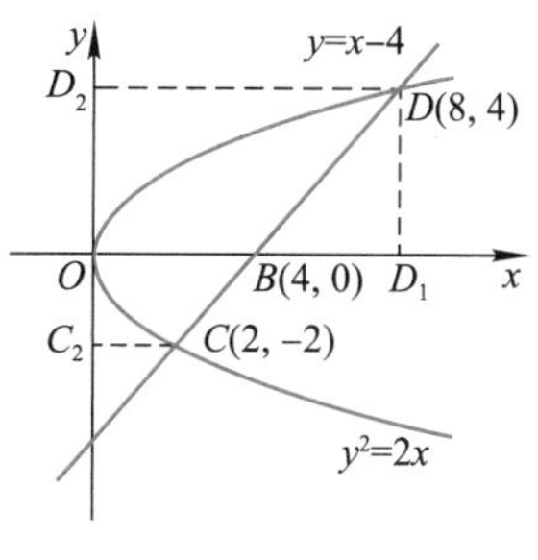

图 6-11

例 6 如图 6-11 所示，由曲线 $y^2=2x$ 与直线 $y=x-4$ 围成的图形记为 G.

（1）求 G 绕 x 轴旋转一周而成的旋转体体积 V_x；

（2）求 G 绕 y 轴旋转一周而成的旋转体体积 V_y.

解 （1）G 绕 x 轴旋转一周，实际上 x 轴下方那块曲边三角形 $OCBO$ 是不起作用的.所以只要计算由曲边三角形 $ODBO$ 绕 x 轴旋转一周即可.D 在 x 轴上的投影点记为 D_1，曲边三角形 ODD_1O 绕 x 轴旋转一周而成的立体体积 V_1 减三角形 BDD_1B 绕 x 轴旋转一周而成的立体体积 V_2，便是（1）要求的体积 V_x.由公式（6.40），

$$V_1=\pi\int_0^8 2x\,\mathrm{d}x=\pi x^2\Big|_0^8=64\pi,$$

$$V_2=\pi\int_4^8(x-4)^2\mathrm{d}x=\frac{\pi}{3}(x-4)^3\Big|_4^8=\frac{\pi}{3}\times 4^3=\frac{64}{3}\pi.$$

$$V_x=V_1-V_2=64\pi-\frac{64}{3}\pi=\frac{128}{3}\pi.$$

(2) D,C 在 y 轴上的投影点分别记为 D_2,C_2. 由公式(6.41),梯形 $C_2CDD_2C_2$ 绕 y 轴旋转一周的旋转体体积

$$V_3=\pi\int_{-2}^{4}(y+4)^2\mathrm{d}y=\frac{\pi}{3}(y+4)^3\Big|_{-2}^{4}$$
$$=\frac{\pi}{3}(8^3-2^3)=168\pi.$$

同样由公式(6.41),曲边梯形 $C_2CODD_2OC_2$ 绕 y 轴旋转一周的旋转体体积

$$V_4=\pi\int_{-2}^{4}\left(\frac{y^2}{2}\right)^2\mathrm{d}y=\frac{\pi}{4}\int_{-2}^{4}y^4\mathrm{d}y$$
$$=\frac{\pi}{20}y^5\Big|_{-2}^{4}=\frac{\pi}{20}[4^5-(-2)^5]=\frac{264}{5}\pi.$$

所以 $$V_y=V_3-V_4=\frac{576}{5}\pi.$$

例 7 求由曲线 $y=\mathrm{e}^{-x}\sqrt{|\sin x|}\ (x\geqslant 0)$ 与 x 轴围成的图形绕 x 轴旋转一周而成的旋转体体积 V.

解 由旋转体体积公式,

$$V=\pi\int_0^{+\infty}y^2\mathrm{d}x=\pi\int_0^{+\infty}\mathrm{e}^{-2x}|\sin x|\mathrm{d}x.$$

这是一个反常积分,按反常积分定义,

$$V=\lim_{b\to+\infty}\pi\int_0^{b}\mathrm{e}^{-2x}|\sin x|\mathrm{d}x.$$

由于被积函数中含有 $|\sin x|$,直接计算很麻烦.取 b 满足 $n\pi\leqslant b<(n+1)\pi$,于是

$$\pi\int_0^{n\pi}\mathrm{e}^{-2x}|\sin x|\mathrm{d}x\leqslant\pi\int_0^{b}\mathrm{e}^{-2x}|\sin x|\mathrm{d}x<\pi\int_0^{(n+1)\pi}\mathrm{e}^{-2x}|\sin x|\mathrm{d}x,$$

而不等式左边

$$\pi\int_0^{n\pi}\mathrm{e}^{-2x}|\sin x|\mathrm{d}x=\pi\sum_{k=1}^{n}\int_{(k-1)\pi}^{k\pi}\mathrm{e}^{-2x}|\sin x|\mathrm{d}x$$
$$=\pi\sum_{k=1}^{n}\int_{(k-1)\pi}^{k\pi}(-1)^{k-1}\mathrm{e}^{-2x}\sin x\mathrm{d}x$$
$$\overset{*}{=\!=\!=}\frac{\pi}{5}\sum_{k=1}^{n}\mathrm{e}^{-2k\pi}(1+\mathrm{e}^{2\pi})$$
$$\overset{**}{=\!=\!=}\frac{\pi}{5}(1+\mathrm{e}^{2\pi})\frac{1-\mathrm{e}^{-2n\pi}}{1-\mathrm{e}^{-2\pi}}\mathrm{e}^{-2\pi}$$
$$\xrightarrow[n\to\infty]{}\frac{\pi(\mathrm{e}^{2\pi}+1)}{5(\mathrm{e}^{2\pi}-1)}.$$

其中 $*$ 来自基本积分表的公式⑲, $**$ 来自初等数学的等比数列求和的公式,将 n 改为 $n+1$ 即得不等式右边的那个积分.令 $n\to\infty$,趋于同一极限,由夹逼定理即有 $V=\dfrac{\pi(\mathrm{e}^{2\pi}+1)}{5(\mathrm{e}^{2\pi}-1)}$.

例 8 过坐标原点作曲线 $y=\ln x$ 的切线,该切线与曲线 $y=\ln x$ 及 x 轴围成的平面图

形记为 D,求 D 绕直线 $x=\mathrm{e}$ 旋转一周所得的旋转体体积 V.

解 曲线 $y=\ln x$ 在其上任意一点 (x,y) 处的切线斜率 $k=(\ln x)'=\frac{1}{x}$. 设切点为 (x_0,y_0),于是切线方程为

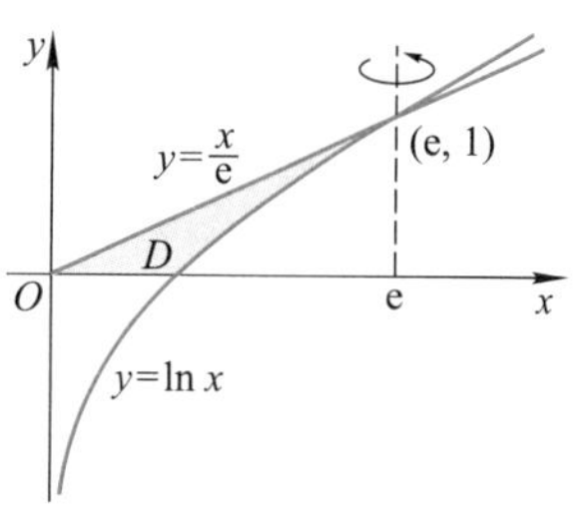

图 6-12

$$y-\ln x_0=\frac{1}{x_0}(x-x_0),$$

它经过原点. 以点 $(0,0)$ 代入,得

$$-\ln x_0=-1,$$

所以切点坐标为 $(\mathrm{e},1)$,切线方程为

$$y-1=\frac{1}{\mathrm{e}}(x-\mathrm{e}),\text{即 } y=\frac{x}{\mathrm{e}}.$$

平面图形 D(如图 6-12)绕直线 $x=\mathrm{e}$ 而成的旋转体体积为两个体积 V_1 与 V_2 之差,其中 V_1 为由切线 $y=\frac{x}{\mathrm{e}}$ 即 $x=\mathrm{e}y$ 与直线 $x=\mathrm{e}$, x 轴围成的三角形绕直线 $x=\mathrm{e}$ 旋转而成的旋转体体积,旋转半径为 $(\mathrm{e}-\mathrm{e}y)$,于是

$$V_1=\pi\int_0^1(\mathrm{e}-\mathrm{e}y)^2\mathrm{d}y=-\frac{\pi}{3\mathrm{e}}(\mathrm{e}-\mathrm{e}y)^3\Big|_0^1=\frac{1}{3}\pi\mathrm{e}^2;$$

V_2 为由曲线 $y=\ln x$ 与直线 $x=\mathrm{e}$, x 轴围成的曲边三角形绕直线 $x=\mathrm{e}$ 旋转而成的旋转体体积,旋转半径为 $(\mathrm{e}-\mathrm{e}^y)$,于是

$$V_2=\pi\int_0^1(\mathrm{e}-\mathrm{e}^y)^2\mathrm{d}y=\pi\left(-\frac{1}{2}\mathrm{e}^2+2\mathrm{e}-\frac{1}{2}\right).$$

从而

$$V=V_1-V_2=\frac{\pi}{6}(5\mathrm{e}^2-12\mathrm{e}+3).$$

四、平行截面为已知的立体体积

设一立体在 x 轴上的投影区间为 $[a,b]$,用垂直于 x 轴的平面截该立体,记所得的截面面积为 $A(x)$,其中 x 是截面与 x 轴交点的坐标(如图 6-13),于是在区间 $[x,x+\Delta x]$ 上该立体的体积微元为

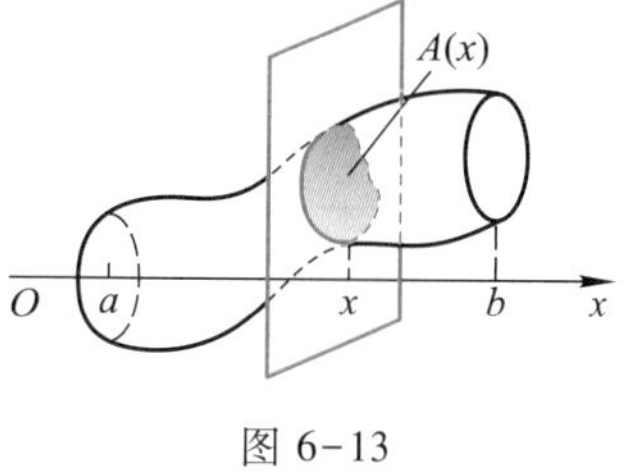

图 6-13

$$\mathrm{d}V=A(x)\mathrm{d}x \quad (\text{面积}\times\text{厚度}),$$

从而该立体体积

$$V=\int_a^b A(x)\mathrm{d}x. \tag{6.42}$$

易知公式(6.40)是它的特殊情形.

用公式(6.42)计算立体体积的步骤:

① 建立坐标系,选好 x 轴;

② 计算 x 处的截面面积函数 $A(x)$,这是最重要的一步;

③ 确定上、下限,代入公式(6.42)并计算之.

例 9 设有底面为椭圆的柱体,椭圆的长半轴为 a,短半轴为 b.用一与该椭圆柱体的底交成 α 角且经过底之长轴的平面切割,求切割下的楔形立体块的体积(如图 6-14 所示).

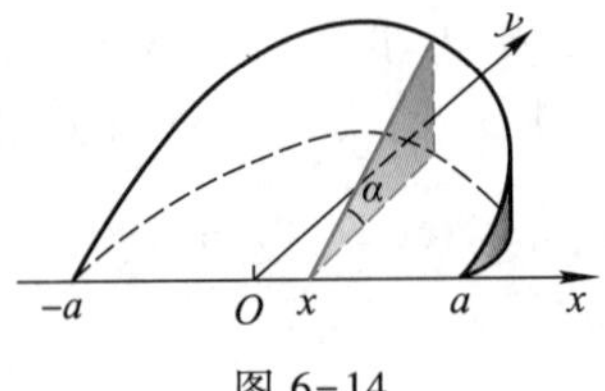

图 6-14

解 取长轴为 x 轴,垂直于 x 轴的平面截该楔形立体块得一三角形.此三角形位于椭圆柱体底面上的一边长为 y,另一直角边长 $h=y\tan\alpha$.此三角形的面积

$$A(x)=\frac{1}{2}y\cdot y\tan\alpha=\frac{1}{2}\tan\alpha\cdot b^2\left(1-\frac{x^2}{a^2}\right),$$

其中 $y^2=b^2\left(1-\frac{x^2}{a^2}\right)$ 来自椭圆方程.于是所求楔形立体块的体积

$$V=\int_{-a}^{a}A(x)\,\mathrm{d}x=\frac{b^2}{2}\tan\alpha\cdot\int_{-a}^{a}\left(1-\frac{x^2}{a^2}\right)\mathrm{d}x=\frac{2}{3}ab^2\tan\alpha.$$

补充例题

习题六

§6.1

1. 设质点 P 做直线运动,运动速度 $\frac{\mathrm{d}s}{\mathrm{d}t}=f(t)$,写出从 $t=a$ 到 $t=b$ 的位移($a<b$).

2. 将区间[0,1]进行 n 等分,以区间 $\left[\frac{i-1}{n},\frac{i}{n}\right]$ 的左端点为 ξ_i,按定义计算 $\int_0^1 \mathrm{e}^x\mathrm{d}x$.

3. 利用定积分的几何意义,写出下列各题定积分的值,并说明理由:

(1) $\int_0^1 x\mathrm{d}x$; (2) $\int_0^1 (x+1)\mathrm{d}x$;

(3) $\int_0^a \sqrt{a^2-x^2}\,\mathrm{d}x\,(a>0)$; (4) $\int_{-\pi}^{\pi}\sin x\mathrm{d}x$.

4. 利用定积分的性质,比较下列各对定积分的值的大小,将“>”或“<”填入下列各对积分中间的空格:

(1) $\int_0^1 x^2\mathrm{d}x\quad\int_0^1 x^3\mathrm{d}x$; (2) $\int_1^2 x^2\mathrm{d}x\quad\int_1^2 x^3\mathrm{d}x$;

(3) $\int_1^{\mathrm{e}}\ln x\mathrm{d}x\quad\int_1^{\mathrm{e}}(\ln x)^2\mathrm{d}x$; (4) $\int_0^{\frac{\pi}{4}}\sin x\mathrm{d}x\quad\int_0^{\frac{\pi}{4}}\sin 2x\mathrm{d}x$;

(5) $\int_0^1 \ln(x+1)\mathrm{d}x\quad\int_0^1 x\mathrm{d}x$; (6) $\int_0^1(\mathrm{e}^x-1)\mathrm{d}x\quad\int_0^1 x\mathrm{d}x$;

(7) $\int_0^{\frac{\pi}{2}}\cos x\mathrm{d}x\quad\int_0^{\pi}\cos x\mathrm{d}x$; (8) $\int_0^1(1-x)\mathrm{d}x\quad\int_0^2(1-x)\mathrm{d}x$.

§6.2

5. 设 $f(x)$ 与 $g(x)$ 在 $[a,b]$ 上连续，且 $g(x)$ 不变号，证明至少存在一点 $\xi\in(a,b)$ 使

$$\int_a^b f(x)g(x)\mathrm{d}x = f(\xi)\int_a^b g(x)\mathrm{d}x.$$

6. 计算下列定积分：

(1) $\int_0^4 \sqrt{x}\,\mathrm{d}x$；

(2) $\int_0^{2\pi} \sin x\mathrm{d}x$；

(3) $\int_{-\frac{1}{2}}^{\frac{\sqrt{2}}{2}} \frac{\mathrm{d}x}{\sqrt{1-x^2}}$；

(4) $\int_0^{\frac{\pi}{6}} \frac{\mathrm{d}t}{\cos^2 2t}$；

(5) $\int_0^{\frac{\pi}{2}} \sin^3 t\mathrm{d}t$；

(6) $\int_{-2}^{-1} \frac{\mathrm{d}x}{x^3+x}$；

(7) $\int_{-1}^{0} \frac{3x^4+4x^2+2}{x^2+1}\mathrm{d}x$；

(8) $\int_0^3 |x-1|\mathrm{d}x$；

(9) $\int_0^{2\pi} \sqrt{1+\cos x}\,\mathrm{d}x$；

(10) $\int_{-\pi}^{\pi} \cos kx\sin lx\mathrm{d}x$；

(11) $\int_{-\pi}^{\pi} \cos kx\cos lx\mathrm{d}x$；

(12) $\int_{-\pi}^{\pi} \sin kx\sin lx\mathrm{d}x$.

((11)与(12)题中 k,l 为正整数.)

7. 设 $f(x)=\begin{cases} \mathrm{e}^x, & x<0, \\ x, & x\geqslant 0, \end{cases}$ 求 $\int_{-1}^{1} f(x)\mathrm{d}x$.

8. 将下列极限写成积分和式的形式，利用定积分求这些极限：

(1) $\lim\limits_{n\to\infty}\sum\limits_{i=1}^{n}\frac{1}{\sqrt{n^2+i^2}}$；

(2) $\lim\limits_{n\to\infty}\sum\limits_{i=1}^{n}\frac{1}{n+i}$；

(3) $\lim\limits_{n\to\infty}\frac{1}{n}\sum\limits_{i=1}^{n}\cos\left(a+\frac{i(b-a)}{n}\right)$；

(4) $\lim\limits_{n\to\infty}\sum\limits_{i=1}^{n}\frac{i}{(n+i)^2}$；

(5) $\lim\limits_{n\to\infty}\sum\limits_{i=1}^{n}\left[\frac{i}{n^2}(\ln(n+i)-\ln n)\right]$；

(6) $\lim\limits_{n\to\infty}\frac{\sum\limits_{i=1}^{n} i^{2\,021}}{n^{2\,022}}$；

(7) $\lim\limits_{n\to\infty}\frac{\ln n}{\ln\left(\sum\limits_{i=1}^{n} i^{2\,021}\right)}$.

§6.3

9. 计算下列定积分：

(1) $\int_0^1 x\sqrt{4+5x}\,\mathrm{d}x$；

(2) $\int_{\frac{1}{2}}^{\frac{\sqrt{2}}{2}} \frac{\mathrm{d}x}{x^2\sqrt{1-x^2}}$；

(3) $\int_0^4 (x+1)(4x-x^2)^{\frac{1}{2}}\mathrm{d}x$；

(4) $\int_{\frac{3}{4}}^{1} \frac{\mathrm{d}x}{\sqrt{1-x}-1}$；

(5) $\int_0^1 \frac{\mathrm{d}x}{x+\sqrt{1-x^2}}$；

(6) $\int_0^1 \frac{\mathrm{d}x}{1+\sqrt{1-x^2}}$；

(7) $\int_{-\frac{\pi}{2}}^{\frac{\pi}{2}} (\mathrm{e}^x+\mathrm{e}^{-x})\ln\frac{\pi-x}{\pi+x}\mathrm{d}x$；

(8) $\int_{-\frac{3}{4}}^{\frac{3}{4}} \frac{(1+x)^3}{\sqrt{1-|x|}}\mathrm{d}x$.

10. 设$f(x)$在$[-a,a]$上连续,证明$\int_{-a}^{a}f(x)\mathrm{d}x=\int_{0}^{a}[f(x)+f(-x)]\mathrm{d}x$,并由此求$\int_{-\pi}^{\pi}\frac{|\sin x|}{1+\mathrm{e}^{x}}\mathrm{d}x$.

11. 设n是正整数,证明:

$$\int_{0}^{2\pi}\sin^{n}x\mathrm{d}x=\begin{cases}0, & n\text{ 为奇数},\\ 4\int_{0}^{\frac{\pi}{2}}\sin^{n}x\mathrm{d}x, & n\text{ 为偶数}.\end{cases}$$

12. 比较下列 3 个积分的值的大小,用不等号表示之,并说明理由:

(1) $M=\int_{-\pi}^{\pi}\frac{\sin x}{1+x^{4}}\mathrm{d}x$;　　(2) $N=\int_{-\pi}^{\pi}(\sin^{3}x+\mathrm{e}^{x^{2}})\mathrm{d}x$;

(3) $P=\int_{-\pi}^{\pi}(x^{2}\sin^{3}x+\mathrm{e}^{-x^{2}})\mathrm{d}x$.

13. 设$f(u)$为连续函数,利用本章§6.3 例 6 结论,说明下列函数$F(x)$的奇偶性:

(1) $F(x)=\int_{0}^{x}f(t^{2})\mathrm{d}t$;

(2) $F(x)=\int_{a}^{x}t[f(t)+f(-t)]\mathrm{d}t$,其中$a$是常数;

(3) $F(x)=\int_{0}^{x}t[f(t)-f(-t)]\mathrm{d}t$;

(4) $F(x)=\int_{0}^{x}\left[\int_{a}^{u}tf(t^{2})\mathrm{d}t\right]\mathrm{d}u$.

14. 计算下列定积分:

(1) $\int_{0}^{1}\arcsin x\mathrm{d}x$;　　(2) $\int_{0}^{1}\mathrm{e}^{\sqrt{x}}\mathrm{d}x$;

(3) $\int_{\frac{1}{\mathrm{e}}}^{\mathrm{e}}|\ln x|\mathrm{d}x$;　　(4) $\int_{0}^{2}|1-x|\sin\pi x\mathrm{d}x$.

15. 利用沃利斯公式计算下列定积分:

(1) $\int_{0}^{2\pi}\sin^{4}x\mathrm{d}x$;　　(2) $\int_{-\frac{\pi}{2}}^{\frac{\pi}{2}}\cos^{5}x\mathrm{d}x$;

(3) $\int_{-1}^{5}x(5+4x-x^{2})^{\frac{3}{2}}\mathrm{d}x$;　　(4) $\int_{-\frac{\pi}{4}}^{\frac{\pi}{4}}\cos^{8}2x\mathrm{d}x$.

16. 设$f'(x)$连续,且$f(1)=a$,用分部积分求$\int_{0}^{1}(f(x)+xf'(x))\mathrm{d}x$.

17. 设$f''(x)$连续,且$f'(0)=f'(\pi)=-2$,用分部积分法求$\int_{0}^{\pi}(f(x)+f''(x))\cos x\mathrm{d}x$.

*18. 设$G(x)=\int_{1}^{x}\mathrm{e}^{-t^{2}}\mathrm{d}t$,求$\int_{0}^{1}G(x)\mathrm{d}x$.

19. 设$f(u)$连续,求下列各导数:

(1) $\frac{\mathrm{d}}{\mathrm{d}x}\int_{0}^{x^{2}}\sqrt{1+t^{4}}\mathrm{d}t$;　　(2) $\frac{\mathrm{d}}{\mathrm{d}x}\int_{\sin x}^{\cos x}f(u)\mathrm{d}u$;

(3) $\frac{\mathrm{d}}{\mathrm{d}x}\int_{0}^{x}(x-t)f(t)\mathrm{d}t$;　　(4) $\frac{\mathrm{d}^{2}}{\mathrm{d}x^{2}}\left(\int_{0}^{x}tf(x-t)\mathrm{d}t\right)$.

20. 求函数$F(x)=\int_{1}^{x^{2}}\mathrm{e}^{-t^{2}}\mathrm{d}t$的极值点,并问此时$F(x)$是极大值还是极小值?

21. 设$f(x)$为区间$(-\infty,+\infty)$上的连续正值函数,证明:曲线

$$y=\int_{-a}^{x}(x-t)f(t)\mathrm{d}t+\int_{x}^{a}(t-x)f(t)\mathrm{d}t$$

在区间$(-\infty,+\infty)$上是凹的,其中常数 $a>0$.

22. 求下列极限:

(1) $\lim\limits_{x\to0}\dfrac{\int_0^x \sin t^2\mathrm{d}t}{x^3}$;　　(2) $\lim\limits_{x\to0}\dfrac{\int_0^x (\mathrm{e}^{-t^2}-\cos t)\mathrm{d}t}{x^3}$.

23. 当 $x\to0+0$ 时,下面 3 个都是无穷小:

$$\alpha=\int_0^x \cos t^2\mathrm{d}t,\quad \beta=\int_0^{x^2}\tan\sqrt{t}\,\mathrm{d}t,\quad \gamma=\int_0^{\sqrt{x}}\sin t^3\mathrm{d}t.$$

将它们从左往右排列,使右边一个是左边一个的高阶无穷小,并说明理由.

*24. 设 $f(x)$ 在 $[a,b]$ 上连续且单调增加,证明:对于任意 $x\in[a,b]$,

$$\int_a^x tf(t)\mathrm{d}t\geqslant\frac{a+x}{2}\int_a^x f(t)\mathrm{d}t.$$

*25. 设 $f(x)$ 在 $[0,+\infty)$ 上连续,$f(x)>0$,证明:

$$F(x)=\frac{\int_0^x tf(t)\mathrm{d}t}{\int_0^x f(t)\mathrm{d}t}$$

在 $(0,+\infty)$ 内严格单调增加.

§ 6.4

26. 计算下列反常积分,若发散,请注明它发散:

(1) $\int_1^{+\infty}\dfrac{\mathrm{d}x}{x^2}$;　　(2) $\int_0^{+\infty}\mathrm{e}^{-2x}\mathrm{d}x$;

(3) $\int_0^{+\infty}\dfrac{\mathrm{d}x}{(a^2+x^2)^{\frac{3}{2}}}$(常数 $a>0$);　　(4) $\int_0^{+\infty}\mathrm{e}^{-\sqrt{x}}\mathrm{d}x$;

(5) $\int_0^{+\infty}\dfrac{\mathrm{d}x}{\sqrt{x}(1+x)}$;　　(6) $\int_1^{+\infty}\dfrac{\mathrm{d}x}{x^2(x+1)}$;

(7) $\int_0^{+\infty}x^2\mathrm{e}^{-x^2}\mathrm{d}x$;　　(8) $\int_0^2\dfrac{\mathrm{d}x}{(1-x)^2}$;

(9) $\int_1^{\mathrm{e}}\dfrac{\mathrm{d}x}{x\sqrt{1-(\ln x)^2}}$;　　(10) $\int_0^{+\infty}\mathrm{e}^{-x}\sin x\mathrm{d}x$;

(11) $\int_0^{+\infty}x^2f''(x)\mathrm{d}x$,其中 $f(x)=(\mathrm{e}^{-x^2})'$;

(12) $\int_0^{+\infty}x^4f'(x)\mathrm{d}x$,其中 $f(x)=(\mathrm{e}^{-x^2})'$.

§ 6.5

27. 求由下列各组曲线围成的平面图形的面积:

(1) $y=\dfrac{1}{x}$,$y=x$,$x=2$;　　(2) $\dfrac{x^2}{a^2}+\dfrac{y^2}{b^2}=1(a>0,b>0)$;

(3) $y=3-x^2$,$y=2x$;　　(4) $y=\dfrac{1}{2}x^2$,$x^2+y^2=8$(小的一块).

28. 过点 $P(1,0)$ 作抛物线 $y=\sqrt{x-2}$ 的切线,该切线与上述抛物线及 x 轴围成一平面图形.

(1) 求此图形绕 x 轴旋转一周而成的旋转体体积;

(2) 求此图形绕 y 轴旋转一周而成的旋转体体积.

29. 求由下列各组曲线围成的平面图形绕指定直线旋转一周而成的旋转体体积:

(1) $y=x^2, y=x+2$,分别绕 x 轴与绕 y 轴;

(2) $y=e^x, y=e, y$ 轴,分别绕 y 轴与直线 $y=e$;

(3) $x^2+(y-a)^2=b^2$,绕 x 轴($a>b>0$);

(4) $y=2x-x^2, x$ 轴,分别绕 x 轴与 y 轴;

(5) $y=2x-x^2, y=1, y$ 轴, $x=2$,分别绕 x 轴与 $y=1$.

30. 一物体的底是一平面图形,由椭圆 $\frac{x^2}{a^2}+\frac{y^2}{b^2}\leqslant 1$ 围成.用垂直于 x 轴的平面截之,截出的截面为等边三角形,求该物体的体积 V.

习题六参考答案与提示

7

第七章　一元微积分学的补充材料

本章包括三个模块.用△表示的只适用于工学类,用△△表示的只适用于经济类.第三模块用△△△表示,适用于需要进一步提高的专业.本章供不同需求的专业选学.

△§7.1　参数方程与极坐标方程及其微分法

一、参数方程及其微分法

在平面直角坐标系中,一条曲线常用 x 与 y 之间的显式 $y=f(x)$,或 x 与 y 之间的隐式 $F(x,y)=0$ 表示.但在工程技术中,有时用参数方程(或称参数式)来表示可能会更方便.

例 1　以仰角为 α,初速 v_0 发射的炮弹,在重力作用下,不计空气阻力时,求该炮弹的运动轨迹方程.

解　如图 7-1 所示,建立坐标系,该炮弹的水平初速 $v_0\cos\alpha$,因为无空气阻力,水平方向不受力,故水平方向的分速度是常值 $v_0\cos\alpha$,于是运动轨迹在 t 时的位置 (x,y) 的 $x=(v_0\cos\alpha)t$.而铅垂方向受重力的影响,于是 $y=(v_0\sin\alpha)t-\frac{1}{2}gt^2$,从而得到在 t 时炮弹所在位置 (x,y) 与 t 的关系为

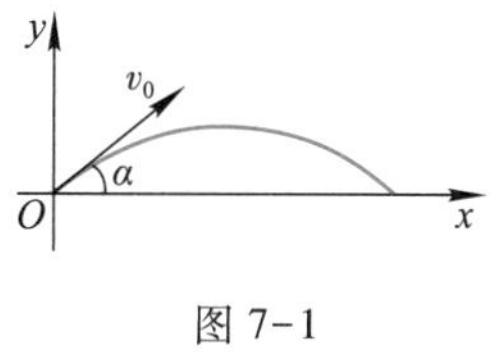

图 7-1

$$\begin{cases} x=(v_0\cos\alpha)t, \\ y=(v_0\sin\alpha)t-\frac{1}{2}gt^2, \end{cases} \tag{7.1}$$

这里 $t\geqslant 0$ 直至落地.

现在,虽然运动轨迹上的点的坐标 x 与 y 之间的直接关系尚未求得.但 x,y 与 t 的关系却先一步得到了.由(7.1)式,对于给定的 t($t\geqslant 0$,直至落地)就可求得点的位置 (x,y).这种表示方式称为该运动轨迹的参数方程.将从(7.1)式中第一式解出的 $t=\frac{x}{v_0\cos\alpha}$ 代入第二式,便得

$$y=(\tan\alpha)x-\frac{g}{2v_0^2\cos^2\alpha}x^2. \tag{7.2}$$

这就是运动轨迹的 y 与 x 之间的关系(即 y 与 x 之间的函数关系).但是为了了解运动情

况(例如运动速度、方向、最高点、射程等),有(7.1)式已足够了,并不一定要写出(7.2)式.

一般,设平面曲线 L 由一对式子

$$\begin{cases}x = x(t),\\ y = y(t),\end{cases} \quad t \in \text{区间 } I \tag{7.3}$$

给定,$x(t)$ 与 $y(t)$ 是 t 的函数.当 t 在区间 I 内每取一个值时,相应地得到 L 上的一个点 (x,y).称(7.3)式为 L 的**参数方程**,t 为第三变量,称为**参数**.参数方程有时也称为**参数式**.

例 2(摆线的参数方程) 一半径为 a 的圆沿 x 轴自左向右滚动(不滑动).此圆周上的一固定点 P 设在某时为该圆与 x 轴相切的切点,且正好位于坐标原点.求该圆滚动过程中,点 P 的运动轨迹方程.

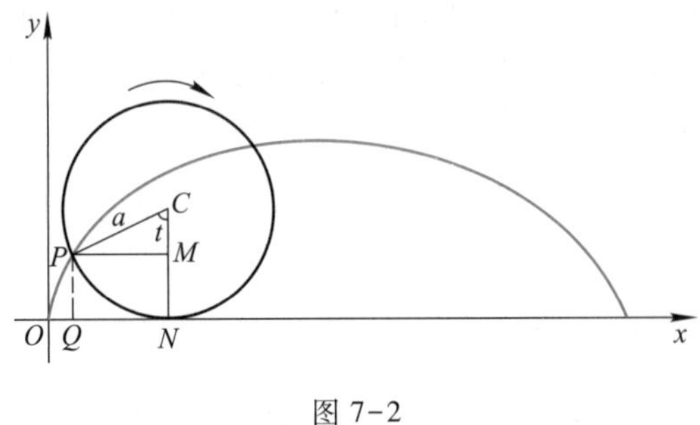

图 7-2

解 如图 7-2 所示,圆心角 PCN 设为 t,于是

$$\overline{QN} = \overline{PM} = a\sin t, \quad \overline{MC} = a\cos t, \quad \overline{ON} = \widehat{PN} = at,$$

得点 P 的运动轨迹的参数方程:

$$\begin{cases}x = \overline{OQ} = \overline{ON} - \overline{QN} = at - a\sin t = a(t - \sin t),\\ y = \overline{QP} = \overline{NC} - \overline{MC} = a - a\cos t = a(1 - \cos t).\end{cases}$$

图 7-2 中画的是该圆在 y 轴右侧的情形,对应于 $t\geqslant 0$.若圆在 y 轴左侧,即尚未滚到 P 与 O 重合,则对应于 $t<0$,上面推导出的关系式也是正确的.综合之,上述 x,y 的表达式中的 $t\in(-\infty,+\infty)$,其中 t 为参数. 这里如果要从 $x=a(t-\sin t)$ 解出 t 为 x 的表示式,从技术上讲是十分烦琐的,而且要得到 y 表示为 x 的关系式 $y=f(x)$ 也无多大意思.而从参数式来讨论该轨迹的运动,却是容易的.

下面介绍一些重要曲线的参数方程,罗列于后以备用,不再一一推导.

例 3 以点 $C(x_0,y_0)$ 为圆心,R 为半径的圆周的参数方程可以写成

$$\begin{cases}x = x_0 + R\cos t,\\ y = y_0 + R\sin t,\end{cases} \quad 0 \leqslant t \leqslant 2\pi,$$

其中 t 为参数,t 的几何意义如图 7-3 所示.

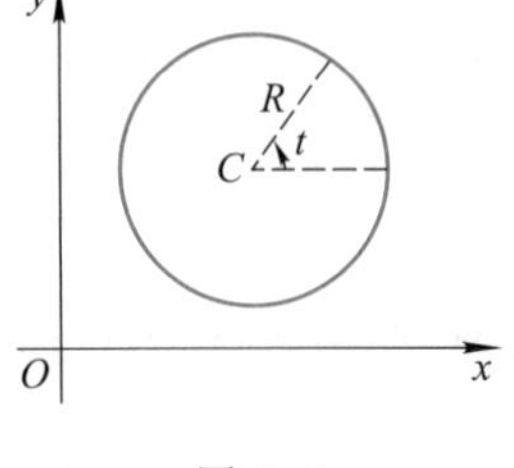

图 7-3

例 4 以点 $C(x_0,y_0)$ 为中心,a,b 为长、短半轴的椭圆的参数方程可以写成

$$\begin{cases}x = x_0 + a\cos t,\\ y = y_0 + b\sin t,\end{cases} \quad 0 \leqslant t \leqslant 2\pi,$$

其中 t 为参数，t 的几何意义如图 7-4 所示.

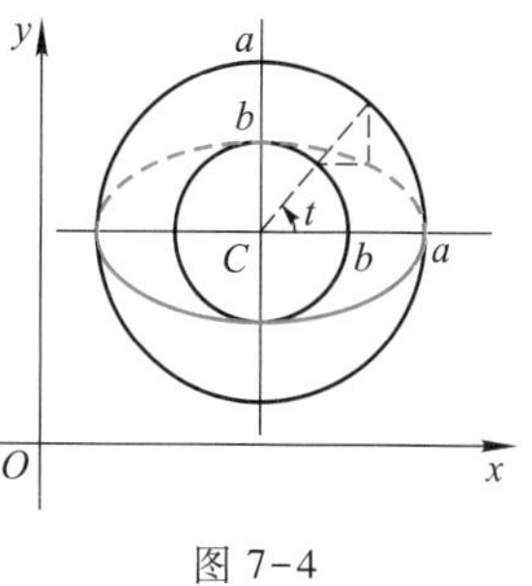

图 7-4

例 5　经过点 $M_0(x_0,y_0)$、倾角为 α 的直线的参数方程可以写成

$$\begin{cases} x = x_0 + t\cos\alpha, \\ y = y_0 + t\sin\alpha, \end{cases} \quad -\infty < t < +\infty,$$

其中 t 为参数，$|t|$ 表示动点 (x,y) 与定点 $M_0(x_0,y_0)$ 之间的距离.若 $0<\alpha<\pi$ 且 $t>0$，则 $y>y_0$，直线上对应的点 (x,y) 在点 M_0 的上侧；若 $0<\alpha<\pi$ 且 $t<0$，则 $y<y_0$，直线上对应的点 (x,y) 在点 M_0 的下侧；若 $\alpha=0$，点 (x,y) 在直线上的位置自明，不赘述.不论何种情形，当 $t=0$ 时总对应点 M_0.

如何求由参数方程

$$\begin{cases} x = x(t), \\ y = y(t), \end{cases} \quad t \in \text{区间 } I$$

确定的曲线的切线斜率，或者更一般地说，如何由参数方程求由它确定的 y 为 x 的函数 $y=f(x)$ 的一阶导数 y'_x 与二阶导数 y''_{xx}？

由 §3.5 微分形式不变性知，不论 x 是自变量还是中间变量，$y'_x=\dfrac{\mathrm{d}y}{\mathrm{d}x}$ 总可以看成两个微分 $\mathrm{d}y$ 与 $\mathrm{d}x$ 之比，从而

$$y'_x = \frac{\mathrm{d}y}{\mathrm{d}x} = \frac{y'(t)\,\mathrm{d}t}{x'(t)\,\mathrm{d}t} = \frac{y'(t)}{x'(t)},$$

即有：设 $x(t)$ 与 $y(t)$ 均可导，且 $x'(t)\neq 0$，则

$$y'_x = \frac{\mathrm{d}y}{\mathrm{d}x} = \frac{y'(t)}{x'(t)}. \tag{7.4}$$

如何求二阶导数 y''_{xx} 呢？由

$$y''_{xx} = \frac{\mathrm{d}y'_x}{\mathrm{d}x},$$

又可将它看成微分 $\mathrm{d}y'_x$ 与微分 $\mathrm{d}x$ 之比，所以有

$$y''_{xx} = \frac{\mathrm{d}y'_x}{\mathrm{d}x} = \frac{(y'_x)'_t\mathrm{d}t}{x'(t)\,\mathrm{d}t} = \frac{(y'_x)'_t}{x'(t)}. \tag{7.5}$$

注意，这里分子中两个下角标不一样，内层 y'_x 是从(7.4)式求得的 y 对 x 的导数；$(y'_x)'_t$ 的外层是从(7.4)式求得的 y 对 x 的导数 y'_x 再对 t 求导.为求 $(y'_x)'_t$ 当然应假设此导数存在.$\dfrac{\mathrm{d}^2y}{\mathrm{d}x^2}$ 不能看成 d^2y 与 $\mathrm{d}x^2$ 之比，什么是 d^2y 与 $\mathrm{d}x^2$ 没有定义过.

如果将(7.4)式的 y'_x 代入(7.5)式右边，得

$$y''_{xx} = \frac{\left(\dfrac{y'(t)}{x'(t)}\right)'_t}{x'(t)} = \frac{\dfrac{x'(t)y''(t)-y'(t)x''(t)}{(x'(t))^2}}{x'(t)}$$

$$=\frac{x'(t)y''(t)-y'(t)x''(t)}{(x'(t))^3}. \tag{7.6}$$

但是这个公式太复杂，不易记忆，不如对具体问题去计算(7.5)方便.

例 6 求由摆线的参数方程

$$\begin{cases}x=a(t-\sin t),\\ y=a(1-\cos t)\end{cases}$$

确定的函数 $y=f(x)$ 的 $\frac{dy}{dx}$ 及 $\frac{d^2y}{dx^2}$.

解 由公式(7.4)，

$$\frac{dy}{dx}=\frac{a(1-\cos t)'_t}{a(t-\sin t)'_t}=\frac{\sin t}{1-\cos t}=\frac{2\sin\frac{t}{2}\cos\frac{t}{2}}{2\sin^2\frac{t}{2}}=\cot\frac{t}{2}.$$

再由公式(7.5)有

$$\frac{d^2y}{dx^2}=\frac{\left(\cot\frac{t}{2}\right)'_t}{a(t-\sin t)'_t}=\frac{-\frac{1}{2}\csc^2\frac{t}{2}}{a(1-\cos t)}=-\frac{1}{4a}\csc^4\frac{t}{2}.$$

例 7 设由参数方程 $\begin{cases}x=\int_0^{t^2}\cos u^2du,\\ y=\sin t^4\end{cases}$ 确定 y 为 x 的函数，求 $\frac{dy}{dx}$ 与 $\frac{d^2y}{dx^2}$.

解 由公式(7.4)及(6.24)式有

$$\frac{dy}{dx}=\frac{y'_t}{x'_t}=\frac{(\sin t^4)'_t}{\left(\int_0^{t^2}\cos u^2du\right)'_t}=\frac{4t^3\cos t^4}{\cos t^4\cdot 2t}=2t^2,$$

$$\frac{d^2y}{dx^2}=\frac{\left(\frac{dy}{dx}\right)'_t}{x'_t}=\frac{(2t^2)'_t}{\cos t^4\cdot 2t}=\frac{2}{\cos t^4}.$$

二、曲线由参数方程给出时求某些积分

以例说明.

例 8 求由摆线 $\begin{cases}x=a(t-\sin t),\\ y=a(1-\cos t)\end{cases}$ $(0\leqslant t\leqslant 2\pi)$ 一拱与 x 轴围成的图形的面积.

解 由图 7-2 知，求此图形面积，就是求 $\int_0^{2\pi a}ydx$ 的值.但现在并不知道 y 与 x 的直接关系，无法计算此积分值.作变量变换，令

$$x=a(t-\sin t).$$

此时 y 与 x 的关系变换为 y 与 t 的关系，当然就是

$$y=a(1-\cos t),$$

并且当 $x=0$ 时 $t=0$，当 $x=2\pi a$ 时 $t=2\pi$. 于是

$$\begin{aligned}\int_0^{2\pi a} y\mathrm{d}x &= \int_0^{2\pi} a(1-\cos t)\mathrm{d}(a(t-\sin t))\\ &= a^2\int_0^{2\pi}(1-\cos t)^2\mathrm{d}t\\ &= a^2\int_0^{2\pi}(1-2\cos t+\cos^2 t)\mathrm{d}t\\ &= a^2\int_0^{2\pi}\left(\frac{3}{2}-2\cos t+\frac{1}{2}\cos 2t\right)\mathrm{d}t\\ &= 3a^2\pi.\end{aligned}$$

例 9　求由摆线一拱与 x 轴围成的图形绕 x 轴旋转一周而成的旋转体体积.

解　仿例 8，有

$$\begin{aligned}V_x &= \pi\int_0^{2\pi a} y^2\mathrm{d}x = \pi a^3\int_0^{2\pi}(1-\cos t)^3\mathrm{d}t\\ &= \pi a^3\int_0^{2\pi}2^3\left(\frac{1-\cos t}{2}\right)^3\mathrm{d}t = 8\pi a^3\int_0^{2\pi}\sin^6\frac{t}{2}\mathrm{d}t\\ &= 16\pi a^3\int_0^{\pi}\sin^6 u\mathrm{d}u = 32\pi a^3\int_0^{\frac{\pi}{2}}\sin^6 u\mathrm{d}u\\ &= 32\pi a^3\cdot\frac{5}{6}\cdot\frac{3}{4}\cdot\frac{1}{2}\cdot\frac{\pi}{2} = 5\pi^2a^3.\end{aligned}$$

三、极坐标与极坐标方程的曲线的切线斜率

在平面上表示一点的位置除了用直角坐标，还可用极坐标. 如图 7-5 所示，以直角坐标系的坐标原点 O 为固定点，称为极点. 以 Ox 轴正向取轴 OA 称为极轴. 对于平面上的任意一点 $M(M\neq O)$，连线 OM 并记

$$r=|\overline{OM}|,$$

称为极径. 由 OA 按逆时针方向转到 OM 转过的角记为 θ，称为极角. (r,θ) 称为点 M 的极坐标. 当 $M=O$ 时，$r=0$，θ 可以任意. 点 M 的直角坐标 (x,y) 与它的极坐标 (r,θ) 之间的换算关系为

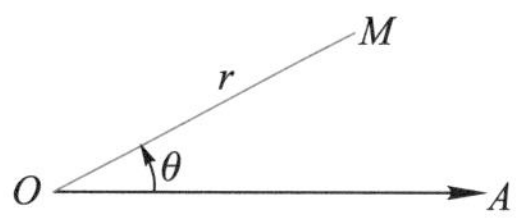

图 7-5

$$\begin{cases}x=r\cos\theta,\\ y=r\sin\theta,\end{cases}\quad r\geqslant 0,\ -\infty<\theta<+\infty. \tag{7.7}$$

但是从 (x,y) 计算 (r,θ) 时应注意点 M 所在的象限.

极坐标中常用的曲线及其方程如下：

（1）$r=a(a>0)$ 是以 O 为中心，a 为半径的圆周（如图 7-6 所示）.

（2）$r=a\cos\theta(a>0)$ 是以直角坐标系的点 $C\left(\frac{a}{2},0\right)$ 为圆心，$\frac{a}{2}$ 为半径的圆周. 可以将 $r=a\cos\theta$ 转化到直角坐标来说明之. 由 $r=a\cos\theta$ 有 $r^2=ar\cos\theta$，化成直角坐标为

$$x^2+y^2=ax,$$

由直角坐标可以画出它的图形如图 7-7 所示. 注意，由 $r=a\cos\theta$ 化为 $r^2=ar\cos\theta$ 时，两边乘

了 r,会不会多了一点 $r=0$? 由于 $r=0,\theta=\dfrac{\pi}{2}$满足 $r=a\cos\theta$,所以点 $r=0$ 本来就包含在方程 $r=a\cos\theta$ 中,并没有多一点 $r=0$.

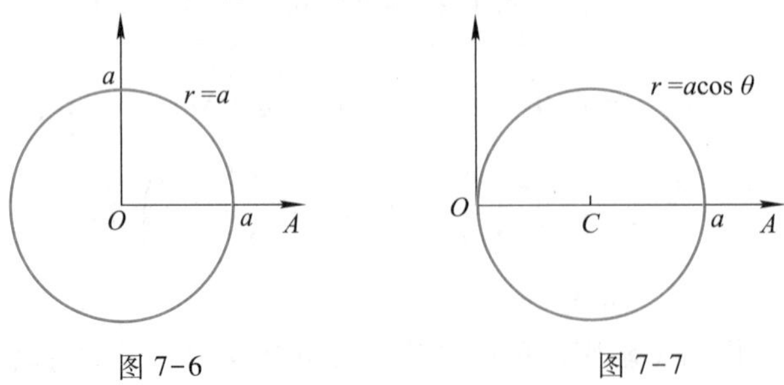

图 7-6　　图 7-7

(3) $r=a\sin\theta(a>0)$是以直角坐标的点$C\left(0,\dfrac{a}{2}\right)$为圆心,$\dfrac{a}{2}$为半径的圆周,对应的直角坐标方程为 $x^2+y^2=ay$(如图 7-8 所示).

除了上面三种圆周,极坐标方程所表示的曲线中常见的还有

(4) 心形线 $r=a(1+\cos\theta)(a>0)$.若将它化成直角坐标,并不能看出它的形状,还不如采取描点法再结合讨论看得清楚.先列表描点:

θ	0	$\dfrac{\pi}{4}$	$\dfrac{\pi}{2}$	$\dfrac{3}{4}\pi$	π
r	$2a$	$1.71a$	a	$0.29a$	0

获得上半个图形.再由于以$-\theta$ 换 θ,原方程不变,所以图形关于 OA 轴对称,如图7-9 所示.

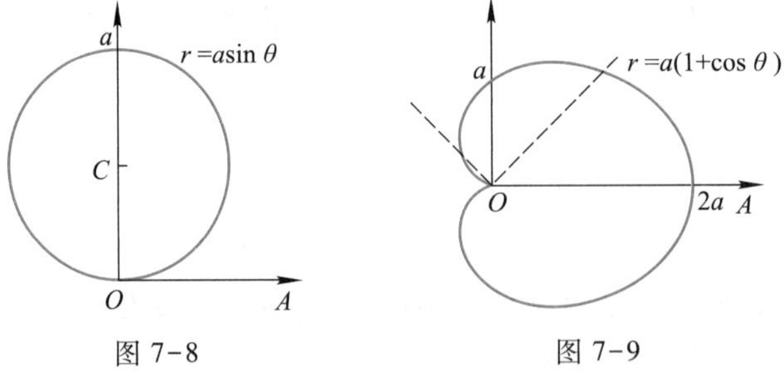

图 7-8　　图 7-9

(5) 双纽线 $r^2=a^2\cos 2\theta(a>0)$.化成直角坐标方程是

$$r^4=a^2r^2\cos 2\theta=a^2r^2(\cos^2\theta-\sin^2\theta),$$

即

$$(x^2+y^2)^2=a^2(x^2-y^2).$$

化成直角坐标,对作图也无济于事,仍采用描点结合讨论.先列表描点:

θ	0	$\dfrac{\pi}{6}$	$\dfrac{\pi}{4}$
r	a	$\dfrac{\sqrt{2}}{2}a$	0

当$\frac{\pi}{4}<\theta<\frac{3\pi}{4}$时，$\cos 2\theta<0$，$r^2=a^2\cos 2\theta$无图形.以$-\theta$换$\theta$，原方程不变，所以图形关于 OA 轴对称.又以$\theta+\pi$换θ，原方程也不变，图形关于极点 O 对称.图形如图7-10所示.

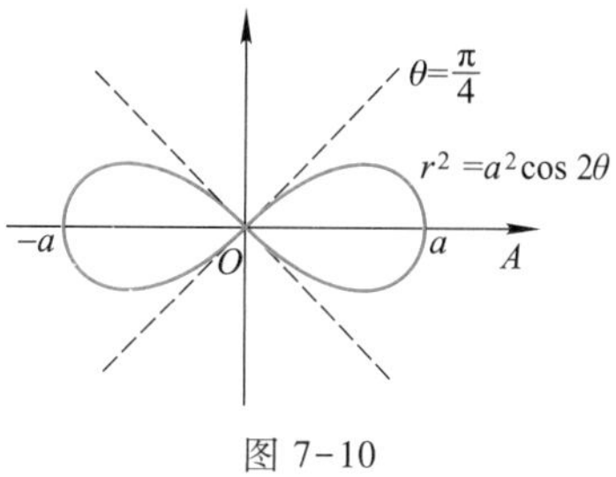

图 7-10

当曲线由极坐标方程 $r=r(\theta)$ 给出时，如何求它在指定点的切线斜率以及切线方程呢？必须注意的是，在直角坐标系中，曲线 $y=y(x)$ 的切线斜率为$\frac{\mathrm{d}y}{\mathrm{d}x}$.但是在极坐标系中，极坐标方程$r=r(\theta)$所表示的曲线的切线斜率不是$\frac{\mathrm{d}r}{\mathrm{d}\theta}$，而仍应从直角坐标入手.先将 $r=r(\theta)$ 化成以 θ 为参数的直角坐标参数方程：

$$\begin{cases} x=r\cos\theta=r(\theta)\cos\theta, \\ y=r\sin\theta=r(\theta)\sin\theta \end{cases} \quad (\theta \text{ 为参数}),$$

再按参数方程求$\frac{\mathrm{d}y}{\mathrm{d}x}$.

例 10 求心形线 $r=a(1+\cos\theta)(a>0)$ 上 $\theta=\frac{\pi}{4}$处的点的切线的直角坐标方程.

解 将 $r=a(1+\cos\theta)$写成以 θ 为参数的直角坐标的参数方程

$$\begin{cases} x=a(1+\cos\theta)\cos\theta, \\ y=a(1+\cos\theta)\sin\theta. \end{cases}$$

由参数方程的求导公式(7.4)，有

$$\frac{\mathrm{d}y}{\mathrm{d}x}=\frac{\cos\theta+\cos^2\theta-\sin^2\theta}{-\sin\theta-2\sin\theta\cos\theta}.$$

以 $\theta=\frac{\pi}{4}$代入，得$\frac{\mathrm{d}y}{\mathrm{d}x}=1-\sqrt{2}$.当 $\theta=\frac{\pi}{4}$时，$x=a\left(\frac{\sqrt{2}}{2}+\frac{1}{2}\right)$，$y=a\left(\frac{\sqrt{2}}{2}+\frac{1}{2}\right)$.所以切线方程为

$$y-a\left(\frac{\sqrt{2}}{2}+\frac{1}{2}\right)=(1-\sqrt{2})\left[x-a\left(\frac{\sqrt{2}}{2}+\frac{1}{2}\right)\right],$$

即

$$y=(1-\sqrt{2})x+a\left(1+\frac{\sqrt{2}}{2}\right).$$

四、相关变化率

在§3.1中曾说过，$f'(x_0)$表示在 x_0 处 $y=f(x)$关于 x 的变化率.现在，如果 $y=f(x)$中，x 随第三个变量 t 的变化规律并不一定知道，但变化率$\frac{\mathrm{d}x}{\mathrm{d}t}$已知，如何求 y 关于 t 的变化率$\frac{\mathrm{d}y}{\mathrm{d}t}$？先以例子说明之.

例 11　一火车在成直线的铁道上以 v_0 m/s 的速度行驶，一观察者在距铁道 h m 处观察火车.反映到观察者关于火车的快慢，常常不是火车的实际速度大小，而是观察者的视角 θ 关于 t 的变化率(如图 7-11 所示).设 C 是观察者的位置，O 是 C 对铁道的垂足.以 O 为坐标原点，火车前进方向作为 x 轴正向，A 是火车在 t 时的位置，如图 7-11 建立坐标系，点 A 的坐标为 x.

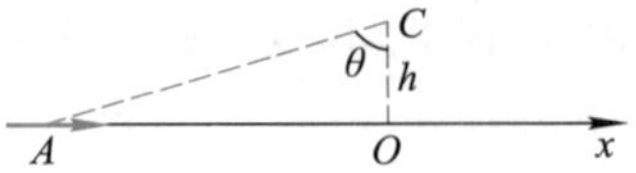

图 7-11

(1) 求 $x=-100$ m 时的$\dfrac{d\theta}{dt}$;

(2) 求 $x=0$ 时的$\dfrac{d\theta}{dt}$.

解　由图 7-11 知，$x=h\tan\theta$，两边对 t 求导，得

$$\frac{dx}{dt}=h\sec^2\theta\frac{d\theta}{dt}=h(1+\tan^2\theta)\frac{d\theta}{dt}$$

$$=h\left[1+\left(\frac{x}{h}\right)^2\right]\frac{d\theta}{dt}=\frac{h^2+x^2}{h}\frac{d\theta}{dt},$$

所以

$$\frac{d\theta}{dt}=\frac{h}{h^2+x^2}\frac{dx}{dt}=\frac{hv_0}{h^2+x^2}.$$

(1) 当 $x=-100$ 时，$\dfrac{d\theta}{dt}=\dfrac{hv_0}{h^2+10\ 000}$.

(2) 当 $x=0$ 时，$\dfrac{d\theta}{dt}=\dfrac{v_0}{h}$.此正好说明，当 $x=0$ 时$\dfrac{d\theta}{dt}$最大.即火车远远驶来时，$\dfrac{d\theta}{dt}$不显得大；当 $x=0$ 即火车驶过“眼前”时，显得很快，实际上是$\dfrac{d\theta}{dt}$很大.

一般，设 y 与 x 的关系由 $y=f(x)$ 联系着，并设 $f(x)$ 可导，x 关于第三个变量 t 的变化率$\dfrac{dx}{dt}$已知，则由复合函数求导有

$$\frac{dy}{dt}=f'(x)\frac{dx}{dt},$$

得到 y 关于 t 的变化率.此变化率是由 x 关于 t 的变化率而产生的，称为相关变化率.

△§7.2　平面曲线的弧长与曲率

一、平面曲线的弧长及计算公式

利用圆内接正多边形的周长作为圆周长的近似值，再令多边形的边数无限增多而取极限，就定出圆周长，这是中学教科书中介绍的解决圆周长的方法.现在用类似的方法讨论平面曲线的弧长问题.

设 L 为平面的曲线弧，并设曲线上没有重点(通俗地说，曲线不打结)，A 与 B 是 L 上

不同的两点,弧$\overset{\frown}{AB}$指的是 L 上介于 A 与 B 之间的指定弧段,在该弧段上 A 与 B 之间任意插入 $n-1$ 个点(连同 A 与 B 共 $n+1$ 个点,如图 7-12 所示):

$$A=M_0,M_1,\cdots,M_{i-1},M_i,\cdots,M_{n-1},M_n=B,$$

将 L 上的弧$\overset{\frown}{AB}$分成 n 份,作折线 $M_0M_1\cdots M_{i-1}M_i\cdots M_{n-1}M_n$,以 s_n 表示此折线的长,

$$s_n=\sum_{i=1}^{n}\left|\overline{M_{i-1}M_i}\right|,$$

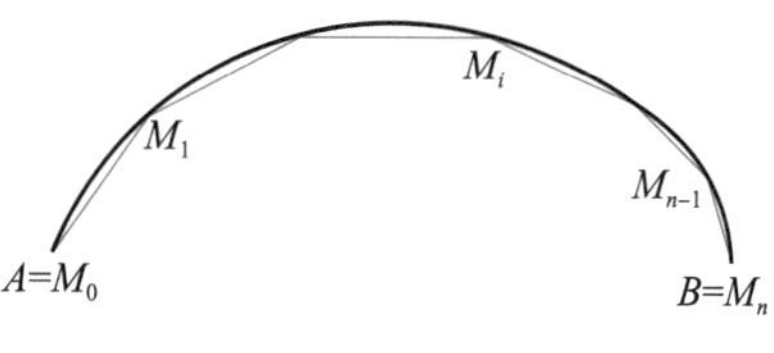

图 7-12

记 $\lambda=\max\limits_{1\leqslant i\leqslant n}\left|\overline{M_{i-1}M_i}\right|$,若

$$\lim_{\lambda\to 0}s_n=\lim_{\lambda\to 0}\sum_{i=1}^{n}\left|\overline{M_{i-1}M_i}\right| \tag{7.8}$$

存在,此极限值与分点 $M_i(i=1,2,\cdots,n-1)$ 的取法无关,则称此极限值为曲线弧$\overset{\frown}{AB}$的长,并称曲线弧$\overset{\frown}{AB}$是可求长的. 如何计算(7.8)呢? 由于曲线方程的给法不同,分下面 4 种情形.

情形 1　设 L 在直角坐标系 xOy 中的方程为 $y=y(x)$,A 对应于 $x=a$,B 对应于 $x=b$,$a<b$;并设 $y=y(x)$ 在 $[a,b]$ 上具有连续的一阶导数,点 M_{i-1} 对应于 $x=x_{i-1}$,点 M_i 对应于 $x=x_i$,于是

$$\begin{aligned}\left|\overline{M_{i-1}M_i}\right|&=\sqrt{(x_i-x_{i-1})^2+[y(x_i)-y(x_{i-1})]^2}\\&\xlongequal{\text{中值定理}}\sqrt{(x_i-x_{i-1})^2+[y'(\xi_i)(x_i-x_{i-1})]^2}\\&=\sqrt{1+(y'(\xi_i))^2}\,\Delta x_i,\end{aligned}$$

其中 $\Delta x_i=x_i-x_{i-1}>0$,$x_{i-1}<\xi_i<x_i$,从而

$$\begin{aligned}\lim_{\lambda\to 0}s_n&=\lim_{\lambda\to 0}\sum_{i=1}^{n}\left|\overline{M_{i-1}M_i}\right|\\&=\lim_{\lambda\to 0}\sum_{i=1}^{n}\sqrt{1+(y'(\xi_i))^2}\,\Delta x_i.\end{aligned} \tag{7.9}$$

因为 $y'(x)$ 连续,所以积分 $\int_a^b\sqrt{1+(y'(x))^2}\,\mathrm{d}x$ 存在,(7.9)式右边是它的一个特殊的积分和式的极限,此极限也应存在,并且

$$\lim_{\lambda\to 0}\sum_{i=1}^{n}\sqrt{1+(y'(\xi_i))^2}\,\Delta x_i=\int_a^b\sqrt{1+(y'(x))^2}\,\mathrm{d}x\quad(a<b).$$

于是便得结论:

设 L 在直角坐标系 xOy 中的方程为 $y=y(x)$,L 上的点 A 对应于 $x=a$,点 B 对应于 $x=b$,$a<b$;并设 $y=y(x)$ 在 $[a,b]$ 上具有连续的一阶导数,则 L 上弧$\overset{\frown}{AB}$的长

$$s=\int_a^b\sqrt{1+\left(\frac{\mathrm{d}y}{\mathrm{d}x}\right)^2}\,\mathrm{d}x\quad(a<b). \tag{7.10}$$

例 1　求曲线 $y=\frac{2}{3}x^{\frac{3}{2}}$ 上对应于 $3\leqslant x\leqslant 15$ 的一段弧长.

解　$y'=x^{\frac{1}{2}}$，代入公式(7.10)，得

$$s=\int_3^{15}\sqrt{1+x}\,\mathrm{d}x=\frac{2}{3}(1+x)^{\frac{3}{2}}\Big|_3^{15}$$

$$=\frac{2}{3}(16^{\frac{3}{2}}-4^{\frac{3}{2}})=\frac{2}{3}(64-8)=\frac{112}{3}.$$

在区间$[a,b]$上任意固定$x_0\in[a,b]$，并设$x\in[a,b]$，定义

$$s(x)=\int_{x_0}^{x}\sqrt{1+\left(\frac{\mathrm{d}y}{\mathrm{d}x}\right)^2}\,\mathrm{d}x, \tag{7.11}$$

称为L上的弧函数.于是有$s(x_0)=0$，且当$x>x_0$时$s(x)>0$，当$x<x_0$时$s(x)<0$.这犹似在铁道线上，以某点x_0为起始点，向某方向为正，向另一反方向为负.由弧函数公式(7.11)，有

$$\mathrm{d}s=\sqrt{1+\left(\frac{\mathrm{d}y}{\mathrm{d}x}\right)^2}\,\mathrm{d}x, \tag{7.12}$$

称为弧微分.

与情形1类似，有

情形2　设L在直角坐标系xOy中的方程为$x=x(y)$，L上的点C对应于$y=c$，点D对应于$y=d$，$c<d$；并设$x=x(y)$在$[c,d]$上具有连续的一阶导数，则L上弧$\overset{\frown}{CD}$的长

$$s=\int_c^d\sqrt{1+\left(\frac{\mathrm{d}x}{\mathrm{d}y}\right)^2}\,\mathrm{d}y\ (c<d). \tag{7.13}$$

情形3　设L由参数方程$\begin{cases}x=x(t),\\y=y(t),\end{cases}\alpha\leqslant t\leqslant\beta$给出，并设$x(t)$与$y(t)$当$\alpha\leqslant t\leqslant\beta$时存在连续的一阶导数，则$L$上对应于$\alpha\leqslant t\leqslant\beta$的这段弧长

$$s=\int_\alpha^\beta\sqrt{(x'(t))^2+(y'(t))^2}\,\mathrm{d}t\quad(\alpha<\beta). \tag{7.14}$$

证明略.

注　当$t=\alpha$与$t=\beta$表示同一点时，上述公式仍成立.

例2　用参数方程$\begin{cases}x=R\cos t,\\y=R\sin t\end{cases}(0\leqslant t\leqslant 2\pi)$求圆周的全长.

解　由公式(7.14)，有

$$s=\int_0^{2\pi}\sqrt{(x'(t))^2+(y'(t))^2}\,\mathrm{d}t$$

$$=\int_0^{2\pi}\sqrt{R^2\sin^2t+R^2\cos^2t}\,\mathrm{d}t$$

$$=R\int_0^{2\pi}\mathrm{d}t=2\pi R.$$

例3　求摆线$\begin{cases}x=a(t-\sin t),\\y=a(1-\cos t)\end{cases}(0\leqslant t\leqslant 2\pi)$一拱的全长.

解　$\dfrac{\mathrm{d}x}{\mathrm{d}t}=a(1-\cos t)$，$\dfrac{\mathrm{d}y}{\mathrm{d}t}=a\sin t$，代入公式(7.14)，得

$$
\begin{aligned}
s &= \int_0^{2\pi} a\sqrt{(1-\cos t)^2+\sin^2 t}\,\mathrm{d}t = a\int_0^{2\pi}\sqrt{2(1-\cos t)}\,\mathrm{d}t \\
&= 2a\int_0^{2\pi}\sqrt{\sin^2\frac{t}{2}}\,\mathrm{d}t = 2a\int_0^{2\pi}\sin\frac{t}{2}\mathrm{d}t \\
&= -4a\cos\frac{t}{2}\Big|_0^{2\pi} = -4a(-1-1) = 8a.
\end{aligned}
$$

情形 4 曲线 L 由极坐标方程 $r=r(\theta)(\theta_1\leqslant\theta\leqslant\theta_2)$ 给出，$r(\theta)$ 对 θ 具有连续的一阶导数. 此时可将 θ 看作参数，写出 L 的参数方程为

$$
\begin{cases} x = r(\theta)\cos\theta, \\ y = r(\theta)\sin\theta, \end{cases} \quad \theta_1 \leqslant \theta \leqslant \theta_2.
$$

代入公式(7.14)，通过计算，便得极坐标中 L 的弧长

$$
s = \int_{\theta_1}^{\theta_2}\sqrt{r^2(\theta)+(r'(\theta))^2}\,\mathrm{d}\theta. \tag{7.15}
$$

其推导请读者自己完成.

例 4 求心形线 $r=a(1+\cos\theta)(a>0)$（如图 7-13 所示）的全长.

解 由公式(7.15)，$r'(\theta)=-a\sin\theta$. 代入公式(7.15)，得

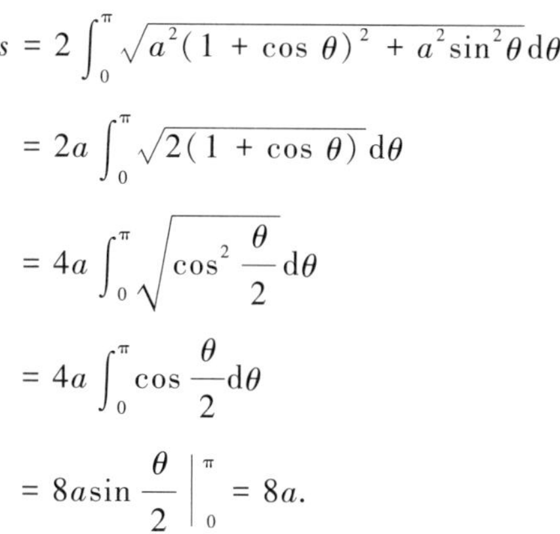

$$
\begin{aligned}
s &= 2\int_0^{\pi}\sqrt{a^2(1+\cos\theta)^2+a^2\sin^2\theta}\,\mathrm{d}\theta \\
&= 2a\int_0^{\pi}\sqrt{2(1+\cos\theta)}\,\mathrm{d}\theta \\
&= 4a\int_0^{\pi}\sqrt{\cos^2\frac{\theta}{2}}\,\mathrm{d}\theta \\
&= 4a\int_0^{\pi}\cos\frac{\theta}{2}\mathrm{d}\theta \\
&= 8a\sin\frac{\theta}{2}\Big|_0^{\pi} = 8a.
\end{aligned}
$$

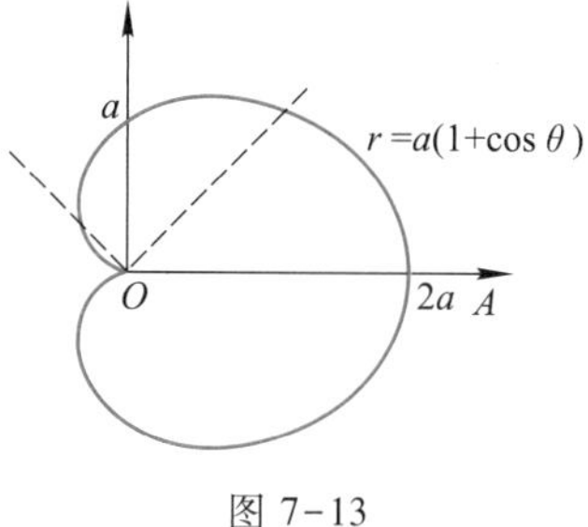

图 7-13

二、曲率概念与曲率计算公式

曲率是表示平面曲线弯曲程度的一种特征. 机械、土木等专业在理论研究和实际工作中要用到它.

设 L 是平面上的一条具有连续转动切线的曲线，A,B 是它上面的两点，弧 $\overset{\frown}{AB}$ 的长记为 l，从点 A 到点 B 切线转过的角记为 θ（如图 7-14 所示）. 在长度同为 l 的情况下，θ 越大，表示弯曲得越厉害. 在转过的角度同为 θ 的情况下，l 越大，表示越平坦. 容易想到，用量 $\dfrac{\theta}{l}$ 表示弧 $\overset{\frown}{AB}$ 上每单位弧长上的切线转角，即弧 $\overset{\frown}{AB}$ 的平均弯曲程度. 令点 B 沿弧趋于点 A，即令 $l\to 0$ 取极限：

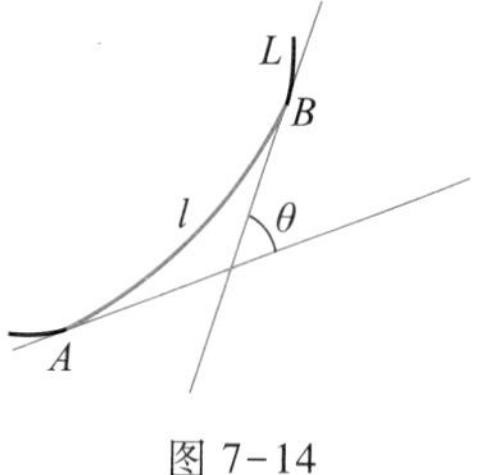

图 7-14

$$\lim_{l\to 0}\frac{\theta}{l}\xlongequal{\text{记为}}k,$$

称为曲线 L 在点 A 处的曲率.

例 5 求半径为 R 的圆周上任一点 A 处的曲率.

解 在圆周上取点 A 与点 B,$\overset{\frown}{AB}=l$,从点 A 到点 B 的切线转角为 θ,如图 7-15 所示.由平面几何知识可知

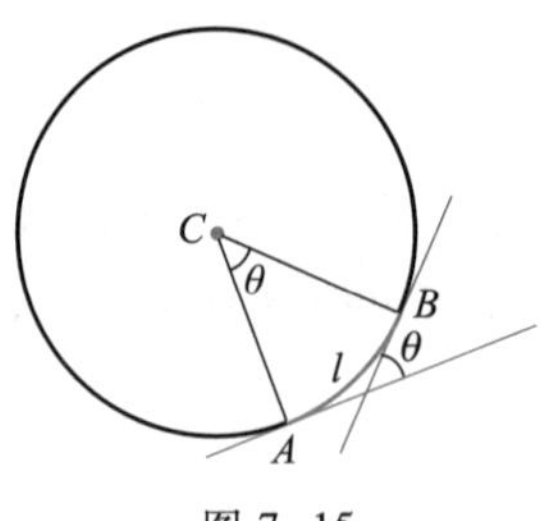

图 7-15

$$\frac{\theta}{l}=\frac{\theta}{R\theta}=\frac{1}{R},$$

所以

$$k=\lim_{l\to 0}\frac{\theta}{l}=\frac{1}{R}.$$

即半径为 R 的圆周上任意一点处的曲率都相等,$k=\dfrac{1}{R}$.半径越大,曲率越小.这与常识是一致的.

例 6 求直线 L 上任一点处的曲率.

解 在直线上从点 A 到点 B,方向不变,所以转角 $\theta=0$.从而 $k=\dfrac{\theta}{l}=0$.即直线 L 上任一点处的曲率 k 均为 0.这也与常识是一致的.

对于一般曲线,如何计算曲率呢?

如图 7-16 所示,设曲线 L 在直角坐标系下表示为 $y=f(x)$,并设 $f(x)$ 二阶可导.设在 L 上点 A 处的切线的倾角为 α,在 A 邻近处另取一点 B,在 B 处切线的倾角为 $\alpha+\Delta\alpha$.从 L 上某点算起,至点 A 处的弧长为 s,弧$\overset{\frown}{AB}$的长记为 Δs.则按上述定义,曲线 L 在点 A 处的曲率

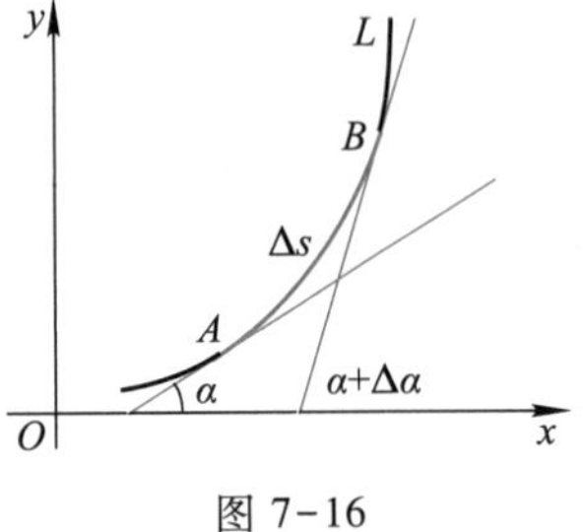

图 7-16

$$k=\lim_{\Delta s\to 0}\left|\frac{\Delta\alpha}{\Delta s}\right|. \tag{7.16}$$

这里取绝对值的原因是从点 A 的切线到点 B 的切线,倾角 α 的改变量 $\Delta\alpha$ 可能正、可能负,所以要取绝对值,以避免出现负值.若将 s 作为自变量,则(7.16)式可写成

$$k=\lim_{\Delta s\to 0}\left|\frac{\Delta\alpha}{\Delta s}\right|=\left|\frac{\mathrm{d}\alpha}{\mathrm{d}s}\right|.$$

现在再来看如何计算$\dfrac{\mathrm{d}\alpha}{\mathrm{d}s}$.以 x 作为自变量,有

$$y'=\tan\alpha,$$

两边对 x 求导,有

$$y''=\sec^2\alpha\cdot\frac{\mathrm{d}\alpha}{\mathrm{d}x}=(1+\tan^2\alpha)\frac{\mathrm{d}\alpha}{\mathrm{d}x}=(1+y'^2)\frac{\mathrm{d}\alpha}{\mathrm{d}x},$$

从而

$$\left|\frac{\mathrm{d}\alpha}{\mathrm{d}x}\right|=\frac{|y''|}{1+y'^2}.$$

另一方面,由(7.12)可知

$$\left|\frac{\mathrm{d}s}{\mathrm{d}x}\right|=\sqrt{1+y'^2},$$

于是得到曲率在直角坐标系下的计算公式

$$k=\left|\frac{\mathrm{d}\alpha}{\mathrm{d}s}\right|=\frac{\left|\dfrac{\mathrm{d}\alpha}{\mathrm{d}x}\right|}{\left|\dfrac{\mathrm{d}s}{\mathrm{d}x}\right|}=\frac{|y''|}{(1+y'^2)^{\frac{3}{2}}}. \tag{7.17}$$

例 7 求椭圆$\dfrac{x^2}{a^2}+\dfrac{y^2}{b^2}=1$上点$(x,y)$处的曲率.

解 用隐函数求导法计算 y'与 y'',有

$$\frac{2x}{a^2}+\frac{2yy'}{b^2}=0,$$

所以

$$y'=-\frac{b^2x}{a^2y}.$$

又有

$$y''=-\frac{b^2}{a^2}\frac{y-xy'}{y^2}=-\frac{b^2(a^2y^2+b^2x^2)}{a^4y^3}=-\frac{b^4}{a^2y^3}.$$

代入曲率公式,经简单计算得

$$k=\frac{a^4b^4}{(a^4y^2+b^4x^2)^{\frac{3}{2}}}.$$

例 8 设常数 $a>0$,以 $t\in[0,2\pi]$为参数的曲线

$$L:\begin{cases}x=a\cos^3t,\\y=a\sin^3t\end{cases}$$

称为星形线,求曲线 L 在 $t=\dfrac{\pi}{4}$处的曲率.

解 关键是按照公式(7.4)与(7.5)(或(7.6))求得 y'_x 与 y''_{xx},代入曲率 k 的公式(7.17)便得曲率 k.

由 $x=a\cos^3t,y=a\sin^3t$,按照公式(7.4)与(7.5)有

$$y'_x=\frac{\mathrm{d}y}{\mathrm{d}x}=\frac{3a\sin^2t\cos t}{3a\cos^2t(-\sin t)}=-\tan t,$$

$$y''_{xx}=\frac{\mathrm{d}}{\mathrm{d}x}\left(\frac{\mathrm{d}y}{\mathrm{d}x}\right)=\frac{\dfrac{\mathrm{d}}{\mathrm{d}t}\left(\dfrac{\mathrm{d}y}{\mathrm{d}x}\right)}{\dfrac{\mathrm{d}x}{\mathrm{d}t}}=\frac{(-\tan t)'}{3a\cos^2t(-\sin t)}$$

$$=\frac{\sec^2 t}{3a\ \sin\ t\ \cos^2 t}=\frac{1}{3a\ \sin\ t\ \cos^4 t},$$

以 $t=\frac{\pi}{4}$ 代入得 $y'=-1, y''=\frac{8}{3\sqrt{2}a}$,从而

$$k=\frac{|y''|}{(1+y'^2)^{\frac{3}{2}}}=\frac{2}{3a}.$$

本题主要是找准公式,然后配合计算.

例 9 求曲线 $y=\ln x$ 的最大曲率,并问在何处取到此最大值.

解 $y'=\frac{1}{x}, y''=-\frac{1}{x^2}$,代入曲率公式,经计算得

$$k=\frac{x}{(1+x^2)^{\frac{3}{2}}},\quad x>0.$$

再求 k 的最大值,由

$$\frac{\mathrm{d}k}{\mathrm{d}x}=\frac{1-2x^2}{(1+x^2)^{\frac{5}{2}}}=0,$$

得

$$x=\frac{1}{\sqrt{2}}.$$

当 $0<x<\frac{1}{\sqrt{2}}$ 时,$\frac{\mathrm{d}k}{\mathrm{d}x}>0$;当 $x>\frac{1}{\sqrt{2}}$ 时,$\frac{\mathrm{d}k}{\mathrm{d}x}<0$.所以当 $x=\frac{1}{\sqrt{2}}$ 时,k 为极大值.极值唯一且为极大值,故是最大值,$k_{\max}=\frac{2}{\sqrt{27}}$,在 $x=\frac{1}{\sqrt{2}}$ 处取到.

三、曲率圆

设曲线 $L: y=f(x)$ 在其上点 $M(x,y)$ 处的曲率 $k\neq 0$.过点 M 作曲线 L 的切线及法线,在位于曲线凹侧的法线上取点 C,使 $|\overline{CM}|=\frac{1}{k}$.以 C 为中心,$\frac{1}{k}$ 为半径作一圆(如图 7-17 所示),此圆具有下述性质:

① 此圆周通过点 M,在点 M 处,此圆周与 L 有公共切线,即有相同的 y'.

② 在点 M 处邻域,此圆周与 L 有相同的凹向,并且由于圆的半径 $R=\frac{1}{k}$,所以圆周与 L 在点 M 处有相同的曲率.

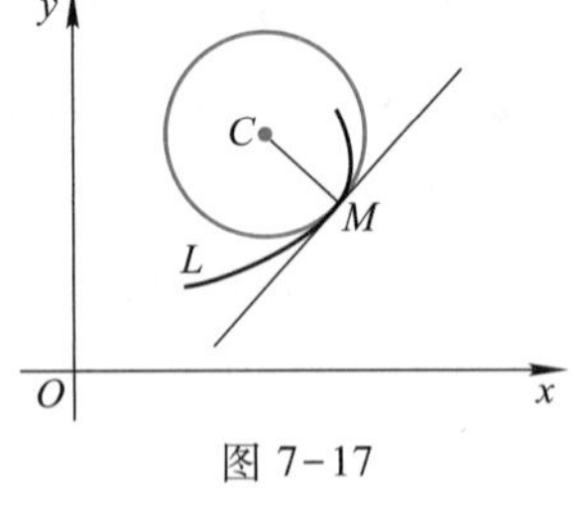

图 7-17

这个圆周称为曲线 L 在点 M 处的曲率圆.其半径 $R=\frac{1}{k}$ 称为此曲线 L 在点 M 处的曲率半径.曲率圆与曲率半径在力学、机械、土木等学科中有重要的应用.

△§7.3 定积分与反常积分在物理上的某些应用

一、变力沿直线运动做功

引入定积分概念的一个实例就是变力沿直线运动做功.现在举两个具体例子讨论做功问题.

例 1 设弹簧在未受力时原长 x_0,由胡克(Hooke)定律知,在弹性限度之内,拉长所需的力 f 与拉长的量成正比.已知拉长 1 cm,需用力 1 N.今将弹簧拉长 5 cm,问为此需做多少功?

解 设拉长 x m 时需力 f N,由胡克定律,

$$f = kx.$$

以条件 $x=0.01$ m,$f=1$ N 代入,得 $k=100$ N/m.故力 f 与拉长的量的关系为

$$f = 100x.$$

今 x 的变化区间为$[0,0.05]$,在区间$[x,x+\mathrm{d}x]$上,取功的微元为

$$\mathrm{d}W = f\mathrm{d}x = 100x\mathrm{d}x,$$

从而将弹簧拉长 0.05 m,为此需做功

$$W = \int_0^{0.05} 100x\mathrm{d}x = 50x^2 \Big|_0^{0.05} = 0.125(\mathrm{J}).$$

例 2 为克服地心引力,将地表上的质量为 m 的物体,垂直向上送至无穷远,需为此做多少功? 并由此计算脱离地球引力范围的最低起始速度.

解 以地表上物体所在的点为坐标原点,垂直向上为正,物体离原点为 x 处,由万有引力定律,地球对该物体的引力为

$$f = -\frac{GmM}{(R+x)^2},$$

其中 G 为引力常数,M 为地球的质量,R 为地球半径.克服地球引力从地面($x=0$)运送物体至无穷远处所需做的功

$$W = \int_0^{+\infty} \frac{GmM}{(R+x)^2}\mathrm{d}x = -\frac{GmM}{R+x}\Big|_0^{+\infty} = \frac{GmM}{R}.$$

另一方面,在地表处的引力为 mg,于是有

$$mg = \frac{GmM}{R^2},$$

所以

$$W = mgR.$$

设物体离开地表时的起始速度为 v,由动能$\frac{1}{2}mv^2$ 而转化为 mgR,从而

$$\frac{1}{2}mv^2 = mgR,$$

$$v = \sqrt{2gR}.$$

以 $R=6.371\times10^6$ m, $g=9.8$ m/s^2 代入,得

$$v=\sqrt{2\times9.8\times6.371\times10^6}\approx11.2\times10^3(\mathrm{m/s}).$$

例 3　有一半径为 4 m 的半球形水池蓄满了水,现在要将水全部抽到距水池原水面 6 m高的水箱内,问至少要做多少功?

解　建立平面直角坐标系,以球心为坐标原点,向上为 y 轴正向.同一水平面上水提升的距离一样,所以应划分 y 轴,取区间 $[y,y+\mathrm{d}y]$,在此区间上,体积微元

$$\mathrm{d}V=\pi x^2\mathrm{d}y,$$

其中 x 与 y 的关系由图 7-18 所示的圆的方程决定: $x^2=4^2-y^2$.提升此体积微元的水需力

$$\mathrm{d}f=\rho g\pi x^2\mathrm{d}y.$$

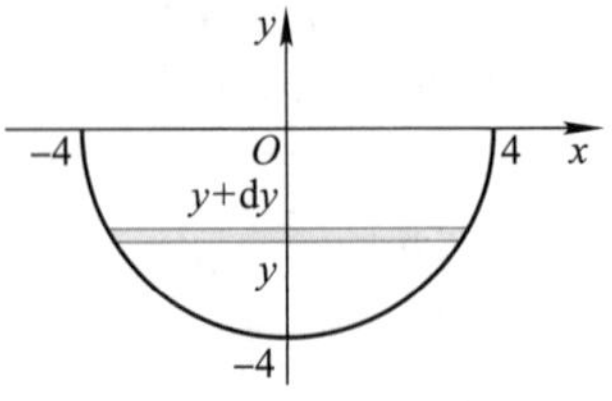

提升到原水面 6 m 高处,提升距离可视为常数 $(6-y)$,从而提升此微元的水需做的功为

$$\mathrm{d}W=(6-y)\rho g\pi x^2\mathrm{d}y.$$

图 7-18

所以将水全部提升至原水面上方 6 m 处,需做功

$$\begin{aligned}W&=\int_{-4}^{0}(6-y)\rho g\pi x^2\mathrm{d}y\\&=\int_{-4}^{0}(6-y)\rho g\pi(16-y^2)\mathrm{d}y\\&=320\pi\rho g(\mathrm{J}),\end{aligned}$$

其中 $\rho=1\ 000$ kg/m^3, $g=9.8$ m/s^2.

二、液体的侧压力

在设计水库的闸门、管道的阀门,常常需要计算液体对它们的侧面的静压力.这里的"静"字,相对于运动着的液体(例如流水)对侧面的动压力.由物理学知道,在液面下 h m 处的 A m^2 的水平板上所受到的液体对它的压力为

$$F=\rho ghA, \tag{7.18}$$

其中 ρ kg/m^3 为液体的密度.例如水的密度 $\rho=1\ 000$ kg/m^3, $g=9.8$ m/s^2, F 的单位是 N,垂直的闸门,其受压部位的深度是个变量,不能直接利用公式(7.18)来计算,这就要用定积分来计算.请看例子.

例 4　一涵洞最高点在水面下 5 m 处,涵洞为圆形,直径 80 cm,有一与涵洞一样大小的铅直闸门将涵洞口挡住,求闸门上所受的水的静压力.

解　建立平面直角坐标系.为方便起见,以闸门的圆心为坐标原点,向上为 y 轴正向.闸门上各点深度不一样,因此不能直接使用公式,应划分 A,使得 A 的每一细分部分,可以近似地看成 h 不变.因此,如图 7-19 所示,将 y 轴上的区间

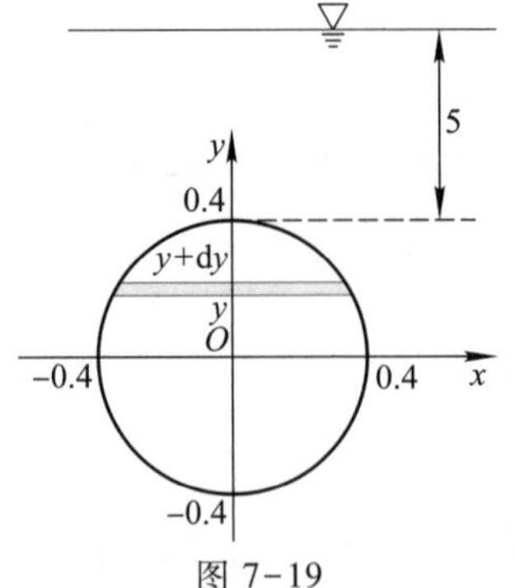

图 7-19

$[-0.4,0.4]$ 划分成 $[y,y+\mathrm{d}y]$,在此区间上对应的闸门部分被分成水平细横条,此细横条的面积微元

$$\mathrm{d}A=2x\mathrm{d}y,$$

从而此细横条上所受压力微元

$$dF = \rho g(5.4 - y)2x\,dy,$$

其中 x 与 y 由圆的方程 $x^2+y^2=0.4^2$ 联系着，且 $x>0$. 于是有

$$dF = 2\rho g(5.4 - y)\sqrt{0.16 - y^2}\,dy,$$

$$F = \int_{-0.4}^{0.4} 2\rho g(5.4 - y)\sqrt{0.16 - y^2}\,dy$$

$$= 10.8\rho g\int_{-0.4}^{0.4}\sqrt{0.16 - y^2}\,dy$$

$$= 10.8 \times \rho g\pi\frac{0.4^2}{2} = 8\,467.2\pi(\text{N}),$$

其中$\int_{-0.4}^{0.4}\sqrt{0.16 - y^2}\,dy$ 是以 0.4 为半径的半个圆的面积.

三、引力

例 5　有一长度为 l m，线密度为 ρ kg/m 的细棒，另有一质量为 m kg 的质点，在该细棒的中垂线上，且距细棒 a m，求该细棒对质点的引力.

解　如图 7-20 所示，建立平面直角坐标系，以该细棒为 x 轴，例如向右为正向. 棒的中心为坐标原点 O，质量为 m 的质点 A 位于 y 轴正向，其坐标为 $(0,a)$. 将细棒细分，取 $[x,x+dx]$，对应的质量微元为

$$dm = \rho dx.$$

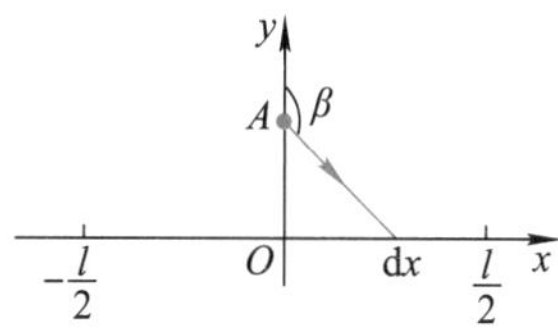

图 7-20

由万有引力定律，它对 A 的引力沿 y 轴方向的分量为

$$\frac{Gm\rho dx}{x^2 + a^2}\cos\beta = -\frac{Gma\rho dx}{(x^2 + a^2)^{\frac{3}{2}}},$$

所以沿 y 轴方向的合力

$$F_y = -\int_{-\frac{l}{2}}^{\frac{l}{2}}\frac{Gma\rho dx}{(x^2 + a^2)^{\frac{3}{2}}} = -\frac{2Gm\rho l}{a}\cdot\frac{1}{\sqrt{4a^2 + l^2}},$$

其中积分可查基本积分表获得，也可作变量变换 $x=a\tan t$ 通过简单计算而得到，G 为引力常数，$G=6.67\times10^{-11}\ \text{N}\cdot\text{m}^2/\text{kg}^2$.

细棒对点 A 的引力沿 x 轴方向的合力易知为零.

△△ §7.4　一元微积分在经济中的某些应用

一、经济学中几种常见的函数

1. 成本函数

设 C 为总成本，q 为产量，则

$$C = C_1 + C_2(q),$$

其中 C_1 为固定成本,例如厂房、设备,不论生产不生产,生产多少,都要支出的;$C_2(q)$ 是依赖于产量 q 的成本,是 q 的严格单调增函数,但不一定是与 q 成正比的函数.$C_2(q)$ 对 q 的变化率随 q 的增加而减少(这是由于随着产量增加,效益提高),但当产量过了一定的阶段之后,原有的设备已"力不从心",煤耗电耗迅速增加,所以在这个阶段 $C_2(q)$ 对 q 的变化率随 q 的增加而增加.

2. 需求函数

设 p 为商品价格,q 为同种商品在不同价格下的需求量.函数 $q=q(p)$ 称为需求函数,它是 p 的单调减函数,随着价格提高,需求量必随之下降.若 $q=q(p)$ 存在反函数,该反函数也称需求函数.

3. 供给函数

设 p 为商品价格,q 为生产者提供的不同价格水平的商品数量,商品价格高,刺激生产,提供的商品数量就多.$q=\varphi(p)$ 为 p 的单调增函数,称供给函数.注意,需求函数 $q=q(p)$ 与供给函数 $q=\varphi(p)$ 不是同一个函数.$q=q(p)$ 中的 q 是需求量,$q=\varphi(p)$ 是供应商的供应量.

4. 均衡价格

如果商品价格过高(如图 7-21 中 $p>p^*$),商品生产多,但无人买,需求量少,出现生产过剩(即 $\varphi(p)>q(p)$),从而导致价格不得不跌.如果价格跌得太低($p<p^*$),商品生产少,需求量大($q(p)>\varphi(p)$),商品供不应求.如此波动,最后趋于平衡点(p^*,q^*),此时价格均衡.价格 p^* 称均衡价格.

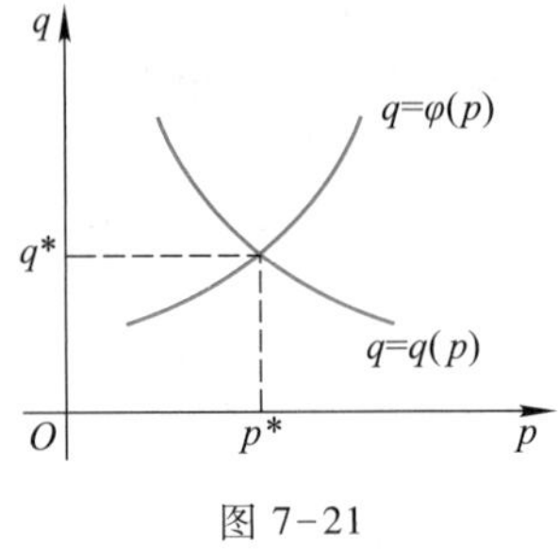

图 7-21

5. 收益函数

设企业销售的商品量为 q,由此得到的总收益 R 关于 q 的函数关系称为收益函数:$R=R(q)=qp(q)$,其中 $p(q)$ 为与 q 有关的单位商品的价格.

6. 利润函数

设利润为 L,收益为 R,成本为 C,则

$$L=R-C,$$

称为利润函数.

为了便于使用微积分的方法,q 假定为连续变量,以上的函数都假定为连续、可微函数.以下举若干例子,说明微积分方法的应用.

例 1 已知某厂生产 x 件某商品的成本为

$$C=25\ 000+200x+\frac{1}{40}x^2,$$

问

(1) 要使平均成本最小,应生产多少件商品?

(2) 若商品以每件 500 元出售,要使利润最大,应生产多少件商品?

解 (1) 平均成本

$$y=\frac{C}{x}=\frac{25\ 000}{x}+200+\frac{1}{40}x,$$

$$y' = -\frac{25\ 000}{x^2} + \frac{1}{40}.$$

令 $y'=0$，得 $x_1=1\ 000$，$x_2=-1\ 000$（舍去）．又 $y''\big|_{x=x_1}=\frac{50\ 000}{x_1^3}>0$，所以当 $x=1\ 000$ 时 y 取极小值，即最小值．因此，要使平均成本最小，应生产 1 000 件商品．

（2）利润函数

$$L = 500x - C = 500x - \left(25\ 000 + 200x + \frac{1}{40}x^2\right)$$
$$= -25\ 000 + 300x - \frac{1}{40}x^2,$$
$$L' = 300 - \frac{1}{20}x.$$

令 $L'=0$，得 $x=6\ 000$．而 $L''<0$，故当 $x=6\ 000$ 时 L 取极大值，即最大值．因此生产 6 000 件商品时利润最大．

例 2 设某种商品的需求函数为

$$q=q(p)=12\ 000-80p,$$

其中 p 为商品单价（单位：元），q 为当价格为 p 时商品的需求量（单位：件）；成本函数

$$C=25\ 000+50q,$$

其中 q 为商品的产量，C 的单位为元．假设商品的产量就是商品的需求量．另外，每件商品需纳税 2 元，为使销售利润最大，商品单价应是多少？此时最大利润是多少？

解 销售利润

$$L = R - C = pq - [(25\ 000 + 50q) + 2q]$$
$$= (12\ 000 - 80p)p - [25\ 000 + 52(12\ 000 - 80p)]$$
$$= -80p^2 + 16\ 160p - 649\ 000.$$
$$\frac{\mathrm{d}L}{\mathrm{d}p} = -160p + 16\ 160,$$

令 $\frac{\mathrm{d}L}{\mathrm{d}p}=0$，得 $p=101$，为唯一驻点．因为 $\frac{\mathrm{d}^2L}{\mathrm{d}p^2}\bigg|_{p=101}=-160<0$，所以当 $p=101$ 时 L 有最大值，最大利润 $L\big|_{p=101}=167\ 080$（元）．

例 3 已知某商品从投产之日算起到第 t 日止的累计产量（单位：kg）为 $\theta(t)$，将 t 看成连续变量，已知 $\theta'(t)=225t^{-2}\mathrm{e}^{-\frac{15}{t}}$．

（1）求投产之日算起到第 t（日）止的产量 $\theta(t)$；

（2）求投产后多少天，平均日产量达最大，最大值是多少？

（3）达到最大值后再生产同样天数，后面这些天的平均日产量是多少？

解 （1）由 $\theta'(t)$ 求 $\theta(t)$ 用积分法，用变限积分比不定积分方便．

$$\theta(t) = \theta(0) + \int_0^t \theta'(s)\,\mathrm{d}s = 0 + \int_0^t 225s^{-2}\mathrm{e}^{-\frac{15}{s}}\mathrm{d}s = 15\mathrm{e}^{-\frac{15}{s}}\bigg|_0^t.$$

这是反常积分，下限 0 应按极限来计算：

$$\theta(t)=\lim_{\varepsilon\to0+0}15\mathrm{e}^{-\frac{15}{s}}\Big|_{\varepsilon}^{t}=15\mathrm{e}^{-\frac{15}{t}}-\lim_{\varepsilon\to0+0}15\mathrm{e}^{-\frac{15}{\varepsilon}}=15\mathrm{e}^{-\frac{15}{t}}(\mathrm{kg}).$$

(2) 从投产之日起到第 t 日,平均日产量

$$f(t)=\frac{1}{t}\int_0^t\theta'(s)\,\mathrm{d}s=\frac{15}{t}\mathrm{e}^{-\frac{15}{t}}.$$

为求它的最大值,由

$$f'(t)=15t^{-3}(15-t)\mathrm{e}^{-\frac{15}{t}}=0,$$

得 $t=15$.当 $0<t<15$ 时 $f'(t)>0$,当 $t>15$ 时 $f'(t)<0$,故 $t=15$ 是 $f(t)$ 的唯一驻点,且是极大值点,故当 $t=15$ 时 $f(t)$ 最大,$\max f(t)=f(15)=\mathrm{e}^{-1}$.所以投产后第 15 日,平均日产量达最大,最大值是 e^{-1}kg.

(3) 再生产 15 天,这 15 天的平均日产量为

$$\frac{1}{30-15}\int_{15}^{30}\theta'(t)\,\mathrm{d}t=\frac{1}{15}\theta(t)\Big|_{15}^{30}=\mathrm{e}^{-\frac{15}{t}}\Big|_{15}^{30}=\mathrm{e}^{-\frac{1}{2}}-\mathrm{e}^{-1}(\mathrm{kg}).$$

二、边际函数

“边际”是经济学中的一个重要概念.

设函数 $y=f(x)$ 中 x 为产量(作为连续变量),y 为利润,$y=f(x)$ 为利润函数.设 x 从 x_0 再多生产 1 个单位,利润增加

$$\Delta y=f(x_0+1)-f(x_0)\approx f'(x_0)(x_0+1-x_0)=f'(x_0).$$

所以 $f'(x_0)$ 可作为 $y=f(x)$ 从 x_0 再多生产 1 个单位时利润增加的(近似)值,经济学上称它为 x_0 时的边际利润.从 x 再多生产 1 个单位,利润增加

$$\Delta y=f(x+1)-f(x)\approx f'(x)(x+1-x)=f'(x),$$

称为边际利润函数.

一般,有下述定义:

定义 7.1 设函数 $y=f(x)$ 可导,$f'(x)$ 称为函数 $y=f(x)$ 的**边际函数**,$f'(x_0)$ 称为函数 $y=f(x)$ 在 $x=x_0$ 时的**边际函数值**,也简称为函数 $y=f(x)$ 在 $x=x_0$ 时的**边际**.□

由定义可见,函数 $y=f(x)$ 在 $x=x_0$ 时的边际 $f'(x_0)$ 表示 $y=f(x)$ 在 $x=x_0$ 时再增加 1 个单位时,函数 $f(x)$ 的增加值.这里常省去“近似”两个字.

设 $C(q)$ 表示成本函数,$C'(q_0)$ 表示边际成本,表示当 q 从 q_0 增加 1 个单位时,$C(q)$ 的增加值;

设 $R(q)$ 表示收益函数,$R'(q_0)$ 表示边际收益,表示当 q 从 q_0 增加 1 个单位时,$R(q)$ 的增加值;

设 $L(q)$ 表示利润函数,$L'(q_0)$ 表示边际利润,表示当 q 从 q_0 增加 1 个单位时,$L(q)$ 的增加值;

等等.

三、函数的弹性

函数的弹性是经济学中的又一个重要概念.

定义 7.2 设函数 $y=f(x)$ 在点 $x=x_0\neq 0$ 处可导，$f(x_0)\neq 0$，函数的相对改变量 $\frac{\Delta y}{y_0}=\frac{f(x_0+\Delta x)-f(x_0)}{f(x_0)}$ 与自变量的相对改变量 $\frac{\Delta x}{x_0}$ 的比 $\frac{\Delta y/y_0}{\Delta x/x_0}$，称为函数 $f(x)$ 从 $x=x_0$ 到 $x_0+\Delta x$ 两点间的相对变化率，或称两点间的弹性. 当 $\Delta x\to 0$ 时，$\frac{\Delta y/y_0}{\Delta x/x_0}$ 的极限若存在，则称它为 $f(x)$ 在 $x=x_0$ 处的相对变化率，或称为 $f(x)$ 在 $x=x_0$ 处的弹性，记作

$$\left.\frac{\mathrm{E}y}{\mathrm{E}x}\right|_{x=x_0}=\lim_{\Delta x\to 0}\frac{\Delta y/y_0}{\Delta x/x_0}=\frac{f'(x_0)}{f(x_0)}x_0.$$

而

$$\frac{\mathrm{E}y}{\mathrm{E}x}=\lim_{\Delta x\to 0}\frac{\Delta y/y}{\Delta x/x}=\frac{f'(x)}{f(x)}x$$

称为 $f(x)$ 的弹性函数，最后一式中要求 $f(x)\neq 0, x\neq 0$. □

函数 $f(x)$ 在 $x=x_0$ 处的弹性 $\frac{f'(x_0)}{f(x_0)}x_0$ 表示 x 在 $x=x_0$ 相对改变 1%时，$y=f(x)$ 在 $f(x_0)$ 相对改变的百分数. 亦即反映了由 x 引起 $f(x)$ 变化反应的强烈程度. “弹性”一词的由来就在于此.

当 $f'(x)$ 为负时，如设 $q=q(p)$ 为需求函数，它是单调减函数，若可导，则导数 $q'(p)\leqslant 0$. 但负数在使用起来不方便，称

$$-\frac{q'(p_0)}{q(p_0)}p_0\xlongequal{\text{记为}}\left.\frac{\mathrm{E}q}{\mathrm{E}p}\right|_{p=p_0}$$

为需求弹性.

例 4 某商品的需求量 q 与价格 p 的函数关系为 $q=ap^b$，其中常数 $a>0, b<0$，求需求弹性.

解 需求弹性

$$\frac{\mathrm{E}q}{\mathrm{E}p}=-\frac{q'(p)}{q(p)}p=-\frac{abp^{b-1}}{ap^b}p=-b.$$

例 5 设商品的需求函数为 $q=100-5p$，其中 q 和 p 分别表示需求量和价格；又设需求弹性大于 1，求商品价格的取值范围.

解 需求弹性

$$\frac{\mathrm{E}q}{\mathrm{E}p}=-\frac{q'(p)}{q(p)}p=-\frac{-5p}{100-5p}>1,$$

由此得 $p>10$. 但另一方面，由需求函数知 $p\leqslant 20$，所以 $10<p\leqslant 20$，此即商品价格的取值范围.

例 6 设某商品的总成本函数为

$$C(x)=400+3x+\frac{1}{2}x^2,$$

需求函数为 $p=\frac{100}{\sqrt{x}}$,其中 x 为产量,并设它等于需求量,p 为价格,求:

(1) 边际成本;

(2) 边际收益;

(3) 边际利润;

(4) 收益的价格弹性.

解 按公式,分别可求得

(1) 边际成本 $C'(x)=3+x$.

(2) 收益函数 $R=px=100\sqrt{x}$,故边际收益 $R'=\frac{50}{\sqrt{x}}$.

(3) 利润函数 $L=R-C=100\sqrt{x}-\left(400+3x+\frac{1}{2}x^2\right)$,边际利润 $L'=\frac{50}{\sqrt{x}}-3-x$.

(4) 收益 R 表示成价格的函数为

$$R=px=\frac{10\ 000}{p},$$

所以收益的价格弹性为

$$\frac{\mathrm{E}R}{\mathrm{E}p}=\frac{R'(p)}{R(p)}\cdot p=-1.$$

表示价格相对增加 1%时,收益相对减少 1%.

例 7 设某商品的需求函数为 $q=q(p)$,收益函数为 $R=pq$,其中 p 为商品价格,q 为需求量,并设需求量等于商品的产量.设 $q(p_0)=q_0$,边际收益 $\left.\frac{\mathrm{d}R}{\mathrm{d}q}\right|_{q=q_0}=a>0$,$R$ 关于 p 的边际 $\left.\frac{\mathrm{d}R}{\mathrm{d}p}\right|_{p=p_0}=c<0$,需求弹性 $\left.\frac{\mathrm{E}q}{\mathrm{E}p}\right|_{p=p_0}=b>1$,求 p_0 与 q_0.

解 按公式去做即可.因为

$$\frac{\mathrm{d}R}{\mathrm{d}q}=p+q\frac{\mathrm{d}p}{\mathrm{d}q}=p+\frac{q}{\frac{\mathrm{d}q}{\mathrm{d}p}}=p-\frac{p}{\frac{\mathrm{E}q}{\mathrm{E}p}},$$

$$a=\left.\frac{\mathrm{d}R}{\mathrm{d}q}\right|_{q=q_0}=p_0\left(1-\frac{1}{b}\right),$$

所以

$$p_0=\frac{ab}{b-1}.$$

又因为

$$\frac{\mathrm{d}R}{\mathrm{d}p}=q+p\frac{\mathrm{d}q}{\mathrm{d}p}=q-q\frac{\mathrm{E}q}{\mathrm{E}p},$$

$$c=\left.\frac{\mathrm{d}R}{\mathrm{d}p}\right|_{p=p_0}=q_0(1-b),$$

所以 $$q_0=\frac{c}{1-b}.$$

△△△ §7.5 反常积分的比较判敛法

反常积分若能具体计算,则由计算可知该反常积分是收敛还是发散.但更多的情形是无法具体计算而要求判别它的敛散性,这就是反常积分的判敛问题.判定了它的确收敛之后,可以采取某种方法(或近似计算方法)计算该反常积分的值,所以反常积分的判敛成为很有意思也是有一定难度的问题.本书只介绍其中较为简单的几个定理及相应的例题.

先看一个例子.

例 1 讨论反常积分 $\int_0^{+\infty}\frac{\sin^2 x}{x^2}\mathrm{d}x$ 的敛散性.

解 令 $f(x)=\frac{\sin^2 x}{x^2}$,有 $\lim\limits_{x\to 0+0}f(x)=\lim\limits_{x\to 0+0}\left(\frac{\sin x}{x}\right)^2=1$,所以点 $x=0$ 不是 $f(x)$ 的奇点,可以认为 $f(0)=1$ 而使 $f(x)$ 在 $x=0$ 处连续.关键是当 $X\to+\infty$ 时,$\int_0^X\frac{\sin^2 x}{x^2}\mathrm{d}x$ 是否收敛.讨论如下:易知

$$0\leqslant\frac{\sin^2 x}{x^2}\leqslant\frac{1}{x^2},$$

而积分

$$\int_0^X\frac{\sin^2 x}{x^2}\mathrm{d}x=\int_0^1\frac{\sin^2 x}{x^2}\mathrm{d}x+\int_1^X\frac{\sin^2 x}{x^2}\mathrm{d}x.$$

前一个积分可以认为是正常积分;对于后一个积分,有

$$\int_1^X\frac{\sin^2 x}{x^2}\mathrm{d}x\leqslant\int_1^X\frac{1}{x^2}\mathrm{d}x=-\frac{1}{x}\bigg|_1^X=-\frac{1}{X}+1\leqslant 1.$$

注意 $\frac{\sin^2 x}{x^2}\geqslant 0$,所以 $\int_1^X\frac{\sin^2 x}{x^2}\mathrm{d}x$ 是 X 的单调增函数.现在已证明了积分 $\int_1^X\frac{\sin^2 x}{x^2}\mathrm{d}x$ 有上界 1,所以 $\lim\limits_{X\to+\infty}\int_1^X\frac{\sin^2 x}{x^2}\mathrm{d}x$ 收敛.这就证明了反常积分 $\int_1^{+\infty}\frac{\sin^2 x}{x^2}\mathrm{d}x$ 收敛,从而 $\int_0^{+\infty}\frac{\sin^2 x}{x^2}\mathrm{d}x$ 收敛.

这种处理方法,称为判别反常积分的敛散性的比较判敛法,共有 4 个定理分 8 种情形.

定理 7.1 设 $f(x)$ 与 $g(x)$ 在区间 $[a,b)$ 上都连续,$x=b$ 是 $f(x)$ 的奇点.

(1) 如果 $0\leqslant f(x)\leqslant g(x)$,并且 $\int_a^b g(x)\mathrm{d}x$ 收敛,那么 $\int_a^b f(x)\mathrm{d}x$ 也收敛,并且 $\int_a^b f(x)\mathrm{d}x\leqslant\int_a^b g(x)\mathrm{d}x$;

(2) 如果 $0\leqslant g(x)\leqslant f(x)$,并且 $\int_a^b g(x)\mathrm{d}x$ 发散,那么 $\int_a^b f(x)\mathrm{d}x$ 也发散,即 $\int_a^b f(x)\mathrm{d}x=+\infty$.

定理 7.2 设 $f(x)$ 与 $g(x)$ 在区间 $(a,b]$ 上都连续,$x=a$ 是 $f(x)$ 的奇点.

(1) 如果 $0\leqslant f(x)\leqslant g(x)$，并且 $\int_a^b g(x)\mathrm{d}x$ 收敛，那么 $\int_a^b f(x)\mathrm{d}x$ 也收敛，并且 $\int_a^b f(x)\mathrm{d}x\leqslant\int_a^b g(x)\mathrm{d}x$；

(2) 如果 $0\leqslant g(x)\leqslant f(x)$，并且 $\int_a^b g(x)\mathrm{d}x$ 发散，那么 $\int_a^b f(x)\mathrm{d}x$ 也发散，即 $\int_a^b f(x)\mathrm{d}x=+\infty$.

定理 7.3 设 $f(x)$ 与 $g(x)$ 在区间 $[a,+\infty)$ 上都连续.

(1) 如果 $0\leqslant f(x)\leqslant g(x)$，并且 $\int_a^{+\infty} g(x)\mathrm{d}x$ 收敛，那么 $\int_a^{+\infty} f(x)\mathrm{d}x$ 也收敛，并且 $\int_a^{+\infty} f(x)\mathrm{d}x\leqslant\int_a^{+\infty} g(x)\mathrm{d}x$；

(2) 如果 $0\leqslant g(x)\leqslant f(x)$，并且 $\int_a^b g(x)\mathrm{d}x$ 发散，那么 $\int_a^{+\infty} f(x)\mathrm{d}x$ 也发散，即 $\int_a^{+\infty} f(x)\mathrm{d}x=+\infty$.

定理 7.4 设 $f(x)$ 与 $g(x)$ 在区间 $(-\infty,b]$ 上都连续.

(1) 如果 $0\leqslant f(x)\leqslant g(x)$，并且 $\int_{-\infty}^b g(x)\mathrm{d}x$ 收敛，那么 $\int_{-\infty}^b f(x)\mathrm{d}x$ 也收敛，并且 $\int_{-\infty}^b f(x)\mathrm{d}x\leqslant\int_{-\infty}^b g(x)\mathrm{d}x$；

(2) 如果 $0\leqslant g(x)\leqslant f(x)$，并且 $\int_{-\infty}^b g(x)\mathrm{d}x$ 发散，那么 $\int_{-\infty}^b f(x)\mathrm{d}x$ 也发散，即 $\int_{-\infty}^b f(x)\mathrm{d}x=+\infty$.

证明 以定理 7.1 的(1)、(2)为例证明之，其他几种情形证明类似.

定理 7.1(1)的证明：由于 $0\leqslant f(x)\leqslant g(x)$，并且 $\int_a^b g(x)\mathrm{d}x$ 收敛，记 $\int_a^b g(x)\mathrm{d}x=G$，从而知对于 $X\in(a,b)$ 有 $\int_a^X f(x)\mathrm{d}x\leqslant G$. 由于 $f(x)\geqslant 0$，所以 $\int_a^X f(x)\mathrm{d}x$ 是 X 的单调增函数，并且 $\int_a^X f(x)\mathrm{d}x\leqslant G$. 由单调增加且有上界知，$\lim\limits_{x\to b-0}\int_a^X f(x)\mathrm{d}x$ 存在，即有

$$\int_a^b f(x)\mathrm{d}x\leqslant G=\int_a^b g(x)\mathrm{d}x.$$

证毕.

定理 7.1(2)的证明：用反证法. 设 $\int_a^b f(x)\mathrm{d}x$ 收敛，则由定理 7.1(1)知 $\int_a^b g(x)\mathrm{d}x$ 收敛，与题设 $\int_a^b g(x)\mathrm{d}x$ 发散矛盾. 所以 $\int_a^b f(x)\mathrm{d}x$ 发散. 证毕.

用上述定理困难之点是要找到恰好满足定理条件的不等式. 下面举几个例子，找不等式的主要方法是利用极限(或等价无穷小)，再用极限的局部保号性.

例 2 设 m 与 n 都是实常数，证明反常积分

$$\int_0^{+\infty}\frac{\mathrm{d}x}{x^m\ln^n(1+x)}$$

总是发散的.

证明 为书写简单,引入$f(x)=\dfrac{1}{x^m\ln^n(1+x)}$,$x>0$,将所考虑的积分写成

$$\int_0^{+\infty}f(x)\,\mathrm{d}x=\int_0^1 f(x)\,\mathrm{d}x+\int_1^{+\infty}f(x)\,\mathrm{d}x.$$

上面两个积分中只要有一个发散,则$\int_0^{+\infty}f(x)\,\mathrm{d}x$就发散.现在分别考虑之.

(1) 考虑反常积分$\int_0^1 f(x)\,\mathrm{d}x$,$x=0$是一个奇点.由于

$$\lim_{x\to0}\frac{x^{m+n}}{x^m\ln^n(1+x)}=1,$$

所以对于$0<\varepsilon<1$,存在$\delta>0$,当$0<x<\delta$时,有

$$1-\varepsilon<\frac{x^{m+n}}{x^m\ln^n(1+x)}<1+\varepsilon,$$

即

$$\frac{1-\varepsilon}{x^{m+n}}<\frac{1}{x^m\ln^n(1+x)}<\frac{1+\varepsilon}{x^{m+n}}.$$

现在要证明$\int_0^1 f(x)\,\mathrm{d}x$发散,取左半边不等式讨论,有

$$\int_0^1 f(x)\,\mathrm{d}x>\int_0^1\frac{1-\varepsilon}{x^{m+n}}\mathrm{d}x.$$

当$m+n\geqslant1$时,右边积分发散,所以当$m+n\geqslant1$时,积分$\int_0^1 f(x)\,\mathrm{d}x$发散.

(2) 考虑$\int_1^{+\infty}f(x)\,\mathrm{d}x=\int_1^{+\infty}\dfrac{1}{x^m\ln^n(1+x)}\mathrm{d}x$.现在也要找一个不等式.由于

$$\lim_{x\to+\infty}\frac{\ln(1+x)}{x}=\lim_{x\to+\infty}\frac{\frac{1}{1+x}}{1}=0,$$

所以当x充分大时,$0<\dfrac{\ln(1+x)}{x}<\varepsilon$,从而

$$\frac{1}{\ln(1+x)}>\frac{1}{\varepsilon x}.$$

于是

$$\int_1^{+\infty}f(x)\,\mathrm{d}x=\int_1^{+\infty}\frac{\mathrm{d}x}{x^m\ln^n(1+x)}>\frac{1}{\varepsilon^n}\int_1^{+\infty}\frac{\mathrm{d}x}{x^{n+m}}=+\infty\ (m+n\leqslant1).$$

综合(1)和(2),无论是$m+n\geqslant1$还是$m+n\leqslant1$,积分总发散.证毕.

例3 设a,b都是常数,证明反常积分

$$\int_0^{+\infty}\frac{\arctan x}{x^a(1+x)^b}\mathrm{d}x$$

收敛的充要条件是$1-b<a<2$.

证明 $$\int_0^{+\infty}\frac{\arctan x}{x^a(1+x)^b}\mathrm{d}x=\int_0^1\frac{\arctan x}{x^a(1+x)^b}\mathrm{d}x+\int_1^{+\infty}\frac{\arctan x}{x^a(1+x)^b}\mathrm{d}x.$$

记

$$I_1=\int_0^1\frac{\arctan x}{x^a(1+x)^b}\mathrm{d}x,\ I_2=\int_1^{+\infty}\frac{\arctan x}{x^a(1+x)^b}\mathrm{d}x.$$

对于 I_1，将被积函数写成

$$\frac{\arctan x}{x^a(1+x)^b}=\frac{1}{x^{a-1}}\cdot\frac{\arctan x}{x(1+x)^b},$$

当 $x\to0+0$ 时，$\dfrac{\arctan x}{x(1+x)^b}\to1$，所以当 $x\to0+0$ 时 $\dfrac{\arctan x}{x^a(1+x)^b}\sim\dfrac{1}{x^{a-1}}$（等价无穷小），于是对于 $0<\varepsilon<1$，存在 $\delta>0$，当 $0<x<\delta$ 时，

$$\frac{1-\varepsilon}{x^{a-1}}<\frac{\arctan x}{x^a(1+x)^b}<\frac{1+\varepsilon}{x^{a-1}}.$$

当 $a-1<1$ 即 $a<2$ 时，积分 $\displaystyle\int_0^1\frac{1+\varepsilon}{x^{a-1}}\mathrm{d}x$ 收敛；当 $a-1\geqslant1$ 即 $a\geqslant2$ 时，积分 $\displaystyle\int_0^1\frac{1-\varepsilon}{x^{a-1}}\mathrm{d}x$ 发散. 由比较判敛法知，反常积分 I_1 当且仅当 $a<2$ 时收敛.

对于 I_2，考虑被积函数当 $x\to+\infty$ 时的情形. 易知当 $x\to+\infty$ 时，

$$\frac{\arctan x}{x^a(1+x)^b}=\frac{\arctan x}{x^{a+b}(x^{-1}+1)^b}\sim x^{-(a+b)}\cdot\frac{\pi}{2}\text{（等价无穷小）}.$$

于是对于 $0<\varepsilon<1$，存在 $X>0$，当 $x>X$ 时，

$$\frac{1}{x^{a+b}}\left(\frac{\pi}{2}-\varepsilon\right)<\frac{\arctan x}{x^{a+b}(x^{-1}+1)^b}<\frac{1}{x^{a+b}}\left(\frac{\pi}{2}+\varepsilon\right).$$

当 $a+b>1$ 即 $a>1-b$ 时，积分 $\displaystyle\int_1^{+\infty}\frac{1}{x^{a+b}}\left(\frac{\pi}{2}+\varepsilon\right)\mathrm{d}x$ 收敛；当 $a+b\leqslant1$ 即 $a\leqslant1-b$ 时，积分 $\displaystyle\int_1^{+\infty}\frac{1}{x^{a+b}}\left(\frac{\pi}{2}-\varepsilon\right)\mathrm{d}x$ 发散. 由比较判敛法知，当且仅当 $a>1-b$ 时反常积分 I_2 收敛.

综合 I_1，I_2 两种情况知，当且仅当

$$1-b<a<2$$

时 I_1 与 I_2 都收敛，不满足此式时 I_1 与 I_2 至少有一个发散. 证毕.

例 4 在本节例 1 中已证明反常积分 $\displaystyle\int_0^{+\infty}\frac{\sin^2x}{x^2}\mathrm{d}x$ 收敛. 现在利用已有的结果 $\displaystyle\int_0^{+\infty}\frac{\sin x}{x}\mathrm{d}x=\frac{\sqrt{\pi}}{2}$，求反常积分 $\displaystyle\int_0^{+\infty}\frac{\sin^2x}{x^2}\mathrm{d}x$ 的值.

解 由于已知两个反常积分

$$\int_0^{+\infty}\frac{\sin^2x}{x^2}\mathrm{d}x\ \text{与}\ \int_0^{+\infty}\frac{\sin x}{x}\mathrm{d}x$$

都收敛，所以在积分运算时，遇到这两个量可作为已知条件来使用（如果不知道收敛，那么遇到这两个积分将会带来很大的麻烦）. 由分部积分法，

$$\int_0^{+\infty}\frac{\sin^2x}{x^2}\mathrm{d}x=\left(\frac{\sin^2x}{x^2}\cdot x\right)\Bigg|_0^{+\infty}-\int_0^{+\infty}x\mathrm{d}\left(\frac{\sin^2x}{x^2}\right)$$

$$=0-0-\int_0^{+\infty}\left(\frac{\sin 2x}{x}-2\cdot\frac{\sin^2 x}{x^2}\right)\mathrm{d}x$$

$$=-\int_0^{+\infty}\frac{\sin 2x}{x}\mathrm{d}x+2\int_0^{+\infty}\frac{\sin^2 x}{x^2}\mathrm{d}x.$$

移项得

$$\int_0^{+\infty}\frac{\sin^2 x}{x^2}\mathrm{d}x=\int_0^{+\infty}\frac{\sin 2x}{x}\mathrm{d}x\xlongequal{u=2x}\int_0^{+\infty}\frac{\sin u}{u}\mathrm{d}u=\frac{\sqrt{\pi}}{2}.$$

例 5 (1) 证明反常积分 $\int_0^{+\infty}\frac{\sqrt{x}}{1+x^2}\mathrm{d}x$ 收敛;

(2) 计算此反常积分的值.

解 (1) $\int_0^{+\infty}\frac{\sqrt{x}}{1+x^2}\mathrm{d}x=\int_0^1\frac{\sqrt{x}}{1+x^2}\mathrm{d}x+\int_1^{+\infty}\frac{\sqrt{x}}{1+x^2}\mathrm{d}x.$

第一个积分为正常积分,收敛.第二个积分的被积函数

$$\frac{\sqrt{x}}{1+x^2}<x^{-\frac{3}{2}},$$

而

$$\int_1^{+\infty}x^{-\frac{3}{2}}\mathrm{d}x=\frac{1}{-\frac{3}{2}+1}x^{-\frac{3}{2}+1}\Bigg|_1^{+\infty}=2(\text{收敛}).$$

由比较判敛法知 $\int_1^{+\infty}\frac{\sqrt{x}}{1+x^2}\mathrm{d}x$ 收敛.所以 $\int_0^{+\infty}\frac{\sqrt{x}}{1+x^2}\mathrm{d}x$ 收敛.

(2) $I=\int_0^{+\infty}\frac{\sqrt{x}}{1+x^2}\mathrm{d}x\xlongequal{x=u^2}\int_0^{+\infty}\frac{2u^2}{1+u^4}\mathrm{d}u$

$$=\int_0^1\frac{2u^2}{1+u^4}\mathrm{d}u+\int_1^{+\infty}\frac{2u^2}{1+u^4}\mathrm{d}u$$

$$=\int_0^1\frac{2u^2}{1+u^4}\mathrm{d}u+\int_1^0\frac{2v^{-2}}{1+v^{-4}}(-v^{-2})\mathrm{d}v\quad\left(v=\frac{1}{u}\right)$$

$$=\int_0^1\frac{2u^2}{1+u^4}\mathrm{d}u+\int_0^1\frac{2}{v^4+1}\mathrm{d}v$$

$$=2\int_0^1\frac{v^2+1}{v^4+1}\mathrm{d}v.$$

再将 $\frac{v^2+1}{v^4+1}$ 拆项:

$$\frac{v^2+1}{v^4+1}=\frac{v^2+1}{v^4+2v^2+1-2v^2}=\frac{v^2+1}{(v^2-\sqrt{2}v+1)(v^2+\sqrt{2}v+1)}$$

$$=\frac{1/2}{v^2-\sqrt{2}v+1}+\frac{1/2}{v^2+\sqrt{2}v+1}$$

从而

$$
\begin{aligned}
I &= \int_0^1 \frac{1}{v^2-\sqrt{2}v+1}\,\mathrm{d}v+\int_0^1 \frac{1}{v^2+\sqrt{2}v+1}\,\mathrm{d}v \\
&= \int_0^1 \frac{1}{(v-\sqrt{2}/2)^2+(\sqrt{2}/2)^2}\,\mathrm{d}v+\int_0^1 \frac{1}{(v+\sqrt{2}/2)^2+(\sqrt{2}/2)^2}\,\mathrm{d}v \\
&= 2/\sqrt{2}\ \arctan \frac{v-\sqrt{2}/2}{\sqrt{2}/2}\bigg|_0^1+\frac{2}{\sqrt{2}}\arctan \frac{v+\sqrt{2}/2}{\sqrt{2}/2}\bigg|_0^1 \\
&= 2/\sqrt{2}\left[\arctan(\sqrt{2}-1)+\frac{\pi}{4}\right]+\frac{2}{\sqrt{2}}\left[\arctan(\sqrt{2}+1)-\frac{\pi}{4}\right] \\
&= \sqrt{2}\,[\arctan(\sqrt{2}-1)+\arctan(\sqrt{2}+1)] \\
&= \sqrt{2}\left[\arctan\frac{1}{\sqrt{2}+1}+\arctan(\sqrt{2}+1)\right] \\
&= \sqrt{2}\,[\operatorname{arccot}(\sqrt{2}+1)+\arctan(\sqrt{2}+1)] \\
&= \sqrt{2}\cdot\frac{\pi}{2}=\frac{\sqrt{2}}{2}\pi.
\end{aligned}
$$

本例说明在建立不等式判别敛散性时,也不一定非要用 $\varepsilon-\delta$ 或 $\varepsilon-N$.

补充例题

习题七

§7.1

1. 求下列由参数方程确定的函数 $y=y(x)$ 的指定阶的导数或导数值:

(1) $\begin{cases}x=\ln(1+t^2),\\ y=t-\arctan t,\end{cases}$ 求 $\dfrac{\mathrm{d}y}{\mathrm{d}x}$ 及 $\dfrac{\mathrm{d}^2y}{\mathrm{d}x^2}$;

(2) $\begin{cases}x=a(\cos t+t\sin t),\\ y=a(\sin t-t\cos t)\end{cases}$ $(a>0)$,求 $\dfrac{\mathrm{d}y}{\mathrm{d}x}$ 及 $\dfrac{\mathrm{d}^2y}{\mathrm{d}x^2}$;

(3) $\begin{cases}x=\dfrac{3at}{1+t^3},\\ y=\dfrac{3at^2}{1+t^3}\end{cases}$ $(a>0)$,求 $\left.\dfrac{\mathrm{d}y}{\mathrm{d}x}\right|_{t=2}$;

(4) $\begin{cases}x=f'(t),\\ y=tf'(t)-f(t)\end{cases}$ (设 $f(t)$ 二阶可导,且 $f''(t)\neq 0$),求 $\dfrac{\mathrm{d}y}{\mathrm{d}x}$ 及 $\dfrac{\mathrm{d}^2y}{\mathrm{d}x^2}$;

(5) $\begin{cases} x = \int_0^{t^2} e^{u^2} du, \\ y = e^{t^4}, \end{cases}$ 求 $\frac{dy}{dx}$ 及 $\frac{d^2y}{dx^2}$.

2. 求由参数方程 $\begin{cases} x=t(1-\sin t), \\ y=t\cos t \end{cases}$ 确定的曲线在 $t=0$ 处的切线方程.

3. 求炮弹的运动轨迹方程(见§7.1例1)

$$\begin{cases} x = (v_0\cos \alpha)t, \\ y = (v_0\sin \alpha)t - \frac{1}{2}gt^2 \end{cases}$$

的最高点 y_{max},落地时的 t(即降落到与起始点同一水平高度时的 t),射程 X,运动过程中任一时刻 t 的运动速度大小及运动方向,并问 α 为多少时射程 X 最大.

4. 求极坐标曲线 $r=2\sin \theta$ 在其上 $\theta=\frac{\pi}{3}$ 处切线的直角坐标方程.

5. 由摆线 $\begin{cases} x=a(t-\sin t), \\ y=a(1-\cos t) \end{cases}$ $(a>0,0\leqslant t\leqslant 2\pi)$ 与 $y=a,x=0,x=2\pi a$ 围成的三块图形记为 D.

(1) 求 D 的面积;

(2) 求 D 绕直线 $y=a$ 旋转一周而成的旋转体体积 $V_{y=a}$;

(3) 求 D 绕 x 轴旋转一周而成的旋转体体积 V_x.

6. 设曲线 C 的参数方程为 C:$\begin{cases} x=\cos^4 t, \\ y=\sin^4 t \end{cases}$ $\left(0\leqslant t\leqslant \frac{\pi}{2}\right)$.

(1) 大致画出函数 C 的图形;

(2) 经过点 $P\left(\frac{1}{4},0\right)$ 作 C 的切线 l,求 l 的直角坐标方程;

(3) 求 l 与 C 及两正向直角坐标轴围成的图形的面积.

*7. 由摆线 $\begin{cases} x=a(t-\sin t), \\ y=a(1-\cos t) \end{cases}$ $(a>0,0\leqslant t\leqslant 2\pi)$ 的一拱与 x 轴围成的区域记为 D,求 D 绕 y 轴旋转一周而成的旋转体体积.

8. 落在平静水面上的石头(看成一点),产生同心波纹.若最外一圈波的半径随时间 t 的增大率为 2 m/s,求在第 3 s 时扰动的水面面积的增大率.

9. 有一圆锥形容器,深 80 cm,上顶直径也是 80 cm.开始时,容器中无水,然后向容器中注入水,注水速率为 4 cm^3/s.当水深为 50 cm 时,求液面高度上升的速率.

10. 已知一个长方形的长 l 以 2 cm/s 的速率增加,宽 w 以 3 cm/s 的速率减少,问当 $l=12$ cm, $w=5$ cm时,它的对角线 s 的增长速率为多少?

11. 一扇形,设当半径 $r=6$ cm,中心角 $\theta=\frac{\pi}{6}$时,r 以 2 cm/s 增加,θ 以 0.01rad/s 减少,求此时扇形面积 A 关于时间 t 的变化率.

§7.2

12. 求抛物线 $2x=y^2$ 上点(0,0)与点$\left(\frac{9}{2},3\right)$之间的弧长.

13. 求曲线 $\begin{cases} x=a(\cos t+t\sin t), \\ y=a(\sin t-t\cos t) \end{cases}$ $(a>0)$ 上 $t=0$ 与 $t=\pi$ 之间的弧段的长.

14. 求阿基米德螺线 $r=a\theta(a>0)$ 从 $\theta=0$ 到 $\theta=2\pi$ 一段的弧长.

15. 求曲线 $y=e^x$ 在任意一点 x 处的曲率.

16. 求椭圆 $4x^2+y^2=4$ 上点(0,2)处的曲率.

17. 设 $x(t)$ 与 $y(t)$ 具有二阶连续导数,且 $x'(t)$ 与 $y'(t)$ 不同时为 0,试推导出由参数方程 $x=x(t)$, $y=y(t)$ 所表示的曲线的曲率公式.

18. 求摆线 $\begin{cases}x=a(t-\sin t),\\y=a(1-\cos t)\end{cases}$ 上 $t=\dfrac{\pi}{2}$ 处的曲率.

19. 求心形线 $r=a(1+\cos\theta)(a>0)$ 上点 $(r,\theta)(0<\theta<\pi)$ 处的曲率半径 R 的值(提示:将极坐标方程化成以 θ 为参数的参数方程 $x=r(\theta)\cos\theta, y=r(\theta)\sin\theta$,然后求曲率 k).

§7.3

20. 直径为 20 cm、深为 80 cm 的圆柱形容器内充满压强为 $p=10\ \mathrm{N/cm^2}$ 的蒸汽.设温度保持不变,增加压强使蒸汽体积缩小到原有的 $\dfrac{1}{2}$,问需对此做多少功?(剖面如图.)

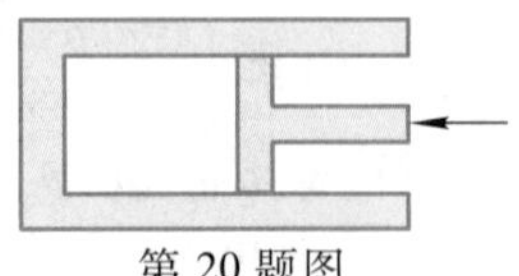

第 20 题图

21. 设人造地球卫星的质量为 173 kg,在离地面 630 km 处进入轨道.为了将这颗卫星从地面发射到 630 km 处,求为此克服地心引力需做的功.(已知地球半径为 6 370 km.)

22. 一圆锥形容器,尖点在下,底在上.底半径为 1 m,高为3 m,容器内盛水深 2 m,如将水全部抽出到锥口排出,求为此需做的功.

23. 洒水车的贮水罐是侧面为椭圆的水平放置的柱形容器,椭圆的长、短半轴分别为 a m与 b m,盛满水,求椭圆面上所受的水压力.

24. 两细棒放置在一条水平线上,长各为 l,线密度均为常值 ρ,最近端相距为 a,求两棒之间的引力.

§7.4

25. 设某商品的需求函数 $q=12-\dfrac{1}{2}p$,问:

(1) 价格 p 在什么范围变化时,总收益随 p 的增加而增加? p 在什么范围变动时,总收益随 p 的增加而减少?

(2) p 为何值时,总收益最大? 最大值是多少?

26. 设某厂家打算生产一批商品投放市场,已知该商品的需求函数为 $p=p(x)=10e^{-\frac{x}{2}}$,其中 x 表示需求量,p 表示价格,且最大需求量为 6.

(1) 求该商品的收益函数和边际收益函数;

(2) 求使收益最大的产量、最大收益和相应的价格.

27. 设某商品的成本函数为 $C=aq^2+bq+c$,需求函数为 $q=\dfrac{1}{e}(d-p)$,其中 C 为成本,q 为需求量(即产量),p 为单价,a,b,c,d,e 都是正常数,且 $d>b$,求:

(1) 利润最大的产量及最大利润;

(2) 需求量对价格的弹性;

(3) 需求量对价格弹性的绝对值为 1 时的产量.

28. 设当某种商品的单价为 p 时,售出的商品数量 q 可以表示成

$$q=\frac{a}{p+b}-c,$$

其中 a,b,c 均为正数,且 $a>bc$.

（1）p 在什么范围变化时，相应销售额增加或减少？

（2）要使销售额最大，商品单价 p 应取何值？最大销售额是多少？

§7.5

29. 设 m 与 n 都是正整数，证明反常积分 $\int_0^1 \frac{\sqrt[m]{\ln^2(1-x)}}{\sqrt[n]{n}}\mathrm{d}x$ 总收敛.

30. 设 a 与 b 都是常数，证明反常积分 $\int_0^{+\infty}\frac{\mathrm{d}x}{x^a(1+x)^b}$ 收敛的充要条件是 $1-b<a<1$.

31. 设 α 与 β 都是常数，证明反常积分 $\int_0^{+\infty}\frac{x^\alpha(1-\mathrm{e}^{-x})}{(1+x)^\beta}\mathrm{d}x$ 收敛的充要条件是 $\beta-1>\alpha>-2$.

32. 设 α 是常数，证明反常积分 $\int_0^{+\infty}\frac{\mathrm{d}x}{(1+x^2)(1+x^\alpha)}$ 总收敛；并求此积分的值.

33. 设常数 $a>0$.

（1）证明反常积分 $\int_0^{+\infty}\frac{\ln x}{x^2+a^2}\mathrm{d}x$ 总收敛；

（2）计算（1）中反常积分的值.

34. 设在区间 $[a,+\infty)$ 上 $h(x)\leqslant f(x)\leqslant g(x)$，并且这三个函数都连续；又设 $\int_a^{+\infty}h(x)\mathrm{d}x$ 与 $\int_a^{+\infty}g(x)\mathrm{d}x$ 都收敛，讨论 $\int_a^{+\infty}f(x)\mathrm{d}x$ 是否收敛.若一定收敛，请给出证明；若可能收敛，也可能发散，请给出相应的例子.（提示：$0\leqslant g(x)-f(x)\leqslant g(x)-h(x)$，$f(x)=g(x)-(g(x)-f(x))$.）

35. （1）证明 $\int_0^{+\infty}\frac{x}{1+x^3}\mathrm{d}x$ 收敛；（2）求（1）中反常积分的值.

习题七参考答案与提示

8

第八章 无穷级数

无穷级数是表示函数的一个重要工具,对于某些满足一定条件但又不能用初等函数表示的函数,常可借助无穷级数来表示并讨论其性质,又可作数值计算.本章的主要工具及基础是极限.

§8.1 无穷级数的基本概念及性质

一、无穷级数及其敛散性

一个数列,例如$\left\{\frac{9}{10^n}\right\}$,将它的各项按 n 从小到大用加号连接起来写成

$$\frac{9}{10}+\frac{9}{10^2}+\cdots+\frac{9}{10^n}+\cdots,$$

称为一个无穷级数.众所周知,有限个加号连接,就是普通加法.无限个加号连接起来,怎么加呢? 加起来

$$0.99\cdots9\cdots,$$

是否就是 1 呢? 为了说清楚这些问题,应该给予明确的定义.

定义 8.1 一个数列$\{u_n\}$,将它各项按 n 从小到大用加号连接起来写成

$$u_1+u_2+\cdots+u_n+\cdots \xlongequal{\text{简写为}} \sum_{n=1}^{\infty}u_n, \tag{8.1}$$

称为无穷级数,简称级数,u_n 称为该级数的通项,

$$S_n=\sum_{k=1}^{n}u_k, \tag{8.2}$$

称为该级数的前 n 项部分和.数列$\{S_n\}$称为级数(8.1)的部分和数列.如果数列$\{S_n\}$的极限存在,记

$$\lim_{n\to\infty}S_n=S, \tag{8.3}$$

那么称级数(8.1)收敛,并称 S 为此级数的和,并记

$$\sum_{n=1}^{\infty}u_n=S;$$

如果数列$\{S_n\}$的极限不存在,那么称级数(8.1)发散,发散级数没有和.□

判别级数的敛散性是本章的基本问题之一.

回到一开始引入的例子,级数

$$\frac{9}{10}+\frac{9}{10^2}+\cdots+\frac{9}{10^n}+\cdots \tag{8.4}$$

的前 n 项部分和

$$S_n=\sum_{k=1}^{n}\frac{9}{10^k}=\frac{\frac{9}{10}\left(1-\frac{1}{10^n}\right)}{1-\frac{1}{10}}=1-\frac{1}{10^n}, \tag{8.5}$$

$$\lim_{n\to\infty}S_n=1. \tag{8.6}$$

由定义知,级数(8.4)收敛,其和为 1,即

$$\frac{9}{10}+\frac{9}{10^2}+\cdots+\frac{9}{10^n}+\cdots=1, \tag{8.7}$$

或

$$0.99\cdots9\cdots=1. \tag{8.8}$$

请读者注意的是,这里最后的三个点"⋯"不能省,它实际上是表示一个极限过程.没有这三个点,是一个有限过程,即(8.5)式.有这三个点,表示的就是(8.6)式.可见 1 有两种表示法,一种是"1 就是 1",另一种是(8.7)式(或(8.8)式),用无限的方式来表示 1.

例　试看下列无穷级数:

(1)

$$1+1+1+\cdots+1+\cdots,$$

通项 $u_n=1$,前 n 项部分和 $S_n=n$,$\lim\limits_{n\to\infty}S_n=+\infty$,级数发散.

(2)

$$1-1+1-\cdots+(-1)^{n-1}+\cdots,$$

通项 $u_n=(-1)^{n-1}$,$S_{2n}=0$,$S_{2n-1}=1$,$\lim\limits_{n\to\infty}S_{2n}=0$,$\lim\limits_{n\to\infty}S_{2n-1}=1$,所以 $\lim\limits_{n\to\infty}S_n$ 不存在,级数发散.

(3)

$$\ln(1+1)+\ln\left(1+\frac{1}{2}\right)+\cdots+\ln\left(1+\frac{1}{n}\right)+\cdots,$$

通项

$$u_n=\ln\left(1+\frac{1}{n}\right)=\ln\frac{n+1}{n}=\ln(n+1)-\ln n,$$

$$S_n=(\ln 2-\ln 1)+(\ln 3-\ln 2)+\cdots+[\ln(n+1)-\ln n]=\ln(n+1),$$

$$\lim_{n\to\infty}S_n=\lim_{n\to\infty}\ln(n+1)=+\infty,$$

级数发散.

(4) 级数

$$1+\frac{1}{2}+\frac{1}{3}+\cdots+\frac{1}{n}+\cdots$$

称为调和级数,它的通项 $u_n=\dfrac{1}{n}$,前 n 项部分和

$$S_n=1+\frac{1}{2}+\frac{1}{3}+\cdots+\frac{1}{n}=\sum_{k=1}^{n}\frac{1}{k}.$$

一时难以看出 $\lim\limits_{n\to\infty}S_n$ 是否存在.在习题四的 21(1)证明过一个不等式:当 $x>0$ 时,

$$x > \ln(1+x), \tag{8.9}$$

于是

$$S_n = \sum_{k=1}^{n} \frac{1}{k} > \sum_{k=1}^{n} \ln\left(1+\frac{1}{k}\right) \xlongequal{\text{由}(3)} \ln(n+1),$$

$$\lim_{n\to\infty} S_n = +\infty,$$

级数发散.

（5）
$$\frac{1}{1\cdot 2}+\frac{1}{2\cdot 3}+\cdots+\frac{1}{n(n+1)}+\cdots,$$

通项
$$u_n = \frac{1}{n(n+1)} = \frac{1}{n} - \frac{1}{n+1},$$

$$S_n = \sum_{k=1}^{n} \frac{1}{k(k+1)} = \sum_{k=1}^{n}\left(\frac{1}{k} - \frac{1}{k+1}\right) = 1 - \frac{1}{n+1},$$

$$\lim_{n\to\infty} S_n = 1,$$

级数收敛,且其和为 1.

（6）
$$\frac{1}{1^2}+\frac{1}{2^2}+\cdots+\frac{1}{n^2}+\cdots,$$

通项 $u_n = \frac{1}{n^2}$,令 $S_n = \sum_{k=1}^{n} \frac{1}{k^2}$, 有

$$S_n = 1 + \sum_{k=2}^{n} \frac{1}{k^2} < 1 + \sum_{k=2}^{n} \frac{1}{k(k-1)}$$

$$= 1 + \sum_{k=2}^{n}\left(\frac{1}{k-1} - \frac{1}{k}\right) = 1 + 1 - \frac{1}{n} < 2.$$

可见随着 n 增大 $\{S_n\}$ 单调增加,且有上界 2.所以 $\lim\limits_{n\to\infty} S_n$ 存在,记其为 S,则

$$S = \lim_{n\to\infty} S_n = \sum_{k=1}^{\infty} \frac{1}{k^2} < 2.$$

这说明级数 $\sum\limits_{n=1}^{\infty} \frac{1}{n^2}$ 收敛且 $\sum\limits_{n=1}^{\infty} \frac{1}{n^2}<2$.

（7）公比为 r 的等比级数

$$a + ar + ar^2 + \cdots + ar^{n-1} + \cdots \quad (a \neq 0), \tag{8.10}$$

通项
$$u_n = ar^{n-1},$$

$$S_n = \sum_{k=1}^{n} ar^{k-1} = \frac{a(1-r^n)}{1-r} \quad (r \neq 1),$$

可见有下述结论:

当 $|r|<1$ 时,$\lim\limits_{n\to\infty} S_n = \frac{a}{1-r}$,即级数收敛,且其和为$\frac{a}{1-r}$;

当 $|r|>1$ 时,$\lim\limits_{n\to\infty} S_n = \infty$,级数发散;

当 $r=-1$ 时,$\lim\limits_{n\to\infty} S_n$ 不存在,级数发散;

当 $r=1$ 时,原级数成为

$$a+a+\cdots+a+\cdots,$$

$$S_n=na\to\infty\quad(n\to\infty),$$

级数发散.

所以关于等比级数(8.10)的敛散性,有下述结论:

当 $|r|<1$ 时,级数(8.10)收敛,其和为 $S=\dfrac{a}{1-r}$;

当 $|r|\geqslant 1$ 时,级数(8.10)发散.

由以上例子可见,直接由定义来判断级数的敛散性有一定的难度.例如例中的(3)要利用对数求和的关系;(4)与(6)无法计算 S_n,要用一个不等式来估计 S_n;(5)要采用拆项求和的办法来计算 S_n;(7)要用到等比级数求和公式.

现在先转入讨论级数的一些基本性质,到下面几节再讨论如何判断敛散性.

二、级数的基本性质

性质 1 设 $\sum\limits_{n=1}^{\infty}u_n=S$,$c$ 是常数,则 $\sum\limits_{n=1}^{\infty}cu_n$ 亦收敛,且

$$\sum_{n=1}^{\infty}cu_n=c\sum_{n=1}^{\infty}u_n=cS. \tag{8.11}$$

证明 这是有限项求和提出公因式的推广.

$$\sum_{n=1}^{\infty}cu_n=\lim_{n\to\infty}\sum_{k=1}^{n}cu_k=\lim_{n\to\infty}\left(c\sum_{k=1}^{n}u_k\right)$$

$$\overset{*}{=\!=}c\lim_{n\to\infty}\sum_{k=1}^{n}u_k=c\sum_{n=1}^{\infty}u_n=cS.$$

可见这里关键的一步是(*),用到极限运算中相应的性质.证毕.

推论 若常数 $c\neq 0$ 且 $\sum\limits_{n=1}^{\infty}u_n$ 发散,则 $\sum\limits_{n=1}^{\infty}cu_n$ 亦发散.

证明 用反证法.若 $\sum\limits_{n=1}^{\infty}cu_n$ 收敛,则

$$\sum_{n=1}^{\infty}u_n=\sum_{n=1}^{\infty}\left(\frac{1}{c}\cdot cu_n\right)=\frac{1}{c}\sum_{n=1}^{\infty}cu_n$$

亦收敛,矛盾,故 $\sum\limits_{n=1}^{\infty}cu_n$ 发散.证毕.

换言之,级数 $\sum\limits_{n=1}^{\infty}u_n$ 的各项乘常数 $c(c\neq 0)$,它的敛散性不会改变.

性质 2 设 $\sum\limits_{n=1}^{\infty}u_n=S$,$\sum\limits_{n=1}^{\infty}v_n=T$,则 $\sum\limits_{n=1}^{\infty}(u_n\pm v_n)$ 亦收敛,且

$$\sum_{n=1}^{\infty}(u_n\pm v_n)=\sum_{n=1}^{\infty}u_n\pm\sum_{n=1}^{\infty}v_n=S\pm T. \tag{8.12}$$

证明 由有限项和的交换律与结合律,再由和的极限等于极限之和,立即可得.具体证明如下:

$$\sum_{n=1}^{\infty}(u_n+v_n)=\lim_{n\to\infty}\sum_{k=1}^{n}(u_k+v_k)=\lim_{n\to\infty}\left(\sum_{k=1}^{n}u_k+\sum_{k=1}^{n}v_k\right)$$
$$=\lim_{n\to\infty}\sum_{k=1}^{n}u_k+\lim_{n\to\infty}\sum_{k=1}^{n}v_k=\sum_{n=1}^{\infty}u_n+\sum_{n=1}^{\infty}v_n.$$

对于减号情形,其证明是类似的.证毕.

推论　若$\sum\limits_{n=1}^{\infty}u_n$收敛,$\sum\limits_{n=1}^{\infty}v_n$发散,则$\sum\limits_{n=1}^{\infty}(u_n\pm v_n)$必发散.

证明　记$w_n=u_n+v_n$,若$\sum\limits_{n=1}^{\infty}w_n$收敛,则由$v_n=w_n-u_n$及性质2知$\sum\limits_{n=1}^{\infty}v_n$必收敛,矛盾,故$\sum\limits_{n=1}^{\infty}(u_n+v_n)$发散.类似可证$\sum\limits_{n=1}^{\infty}(u_n-v_n)$亦发散.证毕.

若$\sum\limits_{n=1}^{\infty}u_n$与$\sum\limits_{n=1}^{\infty}v_n$均发散,则$\sum\limits_{n=1}^{\infty}(u_n+v_n)$与$\sum\limits_{n=1}^{\infty}(u_n-v_n)$可能都发散.例如$\sum\limits_{n=1}^{\infty}\dfrac{2}{n}$与$\sum\limits_{n=1}^{\infty}\dfrac{1}{n}$均发散,$\sum\limits_{n=1}^{\infty}\left(\dfrac{2}{n}+\dfrac{1}{n}\right)=\sum\limits_{n=1}^{\infty}\dfrac{3}{n}$与$\sum\limits_{n=1}^{\infty}\left(\dfrac{2}{n}-\dfrac{1}{n}\right)=\sum\limits_{n=1}^{\infty}\dfrac{1}{n}$都发散.

当$\sum\limits_{n=1}^{\infty}u_n$与$\sum\limits_{n=1}^{\infty}v_n$都发散时,$\sum\limits_{n=1}^{\infty}(u_n+v_n)$也可能收敛,但此时不能写成

$$\sum_{n=1}^{\infty}u_n+\sum_{n=1}^{\infty}v_n=\sum_{n=1}^{\infty}(u_n+v_n).$$

例如$\sum\limits_{n=1}^{\infty}(-1)^n$与$\sum\limits_{n=1}^{\infty}(-1)^{n-1}$都发散,

$$\sum_{n=1}^{\infty}[(-1)^n+(-1)^{n-1}]=\sum_{n=1}^{\infty}0=0$$

是收敛的,不能写成

$$\sum_{n=1}^{\infty}(-1)^n+\sum_{n=1}^{\infty}(-1)^{n-1}=\sum_{n=1}^{\infty}[(-1)^n+(-1)^{n-1}]=0.$$

总结一下:若$\sum\limits_{n=1}^{\infty}u_n$与$\sum\limits_{n=1}^{\infty}v_n$两个级数均发散,则$\sum\limits_{n=1}^{\infty}(u_n+v_n)$与$\sum\limits_{n=1}^{\infty}(u_n-v_n)$不可能都收敛,至多一个收敛另一个发散,或两个都发散.

性质3　改变级数的有限项,不会改变级数的敛散性.

证明　设级数

$$u_1+u_2+\cdots+u_m+u_{m+1}+\cdots+u_n+\cdots, \tag{8.13}$$

改变它的前m(有限)项,成为级数

$$v_1+v_2+\cdots+v_m+u_{m+1}+\cdots+u_n+\cdots, \tag{8.14}$$

其中前m项可能全改变,也可能只改变了其中的某些项,但从$m+1$项起没有改变.分别以S_n与T_n表示(8.13)式与(8.14)式的前n项部分和,$n>m$,则

$$S_n-T_n=\sum_{k=1}^{m}u_k-\sum_{k=1}^{m}v_k,$$
$$S_n=T_n+\left(\sum_{k=1}^{m}u_k-\sum_{k=1}^{m}v_k\right).$$

右边括号内是一个确定的数,可见当 $n\to\infty$ 时,由 $\lim T_n$ 存在可推出 $\lim S_n$ 存在,由 $\lim T_n$ 不存在可推出 $\lim S_n$ 也不存在.所以(8.13)式与(8.14)式同敛散,即改变级数的有限项,不影响它的敛散性.证毕.

因此,以后凡只涉及级数敛散性的定理,所考虑的级数,不必一定要从 $n=1$ 开始,可以从某一个 n 开始.例如级数

$$\frac{1}{10}+\frac{1}{9}+\frac{1}{8}+\cdots+\frac{1}{1\cdot 2}+\frac{1}{2\cdot 3}+\cdots+\frac{1}{n(n+1)}+\cdots$$

它与例中的(5)仅差前面 10 项,由于(5)中级数 $\frac{1}{1\cdot 2}+\frac{1}{2\cdot 3}+\cdots+\frac{1}{n(n+1)}+\cdots$ 是收敛的,所以此级数也是收敛的.

性质 4 若级数 $\sum\limits_{n=1}^{\infty}u_n$ 收敛,则 $\lim\limits_{n\to\infty}u_n=0$.

换言之,若 $\lim\limits_{n\to\infty}u_n\neq 0$(包括 $\lim\limits_{n\to\infty}u_n$ 不存在,或 $\lim\limits_{n\to\infty}u_n$ 存在但其极限不为零),则 $\sum\limits_{n=1}^{\infty}u_n$ 必发散.

证明 记 $S_n=\sum\limits_{k=1}^{n}u_k,S_{n-1}=\sum\limits_{k=1}^{n-1}u_k$,则

$$u_n=S_n-S_{n-1}.$$

由已知 $\sum\limits_{n=1}^{\infty}u_n$ 收敛,设其和为 S,即有 $\lim\limits_{n\to\infty}S_n=S,\lim\limits_{n\to\infty}S_{n-1}=S$,于是

$$\lim_{n\to\infty}u_n=\lim_{n\to\infty}(S_n-S_{n-1})=\lim_{n\to\infty}S_n-\lim_{n\to\infty}S_{n-1}=S-S=0.$$

证毕.

性质 4 常称为收敛的必要条件,但不是充分条件,即由 $\lim\limits_{n\to\infty}u_n=0$ 推不出级数 $\sum\limits_{n=1}^{\infty}u_n$ 收敛.例如例中的(3),$u_n=\ln\left(1+\frac{1}{n}\right)$,$\lim\limits_{n\to\infty}u_n=0$,但 $\sum\limits_{n=1}^{\infty}\ln\left(1+\frac{1}{n}\right)$ 却是发散的.

性质 5 设级数

$$u_1+u_2+\cdots+u_n+\cdots \tag{8.15}$$

收敛,则此级数的项之间任意添加括号后所成的级数仍收敛,且其和不变.

证明 设该级数添加括号后成为

$$(u_1+\cdots+u_{n_1})+(u_{n_1+1}+\cdots+u_{n_2})+\cdots+(u_{n_{k-1}+1}+\cdots+u_{n_k})+\cdots,$$

记为

$$v_1+v_2+\cdots+v_k+\cdots, \tag{8.16}$$

其中 v_1 为第 1 个括号中各项之和,v_2 为第 2 个括号中各项之和……v_k 为第 k 个括号中各项之和.级数(8.16)的前 k 项部分和

$$\sigma_k=S_{n_k},$$

其中 $\{S_{n_k}\}$ 为级数(8.15)的部分和数列 $\{S_n\}$ 的一个子数列.由于 $\{S_n\}$ 收敛,故它的任意一个子数列 $\{S_{n_k}\}=\{\sigma_k\}$ 也收敛(见定理 2.4),且极限值相等.从而知级数(8.16)收敛,且其和与级数(8.15)的和相同.证毕.

但请注意,一个发散级数添加括号后所成的级数不一定仍发散,而可能变成收敛的.例如例中的(2):

$$1-1+1-1+\cdots+(-1)^{n-1}+\cdots$$

是发散的.但将它们按下面办法括起来,成为

$$(1-1)+(1-1)+\cdots+(1-1)+\cdots$$

各项皆是0,当然收敛.

§8.2 正项级数及其判敛法

在讲级数的判敛法之前,先介绍一下级数的分类,级数判敛的方法因级数类型不同而不同,这是读者必须弄清楚的.

(1) 设 $u_n\geqslant 0(n=1,2,\cdots)$,称级数

$$\sum_{n=1}^{\infty}u_n=u_1+u_2+\cdots+u_n+\cdots$$

为正项级数.

(2) 设 $u_n>0(n=1,2,\cdots)$,称级数

$$\sum_{n=1}^{\infty}(-1)^{n-1}u_n=u_1-u_2+u_3-\cdots+(-1)^{n-1}u_n+\cdots \tag{8.17}$$

为交错级数,即各项正、负号相间的级数称为交错级数.

(3) 如果 $u_n(n=1,2,\cdots)$ 的符号没有限定,那么级数 $\sum\limits_{n=1}^{\infty}u_n$ 称为任意项级数.

本节介绍正项级数的判敛法,下节介绍其余两类级数的判敛法.

一、正项级数的收敛原理

定理 8.1(正项级数的收敛原理) 设 $\sum\limits_{n=1}^{\infty}u_n$ 是正项级数,$\{S_n\}$ 是它的部分和数列,则 $\sum\limits_{n=1}^{\infty}u_n$ 收敛的充要条件是 $\{S_n\}$ 有上界.

证明
$$S_{n+1}=\sum_{k=1}^{n+1}u_k\geqslant\sum_{k=1}^{n}u_k=S_n,\quad n=1,2,3,\cdots,$$

所以 $\{S_n\}$ 单调增加.如果 $\{S_n\}$ 有上界 M,那么由定理 2.17 知 $\lim\limits_{n\to\infty}S_n$ 存在,记其为 S,且 $S\leqslant M$.

反之,设 $\lim\limits_{n\to\infty}S_n$ 存在,记为 S,由于 $\{S_n\}$ 是单调增加数列,所以 $S_n\leqslant S(n=1,2,\cdots)$,即 $\{S_n\}$ 有上界.证毕.

此原理虽然很好(是充要条件),但是用它来判断一个具体级数的敛散性,要去讨论 $\{S_n\}$ 是否有上界,却十分困难.现在转入下面一些较为实用的方法.

二、正项级数的比较判敛法

定理 8.2(正项级数的比较判敛法) 设有两个正项级数 $\sum\limits_{n=1}^{\infty}u_n$ 与 $\sum\limits_{n=1}^{\infty}v_n$,满足

$$u_n \leqslant v_n \quad (n=1,2,\cdots). \tag{8.18}$$

(1) 若 $\sum_{n=1}^{\infty} v_n$ 收敛,则 $\sum_{n=1}^{\infty} u_n$ 亦收敛;

(2) 若 $\sum_{n=1}^{\infty} u_n$ 发散,则 $\sum_{n=1}^{\infty} v_n$ 亦发散.

证明　设 $\sum_{n=1}^{\infty} u_n$ 与 $\sum_{n=1}^{\infty} v_n$ 的前 n 项部分和分别为 S_n 与 T_n,由条件有

$$S_n \leqslant T_n.$$

(1) 若 $\sum_{n=1}^{\infty} v_n$ 收敛,则 $\lim\limits_{n\to\infty} T_n$ 存在,记其极限为 T,由于 $\{T_n\}$ 单调增加趋于 T,故 $T_n \leqslant T$,从而 $S_n \leqslant T$. $\{S_n\}$ 单调增加且有上界,由收敛原理知级数 $\sum_{n=1}^{\infty} u_n$ 收敛.

(2) 用反证法.若 $\sum_{n=1}^{\infty} v_n$ 收敛,则由(1) 知 $\sum_{n=1}^{\infty} u_n$ 亦收敛,矛盾,故 $\sum_{n=1}^{\infty} v_n$ 发散.证毕.

由 §8.1 的性质 3,改变级数的有限项,不影响级数的敛散性.所以不等式(8.18)中的 n,不一定要从 $n=1$ 开始,而只要从某个正整数 N 开始成立,就有同样的结论.

例 1　常数 p 大于 0, 级数 $\sum_{n=1}^{\infty} \frac{1}{n^p}$ 称为 p - 级数,证明下述结论:

当 $0 < p \leqslant 1$ 时,p - 级数 $\sum_{n=1}^{\infty} \frac{1}{n^p}$ 发散;

当 $p > 1$ 时,p - 级数 $\sum_{n=1}^{\infty} \frac{1}{n^p}$ 收敛.

证明　当 $0 < p \leqslant 1$ 时,$\frac{1}{n^p} \geqslant \frac{1}{n}$,由 §8.1 例中的(4) 知调和级数 $\sum_{n=1}^{\infty} \frac{1}{n}$ 是发散的,再由比较判敛法知 $\sum_{n=1}^{\infty} \frac{1}{n^p}$ 发散.

当 $p>1$ 时,证明就没有那么简单了,关键是要找一个满足要求的不等式.

由积分中值定理,当 $n \geqslant 2$ 时,

$$\int_{n-1}^{n} \frac{1}{x^p} \mathrm{d}x = \frac{1}{\xi^p}, \quad n-1 < \xi < n,$$

于是

$$\frac{1}{n^p} < \frac{1}{\xi^p} = \int_{n-1}^{n} \frac{1}{x^p} \mathrm{d}x \xlongequal{\text{记为}} v_n, \quad n=2,3,\cdots.$$

考察级数 $\sum_{n=2}^{\infty} v_n$ 从第 2 项到第 n 项的和:

$$\begin{aligned} \sum_{k=2}^{n} v_k &= \sum_{k=2}^{n} \int_{k-1}^{k} \frac{1}{x^p} \mathrm{d}x = \int_{1}^{n} \frac{1}{x^p} \mathrm{d}x \\ &= \frac{1}{-p+1}(n^{-p+1}-1) \end{aligned}$$

$$= \frac{1}{p-1}(1 - n^{-p+1}),$$

$$\lim_{n\to\infty} \sum_{k=2}^{n} v_k = \frac{1}{p-1},$$

级数 $\sum_{n=2}^{\infty} v_n$ 收敛.由比较判敛法知 $\sum_{n=2}^{\infty} \frac{1}{n^p}$ 收敛.再添上一项 $\frac{1}{1^p}$,级数 $\sum_{n=1}^{\infty} \frac{1}{n^p}$ 也收敛.证毕.

例 1 所表明的 p-级数敛散性的结论,十分重要,以后在使用比较判敛法时,常用它作为比较对象来讨论.

例 2 讨论级数 $\sum_{n=1}^{\infty} \frac{n+2}{n\sqrt{n^3+3n-1}}$ 的敛散性.

解 使用比较判敛法的关键是在所给级数通项的基础上放大(或缩小)进行讨论.当 $n>2$ 时,

$$\frac{n+2}{n\sqrt{n^3+3n-1}} < \frac{n+n}{n\sqrt{n^3+3n-1}} < \frac{2n}{n\sqrt{n^3}} = \frac{2}{n^{\frac{3}{2}}}.$$

而级数 $\sum_{n=1}^{\infty} \frac{2}{n^{\frac{3}{2}}}$ 是收敛的,所以原级数也是收敛的.

例 3 设 $a_n > 0(n=1,2,\cdots)$,并设级数 $\sum_{n=1}^{\infty} a_n^2$ 收敛,证明级数 $\sum_{n=1}^{\infty} \frac{a_n}{n}$ 也收敛.

证明 用比较判敛法证明级数收敛,应将它的通项放大来讨论.由初等数学中熟知的不等式(或 §4.3 例 14 的注(2)),有

$$\frac{a_n}{n} = a_n \cdot \frac{1}{n} \leqslant \frac{1}{2}\left(a_n^2 + \frac{1}{n^2}\right).$$

由条件知 $\sum_{n=1}^{\infty} a_n^2$ 收敛,又由 p - 级数的敛散性知 $\sum_{n=1}^{\infty} \frac{1}{n^2}$ 收敛,再由 §8.1 性质 1 及性质 2 知 $\sum_{n=1}^{\infty} \frac{1}{2}\left(a_n^2 + \frac{1}{n^2}\right)$ 收敛.最后由比较判敛法知 $\sum_{n=1}^{\infty} \frac{a_n}{n}$ 收敛.

由例 2、例 3 知,使用比较判敛法是有一定难度的.

三、正项级数比较判敛法的极限形式

定理 8.3(正项级数比较判敛法的极限形式) 设 $\sum_{n=1}^{\infty} u_n$ 与 $\sum_{n=1}^{\infty} v_n$ 是两个正项级数,且

$$\lim_{n\to\infty} \frac{u_n}{v_n} = l \quad (l\text{ 可以是 } +\infty), \tag{8.19}$$

则

(1) 当 $0 \leqslant l < +\infty$ 且 $\sum_{n=1}^{\infty} v_n$ 收敛时,$\sum_{n=1}^{\infty} u_n$ 亦收敛;

（2）当 $0<l\leqslant+\infty$ 且 $\sum_{n=1}^{\infty}v_n$ 发散时，$\sum_{n=1}^{\infty}u_n$ 亦发散.

证明 （1）由 $\lim_{n\to\infty}\frac{u_n}{v_n}=l$ 导出一个有用的不等式. $\forall\varepsilon>0$，$\exists N>0$，当 $n>N$ 时，

$$\left|\frac{u_n}{v_n}-l\right|<\varepsilon,$$

即

$$l-\varepsilon<\frac{u_n}{v_n}<l+\varepsilon,$$

$$(l-\varepsilon)v_n<u_n<(l+\varepsilon)v_n. \tag{8.20}$$

因为 $\sum_{n=1}^{\infty}v_n$ 收敛，所以 $\sum_{n=1}^{\infty}(l+\varepsilon)v_n$ 也收敛，由比较判敛法知 $\sum_{n=1}^{\infty}u_n$ 亦收敛.

（2）当 $0<l<+\infty$ 时，对于足够小的 $\varepsilon>0$，可使 $l-\varepsilon>0$，由(8.20)式左边不等式及 $\sum_{n=1}^{\infty}v_n$ 发散，推知 $\sum_{n=1}^{\infty}u_n$ 亦发散. 若

$$\lim_{n\to\infty}\frac{u_n}{v_n}=+\infty,$$

请读者证明仍有结论：当 $\sum_{n=1}^{\infty}v_n$ 发散时，$\sum_{n=1}^{\infty}u_n$ 也发散. 证毕.

本定理有一个容易记忆且使用起来也十分方便的推论，不过读者可以看到，此推论的使用范围小了.

推论 设 $\sum_{n=1}^{\infty}u_n$ 与 $\sum_{n=1}^{\infty}v_n$ 是两个正项级数，若

$$\lim_{n\to\infty}\frac{u_n}{v_n}=l,\quad 0<l<+\infty,$$

则 $\sum_{n=1}^{\infty}u_n$ 与 $\sum_{n=1}^{\infty}v_n$ 同敛散.

例 4 讨论 $\sum_{n=1}^{\infty}\tan\frac{1}{2^n}$ 的敛散性.

解 因为 $\lim_{n\to\infty}\frac{\tan\frac{1}{2^n}}{\frac{1}{2^n}}=1$，又 $\sum_{n=1}^{\infty}\frac{1}{2^n}$ 是公比为 $\frac{1}{2}$ 的等比级数，收敛，所以 $\sum_{n=1}^{\infty}\tan\frac{1}{2^n}$ 亦收敛.

例 5 讨论 $\sum_{n=1}^{\infty}\left[\frac{1}{n}-\ln\left(1+\frac{1}{n}\right)\right]$ 的敛散性.

解 因为 $\frac{1}{n}>\ln\left(1+\frac{1}{n}\right)$（此不等式见习题四的 21(1)：当 $x>0$ 时，$x>\ln(1+x)>x-\frac{1}{2}x^2$），

所以上述级数是正项级数.

方法 1 考察

$$\lim_{n\to\infty}\frac{\frac{1}{n}-\ln\left(1+\frac{1}{n}\right)}{\frac{1}{n^p}},$$

其中常数 $p>0$ 待定,改为考虑

$$\lim_{x\to0+0}\frac{x-\ln(1+x)}{x^p}.$$

由洛必达法则,

$$\begin{aligned}\lim_{x\to0+0}\frac{x-\ln(1+x)}{x^p}&=\lim_{x\to0+0}\frac{1-\frac{1}{1+x}}{px^{p-1}}\\&=\lim_{x\to0+0}\frac{x}{px^{p-1}(1+x)}\\&=\lim_{x\to0+0}\frac{1}{px^{p-2}(1+x)}.\end{aligned}$$

取 $p=2$,可使上述极限存在,且极限值$\frac{1}{2}$满足 $0<\frac{1}{2}<+\infty$.于是由定理 8.3 的推论知

$$\sum_{n=1}^{\infty}\left(\frac{1}{n}-\ln\left(1+\frac{1}{n}\right)\right)\quad与\quad\sum_{n=1}^{\infty}\frac{1}{n^2}$$

同敛散.而 $\sum\limits_{n=1}^{\infty}\frac{1}{n^2}$ 是收敛的,所以原级数收敛.

方法 2 由习题四的 21(1),有

$$\frac{1}{n}-\ln\left(1+\frac{1}{n}\right)<\frac{1}{2n^2}.$$

因为 $\sum\limits_{n=1}^{\infty}\frac{1}{n^2}$ 收敛,所以由比较判敛法知原级数收敛.

由方法 2 可见,多掌握一些不等式,或为了证明敛散性去证明一些不等式,是有好处的.

例 6 考察例 2 中讨论过的例子,讨论级数 $\sum\limits_{n=1}^{\infty}\frac{n+2}{n\sqrt{n^3+3n-1}}$ 的敛散性.

解 将它与 p - 级数 $\sum\limits_{n=1}^{\infty}\frac{1}{n^p}$ 去比较,用极限形式:

$$\lim_{n\to\infty}\frac{\frac{n+2}{n\sqrt{n^3+3n-1}}}{\frac{1}{n^p}}=\lim_{n\to\infty}\frac{(n+2)n^p}{n\sqrt{n^3+3n-1}}.$$

可见取 $p=\dfrac{3}{2}$,可使上式极限存在,极限值不为0(也不是 $+\infty$),符合定理8.3的推论要求,而 $\sum\limits_{n=1}^{\infty}\dfrac{1}{n^{\frac{3}{2}}}$ 是收敛的,所以原级数也收敛.

其实,可将例 6 推广:

设 $\sum\limits_{n=1}^{\infty}u_n$ 的通项 u_n 为 n 的一个分式,分子、分母是 n 的多项式或根式,设分子与分母的 n 的最高幂次分别为 k 与 m,则当 $m-k>1$ 时 $\sum\limits_{n=1}^{\infty}u_n$ 收敛,当 $m-k\leqslant 1$ 时 $\sum\limits_{n=1}^{\infty}u_n$ 发散.

由例 5 与例 6 可见,如果对无穷小的阶比较熟悉,那么采用比较判敛法的极限形式是比较方便的.

四、正项级数的比值判敛法

定理 8.4(正项级数的比值判敛法,又称达朗贝尔判敛法) 设 $\sum\limits_{n=1}^{\infty}u_n$ 为正项级数,并且

$$\lim_{n\to\infty}\frac{u_{n+1}}{u_n}=r(r\text{ 可以是 }+\infty). \tag{8.21}$$

(1) 若 $0\leqslant r<1$,则 $\sum\limits_{n=1}^{\infty}u_n$ 收敛;

(2) 若 $1<r\leqslant+\infty$,则 $\sum\limits_{n=1}^{\infty}u_n$ 发散.

证明 (1) 由(8.21)式构造一个有用的不等式. $\forall\varepsilon>0$, $\exists N>0$,当 $n>N$ 时,

$$\left|\frac{u_{n+1}}{u_n}-r\right|<\varepsilon,$$

即

$$r-\varepsilon<\frac{u_{n+1}}{u_n}<r+\varepsilon,$$

$$(r-\varepsilon)u_n<u_{n+1}<(r+\varepsilon)u_n.$$

因为 $0\leqslant r<1$,取 $\varepsilon>0$ 足够小,使 $r+\varepsilon=q<1$,并且依次取 $n=N+1,N+2,\cdots$,有

$$u_{N+2}<qu_{N+1},$$

$$u_{N+3}<qu_{N+2}<q^2u_{N+1},$$

$$\cdots$$

$$u_{N+m}<qu_{N+m-1}<\cdots<q^{m-1}u_{N+1},\quad m=2,3,\cdots.$$

由于 $0<q<1$,级数 $\sum\limits_{m=2}^{\infty}q^{m-1}u_{N+1}$ 收敛,由比较判敛法知,级数

$$\sum_{m=2}^{\infty}u_{N+m} \tag{8.22}$$

收敛.而级数

$$\sum_{n=1}^{\infty} u_n$$

比级数(8.22)只多了有限项 $u_1+u_2+\cdots+u_{N+1}$,所以级数 $\sum\limits_{n=1}^{\infty} u_n$ 也收敛.

(2) 由(8.21)式及 $r>1$ 可知当 n 充分大之后,有

$$\frac{u_{n+1}}{u_n} > 1,$$

即当 n 充分大之后,$\{u_n\}$ 是单调增加的.又因为 $u_n>0$,所以 $\lim\limits_{n\to\infty} u_n \neq 0$.从而推知所给级数 $\sum\limits_{n=1}^{\infty} u_n$ 发散.

注 1 当 $r=1$ 时此法失效,即无法由此判断该级数是收敛还是发散.例如,对于 p-级数 $\sum\limits_{n=1}^{\infty} \dfrac{1}{n^p}$,无论 $0<p\leqslant 1$ 还是 $p>1$,均有

$$\lim_{n\to\infty} \frac{\dfrac{1}{(n+1)^p}}{\dfrac{1}{n^p}} = \lim_{n\to\infty} \frac{n^p}{(n+1)^p} = 1.$$

但是实际上,当 $0<p\leqslant 1$ 时 p-级数是发散的,当 $p>1$ 时却是收敛的.

注 2 由(2)的证明可见,实际上,只要当 n 充分大之后,都有

$$\frac{u_{n+1}}{u_n} \geqslant 1,$$

那么就有 $\lim\limits_{n\to\infty} u_n \neq 0$.从而就可推知所给级数 $\sum\limits_{n=1}^{\infty} u_n$ 发散,即 $r>1$ 或上式成立,都有 $\lim\limits_{n\to\infty} u_n \neq 0$,从而推知 $\sum\limits_{n=1}^{\infty} u_n$ 发散.

至此,读者千万不要错误地认为"如果当 n 充分大之后,都有 $\dfrac{u_{n+1}}{u_n}<1$,那么 $\sum\limits_{n=1}^{\infty} u_n$ 必收敛",这是错误的,例如级数 $\sum\limits_{n=1}^{\infty} \dfrac{1}{n}$,

$$\frac{u_{n+1}}{u_n} = \frac{\dfrac{1}{n+1}}{\dfrac{1}{n}} = \frac{n}{n+1} < 1,$$

但该级数却是发散的.

例 7 讨论级数 $\sum\limits_{n=1}^{\infty} n\tan\dfrac{\pi}{4^n}$ 的敛散性.

解 用比值判敛法.注意到当 $n\to\infty$ 时 $\tan\dfrac{\pi}{4^n} \sim \dfrac{\pi}{4^n}$,有

$$\lim_{n\to\infty}\frac{(n+1)\tan\dfrac{\pi}{4^{n+1}}}{n\tan\dfrac{\pi}{4^{n}}}=\frac{1}{4}<1,$$

所以原级数收敛.

例 8 设常数 $a>0$,讨论级数 $\sum_{n=1}^{\infty}\frac{n!a^n}{n^n}$ 的敛散性.

解 用比值判敛法,

$$\lim_{n\to\infty}\frac{\dfrac{(n+1)!a^{n+1}}{(n+1)^{n+1}}}{\dfrac{n!a^n}{n^n}}=\lim_{n\to\infty}\frac{n^n a}{(n+1)^n}=\lim_{n\to\infty}\frac{a}{\left(1+\dfrac{1}{n}\right)^n}=\frac{a}{\mathrm{e}}.$$

所以,当 $\frac{a}{\mathrm{e}}>1$ 即 $a>\mathrm{e}$ 时,级数发散;当 $\frac{a}{\mathrm{e}}<1$ 即 $0<a<\mathrm{e}$ 时,级数收敛;当 $a=\mathrm{e}$ 时,此法失效.但注意,由定理 2.18 的证明知,当 n 增加时,$\left(1+\frac{1}{n}\right)^n$ 严格单调增加,且当 $n\to\infty$ 时 $\left(1+\frac{1}{n}\right)^n$ 趋于 e,所以

$$\left(1+\frac{1}{n}\right)^n<\mathrm{e},$$

$$\frac{\mathrm{e}}{\left(1+\dfrac{1}{n}\right)^n}>1.$$

由定理 8.4 的注 2 知,此时通项不趋于 0,级数发散.所以结论是当 $0<a<\mathrm{e}$ 时原级数收敛,当 $a\geqslant\mathrm{e}$ 时原级数发散.

例 9 设常数 $a>0$,讨论级数 $\sum_{n=1}^{\infty}\frac{1}{1+a^n}$ 的敛散性.

解 用比值判敛法,

$$\lim_{n\to\infty}\frac{\dfrac{1}{1+a^{n+1}}}{\dfrac{1}{1+a^n}}=\lim_{n\to\infty}\frac{1+a^n}{1+a^{n+1}}.$$

为求此极限,应对 a 分类讨论.设 $a>1$,则

$$\lim_{n\to\infty}\frac{1+a^n}{1+a^{n+1}}=\lim_{n\to\infty}\frac{a^{-n}+1}{a^{-n}+a}=\frac{1}{a}<1,$$

所给级数收敛.若 $a=1$ 或 $0<a<1$,比值判敛法失效,此时考察通项的极限:

$$\lim_{n\to\infty}\frac{1}{1+a^n}\neq 0,$$

故所给级数发散.

五、正项级数的根值判敛法

定理 8.5(正项级数的根值判敛法,又称柯西判敛法) 设 $\sum_{n=1}^{\infty} u_n$ 为正项级数,并且

$$\lim_{n\to\infty}\sqrt[n]{u_n}=r(r\text{ 可以是}+\infty).$$

(1) 若 $0\leqslant r<1$,则 $\sum_{n=1}^{\infty} u_n$ 收敛;

(2) 若 $1<r\leqslant+\infty$,则 $\sum_{n=1}^{\infty} u_n$ 发散;

(3) 若 $r=1$,则此法失效.

证明 (1) $\forall\varepsilon\in(0,1-r)$,$\exists N>0$,当 $n>N$ 时,

$$\sqrt[n]{u_n}-r<\varepsilon,$$

于是

$$0<u_n<(r+\varepsilon)^n.$$

由于 $0<\varepsilon<1-r$,所以 $0<\varepsilon+r<1$,等比级数 $\sum_{n=1}^{\infty}(r+\varepsilon)^n$ 的公比小于 1,收敛.由比较判敛法知 $\sum_{n=1}^{\infty} u_n$ 收敛.

(2) 先考虑 $1<r<+\infty$ 的情形.$\forall\varepsilon\in(0,r-1)$,$\exists N>0$,当 $n>N$ 时 $-\varepsilon<\sqrt[n]{u_n}-r<\varepsilon$.取左半边不等式,有

$$\sqrt[n]{u_n}-r>-\varepsilon,$$

即

$$\sqrt[n]{u_n}>r-\varepsilon.$$

由于 $0<\varepsilon<r-1$,所以 $r-\varepsilon>1$.等比级数 $\sum_{n=1}^{\infty}(r-\varepsilon)^n$ 的公比大于 1,发散.由比较判敛法知 $\sum_{n=1}^{\infty} u_n$ 发散.

若 $r=+\infty$,则对于 $M>1$,存在 $N>0$,当 $n>N$ 时,$\sqrt[n]{u_n}>M$,即

$$u_n>M^n.$$

从而知 $\lim\limits_{n\to\infty}u_n=+\infty$,级数 $\sum_{n=1}^{\infty} u_n$ 发散.证毕.

现在举一个正项级数的例子:由根值判敛法可以解决其判敛问题,而由比值判敛法却无法判别它的敛散性.

例 10 讨论级数 $\sum_{n=1}^{\infty}\dfrac{3+(-1)^n}{4^n}$ 的敛散性.

解 容易知道这是一个正项级数.先用比值判敛法试之.

$$u_n=\frac{3+(-1)^n}{4^n},$$

$$\frac{u_{n+1}}{u_n}=\frac{1}{4}\ \frac{3+(-1)^{n+1}}{3+(-1)^n}=\begin{cases}\dfrac{1}{2} & (n\text{ 为奇数}),\\[2ex] \dfrac{1}{8} & (n\text{ 为偶数}).\end{cases}$$

$\lim\limits_{n\to\infty}\dfrac{u_{n+1}}{u_n}$不存在,无法判别 $\sum\limits_{n=1}^{\infty}u_n$ 的敛散性.

改用根值判敛法试之.因为$\sqrt[n]{u_n}=\dfrac{1}{4}\sqrt[n]{3+(-1)^n}$,所以

$$\frac{1}{4}\sqrt[n]{2}\leqslant\sqrt[n]{u_n}\leqslant\frac{1}{4}\sqrt[n]{4}.$$

由第二章 § 2.4 例 6 知道,当常数 $a>0$ 时有$\lim\limits_{n\to\infty}\sqrt[n]{a}=1$,于是$\lim\limits_{n\to\infty}\sqrt[n]{u_n}=\dfrac{1}{4}<1$.所以由根值判敛法知原级数是收敛的.解毕.

事实上,有下述结论:设$\{a_n\}$为正项数列,如果$\lim\limits_{n\to\infty}\dfrac{a_{n+1}}{a_n}=r$,那么$\lim\limits_{n\to\infty}\sqrt[n]{a_n}=r$;但反之,由$\lim\limits_{n\to\infty}\sqrt[n]{a_n}=r$,不能证明$\lim\limits_{n\to\infty}\dfrac{a_{n+1}}{a_n}=r$.这说明根值判敛法比比值判敛法好,但根值判敛法由于有根号,运算要难.

六、正项级数的积分判敛法

正项级数的积分判敛法基于下述定理.

定理 8.6 设函数 $f(x)>0$,在区间$[1,+\infty)$上连续且单调减少,记 $u_n=f(n)$.

(1) 若$\int_1^{+\infty}f(x)\mathrm{d}x$ 收敛,则级数 $\sum\limits_{n=1}^{\infty}u_n$ 收敛;

(2) 若$\int_1^{+\infty}f(x)\mathrm{d}x$ 发散,则级数 $\sum\limits_{n=1}^{\infty}u_n$ 发散.

即:在定理条件下,级数 $\sum\limits_{n=1}^{\infty}f(n)$ 与反常积分$\int_1^{+\infty}f(x)\mathrm{d}x$ 同敛散.定理的条件与结论也不一定要从 $n=1$ 开始,而从 n 等于某正整数 k 开始都可以,在收敛的情况下,有不等式

$$\sum_{n=k}^{\infty}u_n\geqslant\int_k^{+\infty}f(x)\mathrm{d}x\geqslant\sum_{n=k+1}^{\infty}u_n.$$

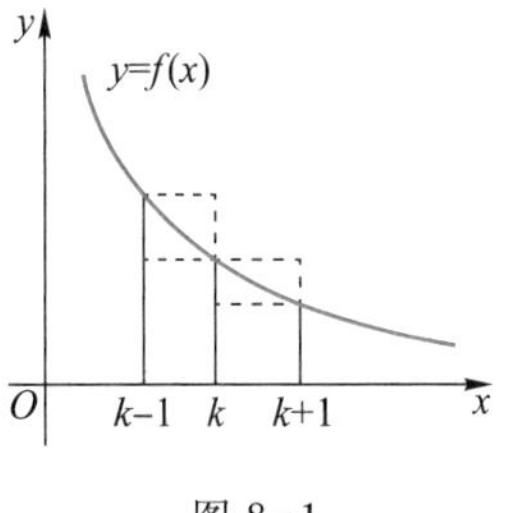

图 8-1

证明 如图 8-1 所示,由于 $f(x)$ 在区间$[1,+\infty)$上连续、单调减少,且为正值,所以

$$f(k-1)\geqslant\int_{k-1}^{k}f(x)\mathrm{d}x\geqslant f(k)\quad(k=2,3,\cdots),$$

$$\sum_{k=2}^{n}f(k-1)\geqslant\int_1^{n}f(x)\mathrm{d}x\geqslant\sum_{k=2}^{n}f(k).\tag{8.23}$$

若级数 $\sum_{k=1}^{\infty} f(k)$ 发散,即 $\sum_{n=1}^{\infty} u_n$ 发散,则当 $n\to\infty$ 时(8.23)的右边趋于$+\infty$,从而知 $\lim_{n\to\infty}\int_1^n f(x)\,\mathrm{d}x=+\infty$.而$\int_1^x f(t)\,\mathrm{d}t$ 是 x 的单调增函数,所以$\int_1^{+\infty} f(x)\,\mathrm{d}x=+\infty$(发散).

若级数 $\sum_{k=1}^{\infty} f(k)$ 收敛,即 $\sum_{n=1}^{\infty} u_n$ 收敛,则当 $n\to\infty$ 时(8.23)左边不超过某值,故$\int_1^{+\infty} f(x)\,\mathrm{d}x$ 收敛.这就证明了$\sum_{n=2}^{\infty} u_{n-1}$ 与$\int_1^{+\infty} f(x)\,\mathrm{d}x$ 同敛散.证毕.

例 11 设 p 为常数,证明:

$$\text{级数}\sum_{n=2}^{\infty}\frac{1}{n\ln^p n}\begin{cases}\text{收敛}, & p>1,\\ \text{发散}, & p\leqslant 1.\end{cases}$$

证明 注意,此题无法通过将原级数的通项与常用级数 $\sum_{n=2}^{\infty}\frac{1}{n^m}$ 的通项$\frac{1}{n^m}$进行比较而得到它的敛散性,改用积分判敛法,可以立刻得到解答.令 $f(x)=\frac{1}{x\ln^p x}$,$x\geqslant 2$,积分

$$\int_2^{+\infty}\frac{1}{x\ln^p x}\mathrm{d}x=\begin{cases}(\ln|\ln x|)\Big|_2^{+\infty}=+\infty, & p=1,\\ \frac{1}{-p+1}(\ln^{-p+1}x)\Big|_2^{+\infty}=\begin{cases}+\infty, & p<1,\\ \frac{1}{p-1}\ln^{-p+1}2, & p>1.\end{cases}\end{cases}$$

由积分判敛法知,题中欲证结论成立.证毕.

§8.3 交错级数与任意项级数以及它们的判敛法

一、交错级数的判敛法

前面已说了什么叫交错级数.现在介绍判别交错级数敛散性的一个定理.

定理 8.7(莱布尼茨定理) 设

$$\sum_{n=1}^{\infty}(-1)^{n-1}u_n \tag{8.24}$$

是个交错级数,其中 $u_n>0(n=1,2,\cdots)$,并且满足

(1) $u_1\geqslant u_2\geqslant\cdots\geqslant u_n\geqslant u_{n+1}\geqslant\cdots$;

(2) $\lim_{n\to\infty}u_n=0$,

则级数(8.24)是收敛的.

证明 为证明级数(8.24)的部分和数列$\{S_n\}$存在极限.将级数(8.24)写开来:

$$\sum_{n=1}^{\infty}u_n=u_1-u_2+u_3-u_4+\cdots+u_{2n-1}-u_{2n}+\cdots,$$

$$S_{2n}=(u_1-u_2)+(u_3-u_4)+\cdots+(u_{2n-1}-u_{2n}),$$

$$S_{2n+2}=S_{2n}+(u_{2n+1}-u_{2n+2})\geqslant S_{2n},$$

并且

$$S_{2n}=u_1-(u_2-u_3)-\cdots-(u_{2n-2}-u_{2n-1})-u_{2n}\leqslant u_1,\tag{8.25}$$

所以数列$\{S_{2n}\}$单调增加且有上界，从而$\{S_{2n}\}$收敛，记

$$\lim_{n\to\infty}S_{2n}=S.\tag{8.26}$$

又

$$S_{2n+1}=S_{2n}+u_{2n+1},$$

$$\lim_{n\to\infty}S_{2n+1}=\lim_{n\to\infty}S_{2n}+\lim_{n\to\infty}u_{2n+1}=S+0=S.\tag{8.27}$$

由(8.26)式及(8.27)式知

$$\lim_{n\to\infty}S_n=S.$$

即证明了级数(8.24)收敛.证毕.

由(8.25)式及(8.26)式可知$S\leqslant u_1$，即若交错级数(8.24)收敛，则其和不超过第1项.

例 1　交错级数

$$1-\frac{1}{2}+\frac{1}{3}-\frac{1}{4}+\cdots+(-1)^{n-1}\frac{1}{n}+\cdots$$

满足莱布尼茨定理条件，所以它是收敛的.

例 2　证明交错级数

$$\sum_{n=1}^{\infty}\frac{(-1)^{n-1}}{n-\ln n}$$

是收敛的.

证明　记$u_n=\dfrac{1}{n-\ln n}$，证明它满足莱布尼茨定理的两个条件.讨论$\{u_n\}$的单调性时，令

$$f(x)=x-\ln x,$$

用微分学的办法，

$$f'(x)=1-\frac{1}{x}=\frac{x-1}{x}>0\quad(x>1),$$

所以$f(x)$在$[1,+\infty)$上单调增加，从而知$\{u_n\}$单调减少.再由于

$$f(x)=\ln e^x-\ln x=\ln\frac{e^x}{x},$$

$$\lim_{x\to+\infty}\frac{e^x}{x}\xlongequal{\text{洛必达法则}}\lim_{x\to+\infty}\frac{e^x}{1}=+\infty,$$

所以

$$\lim_{x\to+\infty}f(x)=+\infty,$$

$$\lim_{n\to\infty}u_n=0,$$

验证完毕.因此，所给级数收敛.

二、任意项级数的判敛法

如何来判别各项符号完全任意的任意项级数$\sum_{n=1}^{\infty}u_n$的敛散性？在此，只介绍一条

定理.

定理 8.8(绝对收敛定理) 设$\sum\limits_{n=1}^{\infty}|u_n|$收敛,则$\sum\limits_{n=1}^{\infty}u_n$必收敛.

证明 将级数

$$\sum_{n=1}^{\infty}u_n=u_1+u_2+u_3+\cdots+u_n+\cdots \tag{8.28}$$

中的正项保留,负项改为 0, 所成的级数记为$\sum\limits_{n=1}^{\infty}v_n$,由这个级数的构造方法,易见

$$v_n=\frac{1}{2}(u_n+|u_n|)\quad(n=1,2,\cdots);$$

将级数(8.28)中的负项保留,正项改为 0,所成的级数记为$\sum\limits_{n=1}^{\infty}w_n$, 易见

$$w_n=\frac{1}{2}(u_n-|u_n|)\quad\left(-w_n=\frac{1}{2}(|u_n|-u_n)\right).$$

由 v_n 与 w_n 的构造方法知

$$0\leqslant v_n\leqslant|u_n|,\quad 0\leqslant -w_n\leqslant|u_n|.$$

因为$\sum\limits_{n=1}^{\infty}|u_n|$收敛,所以$\sum\limits_{n=1}^{\infty}v_n$与$\sum\limits_{n=1}^{\infty}(-w_n)$均收敛. 而

$$u_n=v_n+w_n,$$

所以$\sum\limits_{n=1}^{\infty}u_n$收敛.证毕.

由$\sum\limits_{n=1}^{\infty}|u_n|$收敛推知$\sum\limits_{n=1}^{\infty}u_n$收敛,这种收敛称为$\sum\limits_{n=1}^{\infty}u_n$**绝对收敛**.与此相对应,如果$\sum\limits_{n=1}^{\infty}|u_n|$发散而$\sum\limits_{n=1}^{\infty}u_n$收敛,这种收敛称为$\sum\limits_{n=1}^{\infty}u_n$**条件收敛**.

例如$\sum\limits_{n=1}^{\infty}\dfrac{(-1)^{n-1}}{n^2}$,因为$\sum\limits_{n=1}^{\infty}\left|\dfrac{(-1)^{n-1}}{n^2}\right|=\sum\limits_{n=1}^{\infty}\dfrac{1}{n^2}$收敛,所以$\sum\limits_{n=1}^{\infty}\dfrac{(-1)^{n-1}}{n^2}$也收敛,并且是绝对收敛;又如$\sum\limits_{n=1}^{\infty}\dfrac{(-1)^{n-1}}{n}$,因为$\sum\limits_{n=1}^{\infty}\left|\dfrac{(-1)^{n-1}}{n}\right|=\sum\limits_{n=1}^{\infty}\dfrac{1}{n}$发散,而$\sum\limits_{n=1}^{\infty}\dfrac{(-1)^{n-1}}{n}$收敛(见本节例 1),所以是条件收敛.

例 3 讨论级数$\sum\limits_{n=1}^{\infty}\dfrac{\sin n}{n^2}$的敛散性.

解 因为$\left|\dfrac{\sin n}{n^2}\right|\leqslant\dfrac{1}{n^2}$,而$\sum\limits_{n=1}^{\infty}\dfrac{1}{n^2}$是收敛的,所以$\sum\limits_{n=1}^{\infty}\left|\dfrac{\sin n}{n^2}\right|$收敛,从而知$\sum\limits_{n=1}^{\infty}\dfrac{\sin n}{n^2}$绝对收敛.

例 4 设 a 是常数,讨论$\sum\limits_{n=1}^{\infty}\dfrac{n!a^n}{n^n}$的敛散性.若收敛,请判断是条件收敛还是绝对收敛.

解 考察级数$\sum\limits_{n=1}^{\infty}\dfrac{n!|a|^n}{n^n}$,由 §8.2 例 8 知,当$|a|<\mathrm{e}$时它收敛,从而知当$|a|<\mathrm{e}$

时 $\sum_{n=1}^{\infty} \frac{n!a^n}{n^n}$ 绝对收敛.当 $|a| \geqslant \mathrm{e}$ 时,通项不趋于 0, 即

$$\lim_{n\to\infty} \frac{n!\,|a|^n}{n^n} \neq 0,$$

从而知

$$\lim_{n\to\infty} \frac{n!a^n}{n^n} \neq 0,$$

所以原级数发散.

§8.4 幂级数及其性质

本章一开始曾说过,无穷级数是表示函数的一个重要工具,其中一个方面就是通过幂级数来表示函数.

一、幂级数及其收敛半径、收敛区间与收敛域

定义 8.2 下列形式的级数

$$a_0 + a_1(x - x_0) + a_2(x - x_0)^2 + \cdots + a_n(x - x_0)^n + \cdots$$

$$= a_0 + \sum_{n=1}^{\infty} a_n(x - x_0)^n, \tag{8.29}$$

称为 $(x-x_0)$ 的幂级数,其中 $a_n(n=0,1,2,\cdots)$ 与 x_0 都是常数.有时为方便起见,将(8.29)简记为

$$\sum_{n=0}^{\infty} a_n(x - x_0)^n, \tag{8.30}$$

其中 $n=0$ 这项为 a_0.若 $x_0=0$,则级数(8.30)成为

$$\sum_{n=0}^{\infty} a_n x^n = a_0 + a_1 x + \cdots + a_n x^n + \cdots, \tag{8.31}$$

称为 x 的幂级数.□

级数(8.29)与级数(8.31)的差别仅在于坐标平移.以下一般只讨论(8.31),必要时再推广到(8.29).

定义 8.3 使幂级数收敛的点 x 称为该幂级数的收敛点,收敛点全体构成的集合称为该幂级数的收敛域.□

无论 $a_n(n=0,1,2,\cdots)$ 是什么,级数(8.31)在 $x=0$ 处总收敛.

例如,公比为 x 的等比级数

$$1 + x + x^2 + \cdots + x^n + \cdots$$

可以看成一个幂级数.当 $|x|<1$ 时它收敛,当 $|x|\geqslant 1$ 时它发散(见§8.1 例之(7)),所以它的收敛域是 $|x|<1$.

一个给定的幂级数(8.31),在一个指定的点 x_1 处,不是收敛,就是发散,两者必居其一,且两者只居其一.要一点一点地去找幂级数的收敛点,是件十分麻烦的事,下述阿贝尔(Abel)定理及其推论,在理论上很好地解决了这个问题.

定理 8.9(阿贝尔定理) 设幂级数(8.31)在 $x=x_1(x_1\neq 0)$处收敛,则该幂级数在 $|x|<|x_1|$ 处必绝对收敛;设幂级数(8.31)在 $x=x_2$ 处发散,则该幂级数在 $|x|>|x_2|$ 处必发散.

证明 设幂级数(8.31) 在 $x=x_1(x_1\neq 0)$ 处收敛,于是 $\sum\limits_{n=0}^{\infty}a_nx_1^n$ 的通项趋于0,即

$$\lim_{n\to\infty}a_nx_1^n=0.$$

从而知 $|a_nx_1^n|$ 必有界,即存在常数 $K>0$,使

$$|a_nx_1^n|\leqslant K\ (n=0,1,2,\cdots).$$

任取一点 x, $|x|<|x_1|$,有

$$|a_nx^n|=|a_nx_1^n|\left|\frac{x}{x_1}\right|^n\leqslant K\left|\frac{x}{x_1}\right|^n.$$

因为 $\left|\frac{x}{x_1}\right|<1$,所以等比级数 $\sum\limits_{n=0}^{\infty}K\left|\frac{x}{x_1}\right|^n$ 收敛,由比较判敛法知 $\sum\limits_{n=0}^{\infty}|a_nx^n|$ 收敛,即 $\sum\limits_{n=0}^{\infty}a_nx^n$ 绝对收敛.第一部分证毕.

设幂级数(8.31) 在 $x=x_2$ 处发散.用反证法,设在某 x, $|x|>|x_2|$,此时 $\sum\limits_{n=0}^{\infty}a_nx^n$ 收敛,则由已证知 $\sum\limits_{n=0}^{\infty}a_nx_2^n$ 绝对收敛,与假设 $\sum\limits_{n=0}^{\infty}a_nx_2^n$ 发散矛盾.所以当 $|x|>|x_2|$ 时,$\sum\limits_{n=0}^{\infty}a_nx^n$ 发散.证毕.

由此定理,立即有以下推论.

推论 设对于幂级数(8.31),存在 $x_1(x_1\neq 0)$,使 $\sum\limits_{n=0}^{\infty}a_nx_1^n$ 收敛;又存在 x_2,使 $\sum\limits_{n=0}^{\infty}a_nx_2^n$ 发散,则必存在唯一的 R, $0<R<+\infty$,使当 $|x|<R$ 时幂级数(8.31) 绝对收敛,当 $|x|>R$ 时幂级数(8.31) 发散.

证明 如图 8-2 所示,记

$$R_1^{(1)}=|x_1|,\quad R_2^{(1)}=|x_2|,$$

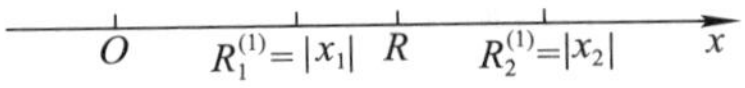

图 8-2

当 $|x|<R_1^{(1)}$ 时,幂级数(8.31)绝对收敛;当 $|x|>R_2^{(1)}$ 时,幂级数(8.31)发散.

取 $R_1^{(1)}$ 与 $R_2^{(1)}$ 的中点,如果在此中点处幂级数(8.31)收敛,那么将它记为 $R_1^{(2)}$,将原 $R_2^{(1)}$ 记为 $R_2^{(2)}$.如果在该中点处幂级数(8.31)发散,那么将它记为 $R_2^{(2)}$,将原 $R_1^{(1)}$ 记为 $R_1^{(2)}$.按此办法一直做下去,得到两个数列

$$\{R_1^{(n)}\}\quad 与\quad \{R_2^{(n)}\},$$

$R_1^{(n)}<R_2^{(n)}$,且 $\{R_1^{(n)}\}$ 单调增加,$\{R_2^{(n)}\}$ 单调减少.由单调有界准则知,存在极限

$$\lim_{n\to\infty}R_1^{(n)}=R_1,\quad \lim_{n\to\infty}R_2^{(n)}=R_2,\quad R_1\leqslant R_2,$$

$$0\leqslant R_2-R_1\leqslant R_2^{(n)}-R_1^{(n)}=\frac{1}{2^{n-1}}(R_2^{(1)}-R_1^{(1)}),n=1,2,\cdots.$$

令 $n\to\infty$，由于上式右边的极限为零，故知只能是 $R_1=R_2\xlongequal{\text{记为}}R$. 由以上构造可知，当 $|x|<R$ 时，幂级数(8.31)绝对收敛；当 $|x|>R$ 时，幂级数(8.31)发散. 证毕.

推论中的 R 称为幂级数(8.31)的收敛半径. 为了统一说法，如果幂级数(8.31)除 $x=0$ 外，在其他点处都发散，就称该幂级数(8.31)的收敛半径 $R=0$；如果幂级数(8.31)处处收敛，就称幂级数的收敛半径 $R=+\infty$.

现在将上面所说的归纳得到如下定理.

定理 8.10(收敛半径存在性) 对于一个给定的幂级数(8.31)，必存在一个 $R, 0\leqslant R\leqslant+\infty$，使当 $R=0$ 时，(8.31)仅在 $x=0$ 处收敛；当 $R=+\infty$ 时，(8.31)处处收敛，且绝对收敛；当 $0<R<+\infty$ 时，(8.31)在 $|x|<R$ 处绝对收敛，在 $|x|>R$ 处发散，在 $x=R$ 与 $x=-R$ 处(8.31)可能绝对收敛，可能发散，也可能条件收敛.

以 $x=0$ 为中心，R 为半径的开区间称为幂级数(8.31)的收敛区间. 当 $R=+\infty$ 时收敛区间为 $(-\infty,+\infty)$，当 $0<R<+\infty$ 时收敛区间为 $(-R,+R)$，当 $R=0$ 时不能形成收敛区间，仅在 $x=0$ 时收敛.

可见，幂级数(8.31)如果在某点 $x=x_1$ 处条件收敛，那么此点 x_1 必是收敛区间的端点(左端点或右端点). 由此可以倒回去推出收敛半径 $R=|x_1|$.

以上讲的是收敛半径的存在性. 但是真的按阿贝尔定理的推论那样去找 R，不但非常烦琐甚至不可能，而且得不到精确的 R(因不可能无限地做下去). 常用的，有下述求 R 的定理.

定理 8.11(幂级数收敛半径的求法) 设幂级数(8.31)中的系数 $a_n\neq0\ (n=0,1,2,\cdots)$，并设

$$\lim_{n\to\infty}\left|\frac{a_{n+1}}{a_n}\right|=\rho\quad(\rho\text{ 可以为 }+\infty),\tag{8.32}$$

则当 $\rho=0$ 时，$R=+\infty$；当 $0<\rho<+\infty$ 时，$R=\dfrac{1}{\rho}$；当 $\rho=+\infty$ 时，$R=0$.

证明 当 $x=0$ 时幂级数(8.31)必收敛，所以以下设 $x\neq0$. 将 x 看成一个数，(8.31)看成一个数项级数，由比值判敛法，当 $\rho\neq0,\rho\neq+\infty$ 时，

$$\lim_{n\to\infty}\frac{|a_{n+1}x^{n+1}|}{|a_nx^n|}=\left(\lim_{n\to\infty}\left|\frac{a_{n+1}}{a_n}\right|\right)|x|=\rho|x|.$$

当 $\rho|x|<1$ 即 $|x|<\dfrac{1}{\rho}$ 时，(8.31)绝对收敛；当 $\rho|x|>1$ 即 $|x|>\dfrac{1}{\rho}$ 时，$\sum\limits_{n=1}^{\infty}|a_nx^n|$ 的通项不趋于 0，从而 $\lim\limits_{n\to\infty}a_nx^n\neq0$，(8.31) 发散. 所以收敛半径 $R=\dfrac{1}{\rho}$.

当 $\rho=0$ 时，

$$\lim_{n\to\infty}\frac{|a_{n+1}x^{n+1}|}{|a_nx^n|}=\left(\lim_{n\to\infty}\left|\frac{a_{n+1}}{a_n}\right|\right)|x|=0<1,$$

所以对于任意 x，(8.31)都绝对收敛. 因此，$R=+\infty$.

当 $\rho=+\infty$ 时，

$$\lim_{n\to\infty}\frac{|a_{n+1}x^{n+1}|}{|a_nx^n|}=\left(\lim_{n\to\infty}\left|\frac{a_{n+1}}{a_n}\right|\right)|x|=+\infty,$$

所以对于任意 $x\neq 0$,(8. 31)都发散.因此,$R=0$.证毕.

注意,由阿贝尔定理知,一个幂级数必存在收敛半径 $R(0\leqslant R\leqslant +\infty)$,但不一定都能从公式(8.32)求得.由(8.32)的 $\lim\limits_{n\to\infty}\left|\dfrac{a_{n+1}}{a_n}\right|$ 不存在,也不是$+\infty$,不能说收敛半径不存在,因为收敛半径总是存在的.

例 1 求幂级数 $\sum\limits_{n=1}^{\infty}\dfrac{(-1)^{n-1}x^n}{n}$ 的收敛半径、收敛区间及收敛域.

解 按公式(8. 32),

$$\rho=\lim_{n\to\infty}\left|\frac{\dfrac{(-1)^n}{n+1}}{\dfrac{(-1)^{n-1}}{n}}\right|=\lim_{n\to\infty}\frac{n}{n+1}=1,$$

所以 $R=1$,收敛区间为$(-1,1)$.再考虑 $x=\pm 1$ 处该幂级数的敛散性.

$x=1$ 处,级数成为 $\sum\limits_{n=1}^{\infty}\dfrac{(-1)^{n-1}}{n}$,为交错级数,满足莱布尼茨定理条件,故收敛.

$x=-1$ 处,级数成为 $\sum\limits_{n=1}^{\infty}\dfrac{(-1)^{2n-1}}{n}=-\sum\limits_{n=1}^{\infty}\dfrac{1}{n}$,发散.

所以收敛域为$(-1,1]$.

例 2 求幂级数 $\sum\limits_{n=0}^{\infty}\dfrac{x^n}{n!}$ 的收敛半径、收敛区间与收敛域.

解 按公式(8. 32),

$$\rho=\lim_{n\to\infty}\left|\frac{\dfrac{1}{(n+1)!}}{\dfrac{1}{n!}}\right|=\lim_{n\to\infty}\frac{1}{n+1}=0,$$

所以 $R=+\infty$,收敛区间为$(-\infty,+\infty)$,收敛域当然也是$(-\infty,+\infty)$.

例 3 求幂级数 $\sum\limits_{n=1}^{\infty}n^n x^n$ 的收敛半径、收敛区间与收敛域.

解 按公式(8. 32),

$$\rho=\lim_{n\to\infty}\left|\frac{(n+1)^{n+1}}{n^n}\right|=\lim_{n\to\infty}\left(\frac{n+1}{n}\right)^n(n+1)=+\infty,$$

所以$R=0$,故仅在 $x=0$ 处收敛,谈不上收敛区间,收敛域为一点$\{0\}$.

例 4 求 $\sum\limits_{n=1}^{\infty}\dfrac{(-1)^{n-1}}{n\cdot 4^n}x^{2n-1}$ 的收敛半径、收敛区间与收敛域.

解 此幂级数的 x^{2n}的系数 $a_{2n}=0(n=1,2,\cdots)$,不满足使用公式(8. 32)的条件,应该将该幂级数看成一个数项级数来处理.当 $x\neq 0$ 时,

$$\lim_{n\to\infty}\left|\frac{\dfrac{(-1)^n}{(n+1)\cdot 4^{n+1}}x^{2n+1}}{\dfrac{(-1)^{n-1}}{n\cdot 4^n}x^{2n-1}}\right|=\lim_{n\to\infty}\frac{n}{4(n+1)}|x^2|=\frac{|x|^2}{4},$$

所以当$\frac{|x|^2}{4}<1$即$|x|<2$时，该级数绝对收敛（包含 $x=0$ 在内）；当$|x|>2$时，通项不趋于0，级数发散.所以收敛半径 $R=2$，收敛区间为$(-2,2)$.在 $x=\pm 2$ 处，级数成为

$$\pm\sum_{n=1}^{\infty}\frac{(-1)^{n-1}}{2n},$$

不论取"+"还是取"-"，均收敛，所以收敛域为$[-2,2]$.

现在讨论一般形式的幂级数(8.29)，它与(8.31)的区别仅是平移.将 $x-x_0$ 变换为 x，就将(8.29)转化为(8.31).于是有下列结论：

(1) 收敛半径存在性的理论以及求收敛半径的公式(8.32)不变；

(2) 具体求收敛区间与收敛域，只要将原来得到的$-R<x<R$，$-R\leqslant x<R$，$-R<x\leqslant R$，$-R\leqslant x\leqslant R$ 分别改为$-R<x-x_0<R$，$-R\leqslant x-x_0<R$，$-R<x-x_0\leqslant R$，$-R\leqslant x-x_0\leqslant R$ 即可.如果由(8.31)求得的收敛区间是$(-\infty,+\infty)$，那么回到(8.29)，其收敛区间当然仍是$(-\infty,+\infty)$.

例 5 求幂级数 $\sum\limits_{n=1}^{\infty}\frac{(-1)^n n}{n^2+1}(x-2)^n$ 的收敛半径、收敛区间与收敛域.

解 按公式(8.32)，

$$\rho=\lim_{n\to\infty}\left|\frac{\frac{(-1)^{n+1}(n+1)}{(n+1)^2+1}}{\frac{(-1)^n n}{n^2+1}}\right|=1,$$

所以 $R=1$.收敛区间为$(2-1,2+1)=(1,3)$.再考察端点 $x=1$ 处，级数成为

$$\sum_{n=1}^{\infty}\frac{n}{n^2+1},$$

由于

$$\lim_{n\to\infty}\frac{\frac{n}{n^2+1}}{\frac{1}{n}}=1.$$

而 $\sum\limits_{n=1}^{\infty}\frac{1}{n}$ 发散，所以在 $x=1$ 处级数发散.在 $x=3$ 处，级数成为

$$\sum_{n=1}^{\infty}\frac{(-1)^n n}{n^2+1},$$

易知它满足交错级数的莱布尼茨定理条件，故它收敛.从而知该幂级数的收敛域为$(1,3]$.

二、幂级数的运算性质及分析性质

在讲这些性质之前，介绍幂级数的和函数的概念.

定义 8.4 设幂级数 $\sum\limits_{n=0}^{\infty}a_nx^n$ 的收敛域是 I，则对于 I 上的每一个 x，由 $\sum\limits_{n=0}^{\infty}a_nx^n$ 定义了一个值.因此，由 $\sum\limits_{n=0}^{\infty}a_nx^n$ 在 I 上定义了一个函数，称为该幂级数在 I 上的**和函数**，记为

$$S(x)=\sum_{n=0}^{\infty}a_nx^n,\quad x\in I.\square$$

有时也并不一定要用 $S(x)$ 来表示，而就用 $\sum\limits_{n=0}^{\infty}a_nx^n$ 来表示也未尝不可.

由数项级数的和、差、乘常数的性质(见 §8.1 中性质 1 及性质 2)，立即可知有下面的性质 1 及性质 2.

性质 1 设幂级数 $\sum\limits_{n=0}^{\infty}a_nx^n$ 的收敛半径为 R_a，常数 $c\neq 0$，则幂级数 $\sum\limits_{n=0}^{\infty}c\,a_nx^n$ 的收敛半径也是 R_a，并且在 $|x|<R_a$ 内 $\sum\limits_{n=0}^{\infty}c\,a_nx^n=c\sum\limits_{n=0}^{\infty}a_nx^n$.

性质 2 设幂级数 $\sum\limits_{n=0}^{\infty}a_nx^n$ 与 $\sum\limits_{n=0}^{\infty}b_nx^n$ 的收敛半径分别为 R_a 与 R_b，则在 $|x|<\min\{R_a,R_b\}$ 内，有

$$\sum_{n=0}^{\infty}a_nx^n\pm\sum_{n=0}^{\infty}b_nx^n=\sum_{n=0}^{\infty}(a_n\pm b_n)x^n.\tag{8.33}$$

以下性质 3 至性质 5，称为幂级数的分析性质，证明从略.

性质 3 设幂级数 $\sum\limits_{n=0}^{\infty}a_nx^n$ 的收敛域为 I，若 I 不是一点 $\{0\}$，则和函数

$$S(x)=\sum_{n=0}^{\infty}a_nx^n\tag{8.34}$$

在 I 上是一个连续函数，即若 $x_1\in I$，则

$$\lim_{x\to x_1}\left(\sum_{n=0}^{\infty}a_nx^n\right)=\sum_{n=0}^{\infty}\left(\lim_{x\to x_1}a_nx^n\right),$$

即“$\lim\limits_{x\to x_1}$”与“$\sum\limits_{n=0}^{\infty}$”可以交换次序.

这个性质常用来讨论收敛区间端点处幂级数的和函数的极限.

性质 4 设幂级数 $\sum\limits_{n=0}^{\infty}a_nx^n$ 的收敛半径为 R，$R>0$，即收敛区间为 $(-R,R)$，则该幂级数所表示的和函数 $S(x)$ 在收敛区间 $(-R,R)$ 内可导，且可以逐项求导，求导后的幂级数收敛区间不变：

$$S'(x)=\left(\sum_{n=0}^{\infty}a_nx^n\right)'=\sum_{n=0}^{\infty}(a_nx^n)'=\sum_{n=1}^{\infty}a_nnx^{n-1},\ -R<x<R.\tag{8.35}$$

推论 幂级数 $\sum\limits_{n=0}^{\infty}a_nx^n$ 在它的收敛区间 $(-R,R)$ 内可以求任意阶导数，并可通过逐项求导得到.

证明 因为幂级数 $\sum\limits_{n=0}^{\infty}a_nx^n$ 在它的收敛区间 $(-R,R)$ 内可以逐项求导，求导之后得到的仍是一个幂级数(见(8.35)式右边)，它的收敛区间仍是 $(-R,R)$. 所以对(8.35)式右边这个幂级数继续可以用性质 4. 由此可见，任意一个幂级数，在它的收敛区间 $(-R,R)$ 内可以求任意阶导数. 证毕.

性质 4 的结论在收敛区间 $(-R,R)$ 内成立，而在收敛域 I 上并不一定成立. 换言之，原

级数如果在 $x=R$ 处收敛，但逐项求导后的级数 $\sum\limits_{n=1}^{\infty} a_n nx^{n-1}$ 在$x = R$ 处可能不收敛.这就谈不上在 $x = R$ 处，$\left(\sum\limits_{n=0}^{\infty} a_n x^n\right)' = \sum\limits_{n=1}^{\infty} a_n nx^{n-1}$.

例如，容易证明，幂级数 $\sum\limits_{n=1}^{\infty} \dfrac{x^n}{n^2}$ 的收敛域为[-1,1]，但逐项求导得

$$\sum_{n=1}^{\infty}\left(\frac{x^n}{n^2}\right)' = \sum_{n=1}^{\infty} \frac{x^{n-1}}{n},$$

后者的收敛域为[-1,1)，所以谈不上在收敛域[-1,1]上可逐项求导，即下式在[-1,1]上是不成立的：

$$\left(\sum_{n=1}^{\infty} \frac{x^n}{n^2}\right)' = \sum_{n=1}^{\infty}\left(\frac{x^n}{n^2}\right)' = \sum_{n=1}^{\infty} \frac{x^{n-1}}{n}.$$

而在收敛区间(-1,1)内是可以逐项求导的.

此例说明：在收敛域的端点处逐项求导要特别小心，因为它不一定可行.

对于$(x-x_0)$的幂级数 $\sum\limits_{n=0}^{\infty} a_n(x-x_0)^n$，设其收敛半径为 $R, R>0$，则有

$$\left(\sum_{n=0}^{\infty} a_n(x-x_0)^n\right)' = \sum_{n=1}^{\infty} a_n n(x-x_0)^{n-1}, \quad |x-x_0| < R.$$

例 6 以 x 为公比的等比级数

$$\sum_{n=0}^{\infty} x^n$$

可以看成一个幂级数，它的收敛区间为(-1,1)，它的和函数为$\dfrac{1}{1-x}$，即

$$\frac{1}{1-x} = \sum_{n=0}^{\infty} x^n, \quad -1 < x < 1.$$

逐项求导，得

$$\left(\frac{1}{1-x}\right)' = \left(\sum_{n=0}^{\infty} x^n\right)' = \sum_{n=1}^{\infty} nx^{n-1}, \quad -1 < x < 1.$$

即有

$$\frac{1}{(1-x)^2} = \sum_{n=1}^{\infty} nx^{n-1}, \quad -1 < x < 1.$$

性质 5 设幂级数 $\sum\limits_{n=0}^{\infty} a_n x^n$ 的收敛半径为 $R, R>0$，即收敛区间为$(-R,R)$，则该幂级数所表示的和函数 $S(x)$ 在收敛区间$(-R,R)$ 内可积，并且可以逐项积分，积分以后的幂级数收敛区间不变：

$$\int_0^x S(t)\,\mathrm{d}t = \int_0^x \left(\sum_{n=0}^{\infty} a_n t^n\right)\mathrm{d}t = \sum_{n=0}^{\infty} \int_0^x a_n t^n \,\mathrm{d}t$$
$$= \sum_{n=0}^{\infty} \frac{a_n}{n+1} x^{n+1}, \quad -R < x < R. \tag{8.36}$$

这里用的是变上限积分，上限为变量 x，下限为0（如果是$(x-x_0)$的幂级数 $\sum_{n=0}^{\infty}a_n(x-x_0)^n$，那么逐项积分的上限为变量 x，下限为 x_0）.

逐项积分后收敛区间不变，但(8.36)式成立的范围有可能扩大到区间的端点，请看例子.

例7 将

$$\frac{1}{1-x}=\sum_{n=0}^{\infty}x^n,\quad -1<x<1$$

两边从0到 x 积分，由性质5（逐项积分定理），有

$$\int_0^x\frac{1}{1-t}\mathrm{d}t=\int_0^x\left(\sum_{n=0}^{\infty}t^n\right)\mathrm{d}t=\sum_{n=0}^{\infty}\int_0^x t^n\mathrm{d}t$$

$$=\sum_{n=0}^{\infty}\frac{x^{n+1}}{n+1},\quad -1<x<1.$$

即

$$-\ln(1-x)=\sum_{n=0}^{\infty}\frac{x^{n+1}}{n+1},\quad -1<x<1.$$

将 x 换成 $-x$，上式可写成

$$\ln(1+x)=\sum_{n=0}^{\infty}\frac{(-1)^n}{n+1}x^{n+1},\quad -1<x<1.\tag{8.37}$$

由莱布尼茨定理（定理8.7），容易知道右边这个幂级数在 $x=1$ 处收敛. 于是根据性质3，$\sum_{n=0}^{\infty}\frac{(-1)^n}{n+1}x^{n+1}$ 在 $x=1$ 处连续. 令 $x\to1-0$，(8.37)式两边取极限，得

$$\ln 2=\lim_{x\to1-0}\ln(1+x)=\lim_{x\to1-0}\sum_{n=0}^{\infty}\frac{(-1)^n}{n+1}x^{n+1}$$

$$=\sum_{n=0}^{\infty}\lim_{x\to1-0}\frac{(-1)^n}{n+1}x^{n+1}$$

$$=\sum_{n=0}^{\infty}\frac{(-1)^n}{n+1}.$$

从而知(8.37)式在 $x=1$ 处亦成立，即(8.37)的成立范围$(-1,1)$可扩大到$(-1,1]$：

$$\ln(1+x)=\sum_{n=0}^{\infty}\frac{(-1)^n}{n+1}x^{n+1},\quad -1<x\leqslant1.\tag{8.38}$$

§8.5 函数展开成幂级数及应用

一、泰勒级数

上一节中讲到了一个幂级数在它的收敛区间内表示一个函数，这个函数可以求任意阶导数（见§8.4中性质4的推论）. 现在反过来问，给定一个函数 $f(x)$ 以及一点 $x=x_0$，

(1) 在什么条件下，它可以展开成$(x-x_0)$的幂级数及相应的收敛区间，即可写成

$$f(x)=\sum_{n=0}^{\infty}a_n(x-x_0)^n,\quad |x-x_0|<R? \tag{8.39}$$

(2)(8.39)式中的 $a_n=?$ $(n=0,1,2,\cdots.)$

现在先来解决(2),写成定理为

定理 8.12 设(8.39)式成立,则

$$a_n=\frac{f^{(n)}(x_0)}{n!}\quad(n=0,1,2,\cdots),$$

当 $n=0$ 时 $f^{(0)}(x_0)$ 表示 $f(x_0)$,$0!=1$.

证明 设(8.39)式成立,即有

$$f(x)=a_0+a_1(x-x_0)+a_2(x-x_0)^2+\cdots+a_n(x-x_0)^n+\cdots,\ |x-x_0|<R. \tag{8.40}$$

以 $x=x_0$ 代入(8.40)左、右两边,得

$$f(x_0)=a_0.$$

由上节幂级数的性质 4,(8.40)两边可以对 x 求导,得

$$f'(x)=a_1+2a_2(x-x_0)+\cdots+na_n(x-x_0)^{n-1}+\cdots.$$

再以 $x=x_0$ 代入左、右两边,得

$$f'(x_0)=a_1.$$

依次计算可得

$$f^{(n)}(x_0)=n!a_n,$$

即

$$a_n=\frac{f^{(n)}(x_0)}{n!}\ (n=0,1,2,\cdots). \tag{8.41}$$

证毕.

定义 8.5 以(8.41)式为系数的 $(x-x_0)$ 的幂级数

$$\sum_{n=0}^{\infty}\frac{f^{(n)}(x_0)}{n!}(x-x_0)^n \tag{8.42}$$

称为 $f(x)$ 在 $x=x_0$ 处的**泰勒级数**.$x_0=0$ 时的泰勒级数称为**麦克劳林级数**.□

由上述定理可见,如果 $f(x)$ 在某区间 (x_0-R,x_0+R) 内可以展开成 $(x-x_0)$ 的幂级数,即(8.39)式成立,那么这个幂级数必定是 $f(x)$ 在 $x=x_0$ 处的泰勒级数,即 a_n 一定为(8.41)式,不可能是别的.所以上述定理 8.12 又称 $f(x)$ 展开成 $(x-x_0)$ 的幂级数的**唯一性定理**.

现在再回过头去解决上面提出的问题(1).既然展开的必定是泰勒级数,那么自然想起与它十分相近的§4.5 中的泰勒公式.结合本节需要,叙述该处的有关定理如下:

定理 8.13 设 $f(x)$ 在区间 $|x-x_0|<R$ 内具有 $n+1$ 阶导数,则有泰勒公式

$$f(x)=\sum_{k=0}^{n}\frac{f^{(k)}(x_0)}{k!}(x-x_0)^k+R_n(x), \tag{8.43}$$

其中

$$R_n(x)=\frac{f^{(n+1)}(\xi)}{(n+1)!}(x-x_0)^{n+1},\quad \xi\text{ 介于 }x_0\text{ 与 }x\text{ 之间}. \tag{8.44}$$

由上述定理,立即有

定理 8.14(函数展开为泰勒级数的充要条件) 设函数 $f(x)$ 在区间 (x_0-R,x_0+R) 内具有任意阶导数,则 $f(x)$ 在区间 (x_0-R,x_0+R) 内可以展开成泰勒级数

$$f(x)=\sum_{n=0}^{\infty}\frac{f^{(n)}(x_0)}{n!}(x-x_0)^n,\quad |x-x_0|<R \tag{8.45}$$

的充要条件是

$$\lim_{n\to\infty}R_n(x)=\lim_{n\to\infty}\frac{f^{(n+1)}(\xi)}{(n+1)!}(x-x_0)^{n+1}=0,\quad |x-x_0|<R. \tag{8.46}$$

证明 (8.45)式右边前 $n+1$ 项的部分和记为 $S_n(x)$,即

$$S_n(x)=\sum_{k=0}^{n}\frac{f^{(k)}(x_0)}{k!}(x-x_0)^k.$$

由(8.43)式,有

$$f(x)=S_n(x)+R_n(x).$$

而

$$\sum_{n=0}^{\infty}\frac{f^{(n)}(x_0)}{n!}(x-x_0)^n=f(x)\quad(|x-x_0|<R)$$

的充要条件是

$$\lim_{n\to\infty}S_n(x)=f(x)\quad(|x-x_0|<R),$$

即

$$\lim_{n\to\infty}R_n(x)=0\quad(|x-x_0|<R).$$

证毕.

二、六个常见初等函数的幂级数展开式

直接利用(8.45)式并检查(8.46)式成立,从而将函数 $f(x)$ 展开成幂级数的方法,称为直接展开法.直接展开法是一个很麻烦的方法,但是某些基本初等函数还非得用它不可.

例 1 将 $f(x)=e^x$ 展开为麦克劳林级数.

解 按直接展开法,

$$f(x)=e^x,\ f^{(n)}(x)=e^x\quad(n=1,2,\cdots),$$

$$f(0)=1,\ f^{(n)}(0)=1\quad(n=1,2,\cdots),$$

$$f^{(n+1)}(\xi)=e^{\xi}\quad(\xi\text{ 介于 }0\text{ 与 }x\text{ 之间}),$$

$$R_n(x)=\frac{e^{\xi}}{(n+1)!}x^{n+1}.$$

对区间 $(-\infty,+\infty)$ 内任意取定的 x,取正数 M,使 $|x|\leqslant M$,从而有

$$|\xi|<|x|\leqslant M,$$

$$|R_n(x)|=\left|\frac{e^{\xi}}{(n+1)!}x^{n+1}\right|\leqslant\frac{e^M}{(n+1)!}|M|^{n+1}.$$

因为

$$\lim_{n\to\infty}\frac{\frac{e^M}{(n+2)!}|M|^{n+2}}{\frac{e^M}{(n+1)!}|M|^{n+1}}=\lim_{n\to\infty}\frac{|M|}{n+2}=0,$$

所以级数

$$\sum_{n=0}^{\infty}\frac{e^M}{(n+1)!}|M|^{n+1}$$

收敛,于是知它的通项应趋于0,从而

$$\lim_{n\to\infty}R_n(x)=0,\quad x\in(-\infty,+\infty).$$

因此,由定理 8.14 知有如下展开式:

(1) $e^x=\sum_{n=0}^{\infty}\frac{1}{n!}x^n,\ -\infty<x<+\infty.$ (8.47)

例 2 将 $f(x)=\sin x$ 展开为麦克劳林级数.

解 $f(0)=0$,再由高阶导数公式,有

$$f^{(n)}(x)=\sin\left(\frac{n\pi}{2}+x\right)\quad(n=1,2,\cdots),$$

从而

$$f'(0)=1,f''(0)=0,f'''(0)=-1,f^{(4)}(0)=0,\cdots,$$

$$f^{(n+1)}(\xi)=\sin\left(\frac{n+1}{2}\pi+\xi\right),\xi\text{ 介于 }0\text{ 与 }x\text{ 之间}.$$

对$(-\infty,+\infty)$内任意取定的 x,有

$$|R_n(x)|=\left|\frac{f^{(n+1)}(\xi)}{(n+1)!}x^{n+1}\right|\leqslant\frac{|x|^{n+1}}{(n+1)!}\longrightarrow 0\ (n\to\infty).$$

(参见例 1),从而有

(2) $\sin x=x-\frac{1}{3!}x^3+\frac{1}{5!}x^5-\cdots+\frac{(-1)^n}{(2n+1)!}x^{2n+1}+\cdots$

$=\sum_{n=0}^{\infty}\frac{(-1)^n}{(2n+1)!}x^{2n+1},\ -\infty<x<+\infty.$ (8.48)

今将另外几个常见的初等函数的麦克劳林展开式罗列于后,以备使用.

(3) $\cos x=1-\frac{1}{2!}x^2+\frac{1}{4!}x^4-\cdots+\frac{(-1)^n}{(2n)!}x^{2n}+\cdots$

$=\sum_{n=0}^{\infty}\frac{(-1)^n}{(2n)!}x^{2n},\ -\infty<x<+\infty,$ (8.49)

其证明见下面的例 3.

(4) $\ln(1+x)=x-\frac{x^2}{2}+\frac{x^3}{3}-\cdots+\frac{(-1)^n}{n+1}x^{n+1}+\cdots$

$=\sum_{n=0}^{\infty}\frac{(-1)^n}{n+1}x^{n+1},\ -1<x\leqslant 1,$ (8.50)

见前面(8.38)式.

(5) $(1+x)^m = 1+mx+\frac{m(m-1)}{2!}x^2+\cdots+\frac{m(m-1)\cdots(m-n+1)}{n!}x^n+\cdots$

$$=1+\sum_{n=1}^{\infty}\frac{m(m-1)\cdots(m-n+1)}{n!}x^n,\ -1<x<1. \tag{8.51}$$

其中 m 为实常数.当 m 为正整数时,右边从 $n=m+1$ 起各项均为 0,级数成为有限项,成为中学教科书中的二项式公式.所以(8.51)可以说是二项式公式的推广,故称为二项式级数.级数后面标明的区间$(-1,1)$是当 m 不是正整数时该级数的收敛区间.至于收敛域,因 m 而异,不详述,公式(8.51)的证明较复杂,略.

(6) $\frac{1}{1+x}=1-x+x^2+\cdots+(-1)^n x^n+\cdots$

$$=\sum_{n=0}^{\infty}(-1)^n x^n,\ -1<x<1. \tag{8.52}$$

这是等比级数求和之逆,是一个常用的麦克劳林展开式,它也是(8.51)的一个特殊情形.

三、函数展开成幂级数的间接展开法

前面的例 1 与例 2 用的是直接展开法,计算复杂,又要证明当 $n\to\infty$ 时 $R_n(x)\to 0$,这往往不是容易的事.下面要介绍的间接展开法的要点是:将欲展开的函数,通过拆项、简单复合,以及求导、积分等运算,化成已知的展开式的函数,利用这些函数的展开式,最后得到欲展开的函数的幂级数展开式.由本节的定理 8.12,不论用什么办法得到的幂级数展开式都是唯一的,一定是被展开函数的泰勒级数,这是间接展开法的理论依据.前段讲的六个展开式是主要公式,拆项、复合、逐项求导、逐项积分是主要手段.

例 3 将函数 $\cos x$ 与 $\cos^2 x$ 分别展开为麦克劳林级数,并写出成立的开区间.

解 $\cos x=(\sin x)'=\left(\sum_{n=0}^{\infty}\frac{(-1)^n}{(2n+1)!}x^{2n+1}\right)'$

$$=\sum_{n=0}^{\infty}\frac{(-1)^n}{(2n+1)!}(x^{2n+1})'$$

$$=\sum_{n=0}^{\infty}\frac{(-1)^n}{(2n)!}x^{2n},\ -\infty<x<+\infty.$$

由三角公式,$\cos^2 x=\frac{1}{2}+\frac{1}{2}\cos 2x$,再由上式并经简单复合,得

$$\cos^2 x=\frac{1}{2}+\frac{1}{2}\cos 2x=\frac{1}{2}+\frac{1}{2}\sum_{n=0}^{\infty}\frac{(-1)^n}{(2n)!}(2x)^{2n}$$

$$=1+\sum_{n=1}^{\infty}\frac{(-1)^n}{(2n)!}2^{2n-1}x^{2n},\ -\infty<x<+\infty.$$

例 4 将 $f(x)=\frac{2x+1}{x^2+x-2}$ 展开成$(x-2)$的幂级数,并写出成立的开区间.

解 通过拆项,将 $f(x)$ 写成

$$f(x)=\frac{1}{x-1}+\frac{1}{x+2},$$

再分别将$\dfrac{1}{x-1}$与$\dfrac{1}{x+2}$展开成$(x-2)$的幂级数.为此必须将它们分别写成$(x-2)$的形式,并且利用(8.52)式,有

$$\frac{1}{x-1}=\frac{1}{1+(x-2)}=\sum_{n=0}^{\infty}(-1)^n(x-2)^n,\ |x-2|<1,$$

$$\begin{aligned}\frac{1}{x+2}&=\frac{1}{4+(x-2)}=\frac{1}{4}\cdot\frac{1}{1+\dfrac{x-2}{4}}\\&=\frac{1}{4}\sum_{n=0}^{\infty}(-1)^n\left(\frac{x-2}{4}\right)^n\\&=\sum_{n=0}^{\infty}\frac{(-1)^n}{4^{n+1}}(x-2)^n,\ \left|\frac{x-2}{4}\right|<1.\end{aligned}$$

于是

$$f(x)=\sum_{n=0}^{\infty}(-1)^n\left(1+\frac{1}{4^{n+1}}\right)(x-2)^n,\ |x-2|<1.$$

例 5 将$f(x)=\dfrac{1}{x^2}$展开成$(x-2)$的幂级数,并写出成立的开区间.

解 $f(x)=\dfrac{1}{x^2}=\left(-\dfrac{1}{x}\right)'$,而

$$\begin{aligned}-\frac{1}{x}&=-\frac{1}{2+(x-2)}=-\frac{1}{2}\cdot\frac{1}{1+\dfrac{x-2}{2}}\\&=-\frac{1}{2}\sum_{n=0}^{\infty}(-1)^n\left(\frac{x-2}{2}\right)^n\\&=\sum_{n=0}^{\infty}\frac{(-1)^{n+1}}{2^{n+1}}(x-2)^n,\ \left|\frac{x-2}{2}\right|<1,\end{aligned}$$

于是由逐项求导,有

$$\begin{aligned}f(x)&=\left(\sum_{n=0}^{\infty}\frac{(-1)^{n+1}}{2^{n+1}}(x-2)^n\right)'\\&=\sum_{n=0}^{\infty}\frac{(-1)^{n+1}}{2^{n+1}}((x-2)^n)'\\&=\sum_{n=1}^{\infty}\frac{(-1)^{n+1}n}{2^{n+1}}(x-2)^{n-1},\ |x-2|<2.\end{aligned}$$

本题也可以用公式(8.51),取$m=-2$,

$$\frac{1}{x^2}=\frac{1}{[2+(x-2)]^2}=\frac{1}{4}\left(1+\frac{x-2}{2}\right)^{-2},$$

但较繁.

例 6 求$f(x)=\arctan\dfrac{1+x}{1-x}$的麦克劳林级数,并写出成立的开区间.

解　采用微分法，

$$f'(x)=\frac{\dfrac{1-x-(1+x)(-1)}{(1-x)^2}}{1+\left(\dfrac{1+x}{1-x}\right)^2}=\frac{1}{1+x^2}$$

$$=\sum_{n=0}^{\infty}(-1)^n x^{2n},\ -1<x<1.$$

再从 0 到 x 积分，由牛顿-莱布尼茨公式，

$$f(x)=f(0)+\int_0^x f'(t)\,\mathrm{d}t$$

$$=\frac{\pi}{4}+\int_0^x\left(\sum_{n=0}^{\infty}(-1)^n t^{2n}\right)\mathrm{d}t$$

$$=\frac{\pi}{4}+\sum_{n=0}^{\infty}(-1)^n\int_0^x t^{2n}\mathrm{d}t$$

$$=\frac{\pi}{4}+\sum_{n=0}^{\infty}\frac{(-1)^n}{2n+1}x^{2n+1},\ -1<x<1,$$

即

$$\arctan\frac{1+x}{1-x}=\frac{\pi}{4}+\sum_{n=0}^{\infty}\frac{(-1)^n}{2n+1}x^{2n+1},\ -1<x<1.$$

四、简单幂级数求和及简单数项级数求和

幂级数求和是函数展开成幂级数的逆问题，求和比展开要难得多.在此只介绍几个例子以说明方法.

例 7　求幂级数 $\sum\limits_{n=0}^{\infty}\dfrac{x^n}{n+1}$ 的收敛域及其在收敛域上的和函数.

解　先求出该幂级数的收敛半径及收敛区间.由公式(8.32)，有

$$\rho=\lim_{n\to\infty}\left|\frac{\dfrac{1}{n+2}}{\dfrac{1}{n+1}}\right|=1,$$

所以 $R=1$，收敛区间为$(-1,1)$.易知在 $x=-1$ 处收敛，在 $x=1$ 处发散，故收敛域为$[-1,1)$.

将本题级数的和函数记为 $S(x)$.本题的级数与(8.50)式的级数十分相似，为此作简单演变：

$$S(x)=\sum_{n=0}^{\infty}\frac{x^n}{n+1}=\sum_{n=0}^{\infty}\frac{(-1)^n(-x)^n}{n+1}$$

$$=-\frac{1}{x}\sum_{n=0}^{\infty}\frac{(-1)^n(-x)^{n+1}}{n+1}$$

$$=-\frac{1}{x}\ln(1-x),\ -1<-x\leqslant 1,x\neq 0.$$

此外，当 $x=0$ 时，由 $S(x)$ 的表达式 $S(x)=1+\frac{x}{2}+\cdots$ 知 $S(0)=1$. 于是

$$S(x)=\begin{cases}-\frac{1}{x}\ln(1-x), & -1\leqslant x<1, x\neq 0,\\ 1, & x=0.\end{cases}$$

例 8 求幂级数 $\sum_{n=1}^{\infty}\frac{x^{n+1}}{(n+1)n}$ 的收敛区间及在收敛区间内的和函数.

解 先求出该幂级的收敛半径及收敛区间. 由公式(8.32)，有

$$\rho=\lim_{n\to\infty}\left|\frac{\frac{1}{(n+2)(n+1)}}{\frac{1}{(n+1)n}}\right|=1,$$

所以 $R=1$，收敛区间为 $(-1,1)$. 设

$$S(x)=\sum_{n=1}^{\infty}\frac{x^{n+1}}{(n+1)n}, \quad -1<x<1,$$

逐项求导，得

$$\begin{aligned}S'(x)&=\left(\sum_{n=1}^{\infty}\frac{x^{n+1}}{(n+1)n}\right)'=\sum_{n=1}^{\infty}\left(\frac{x^{n+1}}{(n+1)n}\right)'=\sum_{n=1}^{\infty}\frac{x^{n}}{n}\\&=-\sum_{n=1}^{\infty}\frac{(-1)^{n-1}(-x)^{n}}{n}=-\sum_{n=0}^{\infty}\frac{(-1)^{n}(-x)^{n+1}}{n+1}\\&=-\ln(1-x), \quad -1<x<1.\end{aligned}$$

$$\begin{aligned}S(x)&=S(0)-\int_{0}^{x}\ln(1-t)\,\mathrm{d}t=-\int_{0}^{x}\ln(1-t)\,\mathrm{d}t\\&=-\left[t\ln(1-t)\Big|_{0}^{x}+\int_{0}^{x}\frac{t}{1-t}\mathrm{d}t\right]\\&=-x\ln(1-x)+\int_{0}^{x}\left(1-\frac{1}{1-t}\right)\mathrm{d}t\\&=-x\ln(1-x)+x+\ln(1-x)\\&=(1-x)\ln(1-x)+x, \quad -1<x<1.\end{aligned}$$

即

$$\sum_{n=1}^{\infty}\frac{x^{n+1}}{(n+1)n}=(1-x)\ln(1-x)+x, \quad -1<x<1. \tag{8.53}$$

例 9 求数项级数 $\sum_{n=1}^{\infty}\frac{1}{(4n^{2}-1)4^{n}}$ 的和.

解 数项级数求和一般可将它化为幂级数处理，也可以按照下节方法化成傅里叶级数处理. 就化成幂级数来说，也多种多样，既灵活，又造成了难点. 显然，若将本题化为幂级数

$$\sum_{n=1}^{\infty}\frac{1}{4n^{2}-1}x^{n}, \quad x=\frac{1}{4}$$

来处理，要消除系数 $\frac{1}{4n^{2}-1}$ 很困难. 不妨先写成

$$\frac{1}{(4n^2-1)4^n}=\left(\frac{1}{2n-1}-\frac{1}{2n+1}\right)\cdot\frac{1}{2}\cdot\left(\frac{1}{2}\right)^{2n}$$
$$=\frac{1}{2n-1}\left(\frac{1}{2}\right)^{2n+1}-\frac{1}{2n+1}\left(\frac{1}{2}\right)^{2n+1}$$
$$=\frac{1}{4}\cdot\frac{1}{2n-1}\left(\frac{1}{2}\right)^{2n-1}-\frac{1}{2n+1}\left(\frac{1}{2}\right)^{2n+1}.$$

（1）令 $S_1(x)=\frac{1}{4}\sum_{n=1}^{\infty}\frac{1}{2n-1}x^{2n-1}$，则

$$S_1'(x)=\frac{1}{4}\left(\sum_{n=1}^{\infty}\frac{1}{2n-1}x^{2n-1}\right)'=\frac{1}{4}\sum_{n=1}^{\infty}\frac{1}{2n-1}(x^{2n-1})'$$
$$=\frac{1}{4}\sum_{n=1}^{\infty}x^{2n-2}=\frac{1}{4}\sum_{n=1}^{\infty}(x^2)^{n-1}=\frac{1}{4}\sum_{n=0}^{\infty}(x^2)^n$$
$$=\frac{1}{4}\frac{1}{1-x^2},\ -1<x<1.$$

两边从 0 到 x 积分（一定要写成下限为 0，上限为 x 的变限定积分形式），得

$$S_1(x)=S_1(0)+\frac{1}{4}\int_0^x\frac{1}{1-t^2}\mathrm{d}t=0+\frac{1}{8}\left(\ln\frac{1+t}{1-t}\right)\Bigg|_0^x=\frac{1}{8}\ln\frac{1+x}{1-x}.$$

从而

$$S_1\left(\frac{1}{2}\right)=\frac{1}{8}\ln 3.$$

（2）令 $S_2(x)=\sum_{n=1}^{\infty}\frac{1}{2n+1}x^{2n+1}$，则

$$S_2'(x)=\left(\sum_{n=1}^{\infty}\frac{1}{2n+1}x^{2n+1}\right)'=\sum_{n=1}^{\infty}\left(\frac{1}{2n+1}x^{2n+1}\right)'$$
$$=\sum_{n=1}^{\infty}x^{2n}=\frac{x^2}{1-x^2}.$$

两边从 0 到 x 积分，得

$$S_2(x)=S_2(0)+\int_0^x\frac{t^2}{1-t^2}\mathrm{d}t=0+\int_0^x\left(-1+\frac{1}{1-t^2}\right)\mathrm{d}t$$
$$=-x+\frac{1}{2}\left(\ln\frac{1+t}{1-t}\right)\Bigg|_0^x=-x+\frac{1}{2}\ln\frac{1+x}{1-x}.$$

从而

$$S_2\left(\frac{1}{2}\right)=-\frac{1}{2}+\frac{1}{2}\ln 3.$$

最后得

$$\sum_{n=1}^{\infty}\frac{1}{4n^2-1}\left(\frac{1}{4}\right)^n=S_1\left(\frac{1}{2}\right)-S_2\left(\frac{1}{2}\right)$$
$$=\frac{1}{8}\ln 3-\left(-\frac{1}{2}+\frac{1}{2}\ln 3\right)$$

$$=\frac{1}{2}-\frac{3}{8}\ln 3.$$

例 10　求数项级数 $\sum_{n=1}^{\infty}\frac{(-1)^n n}{(2n+1)!}$ 的和.

解　与这种形式相近的幂级数有 $\sin x$ 或 $\cos x$ 的展开式,但直接套用 $\sin x$ 或 $\cos x$ 的展开式,无法消除分子中的 n.看来要通过积分消除分子中的 n.令

$$S(x)=\sum_{n=1}^{\infty}\frac{(-1)^n n x^{2n-1}}{(2n+1)!},$$

经过计算可知 $S(x)$ 的收敛区间为 $(-\infty,+\infty)$.两边从 0 到 x 积分,得

$$\begin{aligned}\int_0^x S(x)\,\mathrm{d}x&=\int_0^x\left(\sum_{n=1}^{\infty}\frac{(-1)^n n x^{2n-1}}{(2n+1)!}\right)\mathrm{d}x\\&=\sum_{n=1}^{\infty}\left(\int_0^x\frac{(-1)^n n x^{2n-1}}{(2n+1)!}\mathrm{d}x\right)\\&=\sum_{n=1}^{\infty}\frac{(-1)^n x^{2n}}{2\cdot(2n+1)!}\\&=\frac{1}{2x}\sum_{n=1}^{\infty}\frac{(-1)^n x^{2n+1}}{(2n+1)!}\\&=\frac{1}{2x}\left(\sum_{n=0}^{\infty}\frac{(-1)^n x^{2n+1}}{(2n+1)!}-x\right)\\&=\frac{1}{2x}(\sin x-x).\end{aligned}$$

两边再对 x 求导,得

$$S(x)=\left(\frac{\sin x-x}{2x}\right)'=\frac{x\cos x-\sin x}{2x^2},\quad -\infty<x<+\infty,\ x\neq 0.$$

从而知

$$\sum_{n=1}^{\infty}\frac{(-1)^n n}{(2n+1)!}=S(1)=\frac{1}{2}(\cos 1-\sin 1),$$

这里 sin 1 与 cos 1 中的 1 均为弧度.

例 11　求幂级数 $\sum_{n=1}^{\infty} n x^n$ 的收敛区间及在收敛区间内的和函数.

解　先求出收敛半径,按公式(8.32)得 $R=1$,收敛区间是 $(-1,1)$.

$$\begin{aligned}\sum_{n=1}^{\infty} n x^n&=x\sum_{n=1}^{\infty} n x^{n-1}=x\sum_{n=1}^{\infty}\left(\int_0^x n t^{n-1}\mathrm{d}t\right)'\\&=x\left(\sum_{n=1}^{\infty} n\int_0^x t^{n-1}\mathrm{d}t\right)'=x\left(\sum_{n=1}^{\infty} x^n\right)'\\&=x\left(\frac{x}{1-x}\right)'=\frac{x}{(1-x)^2},\quad -1<x<1.\end{aligned}$$

例 12　求幂级数 $\sum_{n=0}^{\infty}\frac{n+1}{2^n\cdot n!}x^n$ 的收敛区间及在收敛区间内的和函数.

解　试用拆项的办法，将该幂级数拆成两项：

$$\sum_{n=0}^{\infty}\frac{n}{2^n\cdot n!}x^n \text{ 与 } \sum_{n=0}^{\infty}\frac{1}{2^n\cdot n!}x^n.$$

由通常求收敛半径的方法，容易知道，这两个幂级数的收敛半径都是 $R=+\infty$，收敛区间都是$(-\infty,+\infty)$. 于是可以拆项，从而

$$\begin{aligned}\sum_{n=0}^{\infty}\frac{n+1}{2^n\cdot n!}x^n &= \sum_{n=0}^{\infty}\frac{n}{2^n\cdot n!}x^n+\sum_{n=0}^{\infty}\frac{1}{2^n\cdot n!}x^n\\ &= \sum_{n=1}^{\infty}\frac{n}{2^n\cdot n!}x^n+\sum_{n=0}^{\infty}\frac{1}{n!}\left(\frac{x}{2}\right)^n\\ &= \sum_{n=1}^{\infty}\frac{1}{2^n\cdot(n-1)!}x^n+\sum_{n=0}^{\infty}\frac{1}{n!}\left(\frac{x}{2}\right)^n\\ &= \frac{x}{2}\sum_{n=0}^{\infty}\frac{1}{n!}\left(\frac{x}{2}\right)^n+\sum_{n=0}^{\infty}\frac{1}{n!}\left(\frac{x}{2}\right)^n\\ &= \frac{x}{2}e^{\frac{x}{2}}+e^{\frac{x}{2}},\ -\infty<x<+\infty.\end{aligned}$$

五、利用展开式计算积分

前面说过，无法用普通办法计算形如 $\int\frac{\sin x}{x}dx$ 的积分，现在利用泰勒级数可以计算这类积分了.

例 13　求 $\int_0^1\frac{\sin x}{x}dx$.

解　由 $\sin x=\sum_{n=0}^{\infty}\frac{(-1)^n x^{2n+1}}{(2n+1)!}$，所以当 $x\neq 0$ 时有

$$\begin{aligned}\frac{\sin x}{x} &= \sum_{n=0}^{\infty}\frac{(-1)^n x^{2n}}{(2n+1)!}\\ &= 1-\frac{1}{3!}x^2+\frac{1}{5!}x^4-\cdots+\frac{(-1)^n}{(2n+1)!}x^{2n}+\cdots.\end{aligned}$$

右边级数在 $x=0$ 处是收敛的，其值为 1. 对$\frac{\sin x}{x}$补充定义：当 $x=0$ 时它等于 1，于是

$$\begin{aligned}\int_0^1\frac{\sin x}{x}dx &= \int_0^1\left(\sum_{n=0}^{\infty}\frac{(-1)^n x^{2n}}{(2n+1)!}\right)dx\\ &= \sum_{n=0}^{\infty}\frac{(-1)^n x^{2n+1}}{(2n+1)!\ (2n+1)}\Bigg|_0^1\\ &= \sum_{n=0}^{\infty}\frac{(-1)^n}{(2n+1)!\ (2n+1)}.\end{aligned}$$

容易计算它的近似值，例如取 $n=2$，得

$$\int_0^1\frac{\sin x}{x}dx\approx 1-\frac{1}{18}+\frac{1}{600}=\frac{1\ 703}{1\ 800}\approx 0.946.$$

六、欧拉(Euler)公式

欧拉公式指的是下面 4 个公式:

$$e^{ix}=\cos x+i\sin x,\quad e^{-ix}=\cos x-i\sin x,$$

$$\sin x=\frac{1}{2i}(e^{ix}-e^{-ix}),\ \cos x=\frac{1}{2}(e^{ix}+e^{-ix}),$$

其中 $i=\sqrt{-1}$.在上述公式的第一式中以 x 换 $-x$,便得第二个,将前两公式相减(或相加),便得到第三(第四)个公式.因此只要证第一个即可.严格地说,这些公式应该在复数范围内去讨论,所以下面的论证,也只是形式上的.由(8.47)式,并用 ix 代替其中的 x,得

$$\begin{aligned}e^{ix}&=\sum_{n=0}^{\infty}\frac{1}{n!}(ix)^n\\&=1+\frac{ix}{1!}+\frac{i^2x^2}{2!}+\frac{i^3x^3}{3!}+\frac{i^4x^4}{4!}+\cdots\\&=\left(1-\frac{x^2}{2!}+\frac{x^4}{4!}+\cdots\right)+i\left(x-\frac{x^3}{3!}+\cdots\right)\\&=\cos x+i\sin x.\end{aligned}$$

证毕.

§8.6 傅里叶级数

一、引入及若干预备公式

周期现象是自然界中一种常见现象.描述它的工具是周期函数.最简单的周期函数是三角函数.例如,设 $A_0,A_1,\cdots,A_n$ 与 $\varphi_1,\varphi_2,\cdots,\varphi_n$ 都是常数,且常数 $l>0$,则下述一系列函数

$$A_0,A_1\sin\left(\frac{\pi}{l}x+\varphi_1\right),A_2\sin\left(\frac{2\pi}{l}x+\varphi_2\right),\cdots,A_n\sin\left(\frac{n\pi}{l}x+\varphi_n\right)$$

具有公共周期 $2l$.作和

$$A_0+\sum_{k=1}^{n}A_k\sin\left(\frac{k\pi}{l}x+\varphi_k\right),$$

利用三角公式

$$\begin{aligned}A_k\sin\left(\frac{k\pi}{l}x+\varphi_k\right)&=A_k\left(\sin\varphi_k\cos\frac{k\pi}{l}x+\cos\varphi_k\sin\frac{k\pi}{l}x\right)\\&\xlongequal{\text{记为}}a_k\cos\frac{k\pi}{l}x+b_k\sin\frac{k\pi}{l}x,\end{aligned}$$

并将 A_0 记为$\dfrac{a_0}{2}$,于是

$$A_0+\sum_{k=1}^{n}A_k\sin\left(\frac{k\pi}{l}x+\varphi_k\right)=\frac{a_0}{2}+\sum_{k=1}^{n}\left(a_k\cos\frac{k\pi}{l}x+b_k\sin\frac{k\pi}{l}x\right)$$

$$\xlongequal{\text{记为}} T_n(x),$$

它具有周期 $2l$,称它为 n 阶三角多项式,它表示一系列(有限个)正弦波叠加,这是一类比较简单的周期函数.

设有一个以 $2l$ 为周期的周期函数 $f(x)$,能否用一个三角多项式 $T_n(x)$ 来近似地表示?或者更进一步,$f(x)$ 能否用一个三角级数

$$\frac{a_0}{2}+\sum_{n=1}^{\infty}\left(a_n\cos\frac{n\pi}{l}x+b_n\sin\frac{n\pi}{l}x\right)$$

来表示?

对此,与函数展开为幂级数类似,面临两个问题:

(1) 在什么条件下,$f(x)$ 可以展开成三角级数,即等式

$$f(x)=\frac{a_0}{2}+\sum_{n=1}^{\infty}\left(a_n\cos\frac{n\pi}{l}x+b_n\sin\frac{n\pi}{l}x\right)$$

成立?

(2) 上述级数中的系数 $a_0,a_n,b_n(n=1,2,\cdots)$ 是什么?

为了推导系数公式,要用到下述一些定积分的结果,其中 k,n 均是正整数:

$$\int_{-l}^{l}1\mathrm{d}x=2l,\quad \int_{-l}^{l}1\cdot\cos\frac{k\pi}{l}x\mathrm{d}x=0,\quad \int_{-l}^{l}1\cdot\sin\frac{k\pi}{l}x\mathrm{d}x=0,$$

$$\int_{-l}^{l}\cos\frac{k\pi}{l}x\cos\frac{n\pi}{l}x\mathrm{d}x=\begin{cases}0, & k\neq n,\\ l, & k=n,\end{cases}$$

$$\int_{-l}^{l}\sin\frac{k\pi}{l}x\sin\frac{n\pi}{l}x\mathrm{d}x=\begin{cases}0, & k\neq n,\\ l, & k=n,\end{cases}$$

$$\int_{-l}^{l}\sin\frac{k\pi}{l}x\cos\frac{n\pi}{l}x\mathrm{d}x=0.$$

这些公式的证明是很容易的,例如,当 $k\neq n$ 时,由积化和差公式,有

$$\begin{aligned}&\int_{-l}^{l}\cos\frac{k\pi}{l}x\cos\frac{n\pi}{l}x\mathrm{d}x\\ =&\frac{1}{2}\int_{-l}^{l}\left[\cos\frac{(k+n)\pi}{l}x+\cos\frac{(k-n)\pi}{l}x\right]\mathrm{d}x\\ =&\frac{1}{2}\left[\frac{l}{(k+n)\pi}\sin\frac{(k+n)\pi}{l}x+\frac{l}{(k-n)\pi}\sin\frac{(k-n)\pi}{l}x\right]\Bigg|_{-l}^{l}\\ =&0.\end{aligned}$$

又如,由奇函数知

$$\int_{-l}^{l}\sin\frac{k\pi}{l}x\cos\frac{n\pi}{l}x\mathrm{d}x=0.$$

二、傅里叶系数与傅里叶级数

现在先来回答上一段提出的问题(2).设 $f(x)$ 以 $2l$ 为周期,并设下面的等式成立:

$$f(x)=\frac{a_0}{2}+a_1\cos\frac{\pi}{l}x+b_1\sin\frac{\pi}{l}x+\cdots+a_n\cos\frac{n\pi}{l}x+b_n\sin\frac{n\pi}{l}x+\cdots,\quad(8.54)$$

又设可以逐项积分.

两边对 x 从 $-l$ 到 l 积分,并注意到上一段的积分公式,有

$$\int_{-l}^{l} f(x)\,\mathrm{d}x = \int_{-l}^{l} \frac{a_0}{2}\mathrm{d}x = a_0 l,$$

从而

$$a_0 = \frac{1}{l}\int_{-l}^{l} f(x)\,\mathrm{d}x.$$

以 $\cos\frac{\pi}{l}x$ 乘(8.54)式两边,并且两边对 x 从 $-l$ 到 l 积分,再注意到上一段的积分公式,有

$$\int_{-l}^{l} f(x)\cos\frac{\pi}{l}x\mathrm{d}x = a_1\int_{-l}^{l}\cos\frac{\pi}{l}x\cos\frac{\pi}{l}x\mathrm{d}x = a_1 l,$$

从而

$$a_1 = \frac{1}{l}\int_{-l}^{l} f(x)\cos\frac{\pi}{l}x\mathrm{d}x.$$

一般,以 $\cos\frac{n\pi}{l}x$ 乘(8.54)式两边,并且两边对 x 从 $-l$ 到 l 积分,由积分公式知,只有 a_n 这项积分不为零,其他各项积分均为零,即

$$\int_{-l}^{l} f(x)\cos\frac{n\pi}{l}x\mathrm{d}x = a_n\int_{-l}^{l}\cos^2\frac{n\pi}{l}x\mathrm{d}x = a_n l,$$

从而

$$a_n = \frac{1}{l}\int_{-l}^{l} f(x)\cos\frac{n\pi}{l}x\mathrm{d}x \quad (n = 1,2,\cdots).$$

类似可以求得 $b_n(n=1,2,\cdots)$.这样就得到系数公式:

$$\left.\begin{aligned} a_0 &= \frac{1}{l}\int_{-l}^{l} f(x)\,\mathrm{d}x,\\ a_n &= \frac{1}{l}\int_{-l}^{l} f(x)\cos\frac{n\pi}{l}x\mathrm{d}x,\\ b_n &= \frac{1}{l}\int_{-l}^{l} f(x)\sin\frac{n\pi}{l}x\mathrm{d}x \quad (n = 1,2,\cdots).\end{aligned}\right\} \tag{8.55}$$

由公式(8.55)给出的系数 $a_0,a_n,b_n(n=1,2,\cdots)$称为 $f(x)$的以 $2l$ 为周期的傅里叶(Fourier)系数,以这些系数代入

$$\frac{a_0}{2} + \sum_{n=1}^{\infty}\left(a_n\cos\frac{n\pi}{l}x + b_n\sin\frac{n\pi}{l}x\right),$$

所成的级数称为 $f(x)$的以 $2l$ 为周期的傅里叶级数,记为

$$f(x) \sim \frac{a_0}{2} + \sum_{n=1}^{\infty}\left(a_n\cos\frac{n\pi}{l}x + b_n\sin\frac{n\pi}{l}x\right). \tag{8.56}$$

这里用"~"而没有用"=",因为并不知道左、右是否相等,推导这些系数公式的前提是假定(8.54)式成立,而事实上是否成立,有待证明,这就要回答前面提出的问题(1).

定理 8.15(狄利克雷(Dirichlet)定理) 设 $f(x)$是以 $2l$ 为周期的周期函数,并且在一个周期段内满足以下两个条件:

(1) 函数 $f(x)$ 连续或只有有限个第一类间断点;

(2) 函数 $f(x)$ 单调或可划分成有限个单调区间,

则 $f(x)$ 的以 $2l$ 为周期的傅里叶级数

$$\frac{a_0}{2}+\sum_{n=1}^{\infty}\left(a_n\cos\frac{n\pi}{l}x+b_n\sin\frac{n\pi}{l}x\right) \tag{8.57}$$

收敛,记其和函数

$$\frac{a_0}{2}+\sum_{n=1}^{\infty}\left(a_n\cos\frac{n\pi}{l}x+b_n\sin\frac{n\pi}{l}x\right)=S(x),$$

则 $S(x)$ 是以 $2l$ 为周期的周期函数,且在 $[-l,l]$ 上,

$$S(x)=\begin{cases}f(x), & \text{在 } f(x) \text{ 的连续点 } x \text{ 处},\\ \dfrac{1}{2}[f(x+0)+f(x-0)], & \text{在 } f(x) \text{ 的间断点 } x \text{ 处},\\ \dfrac{1}{2}[f(-l+0)+f(l-0)], & \text{在区间 } [-l,l] \text{ 的两端点处}.\end{cases}$$

证明略.

提醒读者注意的是,虽然 $f(x)$ 满足狄利克雷定理的条件,但 $f(x)$ 的以 $2l$ 为周期的傅里叶级数在各点处仍不见得都收敛于 $f(x)$(间断点处收敛于该点左、右极限的平均值).

例 1 设

$$f(x)=\begin{cases}-a, & -\pi<x<0,\\ a, & 0<x<\pi\end{cases}(\text{常数 } a>0),$$

并且 $f(x+2\pi)=f(x)$,求 $f(x)$ 的以 2π 为周期的傅里叶级数,并写出级数的收敛和.

解 先说明一点,只要定积分存在,它的值不会因被积函数在个别点处的值改变而改变.所以 $f(x)$ 在个别点处(例如本例中 $x=0,\pm\pi$)无定义,并不影响公式(8.55)的使用或改变其值.

$f(x)$ 的周期为 2π,故公式中的 $l=\pi$,并且由于 $f(x)$ 是奇函数,所以

$$a_0=\frac{1}{\pi}\int_{-\pi}^{\pi}f(x)\mathrm{d}x=0,$$

$$a_n=\frac{1}{\pi}\int_{-\pi}^{\pi}f(x)\cos nx\mathrm{d}x=0,n=1,2,\cdots,$$

$$\begin{aligned}b_n&=\frac{1}{\pi}\int_{-\pi}^{\pi}f(x)\sin nx\mathrm{d}x=\frac{2}{\pi}\int_0^{\pi}f(x)\sin nx\mathrm{d}x\\&=\frac{2}{\pi}\int_0^{\pi}a\sin nx\mathrm{d}x=-\frac{2a}{\pi n}\cos nx\Big|_0^{\pi}\\&=-\frac{2a}{\pi n}(\cos n\pi-1)\\&=\frac{2a}{\pi n}[1-(-1)^n]\\&=\begin{cases}0, & n \text{ 为偶数},\\ \dfrac{4a}{\pi n}, & n \text{ 为奇数}.\end{cases}\end{aligned}$$

于是

$$f(x) \sim \sum_{n=1}^{\infty} \frac{4a}{(2n-1)\pi}\sin(2n-1)x \xlongequal{\text{记为}} S(x).$$

再由狄利克雷定理写出级数的收敛和如下：

$$S(x) = \sum_{n=1}^{\infty} \frac{4a}{(2n-1)\pi}\sin(2n-1)x$$

$$= \begin{cases} -a, & -\pi < x < 0, \\ a, & 0 < x < \pi, \\ 0, & x = 0, \pm\pi, \end{cases}$$

在其他点处按 2π 为周期向左、右延拓.

注　为了说明傅里叶级数如何逼近 $f(x)$，今以例 1 为例，用函数图形叠加法作出以下一些图形，如图 8-3 所示.

（1）$T_1(x)=\frac{4a}{\pi}\sin x$，如图 8-3(a)所示.

（2）$T_3(x)=\frac{4a}{\pi}\left(\sin x+\frac{1}{3}\sin 3x\right)$，如图 8-3(b)所示.

（3）$T_5(x)=\frac{4a}{\pi}\left(\sin x+\frac{1}{3}\sin 3x+\frac{1}{5}\sin 5x\right)$，如图 8-3(c)所示.

（4）$T_7(x)=\frac{4a}{\pi}\left(\sin x+\frac{1}{3}\sin 3x+\frac{1}{5}\sin 5x+\frac{1}{7}\sin 7x\right)$，如图 8-3(d)所示.

（5）$f(x)$ 及 $S(x)$ 的图形，如图 8-3(e)所示.左、右两条水平线包括空心点是 $f(x)$ 的图形，左、右两条水平线以及 x 轴上三个实心点是 $S(x)$ 的图形.在连续点处，$S(x)=f(x)$；在 $f(x)$ 的间断点处，$f(x)$ 为空心点（无定义），$S(x)$ 为实心点.

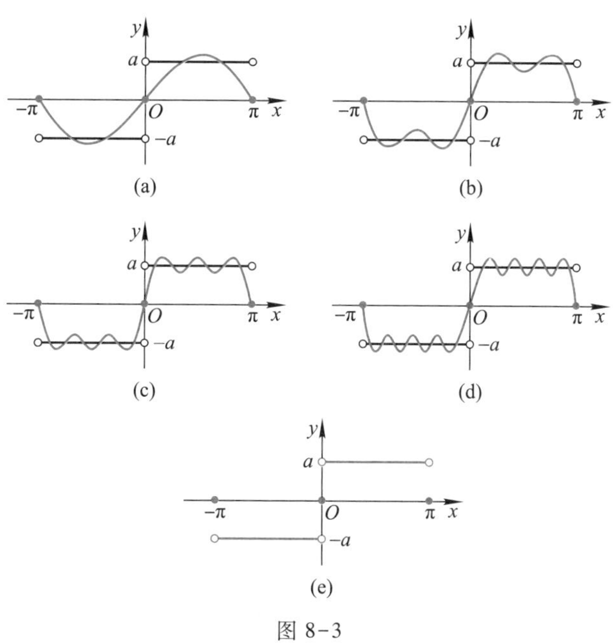

图 8-3

例 2 设$f(x)$是周期为 2 的周期函数,且在$[-1,1)$上,

$$f(x)=\begin{cases}x, & -1\leqslant x<0,\\ 0, & 0\leqslant x<1,\end{cases}$$

试求$f(x)$的以 2 为周期的傅里叶级数,并写出此级数的收敛和.

解 $2l=2$,即$l=1$.代入系数公式(8.55),

$$a_0=\frac{1}{1}\int_{-1}^{1}f(x)\mathrm{d}x=\int_{-1}^{0}x\mathrm{d}x+\int_{0}^{1}0\mathrm{d}x=-\frac{1}{2},$$

$$a_n=\frac{1}{1}\int_{-1}^{1}f(x)\cos n\pi x\mathrm{d}x=\int_{-1}^{0}x\cos n\pi x\mathrm{d}x$$

$$=\frac{1}{n\pi}\left(x\sin n\pi x+\frac{\cos n\pi x}{n\pi}\right)\Bigg|_{-1}^{0}=\frac{1}{n^2\pi^2}[1-(-1)^n]$$

$$=\begin{cases}\dfrac{2}{n^2\pi^2}, & n\text{ 为奇数},\\ 0, & n\text{ 为偶数},\end{cases}$$

$$b_n=\frac{1}{1}\int_{-1}^{1}f(x)\sin n\pi x\mathrm{d}x=\int_{-1}^{0}x\sin n\pi x\mathrm{d}x=\frac{(-1)^{n+1}}{n\pi},$$

于是$f(x)$的以 2 为周期的傅里叶级数

$$f(x)\sim S(x)=-\frac{1}{4}+\left(\frac{2}{\pi^2}\cos\pi x+\frac{1}{\pi}\sin\pi x\right)-\frac{1}{2\pi}\sin 2\pi x+$$

$$\left(\frac{2}{3^2\pi^2}\cos 3\pi x+\frac{1}{3\pi}\sin 3\pi x\right)-\frac{1}{4\pi}\sin 4\pi x+$$

$$\left(\frac{2}{5^2\pi^2}\cos 5\pi x+\frac{1}{5\pi}\sin 5\pi x\right)-\frac{1}{6\pi}\sin 6\pi x+\cdots$$

$$=\begin{cases}x, & -1<x<0,\\ 0, & 0\leqslant x<1,\\ -\dfrac{1}{2}, & x=\pm 1,\end{cases}$$

其他点处按 2 为周期向左、右延拓.$S(x)$的图形如图 8-4 所示.

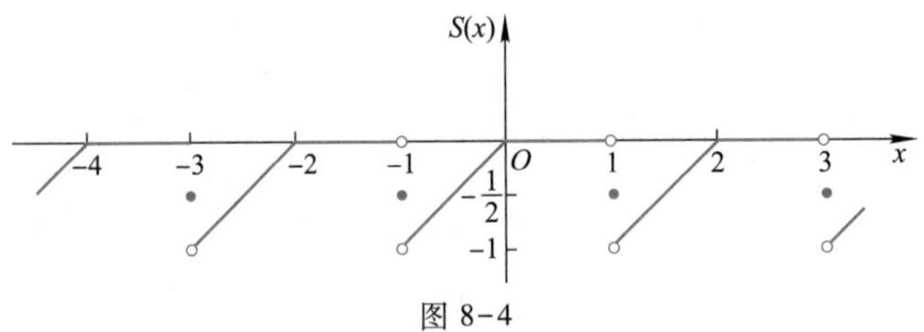

图 8-4

三、定义在$[-l,l]$上的函数$f(x)$的傅里叶级数

在实用中,经常会遇到如下问题:设$f(x)$只定义在$[-l,l]$上,并满足狄利克雷定理的条件,求函数$f(x)$的以$2l$为周期的傅里叶级数.这个问题可以这样理解,有一个函数

$F(x)$，它以 $2l$ 为周期，且在 $(-l,l]$ 上的表达式是 $f(x)$，求 $F(x)$ 的以 $2l$ 为周期的傅里叶级数.因为 $F(x)$ 以 $2l$ 为周期，所以要求 $F(-l)=F(l)$.而 $f(x)$ 并不是周期函数，不一定满足 $f(-l)=f(l)$，故这里只能在 $(-l,l]$ 上令 $F(x)=f(x)$.由于公式(8.55)只用到函数在 $[-l,l]$ 上的表达式(仅差 $x=-l$ 一点处的定义，并不会影响该公式的值)，所以对 $f(x)$ 按公式(8.55)就可以求出傅里叶系数，并同时写出傅里叶级数，在满足狄利克雷定理的条件下，按定理写出收敛和即可.请看例子.

例 3 设

$$f(x)=\begin{cases}0, & -\pi<x<-\dfrac{\pi}{2},\\ 1, & -\dfrac{\pi}{2}\leqslant x\leqslant\dfrac{\pi}{2},\\ 0, & \dfrac{\pi}{2}<x<\pi,\end{cases}$$

求 $f(x)$ 的以 2π 为周期的傅里叶级数，并写出此傅里叶级数的和.

解 $f(x)$ 的图形如图 8-5 所示.

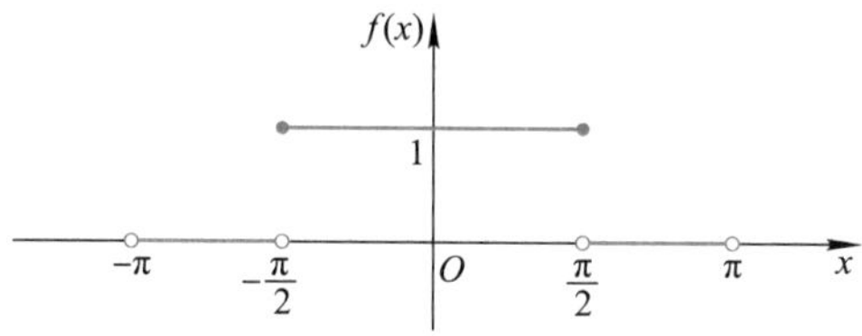

图 8-5

因为 $f(x)$ 是偶函数，所以 $b_n=0(n=1,2,\cdots)$，而

$$\begin{aligned}a_0&=\frac{1}{\pi}\int_{-\pi}^{\pi}f(x)\,\mathrm{d}x=\frac{2}{\pi}\int_0^{\pi}f(x)\,\mathrm{d}x\\&=\frac{2}{\pi}\left(\int_0^{\frac{\pi}{2}}1\,\mathrm{d}x+\int_{\frac{\pi}{2}}^{\pi}0\,\mathrm{d}x\right)=1,\\a_n&=\frac{1}{\pi}\int_{-\pi}^{\pi}f(x)\cos nx\,\mathrm{d}x=\frac{2}{\pi}\int_0^{\pi}f(x)\cos nx\,\mathrm{d}x\\&=\frac{2}{\pi}\left(\int_0^{\frac{\pi}{2}}\cos nx\,\mathrm{d}x+\int_{\frac{\pi}{2}}^{\pi}0\,\mathrm{d}x\right)\\&=\frac{2}{n\pi}\sin\frac{n\pi}{2}\\&=\begin{cases}0, & n=2m,\\ \dfrac{2\cdot(-1)^{m-1}}{(2m-1)\pi}, & n=2m-1,\end{cases}\end{aligned}$$

所以

$$f(x)\sim S(x)=\frac{1}{2}+\sum_{m=1}^{\infty}\frac{2\cdot(-1)^{m-1}}{(2m-1)\pi}\cos(2m-1)x$$

$$\xlongequal{\text{狄利克雷定理}}\begin{cases}0, & -\pi < x < -\dfrac{\pi}{2},\\ 1, & -\dfrac{\pi}{2} < x < \dfrac{\pi}{2},\\ 0, & \dfrac{\pi}{2} < x < \pi,\\ \dfrac{1}{2}, & x = \pm\dfrac{\pi}{2},\\ 0, & x = \pm\pi.\end{cases}$$

$S(x)$的图形如图 8-6 所示.请读者注意图 8-5 与图 8-6 的区别:$f(x)$只定义在区间$[-\pi,\pi]$上,而$S(x)$是以2π为周期的周期函数,图形应向左、右延拓.

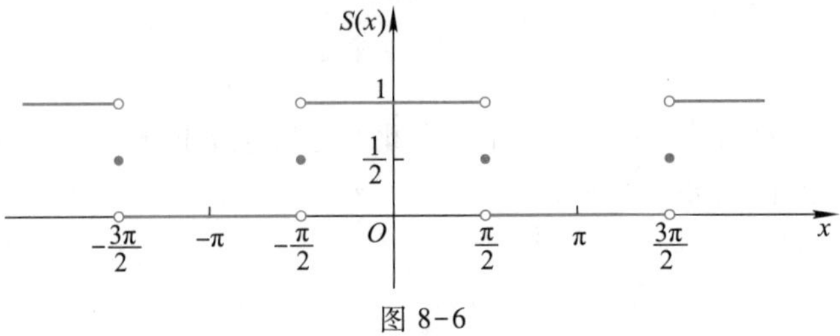

图 8-6

四、定义在半周期区间$[0,l]$上的函数$f(x)$的只含正弦项(或只含余弦项)的傅里叶级数

前面已经见到,如果$f(x)$是奇函数,那么其以$2l$为周期的傅里叶系数

$$\left.\begin{aligned}&a_n = 0\ (n = 0,1,2,\cdots),\\&b_n = \frac{2}{l}\int_0^l f(x)\sin\frac{n\pi}{l}x\mathrm{d}x\ (n = 1,2,\cdots),\end{aligned}\right\}\tag{8.58}$$

相应的傅里叶级数为

$$f(x) \sim \sum_{n=1}^{\infty} b_n\sin\frac{n\pi}{l}x.\tag{8.59}$$

如果$f(x)$为偶函数,那么其以$2l$为周期的傅里叶系数

$$\left.\begin{aligned}&b_n = 0,\\&a_0 = \frac{2}{l}\int_0^l f(x)\mathrm{d}x,\\&a_n = \frac{2}{l}\int_0^l f(x)\cos\frac{n\pi}{l}x\mathrm{d}x\ (n = 1,2,\cdots),\end{aligned}\right\}\tag{8.60}$$

相应的傅里叶级数为

$$f(x) \sim \frac{a_0}{2} + \sum_{n=1}^{\infty} a_n\cos\frac{n\pi}{l}x.\tag{8.61}$$

在实用中还会遇到下述问题:设$f(x)$只定义在半周期$[0,l]$上,并满足相应的狄利克雷条件,求函数$f(x)$的以$2l$为周期的只含正弦项(或只含余弦项)的傅里叶级数.这个问

题可以这样理解，有一个函数 $F(x)$，它以 $2l$ 为周期且是奇函数（或相应地是偶函数），它在$(0,l)$上的表达式是$f(x)$，求 $F(x)$的以 $2l$ 为周期的傅里叶级数（参见“三”中相应一段的叙述）.因为 $F(x)$是奇函数（或相应地是偶函数），所以其傅里叶系数的公式是(8.58)（或相应地是(8.60)），公式中只用到区间$[0,l]$上的函数表达式，所以对$f(x)$按公式(8.58)（或相应地(8.60)）就可求出傅里叶系数.再代入公式(8.59)（或相应地(8.61)）就可以了.在满足狄利克雷定理的条件下，再按定理写出收敛和.这样得到的级数(8.59)与(8.61)分别称为$f(x)$的以 $2l$ 为周期的**正弦级数**与**余弦级数**.

例 4 设$f(x)=x+1,0\leqslant x\leqslant 2$，求$f(x)$的以 4 为周期的①正弦级数，② 余弦级数，并按狄利克雷定理分别写出它们的收敛和.

解 $2l=4$，即 $l=2$，所给的$f(x)$在半周期上.

① 由公式(8.58)，

$$\begin{aligned}b_n&=\frac{2}{2}\int_0^2 f(x)\sin\frac{n\pi}{2}x\mathrm{d}x=\int_0^2(x+1)\sin\frac{n\pi}{2}x\mathrm{d}x\\&=\frac{2}{n\pi}[1-3\cdot(-1)^n],n=1,2,\cdots,\end{aligned}$$

所以

$$f(x)\sim\sum_{n=1}^{\infty}\frac{2}{n\pi}[1-3\cdot(-1)^n]\sin\frac{n\pi}{2}x\xlongequal{\text{记为}}S_1(x).$$

按狄利克雷定理，

$$S_1(x)=\begin{cases}x+1, & 0<x<2,\\0, & x=0,2,\end{cases}$$

其他点处 $S_1(x)$是以 4 为周期的奇函数，而$f(x)$在$[0,2]$之外无定义.

② 由公式(8.60)，

$$\begin{aligned}a_0&=\frac{2}{2}\int_0^2(x+1)\mathrm{d}x=4,\\a_n&=\frac{2}{2}\int_0^2(x+1)\cos\frac{n\pi}{2}x\mathrm{d}x=\frac{2}{n\pi}\int_0^2(x+1)\mathrm{d}\left(\sin\frac{n\pi}{2}x\right)\\&=\frac{2}{n\pi}\left[(x+1)\sin\frac{n\pi}{2}x\bigg|_0^2-\int_0^2\sin\frac{n\pi}{2}x\mathrm{d}x\right]\\&=\frac{4}{n^2\pi^2}[(-1)^n-1],\end{aligned}$$

所以

$$f(x)\sim 2+\sum_{n=1}^{\infty}\frac{4}{n^2\pi^2}[(-1)^n-1]\cos\frac{n\pi}{2}x\xlongequal{\text{记为}}S_2(x).$$

按狄利克雷定理，

$$S_2(x)=x+1,\quad 0\leqslant x\leqslant 2,$$

其他点处 $S_2(x)$是以 4 为周期的偶函数，而$f(x)$在$[0,2]$之外无定义.

$f(x)$，$S_1(x)$，$S_2(x)$的示意图分别如图 8-7，图 8-8，图 8-9 所示.

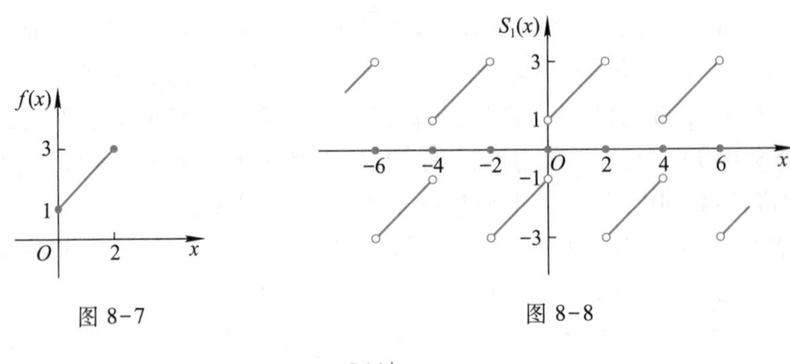

图 8-7　　　　图 8-8

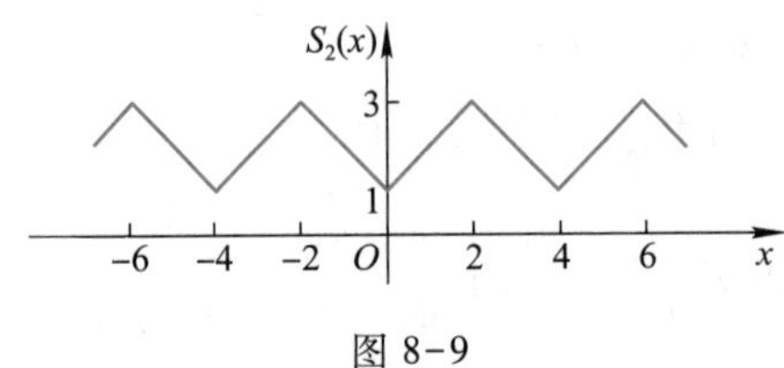

图 8-9

补充例题

习题八

§8.1

1. 已知级数的通项 u_n，试写出该级数的前四项：

（1）$u_n=\dfrac{2n-1}{n^2+1}$；　　（2）$u_n=\dfrac{(-1)^{n-1}n}{3^n}$；

（3）$u_n=\dfrac{\left(2+\sin\dfrac{n\pi}{2}\right)\cos n\pi}{n!}$；　　（4）$u_n=\dfrac{1+(-1)^{n-1}}{n}$.

2. 已知级数的前 n 项部分和 S_n 如下，写出该级数，并讨论敛散性.在收敛时，写出收敛和：

（1）$S_n=\dfrac{n+1}{n}$；　　（2）$S_n=\dfrac{3^n-1}{3^n}$；

（3）$S_n=2n+1$；　　（4）$S_n=\ln(1+n)$.

3. 证明：级数 $\sum\limits_{n=1}^{\infty}(u_{n+1}-u_n)$ 收敛的充要条件是 $\lim\limits_{n\to\infty}u_n$ 存在.

4. 利用级数敛散性的定义及收敛级数的性质，讨论下列级数的敛散性.在收敛时，写出收敛和：

（1）$1-\dfrac{1}{2}+\dfrac{1}{4}-\dfrac{1}{8}+\cdots+\dfrac{(-1)^{n-1}}{2^{n-1}}+\cdots$；

（2）$\left(\dfrac{1}{2}+\dfrac{1}{3}\right)+\left(\dfrac{1}{2^2}+\dfrac{1}{3^2}\right)+\cdots+\left(\dfrac{1}{2^n}+\dfrac{1}{3^n}\right)+\cdots$；

(3) $\ln\frac{2}{1}+\ln\frac{3}{2}+\cdots+\ln\frac{n+1}{n}+\cdots$;

(4) $\frac{1}{1\cdot 3}+\frac{1}{3\cdot 5}+\cdots+\frac{1}{(2n-1)(2n+1)}+\cdots$;

(5) $1+\frac{2}{3}+\frac{3}{5}+\cdots+\frac{n}{2n-1}+\cdots$;

(6) $\left(\frac{1}{2}\right)^{1}+\left(\frac{2}{3}\right)^{2}+\cdots+\left(\frac{n}{n+1}\right)^{n}+\cdots$.

§8.2

5. 利用比较判敛法或比较判敛法的极限形式,讨论下列级数的敛散性:

(1) $\sum_{n=1}^{\infty}\frac{\sqrt[3]{n}}{(n+1)\sqrt{n+1}}$;

(2) $\sum_{n=1}^{\infty}\frac{1}{n}\sin\frac{\pi}{2n}$;

(3) $\sum_{n=1}^{\infty}\frac{n}{3^{n}}$;

(4) $\sum_{n=1}^{\infty}n\tan\frac{\pi}{3^{n}}$;

(5) $\sum_{n=1}^{\infty}\ln\left(1+\frac{\pi}{n}\right)$;

(6) $\sum_{n=1}^{\infty}\frac{1}{\ln(1+n)}$;

(7) $\sum_{n=1}^{\infty}(e^{\frac{1}{n}}-1)$;

(8) $\sum_{n=1}^{\infty}\left(\frac{n}{2n+1}\right)^{n}$;

(9) $\sum_{n=1}^{\infty}\frac{1}{n}(\sqrt{n+1}-\sqrt{n-1})$;

(10) $\sum_{n=2}^{\infty}\frac{1}{\sqrt{n}}\ln\frac{n+1}{n-1}$.

6. 证明:设正项级数 $\sum_{n=1}^{\infty}u_n$ 收敛,则 $\sum_{n=1}^{\infty}u_n^2$ 也收敛.

7. 利用比值判敛法讨论下列级数的敛散性:

(1) $\sum_{n=1}^{\infty}\frac{(2n)!}{(n!)^{2}}$;

(2) $\sum_{n=1}^{\infty}n^{2}\sin\frac{\pi}{2^{n}}$;

(3) $\sum_{n=1}^{\infty}\frac{2^{n}}{n\cdot 3^{n}}$;

(4) $\sum_{n=1}^{\infty}\frac{2^{n}\cdot n!}{1\cdot 3\cdot 5\cdot\cdots\cdot(2n-1)}$;

(5) $\sum_{n=1}^{\infty}\frac{(n!)^{3}3^{3n}}{(3n)!}$.

8. 利用根值判敛法讨论下列级数的敛散性:

(1) $\sum_{n=2}^{\infty}\frac{1}{(\ln n)^{n}}$;

(2) $\sum_{n=1}^{\infty}2^{-n-(-1)^{n}}$;

(3) $\sum_{n=1}^{\infty}\frac{a^{n}}{\left(1+\frac{1}{n}\right)^{n^{2}}}$($a$ 为正常数).

9. 利用积分判敛法讨论下列级数的敛散性:

(1) $\sum_{n=1}^{\infty}\frac{1}{n\ln^{2}(n+1)}$;

(2) $\sum_{n=1}^{\infty}\frac{n}{3^{\sqrt{n}}}$;

(3) $\sum_{n=1}^{\infty}2^{-\ln n}$;

(4) $\sum_{n=1}^{\infty}\frac{1}{n\sqrt{\ln(n+1)}}$.

10. 用适当的方法讨论下列级数的敛散性:

(1) $\sum_{n=1}^{\infty}\sqrt{\frac{n+1}{n}}$;

(2) $\sum_{n=1}^{\infty}\frac{n+1}{n(n+2)}$;

(3) $\sum_{n=1}^{\infty}\frac{1}{an+b}$(常数 $a>0,b>0$);

(4) $\sum_{n=1}^{\infty}nq^{n}$(常数 $q,0<q<1$);

(5) $\sum_{n=1}^{\infty}\left(\frac{1}{n}-\sin\frac{1}{n}\right)$;

(6) $\sum_{n=1}^{\infty}\left(\frac{1}{\sqrt{n}}-\sin\frac{1}{n}\right)$.

§8.3

11. 判别下列级数是绝对收敛,条件收敛,还是发散,并说明理由:

(1) $\sum_{n=1}^{\infty}(-1)^{n-1}\frac{1}{\sqrt{n}}$;

(2) $\sum_{n=1}^{\infty}\frac{(-1)^{n-1}100n}{n-\ln n}$;

(3) $\sum_{n=1}^{\infty}\frac{\sin n\alpha}{n^{\alpha}}$(常数 $\alpha>1$);

(4) $\sum_{n=1}^{\infty}(-1)^{n-1}(\sqrt[n]{n}-1)$;

(5) $\sum_{n=1}^{\infty}(-1)^{n+1}\frac{2^{n^2}}{n!}$;

(6) $\sum_{n=1}^{\infty}\left[\ln\left(1+\frac{1}{n}\right)+(-1)^{n}\sin\frac{1}{n}\right]$.

§8.4

12. 求下列幂级数的收敛半径、收敛区间与收敛域:

(1) $\sum_{n=0}^{\infty}\frac{x^n}{(n+1)2^n}$;

(2) $\sum_{n=1}^{\infty}\frac{(-1)^{n-1}x^{2n}}{(2n)!}$;

(3) $\sum_{n=1}^{\infty}\frac{(x-1)^n}{(2n-1)3^n}$;

(4) $\sum_{n=1}^{\infty}\frac{(-1)^{n-1}(x-1)^{2n-1}}{n\cdot 4^n}$;

(5) $\sum_{n=1}^{\infty}\frac{(2x+1)^n}{3n-1}$;

(6) $\sum_{n=0}^{\infty}\frac{(2n)!}{(n!)^2}x^{2n}$.

§8.5

13. 用间接法将下列函数展开成$(x-x_0)$的幂级数(注明成立的范围):

(1) $f(x)=xe^{-x}$, $x_0=0$;

(2) $f(x)=\sin^2 x$, $x_0=0$;

(3) $f(x)=\ln\frac{1+x}{1-x}$, $x_0=0$;

(4) $f(x)=\frac{1}{1+x-2x^2}$, $x_0=0$;

(5) $f(x)=\frac{1}{x}$, $x_0=3$;

(6) $f(x)=\frac{1}{x^2}$, $x_0=3$;

(7) $f(x)=\frac{1}{x(x-1)}$, $x_0=3$;

(8) $f(x)=\ln(10-x)$, $x_0=0$.

14. 求下列幂级数的收敛区间及其在收敛区间内的和函数 $S(x)$:

(1) $\sum_{n=1}^{\infty}n(n+1)x^{n-1}$;

(2) $\sum_{n=1}^{\infty}\frac{x^n}{n(n+1)}$;

(3) $\sum_{n=0}^{\infty}\frac{(-1)^n}{2n+1}x^{2n+2}$;

(4) $\sum_{n=1}^{\infty}\frac{x^{2n}}{2n+1}$;

(5) $\sum_{n=1}^{\infty}\frac{nx^{n-1}}{(n-1)!}$.

§8.6

15. 设$f(x)$是以 2 为周期的周期函数,且当$-1<x\leqslant 1$时,$f(x)=x+2$,求$f(x)$的以 2 为周期的傅里叶级数,并按狄利克雷定理写出此傅里叶级数的收敛和.

16. 设$f(x)=2+|x|$,$-1\leqslant x\leqslant 1$,求$f(x)$的以 2 为周期的傅里叶级数,并按狄利克雷定理写出此傅

里叶级数的收敛和.

17. 设 $f(x)=x+1, 0\leqslant x\leqslant 2$,分别求 $f(x)$ 的以 4 为周期的正弦级数与余弦级数,并按狄利克雷定理写出这些级数的收敛和.

*18. 设 $f(x)$ 满足 $f(x+\pi)=-f(x)$,且连续,证明:

(1) $f(x)$ 具有周期 2π;

(2) $f(x)$ 的以 2π 为周期的傅里叶系数 $a_0=0, a_{2n}=b_{2n}=0(n=1,2,\cdots)$.

19. 设 $f(x)$ 的表达式如下,$f(x)$ 的以 4 为周期的傅里叶级数为 $S(x)$,不要求计算出 $S(x)$,请计算 $S(x)$ 在指定点处的值:

(1) $f(x)=x+1\ (-2<x<2)$,计算 $S(1), S(2), S(3)$;

(2) $f(x)=\begin{cases}x, & 0\leqslant x\leqslant 1,\\ 2-x, & 1<x\leqslant 2,\end{cases}$ 且 $f(-x)=f(x)$,计算 $S\left(-\dfrac{1}{2}\right), S\left(\dfrac{3}{2}\right), S\left(\dfrac{7}{2}\right), S(-6)$;

(3) $f(x)=x^2, 0\leqslant x<2$,且 $S(x)$ 是 $f(x)$ 的正弦级数,计算 $S(-1), S(7), S(-7)$;

(4) $f(x)=\begin{cases}x, & 0\leqslant x\leqslant 1,\\ 2-2x, & 1<x\leqslant 2,\end{cases}$ 且 $S(x)$ 是 $f(x)$ 的余弦级数,计算 $S(1), S(-5)$.

*20. 设 $f(x)=\begin{cases}-x, & -\pi\leqslant x\leqslant 0,\\ 3, & 0<x<\pi,\end{cases}$ $S(x)=\dfrac{1}{2}a_0+\sum\limits_{n=1}^{\infty}(a_n\cos nx+b_n\sin nx)$ 是 $f(x)$ 的以 2π 为周期的傅里叶级数,求 $\sum\limits_{n=1}^{\infty}(-1)^n a_n$.

习题八参考答案与提示

郑重声明

读者意见反馈

为收集对教材的意见建议，进一步完善教材编写并做好服务工作，读者可将对本教材的意见建议通过如下渠道反馈至我社。

咨询电话 400-810-0598

反馈邮箱 hepsci@pub.hep.cn

通信地址 北京市朝阳区惠新东街4号富盛大厦1座
高等教育出版社理科事业部

邮政编码 100029

防伪查询说明

用户购书后刮开封底防伪涂层，使用手机微信等软件扫描二维码，会跳转至防伪查询网页，获得所购图书详细信息。

防伪客服电话

(010) 58582300